材料力学

吴　晓　张晓忠　编著

中南大学出版社
www.csupress.com.cn

·长沙·

前　言

　　本书为适应教育部新工科建设发展需求，根据高等学校工科专业教学计划及材料力学教学大纲编写而成。材料力学是高等工科院校开设的一门专业基础课程，理论性与应用性均较强，既是经典学科，又是一门不断发展的学科。随着教学内容和课程体系改革的深入，为使学生在有限的学时里理解和较快掌握材料力学的基本概念、原理和基本方法，特编写了此书。本书适度降低了材料力学的深度与难度要求，更强调知识体系的系统性与实用性，尤其是介绍了较多实际应用中工程概念与背景，凝结了编著者几十年教学经验与科研思想。另外，在插图等表述方面更考虑了年轻人的偏好。希望本书既能在内容上满足广大师生的要求，又能让学生赏心悦目地学习本书，打下扎实的力学基础与功底，助力应用技术型人才的培养。

　　本书共 13 章，包括绪论、拉伸与压缩、剪切与连接件的实用计算、扭转、平面图形的几何性质、弯曲内力、弯曲应力、弯曲变形、应力应变状态分析与强度理论、组合变形、压杆稳定、能量法、动载荷与交变应力。为帮助学生深刻理解概念，各章配有足量的思考题，并精选了较多习题（配有参考答案）。

　　本书由湖南文理学院吴晓、张晓忠合作编写。在编写过程中参考吸收了许多国内外材料力学教材的思想和内容（包括网络教材），非常感谢众多专家学者的成果。

　　由于编者水平有限，书中难免存在疏漏与欠妥之处，恳请广大读者批评指正。

　　来函请递 QQ 邮箱：2843358292@qq.com，不胜感激！

编著者

2018 年 11 月 25 日

目 录

第1章 绪 论

1.1 引言

材料力学作为固体力学的基础和实用部分，在工业的各个领域正发挥着越来越重要的作用。

天上飞的飞机，太空翱翔的火箭，规模巨大的水利设施，飞架天堑的桥梁，高耸入云的建筑，性能先进、威力巨大的各式武器，妙趣横生的游戏机以及充满刺激的游乐设施等，这些现代工业产品，无一例外都运用了材料力学的知识。材料力学的产生和发展，大大推动了人类物质文明的进步。人们按照材料的受力要求，创造了各种各样的机器和工程结构，而这些机器和工程结构给人们带来了方便、舒适和欢乐，给人以美的享受。

与此相反，不按力学要求设计的工程结构和机器，将给人们带来了惨重的灾难！如强度不够的房屋在地震中倒塌，1941年美国华盛顿有名的塔库马大跨度吊桥因大风而垮塌，1985年日本航空公司一架波音747飞机因金属疲劳强度不够而坠毁，造成520人遇难，成为航空史上最严重的单次空难事件等。概括地说，工程结构发生破坏是由组成它的构件在工作过程中受力和变形过大而造成的。

1.2 材料力学的研究对象及其基本的受力和变形形式

1. 研究对象

组成工程结构或机械的零件，其构件复杂多样，根据几何形状和尺寸的不同，大致可分为杆件、板件和块体。

杆件：空间一个方向的尺寸远大于其他两个方向的尺寸的弹性体称为杆件。杆件的几何形状可以用一根轴线和垂直于轴线的截面来表征(图1.1)，这个截面称为横截面，而轴线为各横截面中心的连线。轴线为直线的杆为直杆[图1.2(a)]，不为直线的杆为曲杆[图1.2(b)]。所有横截面形状与尺寸都相同的杆称为等截面杆[图1.2(a)]，否则称为变截面杆[图1.2(b)]。

平行于杆件轴线的截面为纵截面，既不平行也不垂直于杆件轴线的截面称为斜截面。

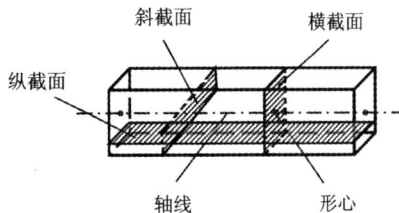

图 1.1 杆件

(a)等截面杆　　　　　　　(b)变截面杆

图1.2　等截面杆与变截面杆

　　板件：空间一个方向的尺寸远小于其他两个方向的尺寸，且曲率为0的弹性体称为板件。板件的几何形状可以用厚度以及平分其厚度的一个面表征，这个面称为中面，中面为平面的称为板[图1.3(a)]，中面为曲面的称为壳[图1.3(b)]。壳也可称为空间一个方向的尺寸远小于其他两个方向的尺寸，至少有一个方向的曲率不为0的弹性体。

　　块体：空间三个方向的尺寸属于等量级的弹性体称为块体(图1.4)。

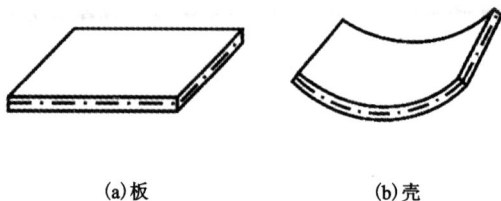

(a)板　　　　　　(b)壳

图1.3　中面

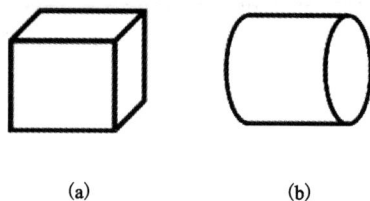

(a)　　　　　　(b)

图1.4　块体

　　这三类构件在工程与机械领域都有大量应用，如活塞杆、曲柄、齿轮轴、房屋的大梁都可简化为杆件，而桌子的面板、容器的壁面、船的甲板等都可以简化为板件，机器的底座、房屋基础、堤坝则可以看作块体。材料力学中的主要研究对象是细而长的杆件。

　　2. 基本受力和变形形式

　　杆件的基本受力和变形形式有拉伸和压缩、扭转、弯曲以及组合变形。

　　(1)拉伸和压缩。

　　在工程结构中受到拉伸和压缩作用的杆件很多，例如，最常用的支撑杆(二力杆)、各式钢结构建筑的桁架式结构、机车连杆等。这些构件均受到沿杆轴线的拉力或压力的作用。

　　(2)扭转。

　　工程实际中受到扭转作用的构件有汽车方向盘转轴、喷气发动机的涡轮轴、车床丝杆等。

　　(3)弯曲。

　　在工程实际中，还存在大量受到弯曲作用的构件，例如，在工作过程中受到弯曲作用的起重吊车梁，在载重作用下受到弯曲作用的卡车轮轴等。

　　(4)组合变形。

　　由两种以上基本变形组合而成的变形形式称为组合变形，例如直升机的螺旋桨轴同时受到拉伸和扭转作用，称为拉扭组合作用。

1.3　材料力学的主要研究任务

对工程结构的设计要求是多方面的，但其中最重要的要求是结构或机器在规定的外力作用下能安全工作。因此，在材料力学中将研究构件的下列四方面要求。

1. 强度要求

强度要求是指杆件在外力作用下绝对不能被破坏，以避免经济损失和事故发生。

2. 刚度要求

刚度要求是指杆件在外力作用下不发生过分变形，以保证结构或机器正常工作。钻床的各部分做得非常结实，原因就在于钻床钻孔时，钻头必须对准孔的中心。如果钻床支臂、支柱等在钻孔时受力过大，就会发生过分变形，孔就会被钻歪。飞机操纵杆安装在机翼或机身的其他物体上，当这些物体变形过大时，操纵杆就可能卡住，使飞机的升降舵、方向舵等失去控制，导致飞机失控。正常工作的齿轮机构，如果齿轮轴受力后变形过大，就会破坏齿轮间的正常啮合，使齿轮卡住不转，由此可见保证构件的刚度是多么重要！

3. 稳定性要求

稳定性要求是指压杆能保持原有直线平衡形式。试验表明：一根短杆在压力作用下不发生弯曲，但是一根细而长的压杆，当压力达到某一值时，会突然发生侧向弯曲甚至折断，这种失去原有平衡形式的现象称为失稳。大厅立柱通常设计得很粗大，原因在于为了防止立柱因承受巨大的压力而失稳。失稳现象的发生，事先没有征兆，因此带有极大的破坏性。

构件的强度、刚度及稳定性也就是常说的构件的三大承载能力。

4. 合理设计

合理设计是指所设计的构件不仅能安全工作，即应具有良好的强度、刚度和稳定性，而且要讲求较高的经济效益和较小的质量。矩形截面的梁竖放总是比平放好，因为竖放所承受的载荷是平放的(h/b)倍。若将相同材料的矩形截面改为工字形截面，则承载能力更强。轻巧的飞机飞得快，在空战中占优势，为了减小质量，飞行器上的构件常常采用各种各样的薄壁截面。结构设计比较先进的飞机可装载更多的旅客和更重的货物。在航空界流传着这样一句话："一克重量就是一克黄金"，这句话并不夸张。

综上所述，材料力学的主要任务是：研究杆件在外力作用下的受力、变形和破坏规律，为合理设计提供强度、刚度和稳定性的基本理论和计算方法。

1.4　材料力学中的基本假设

工程构件常用的金属材料，其物质组成和微观结构非常复杂，要用数学工具如实地加以描述往往是不可能的，由于材料力学并不涉及物质的微观性质，而是研究构件受到外力之后的响应，因此，在建立材料力学的基本理论时，必须首先对材料进行基本假设。

在高倍显微镜下观察金属铝的物质结构，可以看出，它是由极不规则的晶粒组成的，晶粒之间有空隙，晶粒内部有杂质，这说明了物质组成是不连续和不均匀的，而且不同颜色的晶粒与晶粒之间以及晶粒与晶界处的力学性质不完全相同，并具有方向性，其他金属材料也是这样。事实上，由于构件的尺寸远远大于晶粒尺寸，而且数以万计、百万计的晶粒排列也

是杂乱无章的,因此,材料的空隙可以忽略,材料的力学性质只反映其统计平均值,如此所作的简化和假设概括可为以下几种:

1. 连续性假设

连续性假设是指构件全部体积内处处充满物质,没有空隙。根据这一假设,材料力学中的物理量,如内力 F 和位移 u 都是坐标的连续函数。

$$F = F(x, y, z), \quad u = u(x, y, z)$$

式中:F 和 u 为连续函数。

2. 均匀性假设

均匀性假设是指构件的力学性质在全部体积内处处一样。需要说明:在材料力学中,对于那些整体非均匀而分区均匀的受力构件也可以进行类似的处理,如混凝土作填充材料的受压钢管以及由钢和铝组成的梁。

3. 各向同性假设

各向同性假设是指构件的力学性质与方向无关。

4. 小变形条件

材料力学中所研究物体的变形与物体的原有尺寸相比较均是极其微小的,称这种变形为小变形。

实践证明:以上假设在工程计算所要求的精度范围内是完全正确的,称为材料力学的基本假设。

事实上,如果我们从金属材料,譬如从铝板的任何部位,沿任何方向取出试件进行拉伸试验,其断口形状及力学性能都是一样的,这正说明了连续、均匀和各向同性假设的正确性。工程中常用的金属材料都是各向同性的,其特点是应力—应变关系服从虎克定律。

与各向同性材料相反,各向异性材料则具有强烈的方向性,如果分别沿增强纤维复合材料的0°和45°方向取出试件进行拉伸试验,其断口形状及力学性能则完全不同,说明它虽然连续、均匀,但不是各向同性,而是各向异性。辗压金属、木材、竹子以及新近发展的单晶材料都是各向异性的。各向异性材料的应力—应变关系即本构关系非常复杂,它不服从虎克定律。近年来,有关各向异性材料力学的研究已有很大进展。

1.5 材料力学发展简史

1638 年,举世闻名的意大利数学家、天文学家、力学家伽利略(Galileo,1564—1642)在荷兰莱登出版了世界上第一本材料力学教本 *Two New Sciences*(《两种新的科学》),首先提出了材料的力学性质和强度计算的方法。人们认为,材料力学作为一门学科,就从这里开始诞生。但是,任何一门学科都不可能是个别人在短期内创造出来的,作为材料力学知识源泉的实践活动其实已由来已久。几乎比伽利略早一个世纪,文艺复兴时期的意大利美术大师、力学家、工程师达·芬奇(Leonado da Vinci,1452—1519)就应用虚位移原理研究过起重机具上的滑轮和杠杆系统,并做过铁丝的拉伸试验。

在我国,有关材料力学的生产实践活动更是源远流长。早在春秋战国时代,人们已经知道怎样建造大型的建筑工程和水利工程。雄伟壮观的万里长城,显示了中华民族的智慧和魄力;驰名中外的都江堰至今仍造福着川西人民;公元 31 年,杜诗发明了水排,表明人们已经很清楚地知道如何用拉压杆、弯曲梁、扭转轴等构件创造出一个完整的工程结构。公元 605 年后的隋大业年间,出色的工匠李春利用石料耐压不耐拉的特性,主持建造了跨长 37.37 m,拱圈矢高为 7.23 m 的拱桥,跨越河北赵县的洨河,称为安济桥,俗称赵州桥。在国际桥梁史上,该桥的设计与工艺为当时世界之冠。赵州桥主拱上的小拱不仅便于排水,而且表明工匠李春对节省材料、减小自身质量已有清楚的认识。再如 1056 年用纯木结构建造的山西应县木塔、巧夺天工的北京天坛祈年殿和殿顶的梁柱结构等,中国古代人民在建筑史上的辉煌成就,说明我们的祖先不仅在建筑构造学方面有丰富的知识,而且有构件强度计算方面的大量经验。《营造法式》撰写于公元 1103 年,是建筑学家李诫的名著,书中完整地总结了建筑设计、结构、用料和施工的"规范"。全书分 5 个部分,共 36 卷,357 篇,3555 条,图文并茂,洋洋大观。书中对构件尺寸做了十分详细的规定,给出许多经验公式,其中写道"凡梁之大小各随其广分为三分,以二分为厚",意思是房梁从圆木中截取高与宽之比为 3:2 的矩形最合理,这与材料力学分析的结论基本吻合。

17 世纪后期到 19 世纪初,是材料力学学科发展的极盛时期,英国科学家虎克(Robert Hooke, 1635—1703)在 1678 年发表了他的重要物理定律,即人们熟悉的虎克定律。通过虎克试验用装置,虎克发现杆或弹簧在拉力作用下,伸长与拉力成正比。17 世纪,马里沃特(Mariotte, 1620—1680)进行了木材的拉伸试验,并已开始研究梁的弯曲试验。此后,法国的科学家泊松(S. D. Poisson, 1781—1840)、力学家圣维南(Saint-Venant, 1797—1886)以及力学工程师纳维埃(Navier, 1785—1838)等都对弯曲理论、扭转理论、稳定理论以及材料试验做出了卓越的贡献,丰富、发展和完善了材料力学这门学科,他们对科学的献身精神为后人所敬仰。尤其是瑞士的数学家、力学家欧拉(L. Euler, 1707—1783),他 16 岁取得硕士学位,对数学、刚体力学以及材料力学中的线弹性、稳定理论等都有重大贡献,是 18 世纪著述最多的科学家,晚年他双目失明,仍由助手笔录完成了 400 多篇论文的撰写。

19 世纪到 20 世纪,铁路、桥梁的发展以及钢铁和其他新材料的出现,向力学工作者提出了更广泛、更深入的研究课题,使得力学的分工越来越细,出现了更多的以材料力学、结构力学、弹性力学和塑性力学为基础的固体力学分支,例如计算力学、断裂力学、疲劳、黏弹性力学、散体力学、复合材料力学、试验固体力学等。而这些学科的发展反过来又促进了宇宙飞行、石油勘探、喷气技术、大型水利工程等一系列力学问题的解决。

这个阶段造就了一批知名的力学家,有英国力学家瑞利(Rayleigh, 1842—1919),德国工程师、教授莫尔(O. C. Mohr, 1835—1818),俄国儒拉夫斯基,瑞士物理学家里兹(W. Ritz, 1878—1909)以及美籍俄罗斯力学家、教授铁木辛柯(S. P. Timoshenko, 1878—1972)等。铁木辛柯一生编著了《材料力学》《结构力学》《弹性稳定理论》《工程中的振动问题》和《材料力学发展史》等二十多本书籍,均可列为力学名著。此外还有对流体力学和塑性壳体理论做出重大贡献的近代力学奠基人卡门(T. van Karman, 1881—1963),我国著名的科学家和力学家钱学森和伟大的地质学家、地质力学的开创者李四光等。

可以预言,在科学与技术飞速发展的今天,必定会涌现出更多的力学家,将 21 世纪的力学推向更高的水平。

1.6 材料力学研究方法

理论和实践相结合，这是一切科学辩证唯物主义的研究方法，300 多年来材料力学的发展过程就证明了这一点。铁木辛柯在他的经典著作《材料力学》中写道："材料力学的历史发展本身就是理论和实践的惊人结合。"他还举了两个有趣的例子：达·芬奇和伽利略早在15—16 世纪就用试验的方法研究了金属丝和梁的强度，尽管他们并未提出充分的理论来验证其试验结果；欧拉早在 1744 年就导出了著名的压杆稳定公式：

$$P_{cr} = \frac{C\pi^2}{4l^2}$$

这个公式直到一个世纪之后才被试验所证实，并得到了广泛的应用。这两个例子说明了材料力学的理论分析和试验研究具有同等重要的作用。

到了 20 世纪 60 年代，计算机的出现引起了计算能力的一场革命，"随着力学计算能力的提高，用力学理论解决设计问题成为主要途径……"，"展望 21 世纪，力学加电子计算机将成为工程新设计的主要手段……"（钱学森 1997 年 9 月致清华大学工程力学系建系 40 周年的贺信）。这说明了材料力学的研究方法除理论分析和试验研究之外，先进的计算技术将成为主要手段。学习材料力学的过程也是这样，除了掌握材料力学的基本理论并演算大量习题之外，必须学习先进的计算技术，只有这样，才能为未来的发展打下坚实的基础。

1.7 几个重要的概念

1. 弹性变形和线性弹性体

在静力学研究中，通常忽略物体的变形，采用"刚体模型"。事实上，任何固体受力后其内部各质点之间将产生相对位移，从而使物体发生变形，当外加载荷去除后，物体的变形全部或部分恢复，可恢复的变形称为弹性变形，相应的物体称为弹性体。

工程上绝大多数的受力构件，当外加载荷不超过某一值 P_p 时，载荷与变形成线性关系（即材料服从虎克定律），此时，若将外加载荷去除，则物体的变形可全部恢复，这类物体称为线性弹性体。

2. 小变形条件

工程上绝大多数受力构件变形很小（与原结构尺寸相比），可以利用此条件将问题大为简化。例如，涉及平衡条件时，大部分问题仍沿用"刚体模型"，体现在按原几何形状和尺寸计算约束反力（或称支反力）和内力，这样做不但计算简单，而且带来的误差很小。小变形条件在材料力学中使用较为普遍。

3. 外力

当研究某一构件时，可以设想把这一构件从周围物体中单独取出，并用力来代替周围各物体对构件的作用。周围物体对构件的作用力就是外力，它包括载荷与约束力。构件的外力包括载荷和约束反力，前者为主动力，后者为被动力。

按照力的作用方式，外力可以分为表面力和体积力。连续作用在构件各质点上的外力称为体积力，如构件的重力、离心力等。而作用在构件表面的外力称为表面力，如飞机飞行时，作用在机翼上的空气动力、容器内液体对容器的压力、大气压作用在我们身上的压力、物体间的接触压力等。

表面力按照其在构件表面的分布情况，可分为分布力与集中力。连续分布在构件表面某一范围的力称为分布力。若分布力分布在板件或块体的某一表面，则称为面分布力（N/m²）；若分布力是沿杆件轴线作用的，则称为线分布力（N/m），如楼板对房屋大梁的作用力。如果分布力的作用面积远小于构件的表面面积，或沿杆轴线的分布范围远小于杆件的长度，则可将分布力简化为作用于一点的力，称为集中力，如汽车（自身重力）和地面之间的支反力、吊车载重、桁架的节点力、齿轮之间的啮合力等。

还有一种类型的载荷是力偶，如常用的改锥，在拧紧螺丝时所施加的力偶 T，又如起锚机，其下半部分受到两个力组成的力偶作用。

按照载荷与时间的关系可分为静载荷与动载荷。

静载荷（或称静荷）：随时间不变或某段时间内变化极缓慢的载荷称为静荷，其特征是在加载过程中，构件的加速度小到可以忽略不计，构件的各部分随时处于静力平衡状态，如上述的重力、气体压力等。

动载荷（或称动荷）：随着时间显著变化或使构件各质点产生明显加速的载荷。当物体以一定的速度作用在构件上时，构件在极短时间内（1/1000 s），使物体速度变为零，这时物体对构件产生很大的作用力，称为冲击载荷，如打桩时铁锤对桩的撞击力等。随时间而作周期性变化的载荷（指大小或方向）称为交变载荷（或称疲劳载荷）。交变载荷在实际工程中有很多，如火车轮轴和铁轨受到反复弯曲作用、齿轮转动作用时，作用于每个齿上的力都是随时间作周期性变化的。交变载荷可能是随机的（即随时间变化不规则），对此有专门的论著介绍。

构件在静载荷和动载荷作用下的力学行为是不同的，分析方法也有所差别，但前者较为简单，而且是后者的基础，因此首先研究静载荷问题。

4. 内力与截面法

构件受外力作用会发生变形，其内部各部分之间因相对位置改变而引起的相互作用力就是内力。我们知道，即使构件不受力，它的内部各质点之间也存在相互作用力。而材料力学中的内力，是指在外力作用下，上述相互作用力的变化量，是外力引起的各部分相互作用的"附加内力"。这样的内力随外力变化而变化，构件的强度、刚度和稳定性与内力的大小及其在构件内的分布情况密切相关，因此，内力分析是解决构件强度、刚度和稳定性问题的基础。

如何显示和确定构件内力？我们使用截面法，可假想用一平面将构件截分为 A、B 两部分，如图 1.5（a）所示。任取其中一部分为研究对象（例如 A 部分），由于解除了 B 对 A 的约束，在截面上必然有内力存在，由连续性假设可知，内力是作用在切开截面上的连续分布力，如图 1.5（b）所示。应用力系简化理论，这一连续分布的内力系可以向截面形心 C 简化为主矢 F_R 和主矩 M，即为该截面上的内力。

为了分析的方便，沿构件轴线建立 x 轴，在所截横截面内建立 y 轴与 z 轴，并将主矢 F_R 和主矩 M 沿上述三个坐标轴分解，便可得到该截面上的三个内力分量 F_N，F_{Sy} 与 F_{Sz}，以及三个内力偶矩分量 T，M_y 与 M_z，如图 1.5（c）所示。为简单起见，将这三个内力分量和三个内力偶矩分量统称为内力分量，且根据它们各自的作用效应，F_N 沿着杆轴线方向，称为轴力，在它的作用下，微段伸长或缩短，F_{Sy} 与 F_{Sz} 称为剪力，在它们的作用下，微段左右边侧面之间分

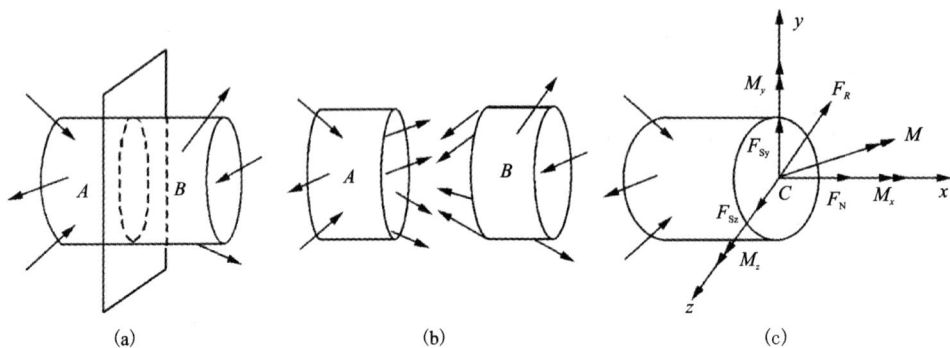

图1.5　构件

别沿其他两个轴方向发生错动,产生剪切变形,T 为扭矩,它使微段产生扭转变形,M_y 与 M_z 为弯矩,它们使微段在水平面(xCz 面)内产生弯曲变形。

上述内力分量与作用在 A 上的外力保持平衡,根据空间力系平衡条件,有如下平衡方程

$$\sum F_x = 0, \qquad \sum F_y = 0, \qquad \sum F_z = 0$$

$$\sum M_x = 0, \qquad \sum M_y = 0, \qquad \sum M_z = 0$$

由此六个方程可求解出六个内力分量,即可由外力确定内力,或者说建立内力与外力之间的关系。

结论:用假想截面将杆件切开,保留一部分作为自由体(如为小变形,可将保留的部分刚化),并由平衡条件确定内力,这个方法称为截面法。它是确定构件内力的一个通用方法,在强度、刚度及稳定分析中占有重要地位。上述方法的具体步骤归纳如下:

(1)"一截为二,弃一留一"。欲求某一截面上的内力,就沿该截面假想地将构件分成两部分,任意留下一部分作为研究对象,并弃去另一部分。

(2)"内力代替"。用作用于截面上的内力代替弃去部分对留下部分的作用。

(3)"平衡求力"。建立留下部分的平衡方程,确定未知的内力。

需要说明的是,对于受到不同载荷的不同杆件,截面上存在的内力分量的个数并不相同,如仅受面内载荷的平面杆或杆系结构,其横截面上的内力最多只有轴力、面内剪力和弯矩三个。

5. 应力和应变

(1)应力。

上节介绍了内力是截面上分布力系向形心简化的结果,但它不能说明分布内力系在截面上某一处的强弱程度,为此,现引入截面上内力分布集度,即应力的概念。

对受多个外力的构件,用截面法从 $m—m$ 截面处截下一部分[图1.6(a)],对截面 $m—m$ 上的任一点 C,在 C 的周围取一微元面积,而作用在

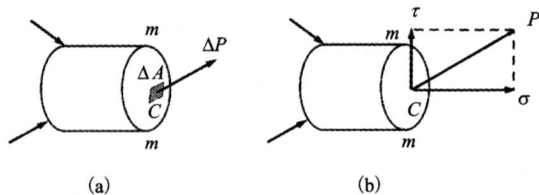

图1.6　受多个外力的构件

该面积上的内力为 ΔP，则矢量

$$\overline{P} = \frac{\Delta P}{\Delta A} \tag{1.1}$$

代表在 ΔA 范围内，单位面积上内力的平均集度，称为 ΔA 内的平均应力。

一般情况下，内力沿截面并非均匀分布，$\overline{P}$ 的大小和方向将随所取的 ΔA 的大小而变化。因此，为了更精确地描述截面上某处内力的分布情况，令 ΔA 趋近于零，此时，$\overline{P}$ 的大小和方向都趋于一个确定的极限值和极限方向，即

$$P = \lim_{\Delta A \to 0} \overline{P} = \lim_{\Delta A \to 0} \frac{\Delta P}{\Delta A} \tag{1.2}$$

式中：P 就称为截面 m—m 上 C 处的应力，它是分布内力系在 C 点的集度，反映截面 m—m 上分布内力系在 C 点的强弱。一般来说，P 既不与截面垂直，也不与截面相切[图 1.6(b)]。为了分析方便，通常将 P 沿截面的法向与切向分解为两个分量，沿截面法向的应力分量 σ 称为正应力或法向应力，沿切向的应力分量 τ 称为剪应力或切应力，显然

$$P^2 = \sigma^2 + \tau^2 \tag{1.3}$$

应力是一个矢量，它的量纲为[力]/[长度]^2。在国际单位制中，用（N/m^2）表示，称为 Pa（帕斯卡），简称帕。由于应力数值通常较大，常用单位为兆帕（MPa），$1\ \text{MPa} = 10^6\ \text{Pa}$。

（2）单向应力和纯剪切。

一般情况下，应力在构件内的分布较为复杂，不仅在构件的同一截面上，不同点处的应力一般不同，而且通过同一点的不同方位的截面上，应力一般也不相同。为了全面研究某点在不同方位截面上的应力，围绕该点取一无限小的六面体（即微体）进行研究。一般地，取微体的各面与坐标轴垂直，微体上各面上的应力，代表该点在各坐标轴上应力的分量。

微体各截面上的应力分布形式中，最简单、最基本的形式有两种，一种是单向应力，即微体只在一对互相平行的截面上均匀分布的大小相等、方向相反的正应力[图 1.7(a)]，另一种是纯剪切，即微体只在两两相邻的四个面上均匀分布的切应力[图 1.7(b)]。

（3）切应力互等定理。

对于如图 1.8(a)所示处于纯剪切状态下的微体，设边长分别为 $\mathrm{d}x$，$\mathrm{d}y$ 和 $\mathrm{d}z$。当微体顶面上存

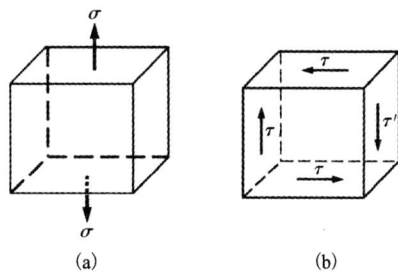

图 1.7 微体

在切应力 τ 时，它组成的微内力为 $\tau \mathrm{d}x\mathrm{d}z$，为满足平衡条件 $\sum X = 0$，在底面上必定存在切应力，且其大小也为 τ。同理，在微体左右侧面上也存在大小相等方向相反的切应力 τ'。再由平衡条件 $\sum m_z = 0$ 得

$$(\tau \mathrm{d}x\mathrm{d}z)\mathrm{d}y = (\tau' \mathrm{d}y\mathrm{d}z)\mathrm{d}x$$

即

$$\tau = \tau' \tag{1.4}$$

上式表明，在微体的互垂截面上，垂直于截面交线的切应力数值相等，方向均指向或指离该交线。这就是切应力互等定理，也称为切应力双生定理。

需要说明的是，切应力互等定理不仅适用于纯剪切应力状态，对于存在正应力以及其他

切应力的较为复杂的应力状态[图1.8(b)]，切应力互等定理依然适用。

（4）应变。

前面介绍过变形的概念，它是构件尺寸和形状的变化，但它不能反映构件各部分变形程度。以杆件的伸缩变形为例，100 m长、1 cm² 粗的钢索在100 N力的作用下，变形约为0.5 mm，而0.4 mm长、1 cm² 粗的橡皮杆，在100 N力的作用下，变形也约为0.5 mm，这说明变

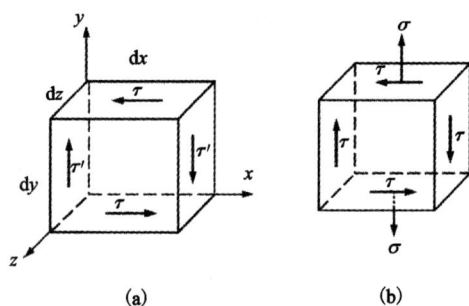

图1.8　复杂应力示意

形与几何尺寸和材料物理参数有关，而且构件内部各部分的变形也可能很不均匀，因此，为描述构件内部各点处的变形程度，必须引入相对变形或应变的概念。

在图1.9(a)中，物体的 M 点因变形移到点 M'，$\overline{MM'}$ 即为 M' 点的位移。这里假定 M 点的位移中不包含刚性位移，设想在 M 点附近取棱边长为 Δx，Δy 和 Δz 的微体，变形后微体的边长和邻边的夹角都发生变化，如虚线所示。把上述变形前后的微体投影到 xOy 平面，并放大，如图1.9(b)所示，变形前平行于 x 轴的线段 $\overline{MN}$ 原长为 Δx，变形后变为 $\Delta x + \Delta u$，这里 $\Delta u = \overline{M'N'} - \overline{MN}$ 代表 $\overline{MN}$ 的长度变化，定义

$$\bar{\varepsilon} = \frac{\overline{M'N'} - \overline{MN}}{\overline{MN}} = \frac{\Delta u}{\Delta x} \tag{1.5}$$

为平均应变，它表示线段 $\overline{MN}$ 每单位长度上的平均伸长或缩短。

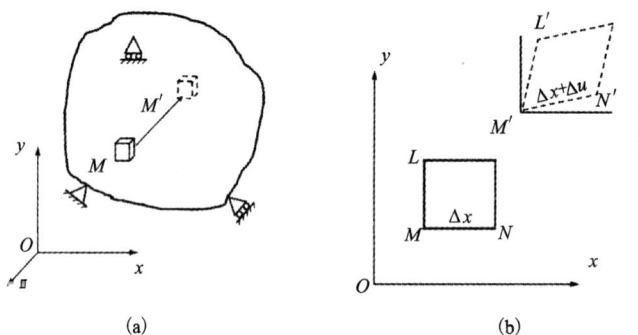

图1.9　微体

由于 $\overline{MN}$ 上各点变形程度并不相同，$\bar{\varepsilon}$ 的大小将随 $\overline{MN}$ 的长度而改变，为了精确描述 M 点沿棱边 $\overline{MN}$ 方向的变形情况，令 $\overline{MN}$ 的长度趋近于零，由此得到 $\overline{MN}$ 方向上平均应变的极限值，即

$$\varepsilon = \lim_{\Delta x \to 0} \frac{\Delta u}{\Delta x} \tag{1.6}$$

式中：ε 称为 M 点 x 方向的正应变或线应变。用完全类似的方法，还可以定义 M 点沿其他 y 和 z 方向的正应变。通常设定拉应变为正，压应变为负。

构件的变形不仅表现为线段长度的改变，而且表现为正交线段夹角的变化。在

图 1.9(b)中，变形前 $\overline{MN}$ 与 $\overline{ML}$ 正交，变形后 $\overline{M'N'}$ 和 $\overline{M'L'}$ 的夹角变为 $\angle L'M'N'$，变形前后直角的改变量为 $\left(\angle L'M'N' - \dfrac{\pi}{2}\right)$。当 N 和 L 均趋近于 M 时，上述角度改变量的极限值为

$$\gamma = \lim_{\substack{\Delta x \to 0 \\ \Delta y \to 0}} \left(\angle L'M'N' - \frac{\pi}{2}\right) \tag{1.7}$$

式中：γ 称为 M 点在 xy 平面内的剪应变或切应变。

显然，正应变量纲为一，常用‰表示，切应变的单位是弧度(rad)。

思考题

1. 为什么在理论力学课程中，可以把物体看作刚体，但在材料力学课程中，却把构件看作变形体？

2. 为什么要对变形固体作连续性、均匀性和各向同性假设？

习 题

1. 图 1.10 所示的悬臂梁，初始位置位于水平，受力后变成虚线形状，问：(1)AB、BC 两段是否都产生位移？(2)AB、BC 两段是否都产生变形？

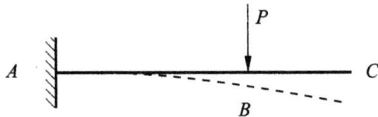

图 1.10 悬臂梁

2. 简述在材料力学中分析杆件内力的基本方法与步骤。

第 2 章　拉伸与压缩

2.1　引言

工程与机械领域中有大量的受拉和受压的杆件，例如：建筑物立柱，吊杆，简化为桁架的桥梁构架，各种机车的液压杆，活塞轴等(图 2.1)，这些构件的受力状况有以下特征：

(1)外力合力作用线与杆轴重合。

(2)变形特征：杆件受力后，轴线变长，称为拉伸；轴线变短，称为压缩。生活经验告诉我们，发生拉伸和压缩的前提条件是杆轴为直线且外力合力作用线与杆轴重合。

(3)计算模型：在进行强度计算时，常用杆轴表示实际的拉压杆。

(a)

(b)

(c)

(d)

图 2.1　工程与机械领域拉压杆实物图

2.2 拉压杆的内力

1. 用截面法求内力—轴力

当采用截面法时，应遵循以下步骤：解除内部约束，即用假想横截面 m—m 将杆分为两部分，代以约束内力（反力）N，因为其通过横截面形心，且沿杆的轴线方向，故称为轴力。取杆的左边或右边为自由体，由平衡方程得到相同的轴力 N，合力 $X=0$，$N=P$。截面法求内力—轴力示意图如图 2.2 所示。

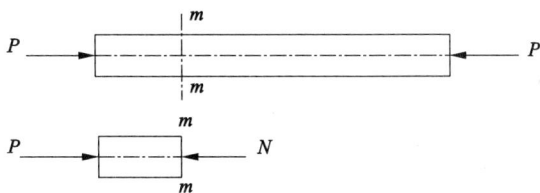

图 2.2　截面法求内力—轴力示意图

自由体的选取以方便为原则，用截面法将杆截开后，无论保留杆的哪部分平衡，均可得到相同的结果。符号设定：轴力 N 的方向以箭头背离横截面者为正，称为拉力，反之为负，称为压力。支反力属于外力，没有符号设定，其方向可以任设。若计算结果为正，则说明假设方向与实际相同，若计算结果为负，则说明假设方向与实际相反。

2. 画轴力图

为了形象地表示轴力沿杆轴的变化，常绘制轴力图：以平行杆轴的直线为坐标 x，代表横截面位置；以垂直杆轴的直线为坐标 N，表示轴力的大小与正负。拉力以正号表示，压力以负号表示。为画轴力图方便，求内力时常设拉力，如求出为正值，则画在坐标轴正向；如求出为负值，则画在坐标轴负向。

例题 2.1　图 2.3 所示杆受自重，已知单位杆长 l，自重为 r，试画出轴力图。

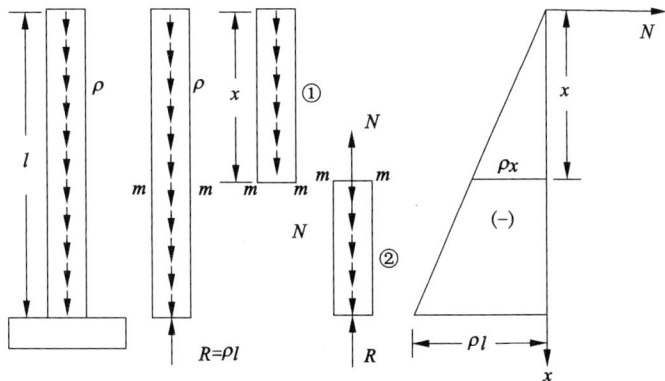

图 2.3　受自重立杆

解:

(1)由总体平衡方程,得支反力

$$R = \rho l$$

(2)用假想截面 m—m 将杆分成上、下两部分,设轴力 N 为正,无论保留自由体①或自由体②平衡,均得相同的轴力 N。

对自由体①,可得

$$X = 0, \quad N = -\rho x$$

对自由体②,可得

$$X = 0, \quad N = \rho(l - x) - R = -\rho x$$

画轴力图,轴力图为三角形,自由端 $x = 0$ 处 N 为零,固定端 $x = l$ 处 N 最大,其值为 ρl。

例题 2.2 图 2.4 所示拉杆以匀加速度 a 运动,已知外载荷 P_1 和 P_2 以及质量 M,试求轴力并画出轴力图。

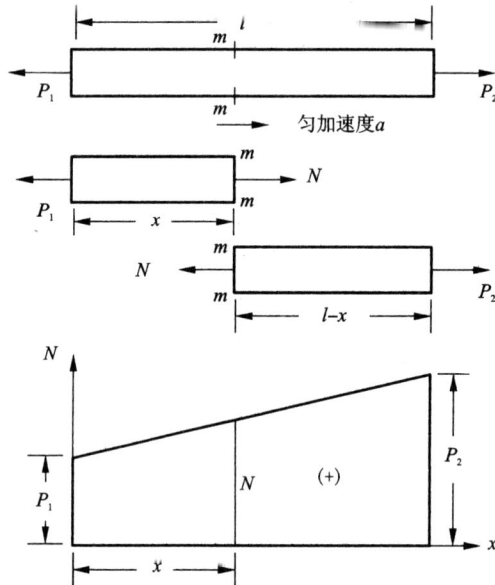

图 2.4 匀加速拉杆

解: 此题必须计及惯性力 Ma(设 x 段的质量为 M_1,$l - x$ 段的质量为 M_2)

(1)总体动力方程为

$$P_2 - P_1 = Ma \rightarrow a = \frac{P_2 - P_1}{M}$$

(2)如保留左段为自由体,则左段动力方程为 $N - P_1 = M_1 a = M \dfrac{x}{l} a$,得

$$N = P_1 + M \frac{x}{l} a$$

（3）如保留左段为自由体，则右段动力方程为 $P_2 - N = M_2 a = M \dfrac{l-x}{l} a$，得

$$N = P_1 + \left(\frac{P_2 - P_1}{l} \right) x = P_1 + M \frac{x}{l} a$$

（4）轴力图为一梯形，左端面轴力为 P_1，右端面轴力为 P_2。

$$N = P_1 + M \frac{x}{l} a$$

可见：截面法既可用于分析静力情况内力，也可用于分析动力情况内力。

2.3　拉压杆的应力

1. 拉压杆横截面上的应力

考虑等截面直杆如图 2.5（a）所示，其任意横截面面积为 A，取横截面中的微元面积为 $\mathrm{d}A$，则 $\mathrm{d}A$ 上的内力为 $\sigma \mathrm{d}A$［图 2.5（b）］。由静力平衡关系可得

$$F_N = \int_A \sigma(y, z) \mathrm{d}A \tag{2.1}$$

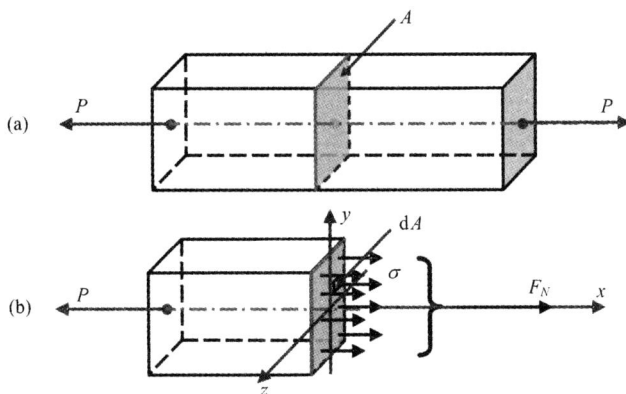

图 2.5　等截面拉压杆

由于不知道应力分布规律，通过以上静力平衡关系无法由内力直接解出应力，因此需要利用试验现象提出合理假设。

用易于变形的材料做成截面为矩形的等截面杆，并在其表面等间距画上纵线与横线，如图 2.6（a）所示。然后在轴两端施加一对大小相等、方向相反的轴向拉力，使其发生轴向拉伸变形。从试验中观察到：各横线仍为横线，且仍垂直于轴线，只是间距增大［图 2.6（b）］。根据这一现象，对杆内变形作如下假设：在小变形情况下，拉压杆横截面在变形后仍然保持为平面，且仍与杆件轴线垂直，只是横截面间沿杆件轴线相对平移。此假设称为拉压杆的平面假设。

设想杆件由若干纵向纤维组成，那么根据平面假设可知：杆件变形后横截面与纵向纤维仍然垂直，且两横截面间所有纤维的伸长量应该相同。由于各纵向纤维材料相同，变形形式

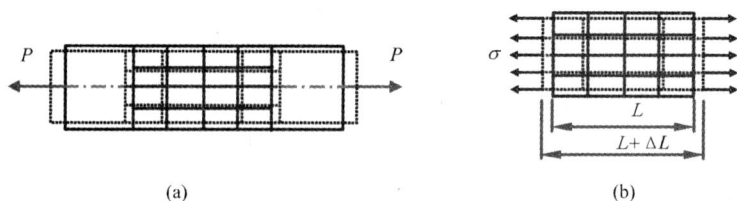

图2.6　矩形等截面直杆轴向拉伸变形示意图

相同，所以可以推出其横截面所受应力也相同。由此可见，横截面上各点仅存在正应力，且在横截面上均匀分布。设横截面上轴力为 F_N，则可得各点处的正应力均为

$$\sigma(y, z) = \sigma = \frac{F_N}{A} \tag{2.2}$$

式(2.2)为拉压杆横截面上的应力计算公式，试验证明其适用于横截面为任意形状的等截面拉压杆，其中 σ 与轴力具有相同的符号，即拉应力为正，压应力为负。

2. 拉压杆斜截面上的应力

前面分析了拉压杆横截面上的正应力，由平面假设可知，此应力分布均匀。为了分析构件的破坏规律以建立更为完善的强度理论，需要研究更为一般的情况，即分析直杆任一斜截面上的应力。

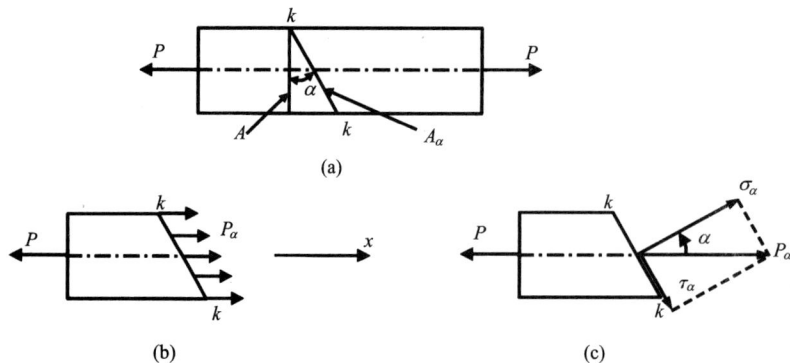

图2.7　拉杆斜截面上应力分布示意图

图2.7(a)所示拉杆，仿照分析横截面上应力均匀分布的过程，同样可以得出任一斜截面上的应力 P_α 也是均匀分布的结论[图2.7(b)]。一般来说，P_α 可分解为垂直于斜截面的正应力 σ_α 和平行于斜截面的剪应力 τ_α[图2.7(c)]。设斜截面面积为 A_α，根据静力平衡关系，可得

$$P_\alpha = \frac{P}{A_\alpha} = \frac{P}{A/\cos\alpha} = \sigma\cos\alpha \tag{2.3}$$

将应力 P_α 沿斜截面法向与切向分解[图2.7(c)]，得斜截面上的正应力 σ_α 和剪应力 τ_α 分别为

$$\sigma_\alpha = P_\alpha\cos\alpha = \sigma\cos^2\alpha$$

$$\tau_\alpha = P_\alpha \sin\alpha = \sigma \cos\alpha \sin\alpha$$

设 α 从横截面法线 x 至斜截面法线 n 逆时针旋转为正,反之为负。正应力依然以拉为正,剪应力以绕研究对象顺时针转动为正。利用倍角公式,应力可改写为

$$\begin{cases} \sigma_\alpha = \dfrac{\sigma}{2}(1 + \cos 2\alpha) \\ \tau_\alpha = \dfrac{\sigma}{2}\sin 2\alpha \end{cases} \tag{2.4}$$

由式(2.4)可以看出:斜截面上的正应力和剪应力与截面和轴线的夹角有关。对于分析拉压杆的破坏而言,我们感兴趣的是应力的最大值及其作用面方位,由公式可以看出:在轴向拉伸问题中,当 $\alpha = 0°$ 时, $\sigma_\alpha = \sigma_{max} = \sigma$, $\tau_\alpha = 0$,正应力取得最大值,正应力最大值等于横截面上正应力,剪应力为零,说明拉压杆的最大正应力发生在横截面上。当 $\alpha = \pm 45°$ 时, $\sigma_\alpha = \dfrac{\sigma}{2}$, $\tau_\alpha = \tau_{max} = \pm\dfrac{\sigma}{2}$,正应力取值为最大值(横截面上正应力)的一半,剪应力绝对值取得最大值,说明拉压杆的最大剪应力发生在与杆轴成 $\pm 45°$ 的斜截面上,剪应力最大值为横截面正应力的一半。当 $\alpha = 90°$ 时, $\sigma_\alpha = 0$, $\tau_\alpha = 0$ 。正应力取得最小值零,剪应力为零,即纵截面上应力为零。

结合以上分析可知:塑性材料屈服时在与轴线成45°方向出现滑移,显然塑性材料的屈服由最大剪应力造成;而脆性材料沿横截面拉断,说明脆性材料的拉断由最大正应力造成。

2.4 圣维南原理和应力集中

1. 圣维南原理

由式(2.2)可以看出,拉压杆的应力分布为沿截面均匀分布,但杆件端部受力往往不能保证均匀施载,这时在端部附近平面假设不成立,应力分布不均匀。

但法国科学家圣维南(Saint-Venant)指出,力作用于杆端的分布方式,只影响杆端局部范围内的应力分布,影响区的轴向范围离杆端1~2倍杆的横向尺寸,这一结论称为圣维南原理(Saint-Venant principle)。图2.8所示为在集中载荷作用下,距离端面分别为1/4,1/2和1倍宽度的横截面上,杆件端部的应力分布情况,虚线 $\sigma_m = \dfrac{P}{A}$ 为等效均布载荷作用下的解。由图2.8可以看出,在距离端面1倍杆件宽度时,集中载荷解与等效解的相对偏差只有2.7%,这对结构分析与设计而言通常是足够精确的。

圣维南原理有许多等价表述形式,这里列举两个:其一,如果把物体的一小部分边界上的面力,变换为分布不同但静力等效的面力(主矢量相同,对于同一点的主矩也相同),那么,近处的应力分布将有显著的改变,但是远处所受的影响可以不计;其二,如果物体一小部分边界上的面力是一个平衡力系(主矢量和主矩都等于零),那么,这个面力就只会使得近处产生显著的应力,远处的应力可以不计。

圣维南原理已被许多计算结果和试验结果所证实。由于杆端外力的作用方式不同,其只对杆端附近的应力分布有影响,因此,在材料力学中,可不考虑杆端外力作用方式的影响。

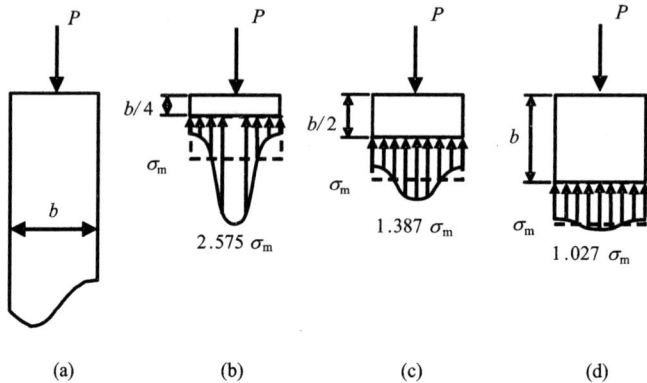

图2.8 集中载荷作用下圣维南原理

2. 应力集中

由于构造和使用等方面的需要，许多构件常带有沟槽（如螺纹、导油槽、退刀槽、键槽等）、孔（在板上开孔用于固定、减重等）、阶梯和圆角（构件由粗到细的过渡圆角）等，导致这些部位上的截面尺寸会突然发生变化，如图2.9所示。

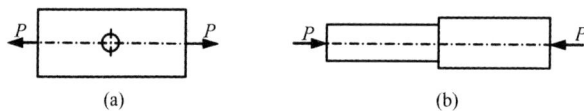

图2.9 应力集中构件示意图

试验结果和理论分析表明，在外力作用下，构件内截面尺寸突然变化的附近局部区域的应力将急剧增加，而远处的应力受到的影响很小。这种因构件截面尺寸突然变化而引起应力局部急剧增大的现象，称为应力集中。图2.9(a)所示的中间开孔拉杆，在外力作用下，部件中尺寸发生突然变化的截面上的应力并不是均匀分布的，在圆孔边缘的应力 σ_{max} 明显大于截面上的平均应力 σ_n（图2.10）。

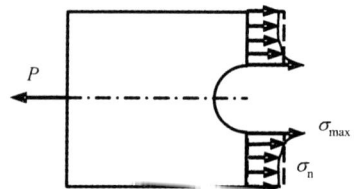

图2.10 构件内截面尺寸发生突然变化引起的应力集中示意

应力集中的程度可以用应力集中系数 K 表示

$$K = \frac{\sigma_{max}}{\sigma_n} \tag{2.5}$$

式中：σ_{max} 为截面上的最大局部应力；σ_n 为名义应力，即认为应力在截面上均匀分布而求得的应力。若图2.10中的板宽为 b，圆孔直径为 d，厚度为 δ，则 $\sigma_n = \dfrac{P}{(b-d)\delta}$；$\sigma_{max}$ 可以由弹性理论或试验等方法确定。试验结果表明：截面尺寸改变越急剧、角越尖、孔越小，应力集中的程度越大。

应力集中对不同的材料和不同加载状况的影响程度不同,在工程应用中应区别对待。

一般来说,由组织均匀的脆性材料制成的构件,应力集中现象将一直保持到最大局部应力达到强度极限之前,最后在应力集中处首先产生裂纹,若再增加拉力,裂纹就会扩展,从而导致整个构件被破坏。因此,在设计脆性材料构件时应该考虑应力集中的影响。

对于塑性材料制成的构件,应力集中对其在静载作用下的强度几乎无影响。这是因为最大应力达到屈服极限后,材料并不会断裂,仍能够保持屈服极限的承载能力,继续施加的载荷会被其他部分承担(图2.11),使相邻部分依次达到屈服极限,最终当整个截面都达到屈服极限时,截面达到承载极限,应力分布也趋于均匀分布。因此,用塑性材料制成的构件,在静载情况下,可以不考虑应力集中的影响,而采用应力均匀分布计算。

对于承受交变载荷的构件,无论是由塑性材料还是由脆性材料制成,应力集中都会促使疲劳裂纹形成与扩展,因而对构件的疲劳强度影响较大。在工程设计中,应特别注意减小此类构件的应力集中。

在构件设计中应该充分考虑应力集中的影响,特别是对静载荷作用下的脆性材料构件、交变静载荷作用下的脆性和塑性材料构件等,在设计时要尽量降低应力集中的影响。典型的降低应力集中的结构设计实例如:在构件截面阶梯变化处增加导角、

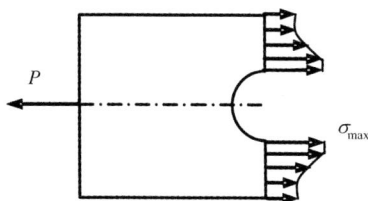

图 2.11 塑性材料构件应力集中示意

在轴截面阶梯变化处设计减荷槽、在轮毂和轴的连接处设计减荷槽、轴上开孔开成通孔、将厚板的焊接边加工成斜角等(图2.12)。

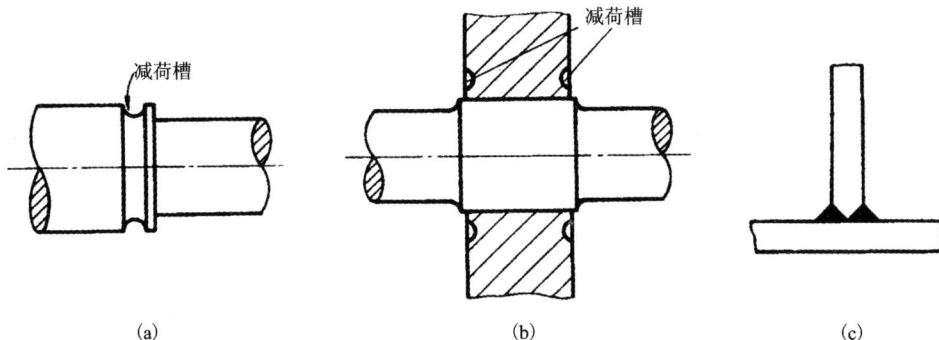

(a)　　　　　(b)　　　　　(c)

图 2.12 典型的降低应力集中的结构设计实例

2.5 材料在拉伸时的力学性能

构件的强度、刚度和稳定性不仅与构件的尺寸、形状和所受的外力、约束有关,而且与材料固有的力学性能有关。材料力学性能可以通过各种试验来测定,本节介绍拉伸试验中材料的性能特征和参数。在室温下,以缓慢平稳的加载方式进行的试验,称为常温静载试验。它是测定材料力学性能的基本试验,其中最基本、最常用的常温静载试验为拉伸和压缩试验。

1. 试件与试验机

（1）拉伸试验试件（tensile-test specimen）。

材料的力学性能是由试验测定的，为了准确地测出各种材料的力学性能，国际上规定了试验件的统一尺寸标准，可在相关规范中查到。常用的标准试件如图 2.13 所示，l 是被测量的试验段，称之为标距（gage length）。对于直径为 d 的圆截面试件，规范中规定 $l=10d$ 或 $l=5d$，对于横截面面积为 A 的扁矩形截面试件，规范中规定 $l=11.3\sqrt{A}$ 或 $l=5.65\sqrt{A}$。

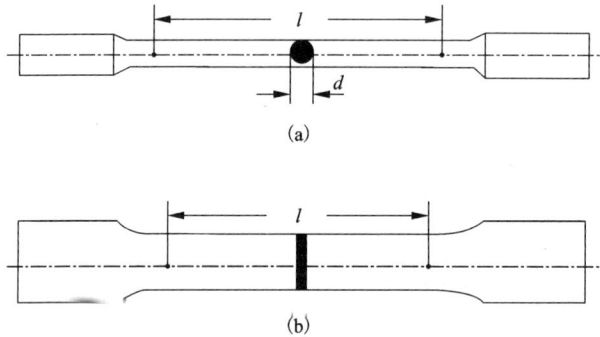

(a)

(b)

图 2.13 拉伸标准试件

（2）试验机（test-machine）。

试验必须在试验机上进行，图 2.14 所示为单调加载的材料试验机。在进行拉伸试验时，将试件夹持在试验机的上、下夹头内；而在进行压缩试验时，将试件放置在两个压缩夹头之间并居中。此外，在试件标距范围内要安装测量变形或应变的仪器，当机器缓慢加载时，显示变形或应变，另有自动记录仪记录载荷的大小。在进行拉伸或压缩试验时，随载荷的增大，试件拉伸变形也相应增加。我们可以观察到试件从开始到破坏的全过程，并可测量与应力相应的应变，从而获得表征材料力学性能的应力—应变曲线和特征点，即得到拉力 F 与变形 Δl 的关系曲线，称为力—伸长曲线或拉伸图，为构件的强度计算提供必需的依据。拉伸图与试样的截面积和标距有关，不适合直接用来分析材料的机械性能，为此，令

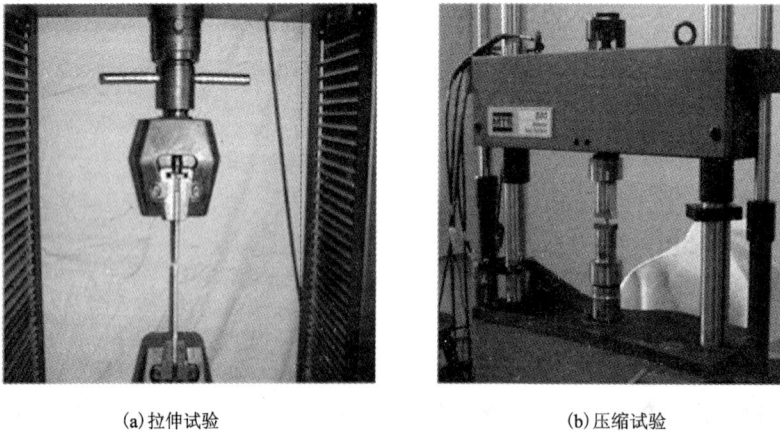

(a)拉伸试验

(b)压缩试验

图 2.14 材料试验机

$$\sigma = \frac{F}{A_0}$$

$$\varepsilon = \frac{\Delta l}{l}$$

式中：A_0 为试样的初始截面积。拉伸图可变换为应力 σ 与应变 ε 关系曲线，即应力—应变图，应力—应变图可用来表征材料在拉伸时的力学性能。

2. 低碳钢的拉伸力学性能

各种材料的应力—应变曲线各不相同，甚至相差甚大，在此我们选择低碳钢的拉伸试验进行分析，低碳钢是指碳的质量分数在 0.3% 以下的碳素钢，在工程结构中应用广泛，是最为常见的一种结构钢，而且拉伸时所表现的力学行为比较典型。下面我们观察低碳钢从开始加载直到拉断的全过程，并画出拉伸时的应力—应变曲线。

（1）观察低碳钢拉伸时的破坏现象（图 2.15～图 2.17）。

滑移线：随着载荷的增大，试件变形逐渐增加，当载荷增大到某一值时，试件表面沿着与轴线约 45°方向出现纹线，称为滑移线。

颈缩：继续增大载荷，试件将在某处出现颈缩现象，即局部变细。

拉断：颈缩继续发展，试件将在最小截面处被拉断。

(a)　　　　　　　　　　　　　　　　　(b)

图 2.15　低碳钢拉伸时的破坏现象（一）

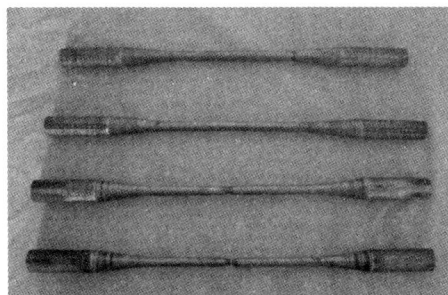

图 2.16　低碳钢拉伸时的破坏现象（二）

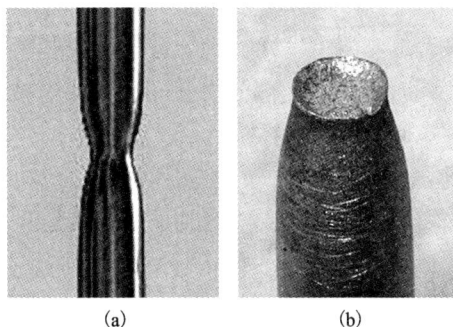

(a)　　　　(b)

图 2.17　低碳钢拉伸时的破坏现象（三）

（2）拉伸时的应力—应变曲线（$\sigma - \varepsilon$ 曲线）。

拉伸时的应力—应变曲线如图 2.18 所示，注意观察曲线显示拉伸过程的四个阶段及其特征点。

线弹性阶段 oa：此阶段应力与应变呈线性关系，材料服从虎克定律：$\sigma = E\varepsilon$，式中 E 为 oa 线的斜率，称它为弹性模量（或杨氏模量），常见金属材料中，碳钢 $E = 196 \sim 216$ GPa，铝合金 $E = 70$ GPa；a 点对应的应力为线弹性区的最大应力，称为比例极限，用 σ_p 表示，低碳

钢 A 的 $\sigma_p \approx 195$ MPa。应力超过比例极限 σ_p 后，应力和应变不再成正比，曲线 ab 段称为非线性弹性段，b 点对应的应力为 σ_e，它表示解除拉力（卸载）后试样能恢复原状的最大应力，称为弹性极限。应力超过弹性极限 σ_e 后，如再解除拉力，则试样中会出现不可恢复的变形，称为塑性变形或残余变形。一般材料的弹性极限值略高于比例极限，由于两者十分接近，所以工程上很少提及。

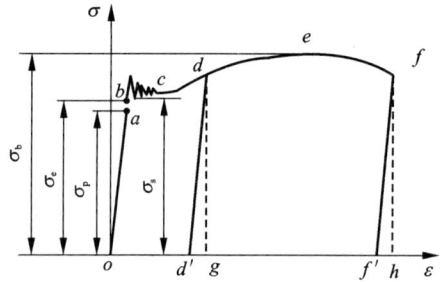

图 2.18　低碳钢拉伸时的应力—应变曲线

屈服阶段 bc：此阶段应力几乎不变，而变形却急剧增大，这种现象称为屈服或流动，45°方向的滑移线就出现在此阶段。材料发生屈服时的应力用 σ_s 表示，称为屈服极限（或屈服应力），由于屈服阶段应力有微小波动，通常把下屈服点（波动的下限）作为屈服极限。低碳钢的屈服极限 $\sigma_s \approx 230$ MPa。在工程实际应用中，通常忽略 σ_s 与 σ_p 的差别和屈服阶段的波动，把屈服阶段设为与应变轴平行的直线，即认为屈服阶段应力恒为 σ_s，这种屈服阶段模型称为理想塑性模型。到达屈服极限后材料将出现显著的塑性变形，对机械的某些零件，塑性变形将影响其正常工作，所以 σ_s 是衡量材料强度的重要指标。屈服现象是由金属中晶体的滑移造成的。表面磨光的低碳钢试样屈服后表面将出现与轴线大致成45°的条纹（图2.15），根据前面的分析，在45°斜截面上切应力最大，说明此条纹是剪切变形造成的滑移，称为滑移线。

强化阶段 cd：经历了屈服之后，由于塑性变形使材料的内部微观结构发生重大变化，材料又增强了抵抗变形的能力，此时，要使试件继续变形，需要增大应力，这种现象称为强化。强化阶段的最高点，试件开始出现颈缩，此时所对应的应力称为强度极限，用 σ_b 表示，低碳钢的 $\sigma_b \approx 380$ MPa。

颈缩阶段 ef：应力到达强度极限后，试样的塑性变形开始集中于某一部位，该处的截面积显著缩小[图2.17（a）]，这种现象称为颈缩。颈缩部分的局部变形导致试样总伸长迅速加大。同时由于颈缩部分横截面面积快速减小，试样承受的拉力明显下降，到 f 点试样在颈缩处被拉断，断口呈杯锥状[图2.17（b）]。在颈缩区域的各横截面不再相同，这时平面假设不再成立。

需要说明的是，颈缩段 $\sigma - \varepsilon$ 曲线的下降并不表示实际应力在随应变的增加而降低，事实上，从材料屈服开始，试样的横截面积就越来越明显地变小了，使真实应力（载荷除以缩小后的横截面面积）与名义应力（载荷除以变形前的横截面面积）的差别越来越大，颈缩处的真实应力仍是增加的。

3. 低碳钢卸载和重新加载时的力学性能

低碳钢卸载和重新加载时的力学性能如图2.18所示。

（1）弹性变形：卸载之后能够恢复的变形称为弹性变形。材料在线弹性阶段 oa 的任何瞬时卸载均沿原路线返回，当载荷卸到零时，变形完全消失。若重新加载，则仍按原路线进行。

（2）塑性变形：卸载之后不能恢复的变形称为塑性变形或残余变形。材料在超过屈服极限时出现塑性变形，如在任一点 d 开始卸载，则不沿原路线返回，而是沿着与线弹性线 oa 相平行的 dd' 返回，这一规律称为卸载定律。卸载定律也同样可以应用于屈服阶段和颈缩阶段。

从图 2.18 中可以看出，d 点的应变 $\varepsilon = \overline{og}$，它由两部分组成，一部分是卸载中消失的弹性变形 $\varepsilon_e = \overline{d'g}$，另一部分是卸载中没有消失的塑性变形 $\varepsilon_p = \overline{od'}$，因此，超过弹性极限后的 $\sigma - \varepsilon$ 曲线上的任意一点，有

$$\varepsilon = \varepsilon_e + \varepsilon_p , \ (\sigma > \sigma_e) \tag{2.6}$$

由此可知，图 2.18 中的 $\overline{of'}$ 即为材料的延伸率。

卸载后如在短期内再次加载，则 $\sigma - \varepsilon$ 曲线基本上沿卸载时的斜直线 $d'd$ 上升，到 d 点后再按 def 变化。常温下预先拉伸到强化阶段然后卸载，当再次加载时，可使比例极限提高，但降低了塑性，这种现象称为加工硬化或冷作硬化。起重钢索、传动链条等就经常利用加工硬化进行预拉，以提高弹性承载能力。

4. 衡量材料塑性的指标

试件断裂时的塑性变形或残余变形最大，材料能经受较大塑性变形而不被破坏的特性称为塑性或延性，通常用延伸率和断面收缩率衡量。

延伸率：试件断裂后的长度 l_1 减去原长 l 再除以原长的百分比，如图 2.19 所示。

$$\delta = \frac{l_1 - l}{l} \times 100\%$$

显然，拉断时塑性变形 Δl_0 越大，δ 也就越大，故伸长率可以用作衡量材料塑性的指标。低碳钢的 $\delta = 25\% \sim 30\%$，通常情况下，延伸率 $\delta \geqslant 5\%$ 的材料称为塑性材料，如低碳钢、黄铜、铝合金等，而 $\delta < 5\%$ 的材料称为脆性材料，如灰铸铁、玻璃、陶器、石料等。

断面收缩率 Ψ：试件原面积 A 减去断裂后断口处的面积 A_1 再除以原面积的百分比，如图 2.19 所示。

$$\Psi = \frac{A - A_1}{A} \times 100\%$$

可见，断面收缩率也可以作为塑性性能的衡量指标，低碳钢的 $\Psi \approx 60\%$。

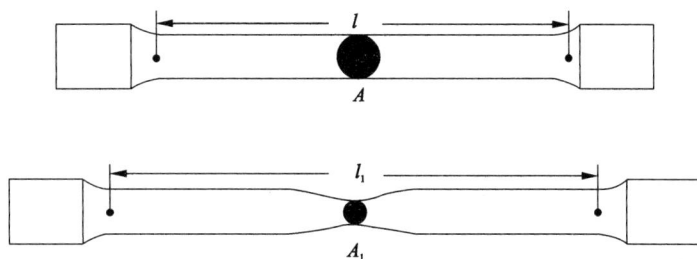

图 2.19 断裂试件的断面收缩变形

2.6 其他常用材料的力学性能

1. 塑性材料的拉伸力学性能

图 2.20 所示为其他几种常用金属材料拉伸时的应力—应变曲线。由图 2.20 可以看出，由于材料成分、晶体结构、热处理方式等的不同，材料的应力—应变曲线有较大的差异，它

们在断裂时虽也有较大的塑性变形,但与低碳钢不同的是它们没有明显的屈服阶段,所以工程上规定其塑性变形为 0.2% 时对应的应力为名义屈服应力或名义屈服极限(offset yield stress),用 $\sigma_{p0.2}$ 表示(图2.21)。

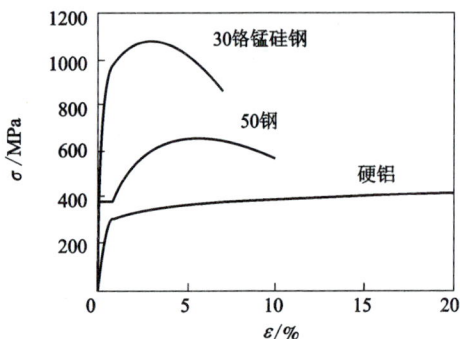

图2.20　其他常用金属材料拉伸时的应力—应变曲线

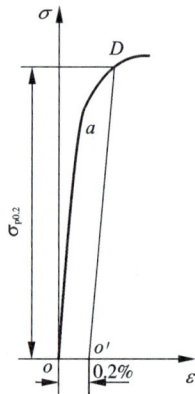

图2.21　其他金属材料名义屈服应力

2. 脆性材料的拉伸力学性能

图 2.22(a)所示为铸铁拉伸时的应力—应变曲线,铸铁从开始加载直至破坏,变形很小,且无屈服、颈缩等现象,拉伸强度极限很低,强度极限 σ_b 是衡量其强度的唯一指标,如图 2.22(a)所示。由于铸铁内部结构缺陷较多,拉伸过程中的弹性模量随变形变化,即弹性阶段表现出非线性,为便于应用,工程上常采用割线法给出其等效刚度,近似为线性模型处理。铸铁拉断时的断口垂直于试样轴线,呈粗糙颗粒状,破坏断口如图 2.22(b)所示。显然,工程上应避免铸铁受拉。

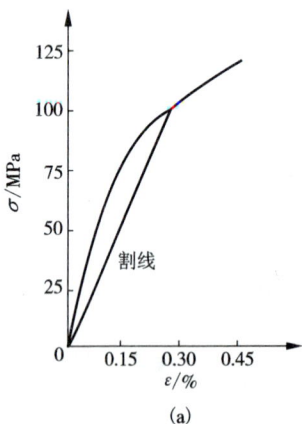

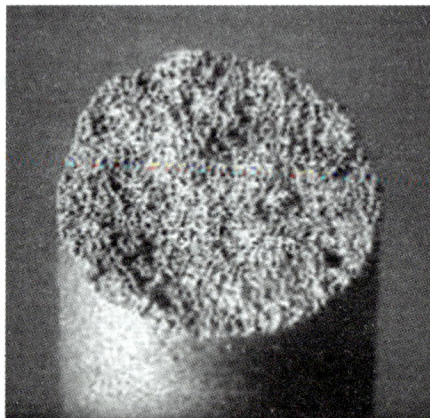

(a)

(b)

图2.22　铸铁拉伸时的应力—应变曲线及其断口照片

3. 先进复合材料的拉伸力学性能

随着生产的飞速发展,先进的复合材料(composite material)得到广泛应用,尤其在航空航天等现代工程技术领域。复合材料由两种或两种以上的材料通过缠绕、编制或层合等不同方式复合而成，能够根据结构承载特性和需求进行人为设计，充分发挥各种材料的优点，取长补短。碳纤维增强环氧基体即碳/环氧就是一种常用的复合材料，由于它是各向异性材料（力学性能随加力方向而变），所以其应力—应变曲线沿纤维方向拉伸强度最大(a 线），沿倾斜方向次之(b 线），垂直于纤维方向拉伸强度最小(c 线），如图 2.23 所示。复合材料断裂时的残余变形很小。

4. 高分子材料的拉伸力学性能

高分子材料也是常见的工程材料，由于分子结构的差异，其力学性能差异很大。图 2.24 为几种典型高分子材料的拉伸应力—应变图。有些高分子材料在变形很小时即发生断裂，即属于脆性材料，而有些高分子材料的伸长率甚至高达 500% ~ 600%。

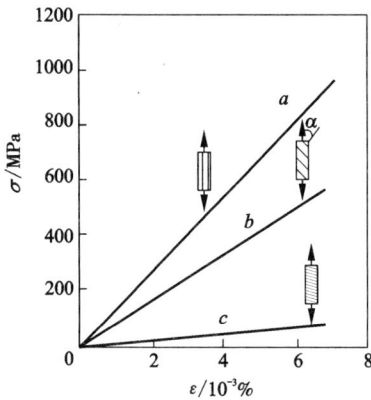

图 2.23　复合材料拉伸的 $\sigma - \varepsilon$ 曲线

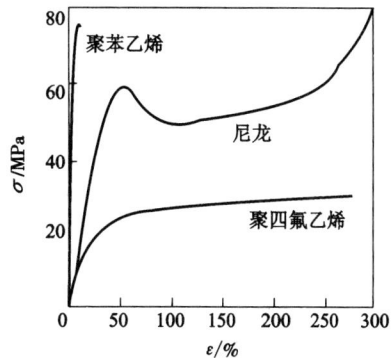

图 2.24　几种典型高分子材料的拉伸应力—应变图

高分子材料的一个显著特点是，随着温度升高，不仅应力—应变曲线发生很大变化，而且，材料经历了由脆性、塑性到黏弹性的转变。所谓黏弹性，是指材料的变形不仅与应力的大小有关，而且与应力作用所持续的时间也有关。

5. 材料的压缩力学性能

压缩试件采用短而粗的圆柱形试件，以避免压缩时出现失稳现象。

（1）塑性材料：图 2.25 所示为低碳钢的压缩应力—应变曲线，虚线为拉伸时的对比曲线。显然，屈服之前，压缩曲线与拉伸曲线吻合，所以拉压屈服应力 σ_s 与拉压弹性模量 E 也大致相同。屈服之后，压缩曲线与拉伸曲线分开，在低碳钢压缩变形过程中，试件屈服之前变形很小，屈服之后变形越来越明显，加上试件端面与夹头端面之间的摩擦力作用，试件形成腰鼓状，继续增大压力，试件越压越扁，最后变成饼状。也有部分塑性金属压缩时并不都像低碳

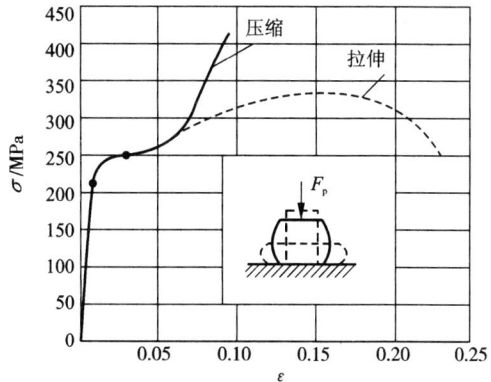

图 2.25　低碳钢的压缩应力—应变曲线

钢那样越压越扁,而是沿斜面破裂,图2.26所示为铝青铜(延伸率$\delta = 13\%$)试样和硬铝($\delta = 12\%$)试样压缩断裂后的情形。

(a)	(b)	(c)

图2.26 试样压缩断裂实物图

(2)脆性材料:图2.27所示为铸铁的压缩应力—应变曲线,试样在较小的变形下突然破坏,破坏断面的法线与轴线成$45° \sim 55°$的倾角,如图2.26(b)所示,表明试样的上、下两部分沿上述斜面产生了相对错动,其压缩强度极限是拉伸强度极限的$3 \sim 4$倍,因此,工程上常用铸铁等脆性材料作为受压构件,或将其设计成机器底座。砖石等材料的压缩性能与灰口铸铁类似,但其断裂倾角更大,应变更小,通常会先发生纵向破坏,如图2.26(c)所示。

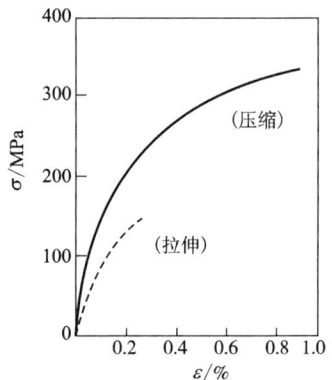

图2.27 铸铁压缩的$\sigma - \varepsilon$曲线

由于铸铁、混凝土、石料、玻璃等脆性材料的抗压强度远比抗拉强度高,所以宜设计成抗压构件,应尽量避免承受大的拉伸载荷,因此,脆性材料的压缩试验通常比拉伸试验重要。

常用材料的力学性质由试验获取,可查附录A。

2.7 拉(压)杆的强度计算

1. 材料的强度指标

(1)极限应力。

根据上面两节的试验结果可知,塑性材料发生屈服后就会产生较大的塑性变形,这对许多承力构件来说是不允许的。对塑性材料而言,其破坏判据是屈服极限σ_s,而对脆性材料而言,其破坏判据就是断裂时的强度极限σ_b。σ_s和σ_b统称为材料的极限应力或危险应力,用$\sigma°$表示。

(2)许用应力。

为了充分发挥材料的潜力,理想的情况是:由计算所得的应力(或称工作应力)等于或接近于材料的极限应力，即 σ°，但这样做并不安全。这是因为计算时载荷估算并不准确，构件几何尺寸的测量也有误差，再加上材料本身的不均匀与存在缺陷等因素，导致实际构件和标准试件的试验值不符合。为了确保构件的安全，工程上取一个大于 1 的系数除极限应力 σ°，得到一个低于极限应力的容许值，称为许用应力，用 $[\sigma]$ 表示，即

$$[\sigma] = \frac{\sigma^\circ}{n} \qquad (2.6)$$

式中：n 为大于 1 的安全系数（safety factor），它根据经验和多种因素确定。在确定 n 时，一般应综合考虑多方面的因素：①材料性能方面的差异因素，如在冶炼、加工过程中，不同批次材料的成分和强度都会有微小差异，甚至同一材料的不同部分的性能也会有微小差异；②在结构或机器的使用期限内的加载次数因素，如绝大多数结构或机器在"服役"期都要经历多次"启动（加载）—运行（载荷维持不变）—停车（卸载）"的过程，由于微损伤、老化等因素，材料的强度将随着加载和卸载次数的增加而减小；③设计时所考虑的载荷类型因素，如绝大多数设计载荷是很难精确已知的，只能是工程估算的结果，此外，使用场合的变化或变更也会引起实际载荷的变化，计算动载荷、循环载荷以及冲击载荷作用时，安全系数要取得稍大些；④可能发生的失效形式因素，如脆性材料失效（断裂）前没有明显的预兆，是突然发生的，会带来灾难性后果，而韧性材料失效时有明显的变形，并且失效后还能够保持一定的承载能力，前一种情形下，一般取较大的安全系数，后一种情形取较小的安全系数；⑤分析方法的不精确性因素，如所有工程设计方法，都是以一定的假设为基础进行简化的，由此得到的计算应力只是实际应力的近似，方法的精度越高，安全系数越小；⑥由于保养不善或其他自然因素引起的损伤，对于在腐蚀或锈蚀等难以控制甚至难以发现的条件下工作的构件，安全系数应取大些。

综上所述，选择安全系数的总原则是既安全又经济。根据不同工程部门对结构和构件的要求，正确选择安全系数是重要的工程任务。绝大多数情形下都是由工业部门乃至国家规定的，可从有关规范和设计手册中查到，一般在静载下，对于塑性材料，按照屈服应力或名义屈服应力所规定的安全系数 n_s，取值为 1.2~2.5；对于脆性材料，按照强度极限所规定的安全系数 n_b，取值为 2.0~5.0，甚至更大。

2. 强度条件

由以上分析可知：为了保证构件在工作时的安全，其最大应力不得超过材料的许用应力。

对于塑性材料：因材料的拉、压许用应力相等，即 $[\sigma]^+ = [\sigma]^- = [\sigma]$，要求

$$\sigma_{max} = \frac{N_{max}}{A} \leqslant [\sigma] \qquad (2.7)$$

对于脆性材料，因材料的拉压许用应力不等，$[\sigma]^+ \neq [\sigma]^-$，要求其最大拉应力不得超过材料的许用拉应力，而最大压应力不得超过材料的许用压应力，即

$$\sigma_{max}^+ \leqslant [\sigma]^+, \quad \sigma_{max}^- \leqslant [\sigma]^- \qquad (2.8)$$

3. 拉压杆的强度计算

以上各式称为强度条件。用强度条件可以解决以下三方面问题：如已知外载荷、构件尺寸和材料，对构件进行强度校核；已知外载荷、构件尺寸，可计算出最大应力 σ_{max}；已知材料，可知许用应力 $[\sigma]$，如果 σ_{max} 小于 $[\sigma]$，即满足强度要求，说明设计的构件在外力作用下能安全工作。如果 σ_{max} 大于 $[\sigma]$，则不满足强度要求，必须修改设计。但是，如果 σ_{max} 大于

$[\sigma]$但不超过 5% , 工程上是允许的。

$$A = \frac{N_{\max}}{[\sigma]} \tag{2.9}$$

如已知构件和结构的尺寸和材料, 计算构件承受的最大轴力, 然后根据平衡条件确定许用载荷(或称最大载荷、承载能力)。

$$[N] = A[\sigma] \tag{2.10}$$

对于由若干杆件组成的桁架和结构, 许用载荷是指某根杆首先达到许用应力时的载荷。

4. 例题

例题2.3   如图 2.28(a)所示阶梯形圆截面杆, 已知 $D = 20$ mm, $d = 16$ mm, $P = 8$ kN, 材料的屈服极限 $\sigma = 240$ MPa, 安全系数 $n = 2$, 试校核此杆的强度。

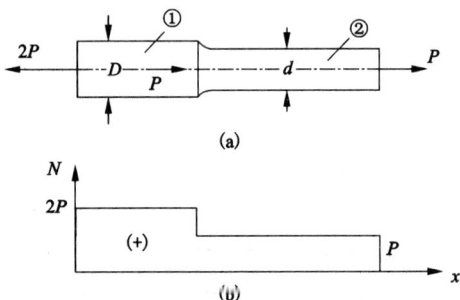

(a)

(b)

图 2.28 轴向力作用下的阶梯形圆截面杆

解:

(1)求各段轴力, 并画出轴力图[图 2.28(b)];

(2)求最大应力。

在此题中, 轴力大的一段横截面大, 轴力小的一段横截面小, 所以必须分别计算出各段的应力, 然后进行比较, 方能确定最大应力的值:

第①段 $\sigma_1 = \dfrac{N_1}{A_1} = \dfrac{2P \times 4}{\pi D^2} = \dfrac{2 \times 8 \times 4 \times 10^3}{\pi \times 20^2} = 50.93$ MPa;

第②段 $\sigma_2 = \dfrac{N_2}{A_2} = \dfrac{P \times 4}{\pi d^2} = \dfrac{8 \times 4 \times 10^3}{\pi \times 16^2} = 39.79$ MPa,

故 $\sigma_{\max} = \sigma_1 = 50.93$ MPa

(3)计算许用应力$[\sigma] = \dfrac{\sigma_s}{n} = \dfrac{240}{2} = 120$ MPa

(4)校核强度 $\sigma_{\max} < [\sigma]$, 满足强度要求。

例题2.4   如图 2.29(a)所示结构, AB 为刚体, 杆①和杆②为弹性体。已知两杆的材料相同, $[\sigma]_1 = [\sigma]_2 = [\sigma] = 160$ MPa, 面积为 $A_1 = 400$ mm², $A_2 = 300$ mm², 试确定许用载荷。

解:

(1)受力图如图 2.29(b)所示, 由平衡条件确定各杆的轴力与载荷之间的关系式为

$$N_1 = 2/(3P), \quad N_2 = P/3$$

(2)由杆①的强度条件确定结构的许用载荷

$\sigma_1 = \dfrac{N_1}{A_1} \leqslant [\sigma]$, 代入 N_1, 得

$$P = \frac{3}{2}A_1[\sigma] = \frac{3}{2} \times 400 \times 160 = 96000 \text{ N} = 96 \text{ kN}$$

(3)由杆②的强度条件确定结构的许用载荷

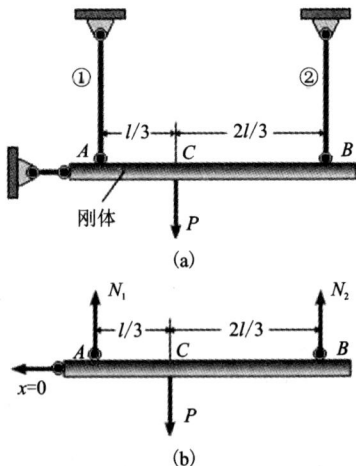

(a)

(b)

图 2.29 杆架结构

$\sigma_2 = \dfrac{N_2}{A_2} \leq [\sigma]$，代入 N_2，得

$$P = 3A_2[\sigma] = 3 \times 300 \times 160 = 144000 \text{ N} = 144 \text{ kN}$$

为使结构安全可靠，应取两者的较小值作为结构的许用载荷，即 $[P] = 96$ kN。

例题 2.5 例题 2.4 中，如果允许 P 的作用点改变，试问当 P 作用在何处时，结构所承担的载荷最大？并求此时的载荷。

解：设载荷 P 作用在 x 处：

(1) 杆①和杆②的轴力为

$$N_1 = \frac{l-x}{l}P; \quad N_2 = \frac{x}{l}P$$

(2) 由杆①的强度条件，得

$$(l-x)P = lA_1[\sigma] \qquad (a)$$

(3) 由杆②的强度条件，得

$$Px = lA_2[\sigma] \qquad (b)$$

(4) 联解式（a）和式（b），得 $x = \dfrac{3}{7}l$。

图 2.30 载荷移动下的杆架结构

(5) 最大载荷为

$$[P] = A_1[\sigma] + A_2[\sigma] = 400 \times 160 + 300 \times 160 = 112000 \text{ N} = 112 \text{ kN}$$

可见，调整了载荷的作用点之后，可做到等强度，此时用上式计算出的最大载荷不仅满足两杆的强度条件，而且满足平面力系所有的有效平衡方程。与例题 2.4 相比，最大载荷提高了 16.7%，这就是合理设计或优化设计。

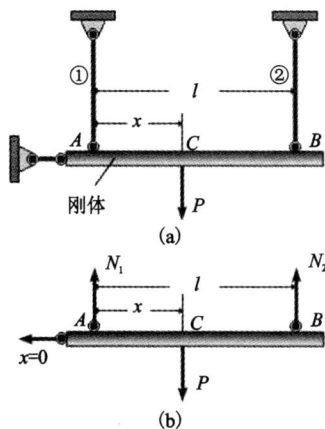

2.8 杆件轴向拉伸或压缩时的变形

1. 概述

本节研究直杆的轴向变形，目的如下：

(1) 分析杆件的拉压刚度问题。工程上的受力构件，除了要满足强度条件外，有时还要满足刚度条件，以限制其变形或位移不得超过规定的数值，即 $\delta \leq [\delta]$。$[\delta]$ 为变形或位移的允许值，它根据设计要求而定。

(2) 为解决静不定问题（或超静定问题）准备必要的知识。因为静不定问题的所有未知力不能仅仅靠平衡方程确定，必须借助于结构的变形协调关系所建立的补充方程，才能求出全部未知力。

2. 纵向变形与横向变形

图 2.31 所示的拉杆，变形前长为 l，直径为 d；变形后长为 l'，直径为 d'，定义如下符号：

纵向变形

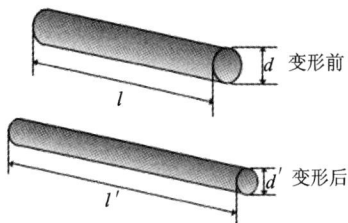

图 2.31 拉杆变形示意图

$$\Delta l = l' - l$$

纵向应变

$$\varepsilon = \frac{\Delta l}{l} \tag{2.11}$$

横向变形

$$\Delta d = d' - d$$

横向应变

$$\varepsilon' = \frac{\Delta d}{d} \tag{2.12}$$

3. 虎克定律和泊松比

试验表明:当应力小于比例极限时,应力与应变成正比。这就是虎克定律(Hooke's law)。

$$\varepsilon = \frac{\sigma}{E}, \ \sigma < \sigma_{\mathrm{p}} \tag{2.13}$$

式中:E 为弹性模量或杨氏模量(Young's modulus),它的量纲是[力]/[长度]^2,国际单位制中用 GPa 表示,1 GPa = 10^3 MPa = 10^9 Pa。

试验表明:当应力小于比例极限时,横向应变与纵向应变成正比。

$$\mu = -\frac{\varepsilon'}{\varepsilon} \tag{2.14}$$

式中:比例常数 μ 称为泊松比。此关系式为法国数学家泊松(Poisson,1781—1840)发现,故而得名。

对常用金属材料

$$\varepsilon' = -\mu\varepsilon = -\mu\frac{\sigma}{E}, \ \frac{1}{4} < \mu < \frac{1}{3} \tag{2.15}$$

弹性模量 E 与泊松比 μ 都是材料的弹性常数,对于各向同性材料,E 和 μ 均与方向无关。常用材料的 E 和 μ 见表 2.1。

表 2.1　常用材料的 E 和 μ

弹性常数	钢与合金钢	铝合金	铜	铸铁	木(顺纹)
E/GPa	200 ~ 220	70 ~ 72	100 ~ 120	80 ~ 160	8 ~ 12
μ	0.25 ~ 0.30	0.26 ~ 0.34	0.33 ~ 0.35	0.23 ~ 0.27	—

4. 变形基本公式、柔度与刚度

(1)变形基本公式。

如用 N 代表杆中轴力,A 代表杆的截面面积,并将式(2.11)和式(2.13)联立,则有

$$\varepsilon = \frac{\Delta l}{l} = \frac{\sigma}{E} = \frac{N}{EA}$$

于是有

$$\Delta l = \frac{Nl}{EA} \tag{2.16}$$

式(2.16)为虎克定律的另一种表达式。它表明杆的轴向变形与轴力和杆长成正比,而与乘积 EA 成反比,EA 称为杆截面的抗拉压刚度。显然,在一定的轴向载荷下,截面刚度越大,

轴向变形越小。

（2）柔度与刚度的定义。

柔度为单位轴力产生的纵向变形；刚度为产生纵向单位变形所需要的轴力。

定义：

$$\lambda = \frac{l}{EA}$$

$$C = \frac{EA}{l} = \frac{1}{\lambda} \qquad (2.17)$$

式中：λ 为拉压杆的柔度（compliance）；C 为拉压杆的刚度（stiffness）。

5. 计算多力杆变形的方法

（1）变形累加法（method of deformation accumulation）。

根据各段的轴力，先分段计算变形，然后再求代数和（设定伸长为正，缩短为负）。

例题 2.6　如图 2.32 所示的杆件同时受到 P_1 和 P_2 的作用，试求总变形。

解： 第一段：$\Delta l_1 = \dfrac{N_1 l}{EA} = \dfrac{Pl}{EA}$（伸长）

第二段：$\Delta l_2 = \dfrac{N_2 l}{EA} = \dfrac{2Pl}{EA}$（伸长）

总变形：$\Delta l = \Delta l_1 + \Delta l_2 = \dfrac{Pl}{EA} + \dfrac{2Pl}{EA} = \dfrac{3Pl}{EA}$（伸长）

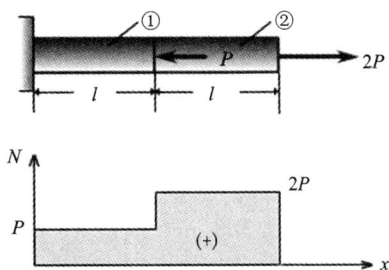

图 2.32　多力杆的变形累加法

（2）迭加法（superposition method）。

例题 2.7　如图 2.33 所示的杆件，现分别计算 P_1 和 P_2 单个作用时杆的轴向变形，然后迭加。

解： 在 $2P$ 的作用下：$\Delta l' = \dfrac{2P \cdot 2l}{EA} = \dfrac{N' \cdot 2l}{EA} = \dfrac{4Pl}{EA}$（伸长）

在 P 的作用下：$\Delta l'' = \dfrac{N'' \cdot l}{EA} = -\dfrac{Pl}{EA}$（缩短）

总变形为：$\Delta l = \Delta l' + \Delta l'' = \dfrac{4Pl}{EA} - \dfrac{Pl}{EA} = \dfrac{3Pl}{EA}$（伸长）

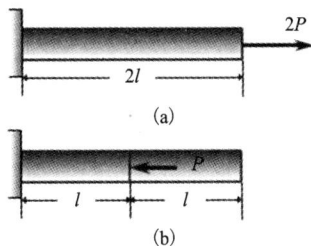

图 2.33　多力杆的变形迭加法

由此可以看出，若干载荷同时作用时产生的变形，等于单个载荷分别作用时产生的变形之和，这就是迭加原理。显然，只有当因变量与自变量成线性关系时，迭加原理才成立。由于本书主要研究的问题是线弹性问题，即杆的内力、应力及变形均与外载荷成线性关系，所以，通常可使用迭加原理进行分析计算，此方法称为迭加法。

6. 例题

例题 2.8　图 2.34 所示为空心圆管，在轴力 P 作用下，测得纵向应变为 ε。已知材料的弹性模量和泊松比，试求圆管截面面积以及壁厚 t 和外径 D 的改变量。

解：

用应力公式和虎克定律：$\sigma = \dfrac{P}{A} = E\varepsilon$，则 $A = \dfrac{P}{E\varepsilon}$。

壁厚方向的改变(即横向应变)为 $\varepsilon' = -\mu\varepsilon = \dfrac{\Delta t}{t}$, 得: $\Delta t = -\mu\varepsilon t$。

外径改变量可由周向应变(即横向应变)求得: $\varepsilon' = -\mu\varepsilon = \dfrac{\pi D_1 - \pi D}{\pi D} = \dfrac{\Delta D}{D}$($D_1$ 为变形后的外径),得 $\Delta D = -\mu\varepsilon D$。

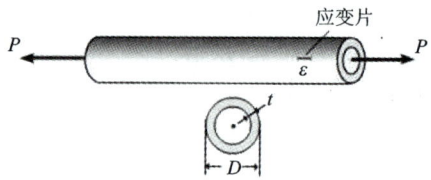

图 2.34　空心圆管示意图

例题 2.9　图 2.35 所示为桁架,试确定载荷 P 引起的 BC 杆的变形。已知 $P = 40$ kN, $a = 400$ mm, $b = 300$ mm, $E = 200$ GPa, $A = 150$ mm^2。

解:

$$N_{BC} = \frac{5}{16}P = -12.5 \text{ kN(压)}$$

$$\Delta l_{BC} = \frac{N_{BC}l_{BC}}{EA} = -\frac{12.5 \times 10^3 \times 500}{200 \times 10^3 \times 150}$$

$$= -0.208 \text{ mm(缩短)}$$

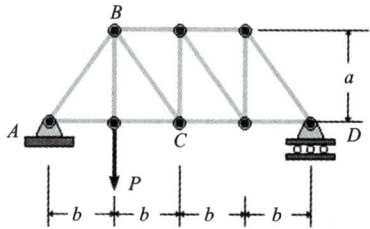

图 2.35　桁架示意图

2.9　桁架的节点位移

计算节点位移可采用以切线代圆弧的方法——切线法。桁架变形通常用节点的位移表示,以下以图 2.36(a)所示的桁架为例,介绍用切线代圆弧的方法求节点位移。

例题 2.10　如图 2.36(a)所示桁架,杆①和杆②为钢质,$E = 200$ GPa。横截面积 $A_1 = 200$ mm^2, $A_2 = 250$ mm^2,杆①长度 $l_1 = 2$ m。试求 $P = 10$ kN 时,节点 A 的位移。

解:(1)求轴力。采用节点法计算两杆的轴力。由节点 A 的平衡条件[图 2.36(b)]可得杆①、杆②的轴力分别为

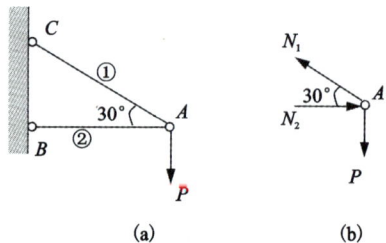

图 2.36　桁架

$$F_{N1} = \frac{P}{\sin\theta} = 20 \text{ kN(拉伸)}$$

$$F_{N2} = F_{N1}\cos\theta = 17.3 \text{ kN(压缩)}$$

(2)计算变形。由前面知识易得

$$\Delta l_1 = \frac{F_{N1}l_1}{EA_1} = \frac{200 \times 10^3 \times 2 \times 10^3}{200 \times 10^3 \times 200} = 1 \text{ mm}$$

$$\Delta l_2 = \frac{F_{N2}l_2}{EA_2} = \frac{17.3 \times 10^3 \times 1.73 \times 10^3}{200 \times 10^3 \times 250} = 0.6 \text{ mm}$$

(3)求 A 点位移。加载前,两杆通过铰节点 A 相连,加载后,尽管两杆发生变形,但依然通过铰节点 A 相连。因此,变形后的 A 点是分别以 C 点和 B 点为圆心,以 CD 和 BE 为半径

所作圆弧的交点 A''。由于变形很小，上述弧线可近似地用切线代替，于是过 D 点和 E 点分别作 CD 和 BE 的垂线，其交点 A' 即可视为 A 的新位置（图 2.37）。

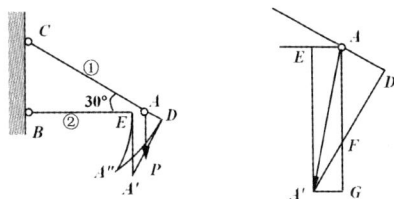

图 2.37 桁架变形

因此，A 点的水平位移和垂直位移为

$$\Delta_{Ax} = \overline{AE} = \Delta l_2 = 0.6 \text{ mm}$$

$$\Delta_{Ay} = \overline{AG} = \overline{AF} + \overline{FG} = \frac{\Delta l_1}{\sin 30°} + \frac{\Delta l_2}{\tan 30°} = \frac{1}{0.5} + \frac{0.6}{0.577} = 3.04 \text{ mm}$$

在上例中，节点 A 的位移也可采用代数方法求解，具体步骤如下：
前两步同上，但根据正负号定义有

$$\Delta l_1 = 1 \text{ mm}, \quad \Delta l_2 = -0.6 \text{ mm}$$

设 A 点位移为 $(\Delta_{Ax}, \Delta_{Ax})$，$B$、$C$ 点位移为 0，代入上式，有

$$\begin{cases} \Delta l_1 = \Delta_{Ax}\cos(-30°) + \Delta_{Ay}\sin(-30°) \\ \Delta l_2 = \Delta_{Ax}\cos(0°) + \Delta_{Ay}\sin(0°) \end{cases}$$

求解代数方程有

$$\Delta_{Ax} = -0.6 \text{ mm}, \quad \Delta_{Ay} = -3.04 \text{ mm}$$

负号表明 A 点位移方向为左下方，与前面结果一致。

应该指出，在小变形条件下，通常可按结构原有几何形状和尺寸计算支反力和内力，也可采用以切线代圆弧的方法确定位移。利用小变形概念，可以使许多问题的分析计算大为简化。实际上从推导过程可以看出，通过应用小变形假设得到的方程为线性方程，而线性问题才可以应用上一节给出的迭加原理。

小变形是一个重要概念，在小变形条件下，通常可按结构原几何尺寸计算支反力和内力，并可采用上述切线代圆弧的方法确定简单桁架节点位移和杆的转角，使问题的分析大为简化。

2.10 简单静不定杆系

1. 静定问题与静不定问题

（1）什么是静定问题？

仅利用平衡方程就可求出所有的未知力（含支反力和内力），这类问题称为静定问题，相应的结构称为静定结构。此时未知力个数与有效平衡方程数目相等[图 2.38(a)]。

（2）什么是静不定问题？

仅利用平衡方程不能求出所有的未知力，此时未知力个数大于有效平衡方程数目，这类问题称为静不定问题，相应的结构称为静不定结构。如果在图 2.38(a) 所示的静定桁架的基础上增加杆③[图 2.38(b)]，则未知轴力有三个，而有效平衡方程只有两个，即属于静不定问题。

2. 静不定度和多余约束

静不定度就是未知力个数减去有效平衡方程的数目。图 2.38(b) 所示的桁架未知力有三个，而有效的平衡方程只有两个，就是一度静不定。

多余约束是指相对平衡来说不需要的约束。图 2.38(b) 所示的杆③就可视为多余约束，因为即使去掉它，结构仍然保持平衡，当然也可将杆①或杆②视为多余约束。可见多余约束的选择并不是唯一的，对一个静不定结构来说，不论怎样选择多余约束，它的多余约束数目

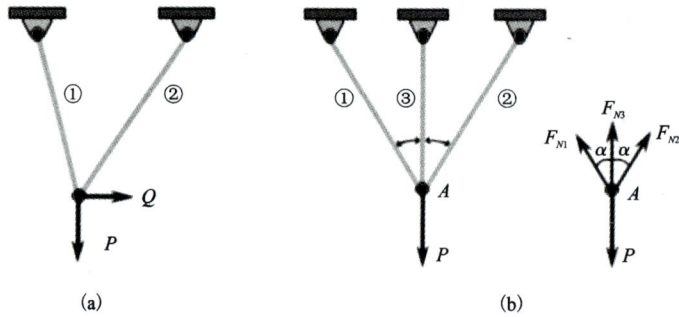

图2.38 静定与静不定桁架结构

必等于静不定度。需要指出：多余约束虽对平衡来说是多余的，但对许多工程结构是必需的，可用以提高结构的强度、刚度和生存力。

3. 静不定杆系的解法

由上可知，解静不定问题时仅仅满足平衡方程是不够的，必须寻找补充方程。由于变形与受力密切相关，所以要从变形入手找到桁架变形的协调条件，进而代入虎克定律，得到求解的补充方程。因此，求解静不定问题必须满足三方面的条件：平衡方程、协调条件和物理条件(即虎克定律)。由协调条件和物理条件得到的补充方程应与静不定度数目一样。将平衡方程和补充方程联解，即可求得全部未知力。下面介绍求解简单静不定杆系的方法。

图2.38(b)所示的对称桁架，它有三个未知力，而有效平衡方程只有两个，故为一度静不定，只需要一个补充方程。

平衡方程：

$$\left.\begin{array}{l} \sum x = 0, \ N_1 = N_2 \\ \sum y = 0, \ 2N_1\cos\alpha + N_3 = P \end{array}\right\} \tag{2.18}$$

变形协调条件：变形协调条件是根据结构可能的变形状态建立的，只要结构不被破坏，变形前各杆连在一起，变形后仍然连在一起。用切线代圆弧的方法画出它的变形图，然后根据变形图的几何关系即可找到协调条件。假设该结构是对称的，即杆①和杆②的长度、材料和截面积都一样，故它们的伸长也一样。根据切线法，结构的可能的变形状态是节点垂直下移，于是有变形协调条件

$$\Delta l_1 = \Delta l_3 \cos\alpha \tag{2.19}$$

将虎克定律(物理条件)代入式(2.19)，得补充方程

$$\frac{N_1 l_1}{E_1 A_1} = \frac{N_3 l_3}{E_3 A_3}\cos\alpha \tag{2.20}$$

联解式(2.19)和式(2.20)，并令杆①和杆③的截面刚度比为 $\frac{E_3 A_3}{E_1 A_1} = n$，即可求出各杆轴力的表达式为 $N_1 = N_2 = \frac{P\cos^2\alpha}{n + 2\cos^3\alpha}$，$N_3 = \frac{nP}{n + 2\cos^3\alpha}$。

分析：在静定结构中，内力按平衡条件分配，与各杆刚度增加无关。对静不定结构则不然，由上面各杆轴力的表达式可知，静不定杆系的轴力不仅决定于外载荷，而且与杆的抗拉(压)刚度有关。一般来说，增大某杆刚度，该杆轴力也相应增大，这是静不定问题的一个重要特点。显然，上述轴力随刚度比 n 的增大而重新分配。可知，当杆③的刚度趋于零时(即 n

→0），它不能受力，所有的载荷均由杆①和杆②承受；随着杆③刚度增大（即 n 增大），杆③的轴力也相应增大，当杆③的刚度趋于无限大时，所有的载荷均由杆③承受。

求出各杆轴力后，应力和变形的计算以及强度条件的应用均与静定问题类似。

例题 2.11　图 2.39 所示结构，AB 为水平刚性梁，由两根弹性杆支承，已知两杆的截面刚度均为 EA，试求两杆的轴力。

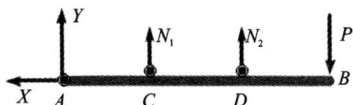

图 2.39　水平刚性梁受力图

解：平衡方程：

$$\sum m_A = 0 \text{ , } N_1 + 2N_2 = 3P \tag{a}$$

协调条件：

此结构可能的变形状态为刚性杆 AB 绕节点 A 转动。

杆①和杆②变形之间有如下协调关系：

$$2\Delta l_1 = \Delta l_2 \tag{b}$$

补充方程：

式（b）代入虎克定律，得

$$2\frac{N_1 l}{EA} = \frac{N_2 l}{EA} \tag{c}$$

联解式（a）和式（c），得 $N_1 = \dfrac{3}{5}P$，$N_2 = \dfrac{6}{5}P$。

例题 2.12　图 2.40 所示为等截面杆，两端固定，在 C 处作用一集中力 P，试求杆端的支反力。

解：该杆所受的力为一共线力系，有效平衡只有一个，而未知力为两个，故为一度静不定。

平衡方程：

$$R_A + R_B = P \tag{a}$$

协调条件：

该杆各段均有变形，由于两端固定，杆的总变形必为零，即

$$\Delta l = \Delta l_{AC} + \Delta l_{CB} = 0 \tag{b}$$

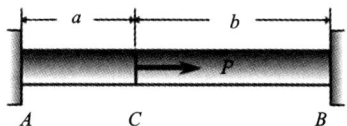

(a)

(b)

图 2.40　集中力作用下的两端固定支杆

补充方程：

各段轴力：$N_{AC} = R_A$，$N_{CB} = -R_B$；各段变形：$\Delta l_{AC} = \dfrac{R_A a}{EA}$，$\Delta l_{CB} = \dfrac{-R_B b}{EA}$，代入式（b），得

$$R_A a - R_B b = 0 \tag{c}$$

联解式（a）和式（b），得

$$R_A = \frac{Pb}{a+b}, R_B = \frac{Pa}{a+b}（正号说明所设支反力的方向正确）$$

2.11　装配应力和温度应力

1. 概述

在加工结构的杆件时，其长度等尺寸不可避免地会有微小误差，这种微小误差对于静定

杆系来说,装配时不会引起应力,例如前述静定桁架,如果杆 AC 制造得比设计尺寸稍长 Δ,两杆仍可自由装配在另一点 C'',不需强制,两杆变形可以自由协调,因而不会产生装配应力。如果误差 Δ 是由杆 AC 升温造成的,同样不会产生温度应力。然而,对于静不定杆系来说,如果某杆有微小的制造误差,则必须要采取强制的方法进行装配,这样产生的应力称为装配应力或预应力。同样由于温度的变化使某杆发生微小的伸长或缩短,也会在静不定杆系中产生应力,称为温度应力或热应力。

2. 装配应力

图 2.38(b)所示的静不定桁架,杆③制造得比设计尺寸短 Δ,下面研究装配应力的生成,并介绍装配应力的求解方法。施加强制装配力:使弹性杆③伸长 Δ,并和杆①、杆②在节点 C 处相连。

释放强制装配力:杆③的变形将回弹一部分,于是带动节点 C 上移至 C',装配后的桁架,三根杆在 C' 相连。

变形图:装配后杆③伸长 Δl_3;由切线法可知,杆①和杆②的压缩变形分别为 Δl_1 和 Δl_2。

变形协调条件:

$$\Delta - \Delta l_3 = \frac{\Delta l_1}{\cos\alpha} \tag{2.21}$$

补充方程:

$$\Delta - \frac{N_3 l_3}{E_3 A_3} = \frac{1}{\cos\alpha} \frac{N_1 l_1}{E_1 A_1} \tag{2.22}$$

取节点 C 为自由体,为使受力图与变形图一致,杆③伸长,则 N_3 设为拉力,杆①和杆②缩短,则设 N_1 和 N_2 为压力,因无外载荷,这三个力将形成自相平衡的力系。

平衡方程:

$$\begin{cases} \sum x = 0 \text{ , } N_1 = N_2; \\ \sum y = 0 \text{ , } N_3 - 2N_1\cos\alpha = 0 \end{cases} \tag{2.23}$$

联解式(2.22)和式(2.23),得

$$N_1 = N_2 = \frac{E_1 A_1 \cos^2\alpha}{1 + \frac{2E_1 A_1}{E_3 A_3}\cos^3\alpha}\left(\frac{\Delta}{l}\right); \quad N_3 = \frac{2E_1 A_1 \cos^3\alpha}{1 + \frac{2E_1 A_1}{E_3 A_3}\cos^3\alpha}\left(\frac{\Delta}{l}\right)$$

由结果可知,制造不准确所引起的轴力与误差 Δ 成正比,并与拉压刚度有关。将求出的轴力除以相应的横截面面积,即得装配应力或预应力。

3. 温度应力

如图 2.38(b)所示的静不定桁架,如果中间杆③的误差 Δ 是由降温 Δt 而引起的缩短,即可用 $\alpha \Delta t l$ 替代上式中的 Δ(α 为热膨胀系数),将温度变化引起的轴力除以相应的横截面面积,即得温度应力或热应力。

例题 2.13 图 2.41 所示为等截面直杆,杆长由于制造不准确,比设计尺寸 l 稍长了 Δ,如将杆强置于两个刚性固定端之间,试求杆的装配应力和应变。

解: 为使杆装配就位,必须将它强行缩短 Δ,此时两端均产生支反力 R 和 R'。假设杆的轴力为 N,则

平衡方程:$R = R' = N$

协调条件：$\Delta = \Delta l$

补充方程：$\Delta = \dfrac{Nl}{EA}$

得：$N = \dfrac{EA}{l}\Delta$；$\sigma = \dfrac{N}{A} = \dfrac{E}{l}\Delta$；$\varepsilon = \dfrac{\sigma}{E} = \dfrac{\Delta}{l}$

例题 2.14　如果例题 2.13 中的 Δ 是由于温升 Δt 所产生，试求杆的温度应力和应变。假设热膨胀系数为 α。

解：平衡方程：$R = R' = N$

协调条件：$\alpha l \Delta t = \Delta l$

补充方程：$\alpha l \Delta t = \dfrac{Nl}{EA}$

得：$N = EA\alpha\Delta t$，$\sigma = \dfrac{N}{A} = E\alpha\Delta t$，$\varepsilon = \dfrac{\sigma}{E} = \alpha\Delta t$

显然，温度变化越大，温度应力和应变也越大。

图 2.41　等截面直杆的装配应力与变形示意

2.12　解析方法

解析方法的提出，主要用以解决受非均布载荷作用的变截面杆，其轴力和位移沿轴线的变化规律。

1. 轴力与单位长度轴向位移的关系式

图 2.42 所示的变截面杆受分布载荷 $p(x)$ 的作用，为了导出轴力与单位长度的轴向位移关系式，从杆中截取长为 dx 的微段（图 2.43），研究它的变形。变形前长为 dx，变形后微段左侧面 $m—m$ 的轴向位移为 u，右侧面 $n—n$ 的轴向位移为 $(u + du)$，变形后微段的长度为

$$[dx + (u + du)] - u = dx + du$$

正应变为

$$\varepsilon = \frac{(dx + du) - dx}{dx} = \frac{du}{dx} \qquad (2.24)$$

由虎克定律，知：$\sigma = E\varepsilon = E\dfrac{du}{dx}$，故轴力为

$$N = \sigma A = EA\frac{du}{dx} \qquad (2.25)$$

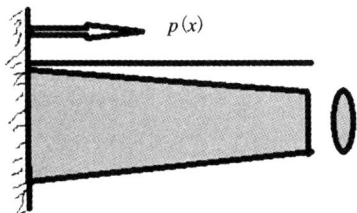

图 2.42　变截面杆受分布载荷 $p(x)$ 的作用

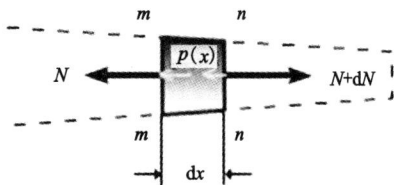

图 2.43　微段

2.平衡微分方程

从图 2.42 所示的杆中取出微段研究它的平衡,设定 x 坐标从左向右,分布力 $p(x)$ 指向左为正。其上外力为 $p(x)\mathrm{d}x$,左侧面 m—m 上作用轴力 N,右侧面 n—n 上作用的轴力必有一个增量,为 $N+\mathrm{d}N$(如图 2.43 所示)。

微段的平衡方程为

$$\frac{\mathrm{d}N}{\mathrm{d}x} = p(x) \tag{2.26}$$

式(2.26)即表明了分布力与轴力之间的微分关系,亦称拉压杆的平衡微分方程。

3.控制方程

将式(2.25)微分,得

$$\frac{\mathrm{d}N}{\mathrm{d}x} = \frac{\mathrm{d}}{\mathrm{d}x}\left(EA\frac{\mathrm{d}u}{\mathrm{d}x}\right)$$

如果杆为等截面,均匀材料,则 EA 为常数,联合式(2.26),得

$$EA\frac{\mathrm{d}^2u}{\mathrm{d}x^2} = p(x) \tag{2.27}$$

式(2.27)即为拉压杆的支配方程,使用它可以求出杆横截面的位移 u 和轴力 N 沿杆轴的变化规律,此法称为解析方法。

4.例题

例题 2.15 图 2.44 所示为等截面直杆,一端固定,一端自由,EA 为常数,受均匀分布载荷 p,试用解析方法求轴向位移和轴力沿杆轴的变化规律。

解：根据支配方程式(2.27)

$EA\dfrac{\mathrm{d}^2u}{\mathrm{d}x^2} = -p$(负号代表图中 p 方向与设定方向相反)

积分一次：$EA\dfrac{\mathrm{d}u}{\mathrm{d}x} = -px + C_1$ 　　　　(a)

积分两次：$EAu = -\dfrac{px^2}{2} + C_1 x + C_2$ 　　(b)

边界条件

$$x = 0,\ u = 0,\ 得 C_2 = 0$$

$x = l,\ N = EA\dfrac{\mathrm{d}u}{\mathrm{d}x} = 0,\ 得 C_1 = pl$

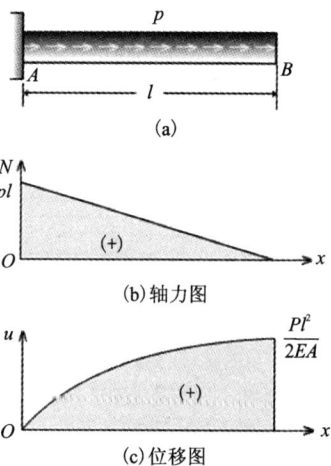
图 2.44　均布载荷下的等截面悬臂杆轴力与变形计算

将 C_1 和 C_2 代回式(a)和(b),得轴力曲线[如图 2.44(b)所示]：$N = p(1 - x)$

轴向位移曲线[如图 2.44(c)所示]：$u = -\dfrac{px^2}{2EA} + \dfrac{pl}{EA}x$

显然,截面 $B(x = l$ 处)的位移等于整个杆的伸长量。

例题 2.16 图 2.45 所示为两端固定的静不定直杆,非均布载荷 $p(x) = -ax$,试求轴向位移和轴力沿杆轴的变化规律。

解：$EA\dfrac{\mathrm{d}^2 u}{\mathrm{d}x^2} = -ax$

积分一次：$EA\dfrac{\mathrm{d}u}{\mathrm{d}x} = -\dfrac{ax^2}{2} + C_1$

积分两次：$EAu = -\dfrac{ax^3}{6} + C_1 x + C_2$

边界条件：

$$x = 0,\ u = 0,\ 得\ C_2 = 0$$

$$x = l,\ u = 0,\ 得\ C_1 = \dfrac{al^2}{6}$$

轴力曲线即轴力图：$N(x) = a\left(-\dfrac{x^2}{2} + \dfrac{l^2}{6} \right)$

位移曲线即位移图：$u(x) = \dfrac{a}{EA}\left(-\dfrac{x^3}{6} + \dfrac{l^2 x}{6} \right)$

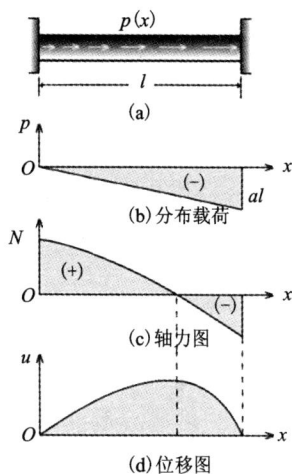

图 2.45　两端固定的静不定直杆

思考题

1. "求轴向拉压杆件的横截面上的内力时必须采用截面法"，这种说法对吗？

2. $\sigma = N/A$ 的应用条件是什么？适用范围是什么？

3. "轴向拉压杆件任意斜截面上的内力作用线一定与杆件的轴线重合"，这种说法对吗？

4. 轴向拉压杆与其轴线平行的纵向截面上的应力情况如何？

5. "材料的延伸率与试件的尺寸有关"，这种说法对吗？

6. "构件失效时的极限应力是材料的强度极限"，这种说法对吗？

7. 现有两种说法：①弹性变形中，$\sigma - \varepsilon$ 一定是线性关系；②弹塑性变形中，$\sigma - \varepsilon$ 一定是非线性关系，哪种说法正确？

8. "钢材经过冷作硬化以后弹性模量基本不变"，这种说法对吗？

9. 钢材进入屈服阶段后，表面滑移线位置如何变化？

习题

1. 如图 2.46 所示，杆件 A 端固支，在 B，C，D 截面分别作用载荷 P_1，P_2，P_3，请求出轴力并作轴力图。

图 2.46　集中轴向力作用下的杆件

2. 图 2.47 所示立柱受重力作用，截面为圆形，上部和下部长度都为 h，直径分别为 d 和

$2d$，密度为 ρ，重力加速度为 g。请画轴力图，求出应力分布并确定最大切应力。

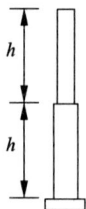

图 2.47　立柱

3. 图 2.48 所示的杆件，受到沿轴线的非均布载荷 P 作用，其分布规律为 $P = a_0 + a_1x + a_2x^2 + a_3x^3$，试求轴力表达式，并画轴力图。

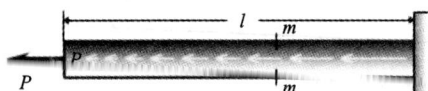

图 2.48　杆件

4. 已知图 2.49 所示杆①和杆②的许用应力 $[\sigma]_1$ 与 $[\sigma]_2$ 以及载荷 P，试确定杆①和杆②的截面面积 A_1 和 A_2。

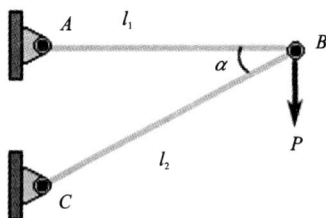

图 2.49　杆架

5. 如图 2.50 所示桁架，试求各杆的轴力。

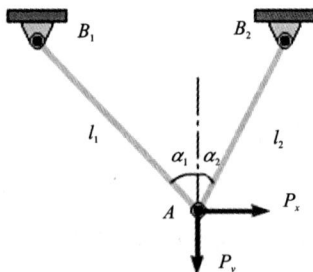

图 2.50　桁架

6. 如图 2.51 所示构架，BC 杆为钢制圆杆，AB 杆为木杆。若 $P = 10$ kN，木杆 AB 的横截面面积为 $A_1 = 1000$ mm²，许用应力 $[\sigma]_1 = 7$ MPa；钢杆的横截面面积为 $A_2 = 600$ mm²，许用应力 $[\sigma]_2 = 160$ MPa。试校核各杆的强度，计算构架的许用载荷 $[P]$，并根据许用载荷确定钢杆 BC 的直径。

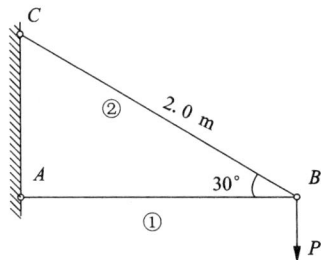

图 2.51　构架

7. 如图 2.52 所示运载火箭级间段采用杆系结构，各杆长度相同，数量为 $2n$，设上下级间的作用力只包含轴向力 P，杆件材料许用应力为 $[\sigma]$，试根据强度条件确定杆件的截面积。

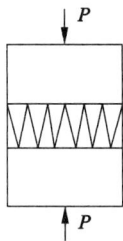

图 2.52　运载火箭级间段采用杆系结构示意

8. 如图 2.53 所示螺栓内径为 $d = 10.1$ mm，拧紧后在长度 $l = 80$ mm 内产生的总伸长量为 $\Delta l = 0.03$ mm。螺栓材料的弹性模量 $E = 210$ GPa，泊松比 $v = 0.3$。试计算螺栓内的应力、螺栓的预紧力和螺栓的横向变形。

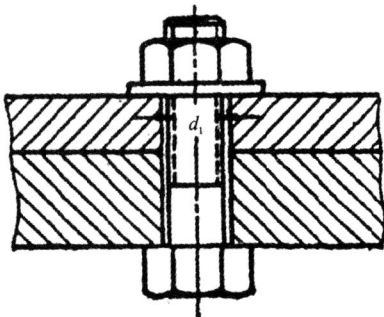

图 2.53　螺栓

9. 如图 2.54 所示涡轮叶片，当涡轮等速旋转时承受离心力作用。涡轮叶片的横截面积

为 A，弹性模量为 E，单位体积的质量为 ρ，涡轮的角速度为 ω，试计算叶片上的正应力与轴向变形。

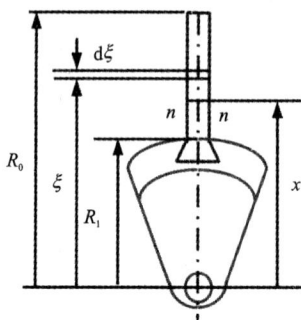

图 2.54　涡轮叶片

10. 图 2.55 所示结构，AB 为刚性梁，杆①、杆②和杆③互相平行，三杆材料相同，且横截面面积之比为 $1:1:2$。载荷 $P=30$ kN，许用应力 $[\sigma]=100$ MPa，试确定各杆的横截面面积。

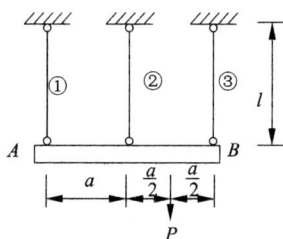

图 2.55　刚性梁

11. 图 2.56 为高压蒸汽锅炉与原动机之间以管道连接的示意图。通过高温蒸汽后，管道温度增加 ΔT。已知管道材料的线膨胀系数 α，杨氏模量 E，求管道热应力。

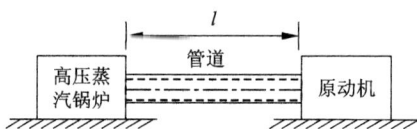

图 2.56　热力管道

12. 分别用变形累加法和迭加法求图 2.57 所示多力杆的变形。

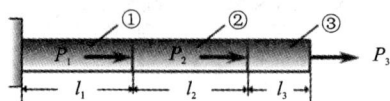

图 2.57　多力杆

13. 用变形累加法求图 2.58 所示阶梯形杆的变形。

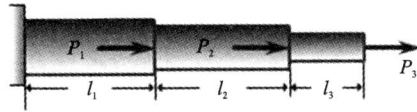

图 2.58　阶梯形杆

14. 图 2.59 所示桁架，$P = 50$ kN，杆①为钢杆，杆②为木质杆，已知 $E_1 = 200$ GPa，$E_2 = 10$ GPa，$A_1 = 400$ mm^2，$A_2 = 8000$ mm^2，$l = 1.5$ m，试用切线法求节点 A 的水平位移和垂直位移以及 $\angle BAC$ 的改变量。

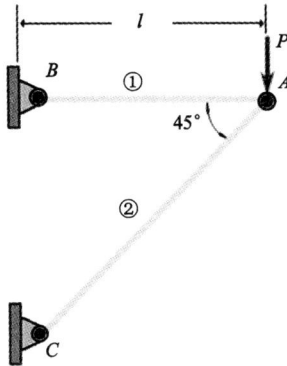

图 2.59　桁架

15. 图 2.60 所示杆系结构，已知杆的杨氏模量 E、横截面面积 A 和结构几何参数 H，l，a，α 以及载荷 P。设横梁为刚体，试用切线法确定刚体梁角位移 ϕ、杆件的角位移 θ 与力 P 作用点铅垂线位移 v。

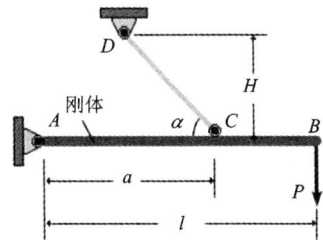

图 2.60　杆系结构

第3章　剪切与连接件的实用计算

3.1　引言

在工程实际中,各个构件之间常用铆钉、螺栓、销子、键等连接件彼此相连,如飞机机翼铆接结构(图3.1)、销钉连接结构(图3.2)、联轴节(图3.3)以及轮和轴之间的键连接结构(图3.4)。

通常,连接件的受力和变形都比较复杂,要精确地进行分析是很困难的,因而在工程上常采用"假定计算"的方法,即一方面对连接件的受力和应力分布进行简化,计算其名义应力,实际上就是计算出平均应力;另一方面,对同类型的连接件进行破坏试验,得到其破坏载荷,并用计算名义应力的公式计算出材料的破坏应力,然后建立相应的强度条件。实践证明,这种处理方法不仅简单,而且是安全可靠的。

图 3.1　飞机机翼铆接结构

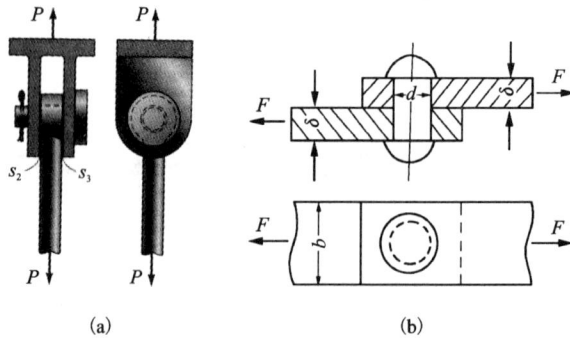

(a)　　　　　　　　　　　　(b)

图 3.2　销钉连接结构

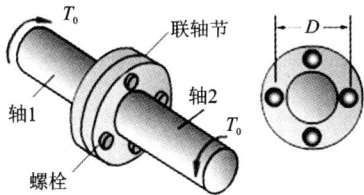

图 3.3　联轴节

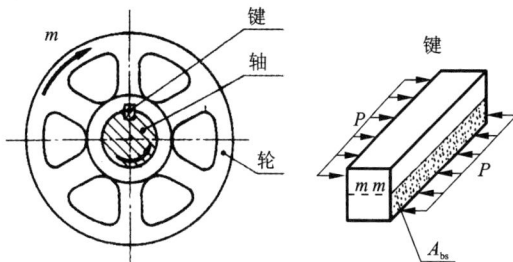

图 3.4　轮和轴之间的键连接结构

3.2　剪切的概念及实用计算

机器中的连接件经常承受剪切载荷作用,如图示的连接螺栓、销钉、铆钉以及键连接结构。因此在结构设计时,通常要求连接件具有足够的抗剪切能力,但也有特例,比如安全销的设计就是要求机器载荷超出允许范围时能够被及时剪断。下面以销钉连接为例,介绍连接件剪切强度的实用计算方法。

如图 3.5(a) 所示销钉,销钉受左、右两部分的拉力作用,两个拉力大小相等、方向相反,通过接触面分别作用于销钉的中部和两端,作用区域相互错开但相隔很近[图 3.5(b)]。在两个拉力的作用下,销钉将产生沿 m—m 和 n—n 截面的相对错动趋势,当载荷增加到某一极限值时,销钉将在这两个截面处被剪断。这种截面沿力的方向发生相对错动的变形称为剪切变形,产生相对错动的截面 m—m 和 n—n 称为剪切面。剪切面位于两组相反外力的作用区域之间,并且与外力的作用线平行。某些连接件只有一个剪切面,图 3.2(b) 和图 3.4 所示是只有一个剪切面的情况,称为单剪;图 3.2(a) 与图 3.5 所示是有两个剪切面的情况,称为双剪。

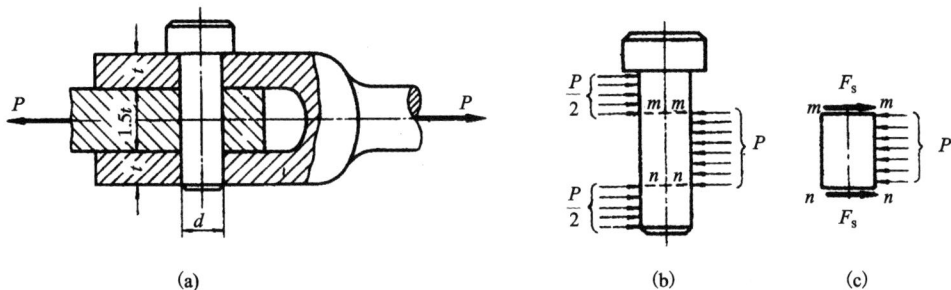

图 3.5　销钉受力与变形示意图

为进行连接件的强度分析,首先要分析剪切面上的内力。采用截面法,假想通过截面 m—m 和 n—n 将销钉截断为三部分,去掉上、下两部分,只考虑中间部分[图 3.5(c)]。设在截面 m—m 和 n—n 上作用的切向内力为 F_S,并且上、下对称。根据平衡条件很容易求得 $F_S = \dfrac{P}{2}$。F_S 与剪切面平行,并位于剪切面内,即前述剪力。需要说明的是,本例中,剪切面上的轴力为零,弯矩并不为零,但由于两个反向力的作用区域相距较近,简单分析时可以忽略弯矩对应力的影响。

剪切面上的实际应力分布非常复杂,实际计算中需要假定内力分布形式,得到名义应力。这里可以假定名义切应力 τ 在剪切面内均匀分布,则

$$\tau = \frac{F_S}{A} \tag{3.1}$$

式中：A 为剪切面的面积。

为了保证构件在工作中不被剪断,必须使构件的名义切应力不超过材料的许用切应力,这就是剪切的强度条件,其表达式为

$$\tau = \frac{F_S}{A} \leqslant [\tau] \tag{3.2}$$

式中：$[\tau]$ 为许用切应力,其值等于剪切极限应力 τ_u 除以安全系数。如上所述,剪切极限应力 τ_u 也是按照式(3.1)由剪切破坏载荷确定的。

3.3 挤压与挤压强度条件

从图 3.6 可以看出,连接件与其所连接的构件之间相互接触并产生挤压作用,在两者接触面的局部区域产生较大的接触应力,称为挤压应力,用符号 σ_{bs} 表示,它是垂直于接触面的正应力。当这种挤压应力过大时,将在两者接触的局部区域产生过量的塑性变形,从而导致连接结构的失效。有些情况下是构件发生塑性变形(如图 3.6 所示),有些情况下是连接件发生塑性变形,或者两者都发生塑性变形。

挤压接触面上的应力分布是比较复杂的,图 3.7 所示为销钉连接挤压应力沿周向分布的示意图,实际上,沿着轴向的挤压应力也不均匀。在工程计算中,对挤压应力通常也采用简化方法。

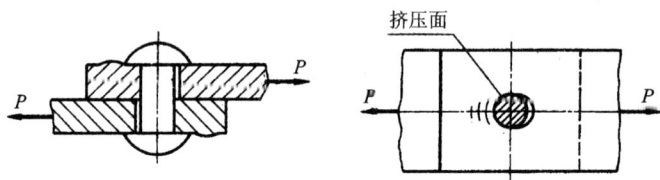

图 3.6 挤压应力引起的塑性变形

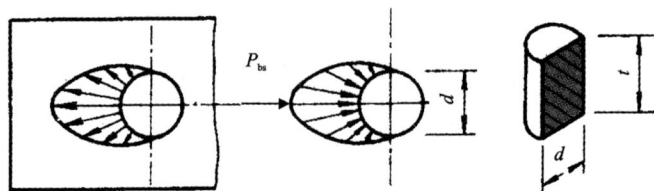

图 3.7 销钉连接挤压应力分布示意图

　　首先,定义有效挤压面简称挤压面,用 A_{bs} 表示,它是指挤压面面积在垂直于总挤压力 P_{bs} 作用线的平面上的投影。若挤压接触面是平面,如键连接,则挤压面(有效挤压面)就是该挤压接触面,如图 3.4 所示的 A_{bs} 区域;若挤压接触面是圆柱面,如圆柱形的铆钉、销钉、螺栓等的连接,则挤压接触面为半个圆柱面,挤压面(有效挤压面)是过直径的平面,如图 3.7 所示的阴影部分的矩形。

　　其次,假定挤压应力 σ_{bs} 在有效挤压面上均匀分布,即有

$$\sigma_{bs} = \frac{P_{bs}}{A_{bs}} \tag{3.3}$$

　　最后,相应的挤压强度条件(设计准则)为

$$\sigma_{bs} = \frac{P_{bs}}{A_{bs}} \leqslant [\sigma_{bs}] \tag{3.4}$$

式中:$[\sigma_{bs}]$ 为许用挤压应力,可以从有关设计手册中查到。

　　例题 3.1　两块钢板焊接在一起,如图 3.8 所示,钢板厚度 $h = 5$ mm,焊缝的许用切应力 $[\tau] = 100$ MPa,焊缝长度 $l = 40$ mm。试求钢板所能承受的最大拉力 $[F]$。

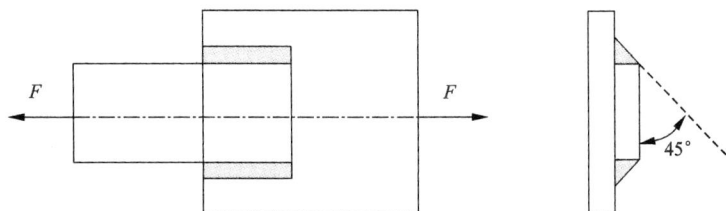

图 3.8　钢板焊接示意图

　　解:由图 3.8 可以看出,两钢板通过焊缝连接时,焊缝的横截面近似为等腰直角三角形,三角形的顶点为两钢板接缝顶点,顶点到外边界的最短连线为三角形的对称轴。因此,焊缝的剪切面为焊缝的对称面。剪切面上的剪力 $F_S = F/2$,剪切面积 $A = hl\cos 45°$。由剪切强度条件可得

$$\tau = \frac{F_S}{A} \leqslant [\tau]$$

即

$$[F] = 2\cos 45° hl[\tau] = \sqrt{2} \times 5 \times 10^{-3} \times 40 \times 10^{-3} \times 100 \times 10^{6} = 20\sqrt{2} \times 1000 \text{ kN} = 28.3 \text{ kN}$$

　　在实际应用中,考虑到焊缝两端强度较差,估算时可适当减少焊缝的有效长度,比如减少 5 mm,这时可得 $[F] \approx 25$ kN。

　　例题 3.2　如图 3.9 所示的钢板铆接件中,已知钢板的拉伸许用应力 $[\sigma] = 100$ MPa,挤压许用应力 $[\sigma_{bs}] = 200$ MPa,钢板厚度 $\delta = 10$ mm,宽度 $b = 100$ mm,铆钉直径 $d = 20$ mm,铆钉许用剪应力 $[\tau] = 140$ MPa,挤压许用应力 $[\sigma_{bs}] = 300$ MPa。若铆接件承受的载荷 $P = 31.4$ kN,试校核钢板与铆钉的强度。

　　解:在强度校核中,对钢板和铆钉应分别考虑。由于结构对称,所以只需要分析左半部分或右半部分。

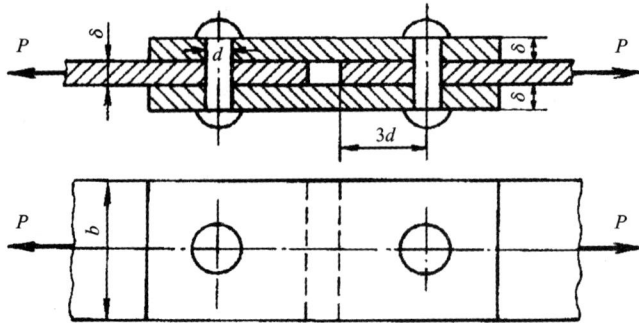

图 3.9　钢板铆接件示意图

（1）校核钢板的强度。上、下的连接板承载只为中间钢板的一半，而且厚度相同，所以只需要分析中间钢板。首先校核钢板的拉伸强度，中间钢板受到的拉力为 P，横截面轴力 $F_N = P$。考虑到铆钉孔对钢板强度的削弱，则有

$$\sigma = \frac{F_N}{A} = \frac{P}{(b-d)\delta} = \frac{31.4 \times 10^3}{80 \times 10 \times 10^{-6}} = 39.3 \times 10^6 \text{ Pa} = 39.3 \text{ MPa} < [\sigma] = 100 \text{ MPa}$$

故钢板的拉伸强度是安全的。

再校核钢板的挤压强度。中间钢板的铆钉孔受到的总挤压力 $P_{bs} = P$，则有

$$\sigma_{bs} = \frac{P_{bs}}{A_{bs}} = \frac{P}{d\delta} = \frac{31.4 \times 10^3}{20 \times 10 \times 10^{-6}} = 157 \times 10^6 \text{ Pa} = 157 \text{ MPa} < [\sigma_{bs}] = 200 \text{ MPa}$$

故钢板的挤压强度也是安全的。

（2）校核铆钉的强度。首先校核铆钉的剪切强度。在图示情形下，铆钉有两个剪切面，每个剪切面上的剪力 $F_s = P/2$，于是有

$$\tau = \frac{F_s}{A} = \frac{P/2}{\pi d^2/4} = \frac{31.4/2 \times 10^3}{3.14 \times 20^2 \times 10^{-6}/4} = 50 \times 10^6 \text{ Pa} = 50 \text{ MPa} < [\tau] = 137 \text{ MPa}$$

故铆钉的剪切强度是安全的。

再校核铆钉的挤压强度。由于铆钉的总挤压力与有效挤压面面积均与钢板相同，而且挤压许用应力较钢板的高，而钢板的挤压强度已校核是安全的，故铆钉的挤压强度是安全的，无须重复计算。

由此可见，整个连接结构的强度都是安全的。

思考题

1."挤压发生在局部表面，是连接件在接触面上的相互压紧，而压缩是发生在杆件的内部"，这种说法对吗？

2."剪断钢板时，所用外力使钢板产生的应力大于材料的屈服极限"，这种说法对吗？

3."对于圆柱形连接件的挤压强度问题，应该直接用受挤压的半圆柱面来计算挤压应力"，这种说法对吗？

习　题

1. 图 3.10 所示为某起重机的吊具示意图，吊钩与吊板通过销轴连接，起吊重物 F。已知：$F = 40$ kN，销轴直径 $D = 22$ mm，吊钩厚度 $t = 20$ mm。销轴许用应力：$[\tau] = 60$ MPa，$[\sigma_{bs}] = 120$ MPa。试校核销轴的强度。

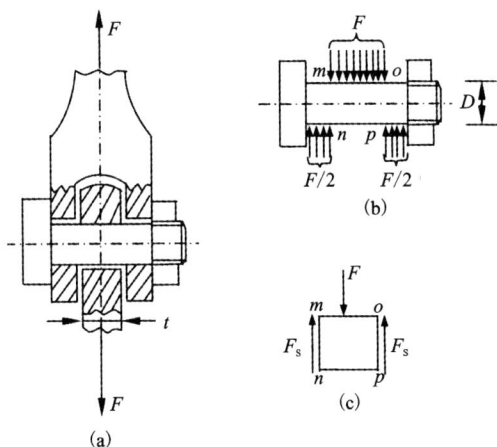

图 3.10　某起重机的吊具示意图

2. 图 3.11 所示为一钢板条，用 9 个直径均为 d 的铆钉固定在立柱上。作用力 P 已知，$l = 8a$（a 为铆钉间距）。假设：(1) 若作用力通过铆钉群截面的形心，则各铆钉的受力相等。(2) 若作用一力偶，则钢板条有绕铆钉群截面形心 C 转动的趋势，于是任一铆钉的受力大小与其离形心 C 的距离成正比，而力的方向与该铆钉至形心 C 的连线相垂直。试求铆钉内的最大剪应力。

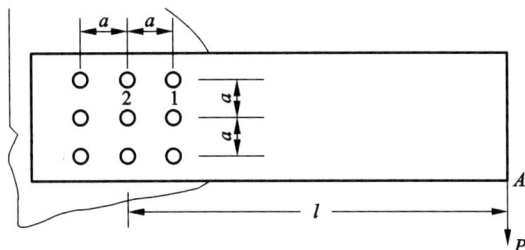

图 3.11　铆接钢板条

3. 齿轮用平键与轴连接（图 3.12 中只画出了轴与键，未画出齿轮）。已知轴的直径 $d = 70$ mm，键的尺寸为：$b = 20$ mm，$h = 12$ mm，$l = 100$ mm，传递的扭转力偶矩 $M = 2$ kN·m，键的许用应力 $[\tau] = 60$ MPa，$[\sigma_{bs}] = 100$ MPa。试校核键的强度。

4. 一铆钉连接如图 3.13 所示。已知 $F = 200$ kN，$\delta = 2$ cm，铆钉材料的许用剪应力 $[\tau] = 80$ MPa，许用挤压应力 $[\sigma_{bs}] = 260$ MPa，试确定铆钉的直径。

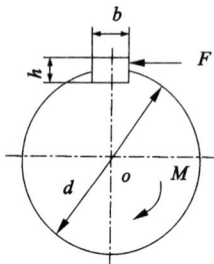

图 3.12 齿轮键与轴连接示意图

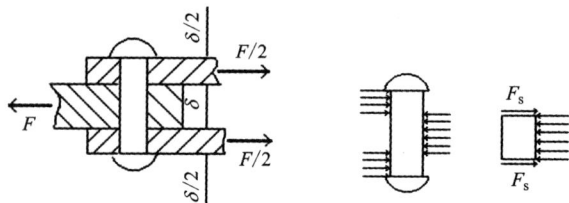

图 3.13 铆钉连接示意图

5. 如图 3.14 所示，A，B 和 C 点均为铰接点，梁为矩形截面，杆 BC 与梁 AB 夹角为 30°。已知 $F = 50$ kN，$l = 4$ m，钢梁的弯曲许用应力 $[\sigma] = 150$ MPa，螺栓的剪切许用应力 $[\tau] = 80$ MPa，挤压许用应力 $[\sigma_{bs}] = 200$ MPa。试校核水平梁 AB 和螺栓的强度。

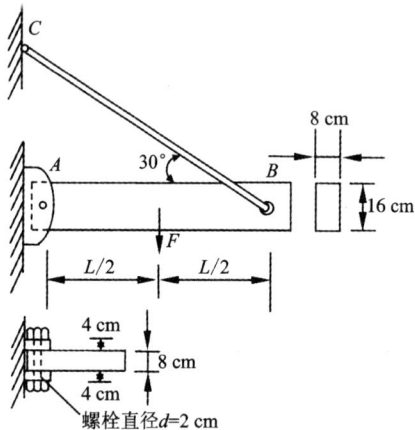

图 3.14 水平梁示意图

6. 一木质拉杆接头部分如图 3.15 所示，接头处的尺寸为 $h = b = 18$ cm，材料的许用应力 $[\sigma] = 5$ MPa，$[\sigma_{bs}] = 10$ MPa，$[\tau] = 2.5$ MPa，求许用拉力 P。

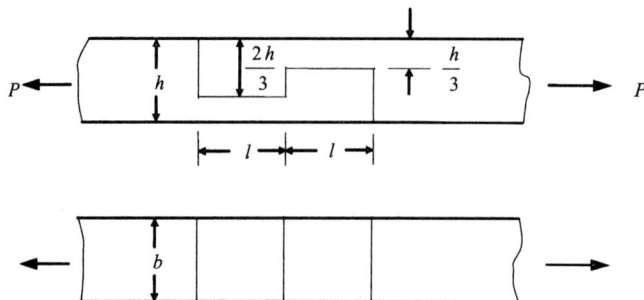

图 3.15 木质拉杆接头部分

7. 图 3.16 所示的冲床的最大冲力为 400 kN，冲头材料的许用应力 $[\sigma]=440$ MPa，求在最大冲力作用下所能冲剪的圆孔的最小直径 d 和板的最大厚度 t。

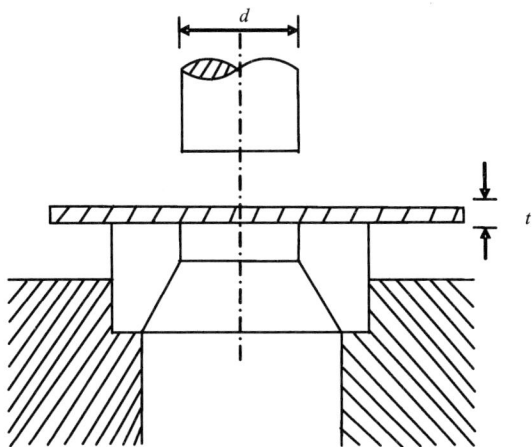

图 3.16   冲床

8. 矩形截面木拉杆的榫接头如图 3.17 所示，已知轴向拉力 $F=50$ kN，截面宽度 $b=250$ mm，木材的许用撞压应力 $[\sigma_{bs}]=10$ MPa，许用切应力 $[\tau]=1$ MPa，试求接头所需尺寸 l 和 α。

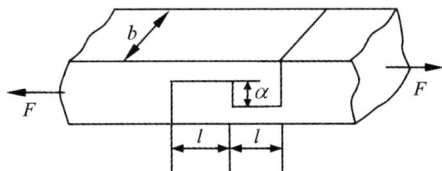

图 3.17   矩形截面木拉杆的榫接头

9. 夹剪的尺寸如图 3.18 所示，销子 C 的直径 $d=0.5$ cm，作用力 $P=200$ N，在剪直径与销子直径相同的铜丝 A 时，若 $a=2$ cm，$b=15$ cm，试求钢丝与销子横截面上的平均剪切力 τ。

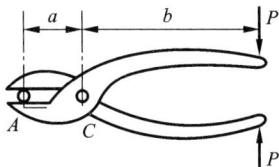

图 3.18   夹剪示意图

10. 一个组合杆如图 3.19 所示，由直径 25 mm 的钢件套与外径为 50 mm、内径为 25 mm 的铜管组成，两端用直径为 10 mm 的销钉连接在一起。插入销钉后温度升高 50℃，试求销钉中产生的剪应力。已知：钢 $E_1 = 210$ GPa，$\alpha_1 = 11 \times 10^{-6}/℃$；铜 $E_2 = 105$ GPa，$\alpha_2 = 17 \times 10^{-6}/℃$。

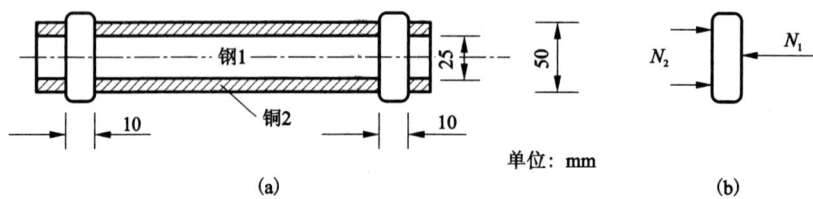

(a)

单位：mm

(b)

图 3.19　组合杆示意图

第4章 扭 转

4.1 扭转的概念与实例

在实际生活以及工程应用中有许多扭转的例子,如机车的传动轴[图4.1(a)]、钳工攻制螺纹用的丝锥[图4.1(b)]、汽车方向盘转轴、发动机的涡轮轴、车床丝杠等,它们的主要受力都有一个共同特点,那就是在杆件的两端,分别作用一对大小相等、方向相反的力偶,且力偶的作用面垂直于杆件的轴线。在这对力偶的作用下,杆件的各横截面绕轴线作相对旋转。杆件的这种变形形式称为扭转变形,它是杆件的一种基本变形形式。截面间绕轴线的相对角位移,称为扭转角[图4.1(c)]。

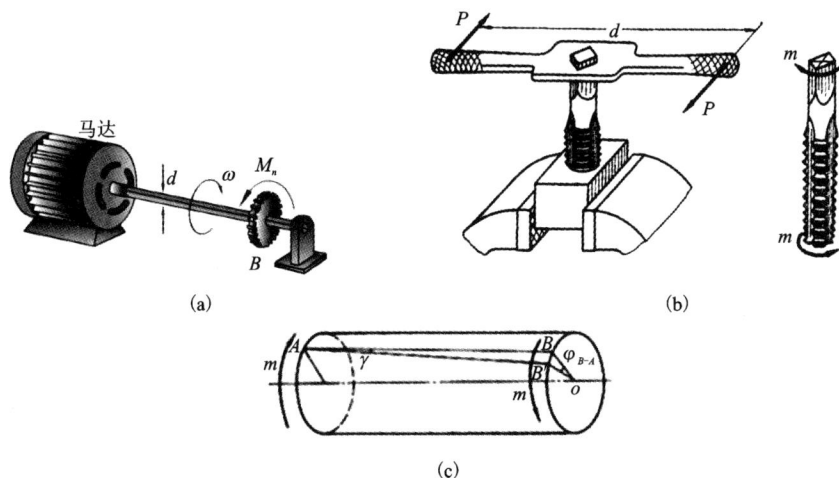

图4.1 扭转实例与变形示意

使杆件产生扭转变形的外力偶,称为扭力偶,其偶矩称为扭力偶矩。凡是以扭转变形为主要变形的直杆称为轴。

本章主要讨论轴的应力与变形,并在此基础上研究其强度与刚度问题。研究对象以等截面圆轴为主,包括实心和空心的圆截面轴,同时也研究薄壁截面轴以及矩形等非圆截面轴。对于有些杆件,如齿轮轴、电机主轴等,除发生扭转变形外,还常伴有其他基本变形发生,这类组合变形问题,将在以后讨论。

4.2 扭力偶矩的计算、扭矩和扭矩图

1. 扭力偶矩的计算

工程上的传动轴,如图4.2(a)所示的轴 BD ,我们通常并不直接知道作用于某处扭力偶矩的大小,只知道它的转速与该处皮带轮或齿轮所传递(输入或输出)的功率。因此,在分析或设计轴时,首先需要根据转速与功率计算轴所承受的扭力偶矩。

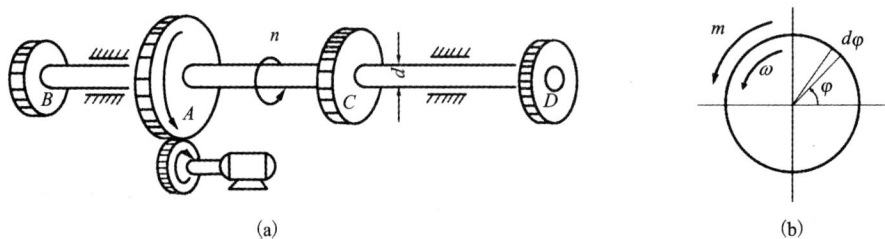

图 4.2 工程传动轴

对于传动轴 BD ,设其某轮处传递的功率为 P(单位为 kW,1 kW = 1000 N·m/s),转速为每分钟 n 转(r/min),作用在传动轴上的扭力偶矩为 m(N·m),且在 dt 时间内使轴转过了角度 $d\varphi$[图4.2(b)],那么扭力偶矩所做的功为 $dW = m \cdot d\varphi$,由功率的定义可知

$$P = \frac{dW}{dt} = \frac{m \cdot d\varphi}{dt} = m\omega = m \cdot 2\pi n$$

从而可得

$$m = \frac{P}{2\pi n} = \frac{1000P}{2\pi n/60} = 9549 \frac{P}{n} \tag{4.1}$$

当功率 P 的单位为马力(1 马力 =735.5 W)时,则扭力偶矩 m 的计算式变为

$$m = 7024 \frac{P}{n} \tag{4.2}$$

另外,当转速 n 的单位为 r/s 时,则式(4.1)和式(4.2)分别变为

$$m = 159.2 \frac{P}{n} \tag{4.3}$$

$$m = 117.1 \frac{P}{n} \tag{4.4}$$

2. 扭矩和扭矩图

当作用于轴上的扭力偶矩都求出后,就可以用截面法研究横截面上的内力。以图4.3(a)所示圆轴为例,任取横截面 $n-n$,假想圆轴沿 $n-n$ 截面分成 A 和 B 两部分,并取 B 为研究对象[图4.3(b)]。由平衡条件可知,横截面上的分布内力必合成一力偶,且其偶矩的矢量方向垂直于横截面,即为扭矩,用 T 表示。通常规定:矢量方向(按右手法则)与横截面外法线方向一致的扭矩为正,反之为负。按照此规定,图4.3(b)所示扭矩为正,且由平衡条件知 $T=m$ 。

对于图4.3所示圆轴,我们很容易知道轴上各截面的扭矩均为 T 。但一般情况下,轴各横截面上的扭矩并不相同,为了清楚地表示扭矩沿轴线的变化情况,通常采用图线的方式。

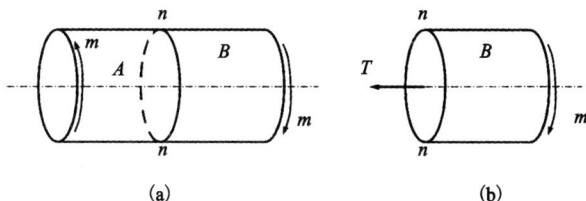

图 4.3　扭力偶作用下圆轴内力求解示意

表示扭矩沿轴线变化情况的图线,称为扭矩图,其画法与轴力图类似。

例题 4.1　图 4.2(a)所示主动轮 A 输入功率 $P_A = 80$ kW,从动轮 B、C、D 输出功率分别为 30 kW、25 kW 和 25 kW,轴的转速为 300 r/min。试画出轴的扭矩图。

解:按照式(4.1),计算各轮上的扭力偶矩为

$$m_A = 9549 \frac{P_A}{n} = 9549 \times \frac{80}{300} = 2546.4 \text{ N} \cdot \text{m}$$

$$m_B = 9549 \frac{P_B}{n} = 9549 \times \frac{30}{300} = 954.9 \text{ N} \cdot \text{m}$$

$$m_C = m_D = 9549 \frac{P_C}{n} = 9549 \times \frac{25}{300} = 795.75 \text{ N} \cdot \text{m}$$

圆轴 BD 的受力状态如图 4.4(a)所示,从图中可以看出,轴在 BA,AC 和 CD 三段内,各截面上的扭矩是不相等的,在三段内分别取三个截面 Ⅰ-Ⅰ、Ⅱ-Ⅱ 和 Ⅲ-Ⅲ,利用截面法分析各段横截面上的内力。

在 BA 段内,取 Ⅰ-Ⅰ 截面左边为研究对象,并设 Ⅰ-Ⅰ 截面上的扭矩为 $T_Ⅰ$,且设为正方向,如图 4.4(b)所示,由力的平衡条件得

$$m_B - T_Ⅰ = 0 \quad T_Ⅰ = 954.9 \text{ N} \cdot \text{m}$$

同理可求截面 Ⅱ-Ⅱ 和 Ⅲ-Ⅲ 上的扭矩为

$$T_Ⅱ = -1591.5 \text{ N} \cdot \text{m} \quad T_Ⅲ = -795.75 \text{ N} \cdot \text{m}$$

负号表明截面上的扭矩方向与所设的相反,即扭矩为负。

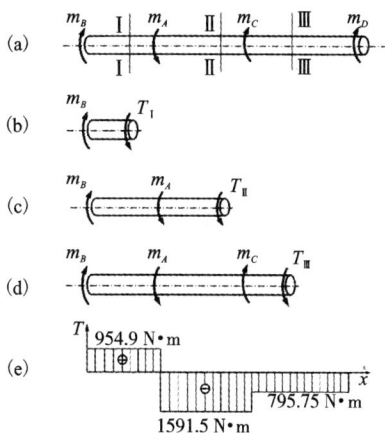

图 4.4　传动轴

根据所得各截面上的扭矩,即可画出轴的扭矩图[图 4.4(e)]。

4.3　薄壁圆筒的扭转、纯剪切

薄壁圆筒扭转变形在工程中大量存在,以下分析薄壁圆筒扭转情况下的应力与变形规律。图 4.5 给出了薄壁圆筒扭转情况下应力与变形分析示意图。

1. 薄壁圆筒扭转时的应力

(1)变形特点:

①各纵向线倾斜了同一微小角度 γ,矩形歪斜成平行四边形[图 4.5(a)、(b)];

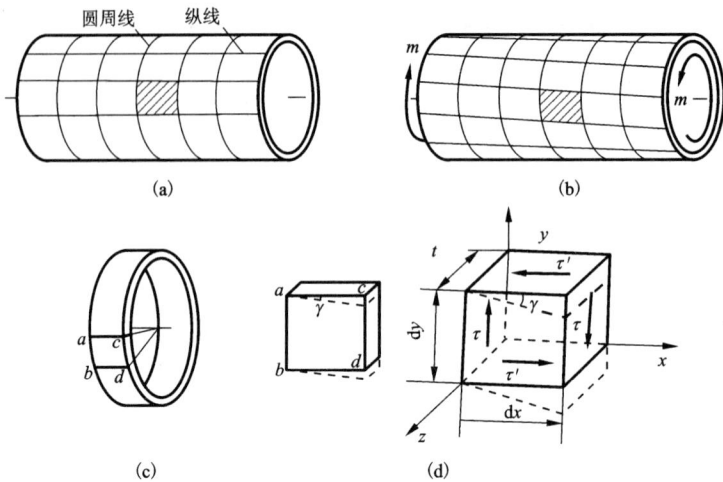

图4.5 薄壁圆筒扭转时的应力分析

②各圆周线的形状、大小和间距不变,只是各圆周线绕杆轴线转动了不同的角度。

(2)应力分布:横截面上只有切于截面的剪应力 τ,它组成与外加扭矩 m 相平衡的内力系。因壁厚 t 很小,假设均匀分布且沿各点圆周的切线方向。

由平衡条件 $\sum m_x = 0$ 得

$$2\pi rt \cdot \tau \cdot r = m$$

$$\tau = \frac{m}{2\pi \cdot r^2 t}$$

式中:r 为圆筒的平均半径。

2. 剪应力互等定理

从薄壁圆筒中,用两个横截面和两个纵截面取出一个单元体,如图4.5(d)所示。

由平衡方程 $\sum m_z = 0$ 得

$$(\tau \cdot t dy) \cdot dx = (\tau' \cdot t dx) \cdot dy$$

$$\tau = \tau'$$

结论:在单元体互相垂直的两个平面上,剪应力必然成对存在,且数值相等;两者都垂直于两平面的交线,其方向则共同指向或共同背离两平面的交线,这种关系称为剪应力互等定理。该定理具有普遍性,不仅适用于只有剪应力的单元体,对同时有正应力作用的单元体亦适用。

规定:使单元体绕其内部任意点产生顺时针方向转动趋势的剪应力为正,反之为负。

单元体上只有剪应力而无正应力的情况称为纯剪切应力状态。

3. 剪切虎克定律

剪应变的定义:在剪应力作用下,单元体的直角将发生微小的改变,如图4.5(c)所示,这个直角的改变量 γ 称为剪应变。

试验表明,当剪应力不超过材料的剪切比例极限时,τ 与 γ 成正比,即剪切虎克定律

$$\tau = G\gamma$$

式中:G 为剪切弹性模量,$G = \frac{E}{2(1+\mu)}$。

4.4 圆轴扭转时的应力

前面用截面法得出,当圆轴扭转时,横截面上的内力为扭矩,现进一步研究圆杆横截面上的应力。

1.试验与假设

用易于变形的材料做成一等截面圆轴,并在其表面等间距画上纵线与圆周线,如图4.6所示。然后在轴两端施加一对大小相等、方向相反的扭转力偶,使其发生扭转变形。从试验中观察到:各圆周线绕轴线作相对旋转,但其形状、大小及相邻圆周线的间距不变;在小变形情况下,纵线都倾斜了同一角度,但仍近似为一条直线;纵线与圆周线形成的矩形错动成平行四边形。

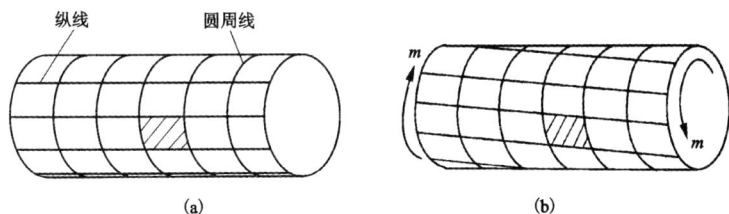

图 4.6 等截面圆轴的扭转变形分析

根据上述现象,采用由表及里的分析方法对轴内变形作出如下假设:圆轴发生扭转变形后,横截面仍然保持平面,其形状、大小以及横截面间的距离保持不变;横截面内直径依旧保持为直线,只是绕中心转过同样的角度。综合这两点可以形象地描述为:当圆轴扭转时,各横截面如同刚性圆片,仅绕轴线作相对旋转。这就是圆周扭转的平面假设,以平面假设为基础导出的圆轴扭转应力—应变公式符合试验结果,且与弹性力学中的精确理论解一致,这都足以说明假设是正确的。

下面,根据此假设,综合考虑几何、物理与静力学三个方面的关系,建立圆轴扭转时横截面上的应力公式。

2.扭转应力的一般公式

1)几何关系

首先将相距 $\mathrm{d}x$ 的两横截面从轴中截出一段,如图4.7(a)所示,然后从夹角无限小的两个径向纵截面中切取一楔形体 O_1O_2abcd 来分析。根据平面假设,若左边横截面的扭转角为 φ,那么右端截面的扭转角为 $\varphi + \mathrm{d}\varphi$,因此在截出的楔形体中,$O_2ab$ 相对平面 O_1cd 的转角为 $\mathrm{d}\varphi$,如图4.7(b)所示。轴表面的矩形 $abcd$ 变为平行四边形 $a'b'cd$,距轴线为 ρ 处的任一

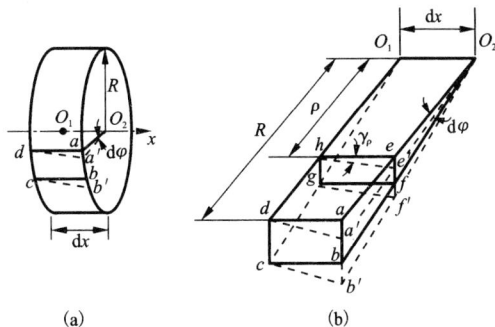

图 4.7 圆轴扭转体上的微单元体

矩形 $efgh$ 变为平行四边形 $e'f'gh$，也就是说，它们都在垂直于半径的平面内发生剪切变形，设矩形 $efgh$ 的切应变为 γ_ρ，那么由切应变的定义可知它为直角 $\angle ghe$ 的改变量，由图4.7(b)中的几何关系得

$$\gamma_\rho \approx \tan\gamma_\rho = \frac{\overline{ee'}}{eh} = \frac{\overline{ee'}}{O_1O_2} = \frac{\rho\mathrm{d}\varphi}{\mathrm{d}x}$$

即

$$\gamma_\rho = \rho\frac{\mathrm{d}\varphi}{\mathrm{d}x} \qquad (4.5)$$

显然，γ_ρ 发生在垂直于 O_2a 的平面内。在式(4.5)中，$\dfrac{\mathrm{d}\varphi}{\mathrm{d}x}$ 是扭转角 φ 沿轴线 x 方向的变化率，由平面假设可知，对于给定的截面，它是常量。故式(4.5)表明，横截面上任意点的切应变与该点距圆心的距离成正比。

2)物理关系

因为切应变是垂直于半径的矩形两侧相对错动引起的，所以与它对应的切应力的方向也垂直于半径。以 τ_ρ 表示横截面上距圆心为 ρ 处的切应力，由剪切虎克定律可知，在前切比例极限内，切应力与切应变成正比，所以有

$$\tau_\rho = G\gamma_\rho \qquad (4.6)$$

将式(4.5)代入式(4.6)，可得

$$\tau_\rho = G\rho\frac{\mathrm{d}\varphi}{\mathrm{d}x} \qquad (4.7)$$

这说明截面上的切应力沿截面半径呈线性变化，且由切应力互等定律可知，在纵截面上也有大小相等的切应力。图4.8所示为圆轴横截面和纵截面上的切应力分布。

3)静力关系

在受扭转的圆轴上任取一横截面，设它上面的扭矩为 T，在此截面上取一个距圆心 O 的距离为 ρ 的微面积 $\mathrm{d}A$，则它上面的切向力为 $\tau_\rho\mathrm{d}A$，它对轴线的矩等于它对 O 点的矩 $\rho\tau_\rho\mathrm{d}A$。由扭矩 T 的定义可知，它为横截面上所有面积上的切向力对 O 点之矩的代数和，因此，写成积分的形式为

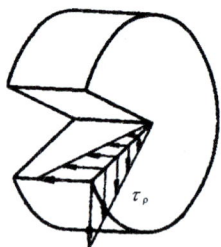

图4.8　圆轴横截面和纵截面上的切应力分布

$$T = \int_A \rho\tau_\rho\mathrm{d}A \qquad (4.8)$$

将式(4.7)代入式(4.8)，并注意到在给定截面上 $\dfrac{\mathrm{d}\varphi}{\mathrm{d}x}$ 是常量，于是可得

$$T = \int_A \rho\tau_\rho\mathrm{d}A = G\frac{\mathrm{d}\varphi}{\mathrm{d}x}\int_A \rho^2\mathrm{d}A \qquad (4.9)$$

令 $I_\mathrm{p} = \int_A \rho^2\mathrm{d}A$，从而有

$$\frac{\mathrm{d}\varphi}{\mathrm{d}x} = \frac{T}{GI_\mathrm{p}} \qquad (4.10)$$

式(4.10)为计算圆轴扭转变形的基本公式。其中，I_p 称为圆截面对圆心 O 的极惯性矩，对一确定截面来说它是一常数。

将式(4.10)代入式(4.7)得

$$\tau_\rho = \frac{T\rho}{I_p} \tag{4.11}$$

式(4.11)即为圆轴扭转时的切应力公式。需要注意的是,式(4.10)和式(4.11)是以平面假设为基础导出的,试验结果表明,只有对于横截面不变的圆轴,平面假设才是正确的。所以这些公式只适合于等截面圆轴。对于圆截面沿轴线变化缓慢的锥度锥形杆,这些公式也近似适用。此外,导出公式时要用到虎克定律,因此,使用这些公式时,横截面上的最大切应力不得超过材料的剪切比例极限。

3. 最大扭转切应力

当要考察轴扭转时的强度时,一般需要找出最大切应力。由式(4.11)可知,在 $\rho = R$,即圆截面边缘各点处,切应力最大,其值为

$$\tau_{max} = \frac{TR}{I_p} \tag{4.12}$$

令 $W_p = \dfrac{I_p}{R}$,可得

$$\tau_{max} = \frac{T}{W_p} \tag{4.13}$$

式中:W_p 是一个仅与圆截面尺寸有关的量,称为抗扭截面系数。

对于如图 4.9 所示的实心圆轴

$$I_p = \int_A \rho^2 dA = \int_0^{2\pi} \int_0^{\frac{D}{2}} \rho^3 d\rho d\theta = \frac{\pi D^4}{32} \tag{4.14}$$

式中:D 为圆截面的直径。由抗扭截面系数的定义可得

$$W_p = \frac{I_p}{R} = \frac{\pi D^3}{16} \tag{4.15}$$

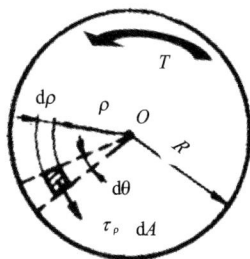

图 4.9 实心圆轴

对于如图 4.10 所示的空心圆轴,平面假设同样成立,其切应力公式与实心圆轴的相同,只是由于截面空心部分没有应力,计算极惯性矩 I_p 和抗扭截面系数 W_p 时有差别。由极惯性矩和抗扭截面系数的定义可得

$$I_p = \frac{\pi}{32}(D^4 - d^4) = \frac{\pi D^4}{32}(1 - \alpha^4) \tag{4.16}$$

$$W_p = \frac{\pi D^3}{16}(1 - \alpha^4) \tag{4.17}$$

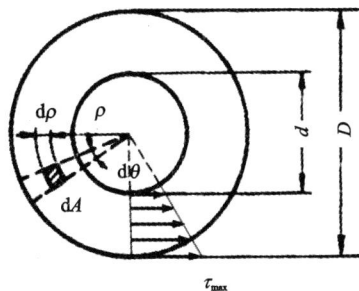

图 4.10 空心圆轴

式中:D 和 d 分别为空心圆截面的外径和内径,$\alpha = d/D$。

4. 薄壁圆管的扭转切应力

对于受扭转的薄壁圆管,可按空心圆截面轴进行计算。但由于管壁很薄,切应力沿截面壁厚方向变化很小,可以设扭转切应力沿壁厚均匀分布,如图 4.11 所示。于是利用切应力与

扭矩间的静力关系有

$$T = \int_A \rho \tau \mathrm{d}A = \int_0^{2\pi} \int_{R_0 - \frac{\delta}{2}}^{R_0 + \frac{\delta}{2}} \rho^2 \tau \mathrm{d}\rho \mathrm{d}\theta$$

从而可得

$$\tau = \frac{T}{2\pi R_0^2 \delta \left(1 + \dfrac{\delta^2}{12R_0^2}\right)}$$

由于 $\dfrac{\delta^2}{12R_0^2} \ll 1$，略去小量后得

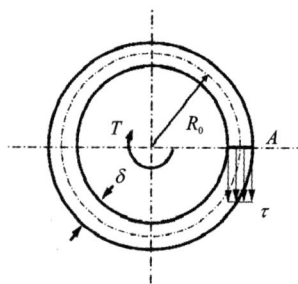

图 4.11　薄壁圆管

$$\tau = \frac{T}{2\pi R_0^2 \delta} \tag{4.18}$$

式(4.18)为薄壁圆管的扭转切应力计算公式。当 $\dfrac{\delta}{R_0}$ 足够小时（$\leqslant \dfrac{1}{10}$），上式足够精确，最大相对误差不超过 5.53%。

4.5　圆轴扭转强度

1. 扭转失效与扭转极限应力

圆截面试样在扭转试验机上进行扭转试验时，试验机在试验过程中可以同时记录下作用于圆轴上的扭力偶矩及其两端截面的相对扭转角，得到圆轴扭转全过程的扭力偶矩—扭转角图。

试验结果表明：对塑性材料，横截面上的最大切应力低于剪切比例极限时，扭转角与扭力偶矩成正比，然后试样会发生屈服，这时，试样表面的横向和纵向会出现滑移线[图 4.12(a)]，当扭力偶矩继续增大时，试样最后沿横截面剪断[图 4.12(b)]。对于脆性材料，试样变形始终很小，一直到最后断裂，断面是与轴线约成 45° 的螺旋面[图 4.12(c)]。

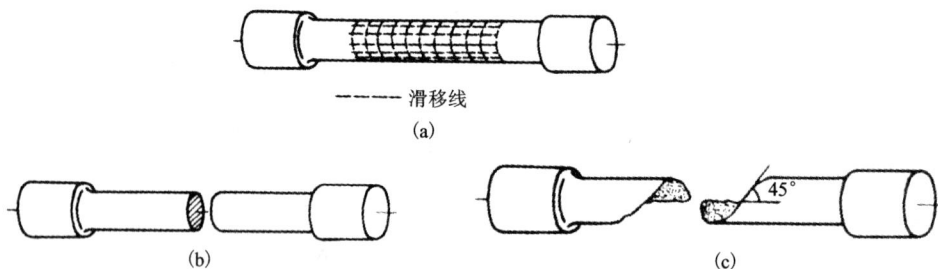

图 4.12　图 4.11 圆轴扭转试样与扭转断裂面示意图

上述试验现象表明，对于受扭圆轴，失效的标志仍为屈服与断裂。当试样发生扭转屈服时，横截面上的最大切应力称为材料的扭转屈服应力 τ_s；当试样发生扭转断裂时，横截面上的最大切应力称为材料的扭转强度极限 τ_b，塑性材料的扭转屈服极限 τ_s 与脆性材料的扭转强度极限 τ_b，统称为材料的扭转极限应力 τ_u。

2. 圆轴扭转强度条件

将材料的扭转极限应力 τ_u 除以安全系数，得到材料的作用切应力

$$[\tau] = \frac{\tau_u}{n} \tag{4.19}$$

当圆轴扭转时，其内部各点的微体处于纯剪切应力状态，轴内各点的切应力不能大于 $[\tau]$，即 $\tau_{max} \leq [\tau]$。由于各截面尺寸有可能发生变化，且各截面上的扭矩也有可能不同，因此，为校核受扭圆轴的强度，需要找出每个截面上的最大切应力，然后再取它们的最大值，作为整根圆轴上的最大切应力，即圆轴扭转强度条件为

$$\tau_{max} = \left(\frac{T}{W_p}\right)_{max} \leq [\tau] \tag{4.20}$$

对于等截面圆轴，各截面的抗扭截面系数相同，则式(4.20)变为

$$\tau_{max} = \frac{T_{max}}{W_p} \leq [\tau] \tag{4.21}$$

注意，这里的 T_{max} 为扭矩绝对值的最大值。

3. 圆轴合理截面与减缓应力集中

实心圆轴的扭转切应力沿径向分布如图 4.4 所示，其最大切应力在圆截面边缘，当最大值达到 $[\tau]$ 时，圆心附近各点处的切应力仍很小，轴的材料没有充分利用，而且由于它们所构成的微剪力 $\tau_\rho dA$ 离圆心近，力臂小，这些材料所承担的扭矩也小。因此，从充分利用材料的角度来说，宜将材料放置在离圆心较远的部位，即做成空心的(图 4.10)。显然，平均半径越大，壁厚 δ 越小，即 R_0/δ 越大，切应力分布越均匀，材料的利用率越高。因此，通常将一些要求较高的轴做成空心的，以减轻轴的质量，提高材料利用率。

同时也要注意到，当 R_0/δ 过大时，管壁太薄，又会引起另一种形式的失效——稳定性失效，即受扭时将会出现皱褶现象，从而降低了抗扭能力，因此在设计中要充分考虑这两方面的因素，折中出一合理截面。

设计轴过程中还应注意的另一重要问题是尽量避免截面尺寸的急剧变化，以减缓应力集中。对于轴的截面尺寸必须发生突变的地方，一般在粗细两段的交接处配置适当尺寸的过渡圆角，以减缓应力集中。

例题 4.2 对例题 4.1 中的传动轴 BD，设其许用切应力 $[\tau] = 50$ MPa。试设计两种轴，比较其质量：(1)实心圆截面轴(直径 d_0)；(2)空心圆截面轴($\alpha = d/D = 0.9$)。

解：(1) 由图 4.4(e)可知，轴 BD 横截面上的最大扭矩为

$$|T|_{max} = |T_{II}| = 1591.5 \text{ N} \cdot \text{m}$$

(2)对实心圆截面轴，$W_p = \dfrac{\pi d_0^3}{16}$，由

$$\tau_{max} = \frac{|T|_{max}}{W_p} \leq [\tau]$$

可得

$$d_0 \geq \sqrt[3]{\frac{16|T|_{max}}{\pi[\tau]}} = \sqrt[3]{\frac{16 \times 1591.5}{\pi \times 50 \times 10^6}} = 0.054526 \text{ m}$$

取 $d_0 = 54.53$ mm。

(3)对空心圆截面轴，$W_p = \dfrac{\pi D^3}{16}(1 - \alpha^4)$，由

$$\tau_{max} = \frac{|T|_{max}}{W_p} \leqslant [\tau]$$

可得

$$D \geqslant \sqrt[3]{\frac{16|T|_{max}}{\pi(1-\alpha^4)[\tau]}} = \sqrt[3]{\frac{16 \times 1591.5}{\pi \times (1-0.9^4) \times 50 \times 10^6}} = 0.077826 \text{ m}$$

取 $D = 77.83$ mm，则 $d = 0.9D = 70.05$ mm。

（4）质量比较。上述空心与实心圆轴的长度与材料相同，所以，两者的质量比 β 等于其横截面积之比，即

$$\beta = \frac{\frac{\pi(D^2-d^2)}{4}}{\frac{\pi d_0^2}{4}} = \frac{D^2-d^2}{d_0^2} = \frac{77.83^2-70.05^2}{54.53^2} = 0.3869$$

这说明当采用空心圆轴时，其质量只有实心圆轴的 38.69%，这与前面的理论分析是一致的。

4.6 圆轴扭转变形与刚度计算

1. 圆轴扭转变形公式

圆轴扭转变形的大小，用横截面间绕轴线转过的相对角位移即扭转角 φ 来表示。由式（4.10）可知，微段 dx 的扭转变形为

$$d\varphi = \frac{T}{GI_p}dx$$

因此，对于长为 l 的圆截面轴，两端截面间的相对扭转角为

$$\varphi = \int_l \frac{T}{GI_p}dx \tag{4.22}$$

对于等截面圆轴，当扭矩 T 为常数时，式（4.22）可积分为

$$\varphi = \frac{Tl}{GI_p} \tag{4.23}$$

式（4.23）表明，扭转角与扭矩 T 和轴长 l 成正比，与 GI_p 成反比。因此 GI_p 代表了圆轴截面抵抗扭转变形的能力，称为圆截面的扭转刚度或抗扭刚度。

对于在各段扭矩 T 不相同的轴（如图 4.2 所示），或 GI_p 不相同的阶梯轴，应该分段计算各段的扭转角，然后按照代数相加，得到两端截面的相对扭转角为

$$\varphi = \sum_{i=1}^n \frac{T_i l_i}{G_i I_{pi}} \tag{4.24}$$

式中：T_i 为第 i 段轴横截面上的扭矩；l_i 和 $G_i I_{pi}$ 分别为第 i 段轴的长度与横截面的扭转刚度。

需要说明的是，式（4.22）~式（4.24）对实心圆轴与空心圆轴皆适用。

另外，可以证明，长为 l、扭矩 T 为常数的等截面薄壁圆管（如图 4.11 所示）的扭转变形为

$$\varphi = \frac{Tl}{2G\pi R_0^3 \delta} \tag{4.25}$$

2. 圆轴扭转刚度条件

在绪论中我们提到过,构件除了有强度失效外,还有刚度失效,圆轴也是如此。下面建立圆轴扭转时的刚度条件。

所谓刚度条件,就是在圆轴扭转时,要对其扭转变形的大小提出一定的要求。在工程实际中,通常是限制扭转角沿轴线的变化率 $\mathrm{d}\varphi/\mathrm{d}x$ (或单位长度内的扭转角),使其不能超过某一规定的许用值 $[\theta]$,$[\theta]$ 称为单位长度许用扭转角,其单位一般为 $(°)/m$。由式(4.5)可以得到圆轴扭转刚度条件为

$$\left(\frac{\mathrm{d}\varphi}{\mathrm{d}x}\right)_{\max} = \left(\frac{T}{GI_{\mathrm{p}}}\right)_{\max} \leqslant [\theta] \tag{4.26}$$

对于等截面圆轴,刚度条件为

$$\frac{T_{\max}}{GI_{\mathrm{p}}} \leqslant [\theta] \tag{4.27}$$

注意,这里的 $T_{\max}$ 与强度条件式(4.21)中的一样,为其绝对值的最大值。另外,$\mathrm{d}\varphi/\mathrm{d}x$ 的单位为 rad/m,而 $[\theta]$ 的单位一般为 $(°)/m$,要注意单位的换算与统一。

对于一般转动轴,$[\theta]$ 规定为 $0.5 \sim 1(°)/m$;对于精密机械轴,$[\theta]$ 规定为 $0.15 \sim 0.5$ $(°)/m$;对于精密度较低的轴,$[\theta]$ 规定为 $1 \sim 2.5(°)/m$;各类轴 $[\theta]$ 的具体值可根据有关设计标准或规范确定。

例题 4.3 对例题 4.1 中的传动轴 BD,设其切变模量 $G = 80$ GPa,许用切应力 $[\tau] = 50$ MPa,单位长度许用扭转角 $[\theta] = 0.5(°)/m$,试确定实心圆轴的直径 d_0。

解:(1)由例题 4.2 的结果可知,利用强度条件,传动轴的直径必须满足 $d_0 \geqslant 54.53$ mm。

(2)刚度条件要求。由图 4.4(e)可知,轴 BD 横截面上的最大扭矩 $|T|_{\max} = 1591.50$ N·m,由刚度条件

$$\left(\frac{\mathrm{d}\varphi}{\mathrm{d}x}\right)_{\max} = \frac{|T|_{\max}}{GI_{\mathrm{p}}} = \frac{|T_2|}{G\frac{\pi d^4}{32}} \leqslant [\theta] \times \frac{\pi}{180}$$

得

$$d_0 \geqslant \sqrt[4]{\frac{32|T_2|}{G\pi[\theta] \times \frac{\pi}{180}}} = \sqrt[4]{\frac{32 \times 1591.5}{80 \times 10^9 \times \pi \times 0.5 \times \frac{\pi}{180}}} = 0.06942 \text{ m} = 69.42 \text{ mm}$$

(3)根据强度条件和刚度条件对轴径的要求可知,需按刚度条件确定圆轴直径,即取

$$d_0 = 69.42 \text{ mm}$$

例题 4.4 如图 4.13 所示小锥度锥形杆,设两端的直径分别为 d_1 和 d_2,长度为 l,d_1 端固支,沿轴线作用均匀分布的扭力偶矩,单位长度上扭力偶矩的大小(集度)为 m。试计算两端截面的相对扭转角。

解:设距左端为 x 的任意横截面的直径为 $d(x)$,按比例关系可得

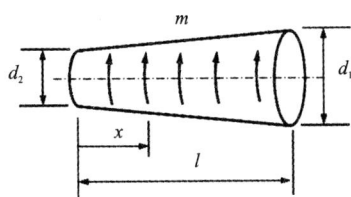

图 4.13 小锥度锥形杆

$$d(x) = d_2\left(1 + \frac{d_1 - d_2}{d_2} \frac{x}{l}\right)$$

此横截面上的极惯性矩为

$$I_{\mathrm{p}} = \frac{\pi\left[d(x)\right]^4}{32} = \frac{\pi d_2^4}{32}\left(1 + \frac{d_1 - d_2}{d_2}\frac{x}{l}\right)^4$$

同一横截面上的扭矩为

$$T = mx$$

在 x 处沿轴向取一微段 $\mathrm{d}x$,则 $\mathrm{d}x$ 段两端的扭转角为

$$\mathrm{d}\varphi = \frac{T}{GI_{\mathrm{p}}}\mathrm{d}x = \frac{32mx}{G\pi d_2^4\left(1 + \dfrac{d_1 - d_2}{d_2}\dfrac{x}{l}\right)^4}\mathrm{d}x$$

积分可得两端截面的相对转角为

$$\varphi = \frac{32m}{G\pi d_2^4}\int_0^l \frac{x\,\mathrm{d}x}{\left(1 + \dfrac{d_1 - d_2}{d_2}\dfrac{x}{l}\right)^4} = \frac{16ml^2}{3G\pi d_1^2 d_2^2}\left(1 + 2\frac{d_2}{d_1}\right)$$

例题 4.5 设有 A、B 两个凸缘的圆轴[图 4.14(a)],在扭转力偶矩 m 作用下发生了扭转变形。这时把一个薄壁圆筒与轴的凸缘焊接在一起,然后解除 m[图 4.14(b)]。设轴和筒的抗扭刚度分别是 $G_1 I_{\mathrm{p}1}$ 和 $G_2 I_{\mathrm{p}2}$,试求轴和筒横截面上的扭矩。

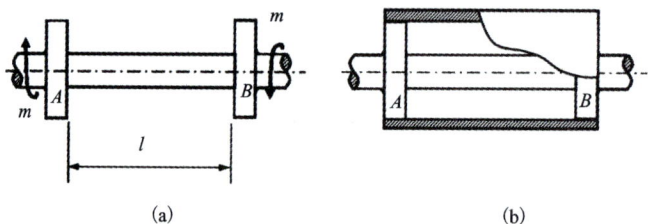

图 4.14 薄壁圆筒与带凸缘轴的焊接示意

解:由于筒与轴的凸缘焊接在一起,外加扭转力偶矩 m 解除后,圆轴必然力图恢复其扭转变形,而圆筒则阻抗其恢复。这就使得在轴和筒横截面上分别出现扭矩 T_1 和 T_2。设想用一横截面将轴与筒切开[图 4.15(a)],因这时已无外力偶矩作用,平衡方程为

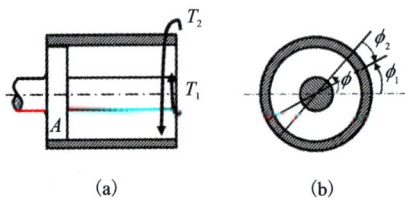

图 4.15 焊接件断面及受力变形示意

$$T_1 - T_2 = 0 \qquad\qquad (\mathrm{a})$$

仅由上式不能解出两个扭矩,所以这是一个一度静不定问题,需要补充一个变形协调方程。

设焊接前轴在扭力偶矩 m 作用下的扭转角为 ϕ[图 4.15(b)],则

$$\phi = \frac{ml}{G_1 I_{p1}} \qquad\qquad (\mathrm{b})$$

这也就是凸缘 B 相对于凸缘 A 转过的角度。在筒与轴相焊接并解除 m 后,因受筒的阻抗作用,轴的上述变形不可能完全恢复。设轴恢复的扭转角为 ϕ_2[图 4.15(b)],那么 ϕ_2 即为筒两端的扭转角,而此时圆轴的剩余扭转角为 ϕ_1,它们分别为

$$\phi_1 = \frac{T_1 l}{G_1 T_{p1}}, \quad \phi_2 = \frac{T_2 l}{G_2 T_{p2}} \tag{c}$$

由以上分析容易知道

$$\phi_1 + \phi_2 = \phi \tag{d}$$

将式(b)和式(c)代入式(d),得

$$\frac{T_1 l}{G_1 T_{p1}} + \frac{T_2 l}{G_2 I_{p2}} = \frac{ml}{G_1 T_{p1}} \tag{e}$$

由式(a)和式(e)两式解出

$$T_1 = T_2 = \frac{m G_2 I_{p2}}{G_1 I_{p1} + G_2 I_{p2}}$$

4.7 非圆截面轴扭转

圆轴是最常见的受扭杆件,在前面各节对圆截面轴进行了讨论。但在工程实际中,有些受扭杆件的横截面并非圆形,如农业机械中有时采用方轴作为传动轴,又如曲轴的曲柄承受扭转,而其截面是矩形。

1. 自由扭动与限制扭转

试验与分析表明,非圆截面轴扭转时,横截面不再保持平面而发生翘曲。取一矩形截面轴,如图 4.16(a)所示,在其表面等距地画上横线和纵线。在受到扭力偶矩作用后,发现横向周线已变为空间曲线,这表明横截面发生翘曲,平面假设不再成立,如图 4.16(b)所示。这是非圆截面轴与圆截面轴相区别的一个特点。

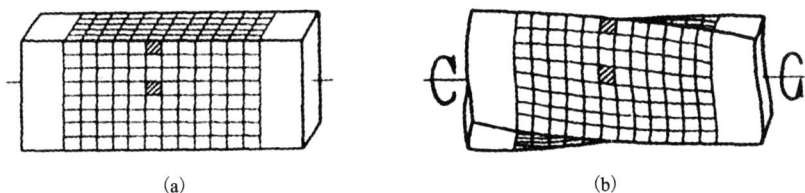

图 4.16 矩形截面轴扭转变形示意

此外,当非圆截面仅在轴两端受到大小相等、方向相反的扭力偶矩作用,各截面均可自由翘曲时,横截面上只有切应力而无正应力,纵向纤维的长度无变化,这种扭转称为自由扭转。当非圆截面轴横截面翘曲受到限制时,例如在轴的一端固定或在轴的中间又施加一扭力偶矩,这时某些横截面不能自由翘曲,或使各段截面翘曲程度不同,那么由于横截面间变形协调的要求,使得横截面上不仅存在切应力,而且存在正应力,即各横截面间的翘曲要受到相互约束,这种扭转称为约束扭转或限制扭转。

弹性理论中的精确分析表明,对于一般非圆实体轴,限制扭转引起的正应力很小,实际计算中可以忽略不计;至于薄壁杆,限制扭转与自由扭转的差别较大,这种问题将在薄壁结构力学中研究。本书仅讨论自由扭转问题。

2. 边界及角点切应力

可以证明,当杆件扭转时,横截面边界上各点的切应力都与截面边界相切,而在边界角点处,它的切应力为零[图4.17(a)]。

因为,边界上各点的切应力若不与边界相切,则总可以分解为边界切线方向的分量 τ_t 及法线方向的分量 τ_n[图4.17(b)]。然后在边界上取一微元体,根据切应力互等定理,τ_n 应与杆件自由表面上的切应力 τ_n' 相等。但在自由表面不可能有切应力 τ_n',即 $\tau_n' = \tau_n = 0$。这就证明了在截面边界上各点的切应力,只有边界切线方向的分量 τ_t。

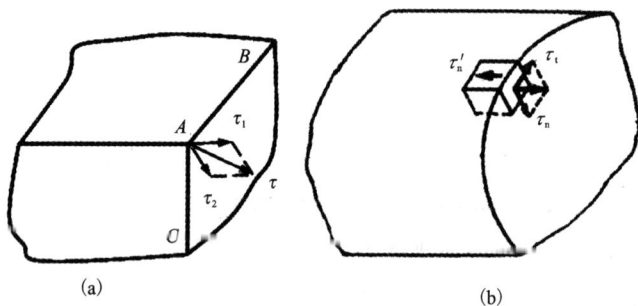

图4.17 扭转横截面边界上各点的切应力分析

对于横截面上的角点,分两种情况进行说明。对于三正交面(两个自由面和一个横截面)的交点,在角点处取一微元体,截面上的切应力可分解为与两个边界相垂直的两个分量 τ_1 和 τ_2,同样它们分别与轴表面上的 τ_1' 和 τ_2' 相等,而 $\tau_1' = \tau_2' = 0$,从而有 $\tau_1 = \tau_2 = 0$,因此横截面上的角点处切应力 $\tau = 0$。当自由面为不垂直的两个面时,只须将 τ 分解为垂直于两边法线方向的分量 τ_1 和 τ_2,同样可证 $\tau = 0$[图4.17(a)]。

3. 矩形截面轴

非圆截面杆的自由扭转,一般在弹性力学中讨论。根据弹性力学分析,横截面上的切应力分布如图4.18所示,边缘各点的切应力形成与边界相切的顺流,四个角点上的切应力为0,最大切应力发生于矩形长边的中点,其大小为

$$\tau_{max} = \frac{T}{\alpha h b^2} \qquad (4.28)$$

短边上的最大切应力也发生在其中点,且其大小为

$$\tau_1 = \gamma \tau_{max} \qquad (4.29)$$

而轴的扭转变形为

$$\varphi = \frac{\tau l}{GI_t} = \frac{Tl}{G\beta h b^3} \qquad (4.30)$$

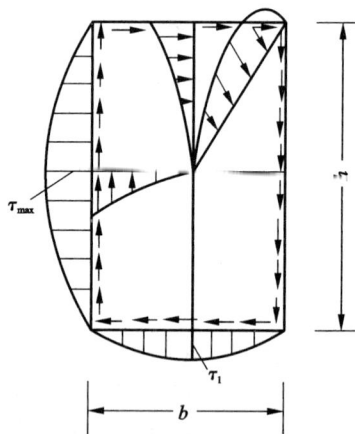

图4.18 图4.17 矩形横截杆横截面上的切应力分布示意

式中:h 和 b 分别为矩形截面长边和短边的长度;GI_t 为非圆截面轴的抗扭刚度,而 α,β 和 γ 是与比值 h/b 有关的系数,其大小如表4.1所示。

表 4.1　矩形截面杆自由扭转的系数 α, β 和 γ

h/b	1.0	1.2	1.5	2.0	2.5	3.0	4.0	6.0	8.0	10.0	∞
α	0.208	0.263	0.346	0.493	0.645	0.801	1.150	1.789	2.456	3.12	0.333
β	0.140	0.190	0.294	0.457	0.622	0.790	1.123	1.789	2.456	3.12	0.333
γ	1.00	0.930	0.858	0.796	0.766	0.753	0.745	0.743	0.743	0.74	0.743

从表 4.1 可以看出，当 $h/b \geqslant 10$ 时，α 和 β 均接近于 $\dfrac{1}{3}$。此时截面变成狭长矩形，相应地，横截面上的最大切应力和扭转变形公式变为

$$\tau_{\max} = \frac{3T}{hb^2} \tag{4.31}$$

$$\varphi = \frac{3Tl}{Ghb^3} \tag{4.32}$$

其横截面上的切应力的分布规律如图 4.19 所示。

例题 4.6　材料、横截面积与长度均相同的三根轴，截面分别为圆形、正方形和矩形，且矩形截面的长宽比为 2:1。若作用在三轴两端的扭力偶矩 M 也相同，试计算三轴的最大扭转切应力及扭转变形之比。

解：（1）设圆形截面直径为 d，正方形截面的边长为 a，矩形长截面的长和宽分别为 h 和 b，则由三者面积相等，有

$$\frac{\pi d^2}{4} = a^2 = bh$$

从中可得

$$a = \frac{\sqrt{\pi}}{2}d, \ b = \frac{\sqrt{\pi}}{2\sqrt{2}}d, \ h = \frac{\sqrt{\pi}}{\sqrt{2}}d$$

（2）分别计算三轴的最大扭转切应力及扭转变形。

对圆截面轴

$$\tau_{c, \max} = \frac{16M}{\pi d^3} = 5.093\frac{M}{d^3}, \quad \varphi_c = \frac{32Ml}{G\pi d^4} = 10.186\frac{Ml}{Gd^4}$$

对正方形截面轴

$$\tau_{s, \max} = \frac{M}{\alpha_1 a^3} = \frac{M}{0.208a^3} = 6.9072\frac{M}{d^3}$$

$$\varphi_s = \frac{Ml}{G\beta_1 a^4} = \frac{Ml}{0.141Ga^4} = 11.497\frac{Ml}{Gd^4}$$

对矩形截面轴

$$\tau_{r, \max} = \frac{M}{\alpha_2 hb^2} = \frac{M}{0.246hb^2} = 8.2593\frac{M}{d^3}$$

$$\varphi_r = \frac{Ml}{G\beta_2 hb^3} = \frac{Ml}{0.229Ghb^3} = 14.158\frac{Ml}{Gd^4}$$

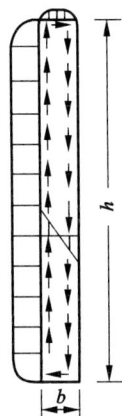

图 4.19　矩形截面长边和短边之比大于等于 10 时横截面上的切应力分布

(3)轴的最大扭转切应力及扭转变形之比为

$$\tau_{c, max} : \tau_{s, max} : \tau_{r, max} = 1 : 1.356 : 1.622$$

$$\varphi_c : \varphi_s : \varphi_r = 1 : 1.29 : 1.39$$

可见,无论是扭转强度还是扭转刚度,圆形截面轴均比正方形截面轴强,而正方形截面轴又比矩形截面轴强。

4.8 薄壁杆扭转

为减小结构质量,在航空航天等工程上常采用各种轧制型钢,如工字钢、槽钢等,同时也常使用薄壁管状杆件,这类杆件的壁厚远小于截面的其他两个尺寸,称为薄壁杆件。薄壁杆横截面的壁厚平分线,称为截面中心线。截面中心线为封闭曲线的薄壁杆,称为闭口薄壁杆;截面中心线为非封闭曲线的薄壁杆,称为开口薄壁杆。本节分别讨论闭口薄壁杆和开口薄壁杆的自由扭转。

1. 闭口薄壁杆的扭转应力

关于闭口薄壁杆,仅讨论横截面只有内、外两个边界的单孔管状杆件,壁厚沿截面中心线可以变化,且杆件的内、外表面无轴向剪切载荷。在此情况下,闭口薄壁杆的扭转切应力分布与薄壁圆管的扭转切应力的分布类似,一般可作如下假设:横截面上各点处的扭转切应力沿壁厚均匀分布,其方向则平行于该壁厚处的周边切线或截面中心线的切线。下面根据此假设,结合静力学条件确定扭转切应力沿截面中心线的变化规律。

设自由扭转闭口薄壁杆横截面上扭矩为 T,如图 4.20(a)所示。用相距 dx 的两个横截面以及垂直于截面中心线的任意两个纵截面,在薄壁杆上切取单元体 $abcd$,如图 4.20(b)所示。设横截面上 a 点处的壁厚为 δ_1,切应力为 τ_1;b 点处的壁厚为 δ_2,切应力为 τ_2。则根据切应力互等定理可知,纵截面 ad 与 bc 上的切应力也分别等于 τ_1 和 τ_2,由于考虑自由扭转,横截面上没有正应力,因此由单元体的轴向平衡方程

$$\tau_1 \delta_1 dx - \tau_2 \delta_2 dx = 0$$

得

$$\tau_1 \delta_1 = \tau_2 \delta_2$$

由于在以上取单元体过程中,a、b 两点是任取的,可见在横截面上任意点处,切应力与壁厚的乘积不变,即

$$\tau\delta = C \qquad (4.33)$$

式中:C 为常数;乘积 $\tau\delta$ 称为剪流,代表沿截面中心线单位长度上的剪力。由此可见,当闭口薄壁截面杆扭转时,截面中心线上各点处的剪流数值相同,且同一截面上,厚度越小处,切应力越大。这一关系也确定了切应力沿中心线的分布规律。

在截面中心线上取微分长度 ds,那么在 ds 上作用的微剪力等于剪流与 ds 的乘积,即 $\tau\delta ds$[图 4.21(a)],它对截面内任一点 O 的微内力矩

$$dT = \rho\tau\delta ds$$

式中:ρ 为 O 点到 ds 段截面中心线切线的垂直距离。则由静力平衡关系有

$$T = \oint \rho\tau\delta ds = \tau\delta\oint \rho ds$$

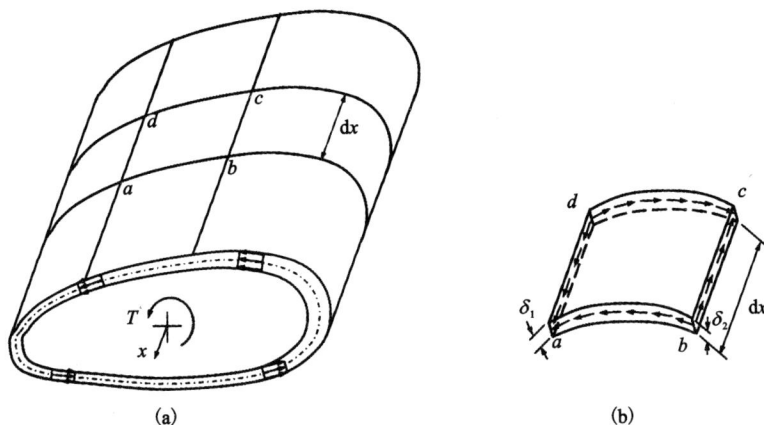

图 4.20　自由扭转闭口薄壁杆横截面内力分析示意

由图 4.21(a)中几何关系可知,ρds 等于阴影部分面积的两倍,因此,$\oint \rho ds = 2\Omega$, 其中,Ω 为截面中心线所围的面积[图 4.21(b)],从而有

$$T = 2\tau \delta \Omega$$

进而

$$\tau = \frac{T}{2\delta\Omega} \qquad (4.34)$$

截面上的最大切应力发生在截面最薄处,设该处厚度为 δ_{min} ,则最大切应力

$$\tau_{max} = \frac{T}{2\Omega\delta_{min}} \qquad (4.35)$$

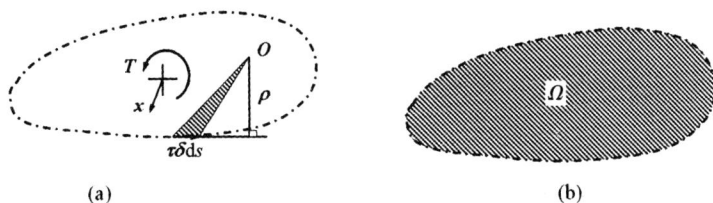

图 4.21　横截面上微元内力分析示意

2. 闭口薄壁杆的扭转变形

设自由扭转闭口薄壁杆横截面上任意点处切应力为 τ ,则该点应变能密度

$$v_\varepsilon = \frac{\tau^2}{2G}$$

在杆件内取轴向长度为 dx 、厚度为 δ 、沿截面中心线长度为 ds 的微体,其应变能

$$dV_\varepsilon = v_\varepsilon \delta ds dx = \frac{\tau^2}{2G}\delta ds dx$$

将式(4.34)代入上式并在整个杆件体积内积分,则得整个杆件内的应变能

$$V_\varepsilon = \int_l \oint \frac{\tau^2}{2G}\delta ds dx = l\oint \frac{\tau^2}{2G}\delta ds = \frac{T^2 l}{8\Omega^2 G}\oint \frac{1}{\delta}ds$$

设薄壁杆的扭转角为 φ，则在线弹性范围内，扭矩 T 所做的功 $w = \dfrac{1}{2}T\varphi$，则由能量守恒定律可知

$$\frac{T\varphi}{2} = \frac{T^2 l}{2GI_t}$$

式中：$I_t = \dfrac{4\Omega^2}{\oint \dfrac{\mathrm{d}s}{\delta}}$。由此可得

$$\varphi = \frac{Tl}{GI_t} \tag{4.36}$$

3. 开口薄壁杆的扭转

与狭长矩形截面杆的扭转切应力相似，一般开口薄壁杆件扭转切应力的分布如图4.22所示，切应力沿周边形成"环流"。其最大切应力和扭转变形的计算可以借助狭长矩形的计算公式，此时只须将开口薄壁截面看成各狭长矩形的组合。如设开口薄壁截面由 n 个狭长矩形组成，而每一狭长矩形的长度和厚度分别为 h_i 和 δ_i，那么其最大切应力

$$\tau_{max} = \frac{3T\delta_{max}}{\sum_{i=1}^{n} h_i \delta_i^3} \tag{4.37}$$

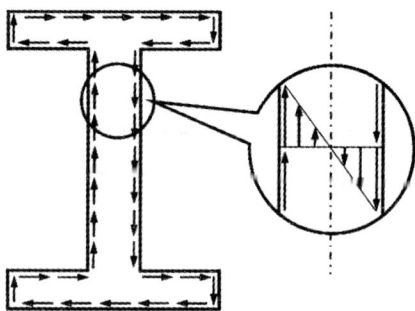

图4.22 一般开口薄壁杆件扭转切应力的分布

扭转变形

$$\varphi = \frac{3Tl}{G\sum_{i=1}^{n} h_i \delta_i^3} \tag{4.38}$$

由于截面中心线两侧对称位置处的微剪力 $\tau\mathrm{d}A$ 形成微力偶，故开口截面也能抗扭；但由于 $\tau\mathrm{d}A$ 之间的力偶臂很小，开口薄壁结构抗扭性能差，截面易产生翘曲，因此一般不作为抗扭构件，如果实在必要，一般要采取局部加强措施，如图4.23所示，以加强其强度和刚度。

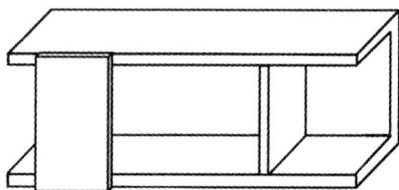

图4.23 一般开口薄壁杆件采取局部加强措施示意图

例题4.7 图4.24所示为相同尺寸的闭口钢管和开口钢管，承受相同扭矩 T。设平均直径为 d，壁厚为 t，试比较两者的强度与刚度。

解：（1）对闭口薄圆环，其截面中线所围的面积 $A = \dfrac{\pi d^2}{4}$，中线长度 $s = \pi d$，$I_t = \dfrac{4A^2 t}{s}$，则最大扭转切应力

$$\tau_{a,max} = \frac{T}{2At} = \frac{T}{2\dfrac{\pi d^2}{4}t} = \frac{2T}{\pi d^2 t}$$

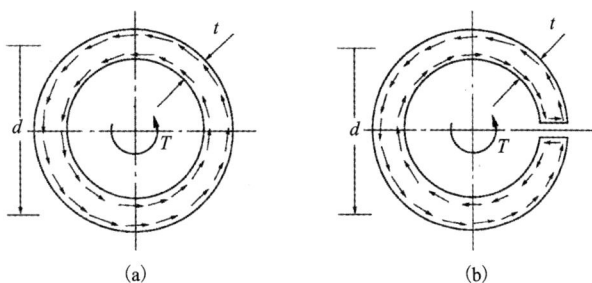

图 4.24　闭口钢管和开口钢管

单位长度扭转角

$$\varphi_a = \frac{T\pi d}{4G\left(\dfrac{\pi d^2}{4}\right)^2 t} = \frac{4T}{G\pi d^3 t}$$

(2)对于开口薄圆环,可将其展成一长度为 $h = \pi d$、宽度为 t 的狭长矩形,则最大扭转切应力

$$\tau_{b,\,max} = \frac{3T}{\pi dt^2}$$

单位长度扭转角

$$\varphi_b = \frac{3T}{G\pi dt^3}$$

(3)开口钢管和闭口钢管的最大扭转切应力和单位长度扭转角之比

$$\frac{\tau_{b,\,max}}{\tau_{a,\,max}} = \frac{3d}{2t}$$

$$\frac{\varphi_b}{\varphi_a} = \frac{3}{4}\left(\frac{d}{t}\right)^2$$

若 $d = 10t$,则 $\dfrac{\tau_{b,\,max}}{\tau_{a,\,max}} = 15$,$\dfrac{\varphi_b}{\varphi_a} = 75$。

可见无论是强度还是刚度,闭口截面圆管都比开口截面圆管大得多,故工程中的受扭杆件应尽量避免采用开口圆管,并防止闭口圆管产生裂缝。这两种截面圆管在扭转强度和扭转刚度上相差如此之大,其原因在于截面上的切应力分布不同,在开口截面上,中心线两侧的切应力方向相反,微元面积上切应力组成的微内力形成力偶时力臂极小[图 4.24(a)],而在闭口截面上,切应力沿壁厚均匀分布,微元面积上切应力组成的微内力对截面中心的力臂较大[图 4.24(b)]。

思考题

1."对平衡构件,无论应力是否超过弹性极限,剪应力互等定理均成立",这种说法对吗?

2."直杆扭转变形时,横截面的最大剪应力在距截面形心最远处",这种说法对吗?

3. "塑性材料圆轴扭转时的失效形式为沿横截面断裂",这种说法对吗?

4. "对于受扭的圆轴,最大剪应力只出现在横截面上",这种说法对吗?

5. "圆轴受扭时,轴内各点均处于纯剪切状态",这种说法对吗?

6. "薄壁圆管与空心圆管的扭转剪应力计算公式完全一样",这种说法对吗?

7. "传动轴的转速越高,其横截面的直径应越大",这种说法对吗?

8. "受扭杆件的扭矩仅与杆件所受的外力偶矩有关,而与杆件的材料、横截面的大小以及横截面的形状无关",这种说法对吗?

9. 低碳钢圆试件在受扭时,在纵、横截面上的剪应力大小相等,为什么试件总是在横截面被剪断?

10. 圆轴在极限扭矩的作用下破坏开裂,试判断当轴的材料分别为低碳钢、铸铁、顺纹木时,圆轴的破坏面(裂纹)产生的方向及原因。

11. 如果钢轴材料经过锻制或抽拉,有沿轴向的纤维夹杂物,扭转时裂纹会在什么方向上?

12. 为什么实心扭转的剪应力计算公式 $\tau = Tp/I_\text{p}$ 只能在线弹性范围内适用,而薄壁圆筒扭转的剪应力计算公式却在线弹性、非线性弹性、弹塑性情况下都适用?

13. 从弹性范围应力分布的角度,说明扭转时为什么空心圆轴比实心圆轴更能充分发挥材料的作用。如果圆轴由理想弹塑性材料制成,当扭转到整个截面均屈服时,空心圆轴是否仍然比实心圆轴更充分发挥材料的作用?

习　题

1. 传动轴如图 4.25 所示。主动轮 A 输入功率为 $P_A = 36 \text{ kW}$,从动轮 B、C、D 输出功率分别为 $P_B = P_C = 11 \text{ kW}$、$P_D = 14 \text{ kW}$,轴的转速为 $n = 300 \text{ r/min}$。试作轴的扭矩图。

2. 图 4.26 所示为轴 AB,传递的功率 $P_k = 7.5 \text{ kW}$,转速 $n = 360 \text{ r/min}$,轴的 AC 段为实心圆截面,CB 段为空心圆截面。已知 $D = 3 \text{ cm}$,$d = 2 \text{ cm}$。试计算 AC 段横截面边缘点①处的剪应力以及 CB 段横截面上外边缘点②处和内边缘点③处的剪应力。

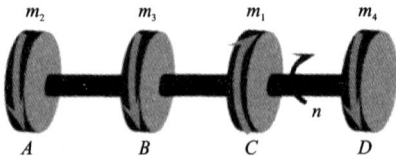

图 4.25　传动轴

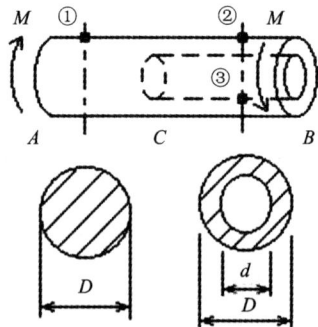

图 4.26　轴 AB

3. 图 4.27 所示为一直径 $d = 50 \text{ mm}$ 的圆轴,其两端受 $M = 1000 \text{ N·m}$ 的外力偶作用而发生扭转,轴材料的剪切弹性模量 $G = 80 \text{ GPa}$。

求：(1)横截面上半径为 $\rho_A = d/4$ 点处的剪应力和剪应变；

(2)单位长度扭转角 φ'。

4. 图 4.28 所示阶梯圆轴的直径分别为 $d_1 = 40$ mm，$d_2 = 50$ mm，材料的许用应力 $[\tau] = 60$ MPa，轴的功率由 C 轮输入，$P_C = 30$ kW，A 轮输出功率 $P_A = 13$ kW，轴的转速 $n = 200$ r/min。试校核轴的强度。

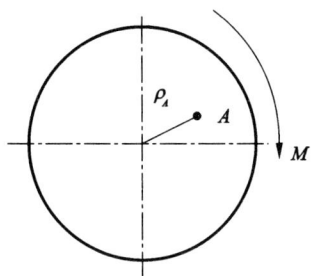

图 4.27 圆轴

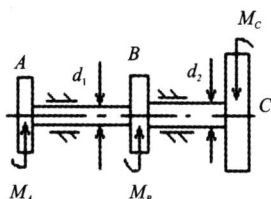

图 4.28 阶梯圆轴

5. 已知薄壁圆轴的外径 $D = 76$ mm，壁厚 $\delta = 2.5$ mm，所承受的转矩 $M = 1.98$ kN·m，材料的许用应力 $[\tau] = 100$ MPa，剪切弹性模量 $G = 80$ GPa，许用单位长度扭转角 $[\varphi] = 2(°)/m$。试校核此轴的强度和刚度。

6. 图 4.29 所示传动轴，其直径 $d = 40$ mm，剪切弹性模量 $G = 80$ GPa，许用单位长度扭转角 $[\varphi] = 0.5(°)/m$，功率由 B 轮输入，A 轮输出 2/3 功率，C 轮输出 1/3 功率，传动轴的转速 $n = 400$ r/min。试计算所能输入的最大功率。

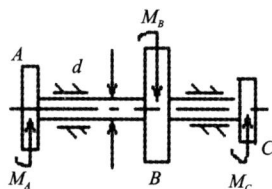

图 4.29 传动轴

7. 图 4.30 所示圆柱形密圈螺旋弹簧，沿弹簧轴线承受拉力 F 作用。所谓密圈螺旋弹簧，是指螺旋升角 α 很小（≤5°）的弹簧。设弹簧的平均直径为 D，弹簧丝的直径为 d，试分析弹簧丝横截面上的应力并建立相应的强度条件。

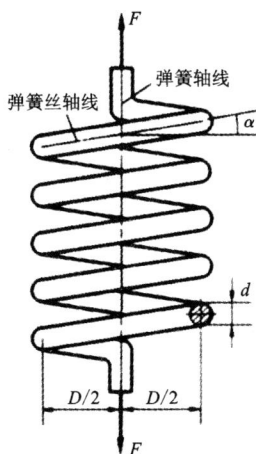

图 4.30 圆柱形密圈螺旋弹簧

8. 有一矩形截面的钢件,其横截面尺寸为 100 mm × 50 mm,长度 $l = 2$ m,在杆的两端作用着一支力偶矩。若材料的 $[\tau] = 100$ MPa,$G = 80$ MPa,杆件的许用扭转角 $\varphi = 2°$,求作用于杆件两端的力偶矩的许用值。

9. 图 4.31 所示 T 字形薄壁杆,长为 $l = 2$ m,材料的 $G = 80$ GPa,受纯扭矩 $T = 200$ N·m 的作用,试求最大剪应力及扭转角。

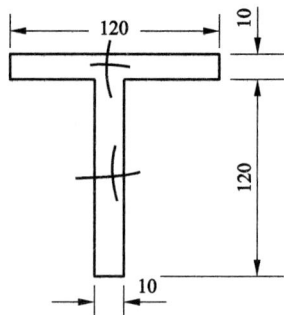

120
10
120
10

图 4.31 T 字形薄壁杆

10. 机车变速箱第 Ⅱ 轴如图 4.32 所示,轴所传递的功率 $P = 5.5$ kW,转速 $n = 200$ r/min,材料为 45 钢,$[\tau] = 40$ MPa。试按强度条件初步确定轴的直径。

11. 图 4.33 所示空心圆截面轴,外径 $D = 40$ mm,内径 $d = 20$ mm,扭矩 $T = 1$ kN·m。试计算横截面上的最大、最小扭转切应力,以及 A 点处($\rho_A = 15$ mm)的扭转切应力。

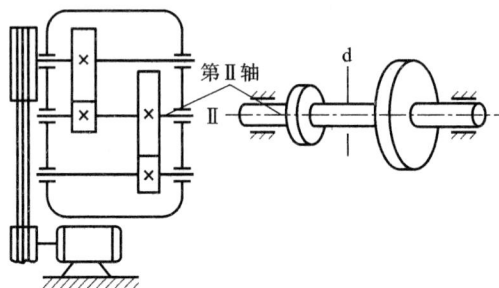

第 Ⅱ 轴
Ⅱ
d

图 4.32   机车变速箱及其第 Ⅱ 轴示意

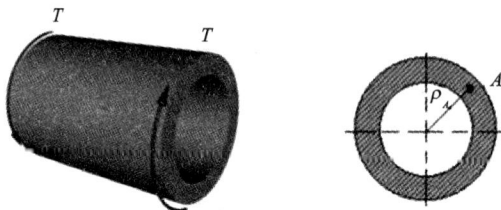

T   T

ρ_A A

图 4.33   受扭空心圆截面轴

12. 图 4.34 所示的实心圆轴与空心圆轴通过牙嵌离合器连接。已知轴的转速 $n = 100$ r/min,传递功率 $P = 10$ kW,许用切应力 $[\tau] = 80$ MPa,$d_1/d_2 = 0.6$。试确定实心轴的直径 d,空心轴的内、外径 d_1 和 d_2。

13. 图 4.35 所示的传动轴,转速 $n = 300$ r/min,轮 1 为主动轮,输入功率 $P_1 = 50$ kW,轮 2、轮 3 与轮 4 为从动轮,输出功率分别为 $P_2 = 10$ kW,$P_3 = P_4 = 20$ kW。

(1)试求轴内的最大扭矩;

(2)若将轮 1 与轮 3 的位置对调,试分析对轴的受力是否有利。

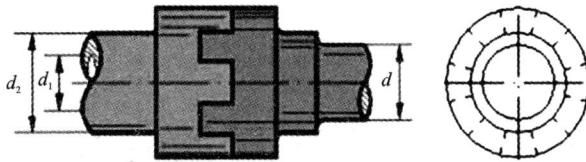

图 4.34　通过牙嵌离合器连接的实心圆轴与空心圆轴

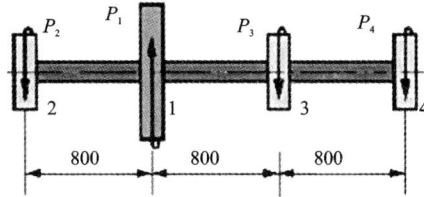

图 4.35　传动轴

14. 图 4.36 所示组合轴由套管与芯轴并借两端刚性平板牢固地连接在一起。设作用在刚性平板上的扭力矩 $M = 2$ kN · m，套管与芯轴的切变模量分别为 $G_1 = 40$ GPa 与 $G_2 = 80$ GPa。试求套管与芯轴的扭矩及最大扭转切应力。

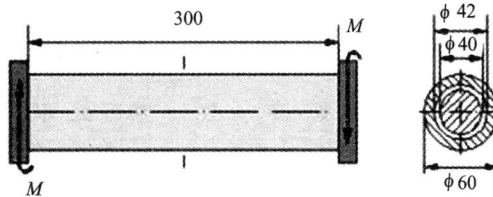

图 4.36　组合轴

15. 将截面尺寸分别为 $\phi100$ mm × 90 mm 与 $\phi90$ mm × 80 mm 的两钢管如图 4.37 所示相套合，并在内管两端施加扭力矩 $M_0 = 2$ kN · m 后，将其两端与外管相焊接。试问在去掉扭力矩 M_0 后，内、外管横截面上的最大扭转切应力。

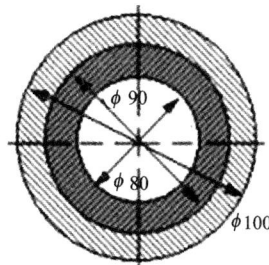

图 4.37　钢管套合示意图

第 5 章　平面图形的几何性质

平面图形的几何性质一般与杆件横截面的几何形状和尺寸有关，下面介绍的几何性质表征量在杆件应力与变形的分析与计算中有举足轻重的作用。

5.1　静矩和形心

静矩：平面图形面积对某坐标轴的一次矩，如图 5.1 所示。

定义式

$$S_y = \int_A z\mathrm{d}A, \ S_z = \int_A y\mathrm{d}A \quad (5.1)$$

量纲为长度的三次方。

由于均质薄板的重心与平面图形的形心有相同的坐标 z_C 和 y_C，则

$$A \cdot z_C = \int_A z \cdot \mathrm{d}A = S_y$$

由此可得薄板重心的坐标

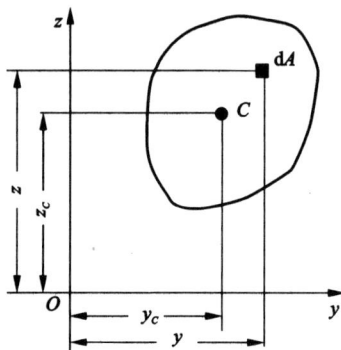

图 5.1　平面图形静矩示意

$$z_C = \frac{\int_A z\mathrm{d}A}{A} = \frac{S_y}{A}$$

同理有 $y_C = \dfrac{S_z}{A}$，所以形心坐标

$$z_C = \frac{S_y}{A}, \ y_C = \frac{S_z}{A} \quad (5.2)$$

或

$$S_y = A \cdot z_C, \ S_z = A \cdot y_C$$

由式(5.2)得知，若某坐标轴通过形心轴，则图形对该轴的静矩等于零，即 $y_C = 0$，$S_z = 0$；$z_C = 0$，则 $S_y = 0$；反之，若图形对某一轴的静矩等于零，则该轴必然通过图形的形心。静矩与所选坐标轴有关，其值可能为正、负或零。

如一个平面图形是由几个简单平面图形组成，称为组合平面图形。设第 i 块分图形的面积为 A_i，形心坐标为 (y_{Ci}, z_{Ci})，则其静矩和形心坐标分别为

$$S_z = \sum_{i=1}^n A_i y_{Ci}, \ S_y = \sum_{i=1}^n A_i z_{Ci} \quad (5.3)$$

$$y_C = \frac{S_z}{A} = \frac{\sum\limits_{i=1}^{n} A_i y_{Ci}}{\sum\limits_{i=1}^{n} A_i}, \quad z_C = \frac{S_y}{A} = \frac{\sum\limits_{i=1}^{n} A_i z_{Ci}}{\sum\limits_{i=1}^{n} A_i} \qquad (5.4)$$

例题 5.1 求图 5.2 所示半圆形的 S_y, S_z 及形心位置。

解：由对称性可知，$y_C = 0$, $S_z = 0$。现取平行于 y 轴的狭长条作为微面积 dA

$$dA = y dz = 2\sqrt{R^2 - z^2} dz$$

所以

$$S_y = \int_A z dA = \int_0^R z \cdot 2\sqrt{R^2 - z^2} dz = \frac{2}{3} R^3$$

$$z_C = \frac{S_y}{A} = \frac{4}{3} \frac{R}{\pi}$$

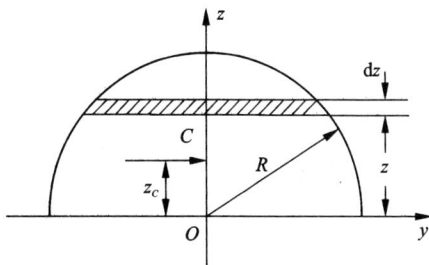

图 5.2 半圆形的静矩求解示意

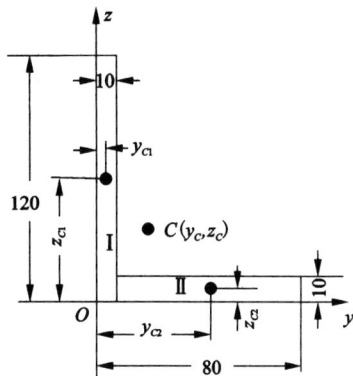

例 5.2 确定形心位置，如图 5.3 所示。

解：将图形看作由两个矩形 I 和 II 组成，在图示坐标下每个矩形的面积及形心位置分别为

矩形 I：$A_1 = 120 \times 10 = 1200 \ \text{mm}^2$

$$y_{C1} = \frac{10}{2} = 5 \ \text{mm}, \quad z_{C1} = \frac{120}{2} = 60 \ \text{mm}$$

矩形 II：$A_2 = 70 \times 10 = 700 \ \text{mm}^2$

$$y_{C2} = 10 + \frac{70}{2} = 45 \ \text{mm}, \quad z_{C1} = \frac{10}{2} = 5 \ \text{mm}$$

整个图形形心 C 的坐标为

$$y_C = \frac{A_1 y_{C1} + A_2 y_{C2}}{A_1 + A_2}$$

$$= \frac{1200 \times 5 + 700 \times 45}{1200 + 700} = 19.7 \ \text{mm}$$

$$z_C = \frac{A_1 z_{C1} + A_2 z_{C2}}{A_1 + A_2}$$

$$= \frac{1200 \times 60 + 700 \times 5}{1200 + 700}$$

$$= 39.7 \ \text{mm}$$

图 5.3 组合图形形心位置求解示意

5.2 惯性矩和惯性半径

惯性矩：平面图形对某坐标轴的二次矩，如图 5.4 所示。

$$I_y = \int_A z^2 dA, \quad I_z = \int_A y^2 dA \qquad (5.5)$$

量纲为长度的四次方，恒为正。相应地，定义

$$i_y = \sqrt{\frac{I_y}{A}}, \ i_z = \sqrt{\frac{I_z}{A}} \qquad (5.6)$$

为图形对 y 轴和对 z 轴的惯性半径。

组合图形的惯性矩示意：设 I_{yi}，I_{zi} 为分图形的惯性矩，则总图形对同一轴惯性矩为

$$I_y = \sum_{i=1}^{n} I_{yi}, \ I_z = \sum_{i=1}^{n} I_{zi} \qquad (5.7)$$

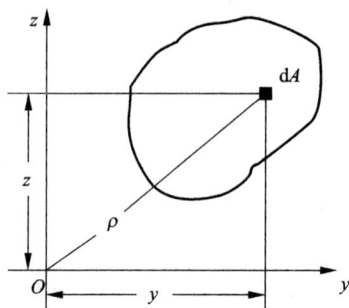

图 5.4　平面图形惯性矩示意

若以 ρ 表示微面积 dA 到坐标原点 O 的距离，则定义图形对坐标原点 O 的极惯性矩

$$I_p = \int_A \rho^2 dA \qquad (5.8)$$

因为

$$\rho^2 = y^2 + z^2$$

所以极惯性矩与（轴）惯性矩有关系

$$I_p = \int_A (y^2 + z^2) dA = I_y + I_z \qquad (5.9)$$

式(5.9)表明，图形对任意两个互相垂直轴的（轴）惯性矩之和，等于它对该两轴交点的极惯性矩。

$$I_{yz} = \int_A yz dA \qquad (5.10)$$

式(5.10)定义为图形对一对正交轴 y 轴和 z 轴的惯性积，量纲是长度的四次方。I_{yz} 可能为正、负或零。若 y 轴和 z 轴中有一根为对称轴，则其惯性积为零。

例题 5.3　求如图 5.5 所示圆形截面的 I_y，I_z，I_{yz}，I_p。

解：如图所示取 dA，根据定义，

$$I_y = \int_A z^2 dA = \int_{-\frac{D}{2}}^{\frac{D}{2}} z^2 \cdot 2 \sqrt{R^2 - z^2} dz = \frac{\pi D^4}{64}$$

由于轴具有对称性，则有

$$I_y = I_z = \frac{\pi D^4}{64} \qquad (5.11)$$

$$I_{yz} = 0$$

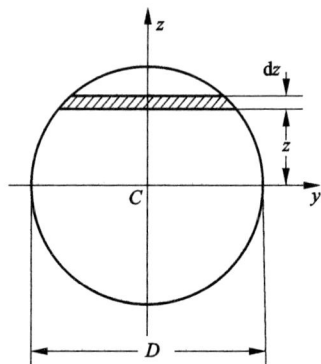

图 5.5　圆形截面惯性矩求解示意

由式(5.9)

$$I_p = I_y + I_z = \frac{\pi D^4}{32} \qquad (5.12)$$

对于空心圆截面，外径为 D，内径为 d，则

$$I_y = I_z = \frac{\pi D^4}{64}(1 - \alpha^4), \ \alpha = \frac{d}{D} \qquad (5.13)$$

$$I_p = \frac{\pi D^4}{32}(1 - \alpha^4) \qquad (5.14)$$

例题 5.4　求如图 5.6 所示图形的 I_y 及 I_{yz}。

解：取平行于 y 轴的狭长矩形，由于 $dA = y \cdot dz$，其中宽度 y 随 z 变化，$y = \dfrac{b}{h}z$，则

$$I_y = \int_A z^2 dA = \int_0^h \frac{b}{h} z^3 dz = \frac{bh^3}{4}$$

由 $I_{yz} = \int_A yz dA$，则可得 $I_{yz} = \int_0^h z \cdot \dfrac{y}{2} y dz = \dfrac{b^2 h^2}{8}$。

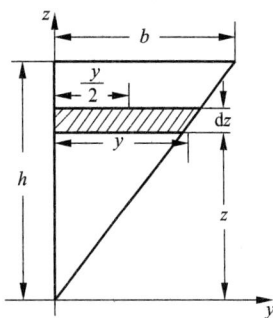

图 5.6　三角形截面惯性矩求解示意

5.3　平行移轴公式

由于同一平面图形对于相互平行的两对直角坐标轴的惯性矩或惯性积并不相同，如果其中一对轴是图形的形心轴（y_C，z_C）时，如图 5.7 所示，可得到如下平行移轴公式

$$\begin{cases} I_y = I_{y_C} + a^2 A \\ I_z = I_{z_C} + b^2 A \\ I_{yz} = I_{y_C z_C} + ab A \end{cases} \qquad (5.15)$$

简单证明之：

$$I_y = \int_A z^2 dA = \int_A (z_C + a)^2 dA$$

$$= \int_A z_C^2 dA + 2a \int_A z_C dA + a^2 \int_A dA$$

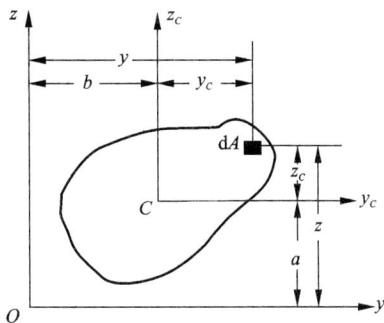

图 5.7　平面图形平行移轴公式示意

其中 $\int_A z_C dA$ 为图形对形心轴 y_C 的静矩，其值应等于零，则得

$$I_y = I_{y_C} + a^2 A$$

同理可证式（5.15）中的其他两式。

结论：同一平面内对所有相互平行的坐标轴的惯性矩，对形心轴的最小。在使用惯性积移轴公式时应注意 a 与 b 的正、负号。

例题 5.5　由两个 8 号槽钢和两块 10 cm × 1 cm 钢板组成的截面，如图 5.8 所示，求 I_{y_C}，I_{z_C}。

解：（1）计算 I_{y_C}：

根据平行移轴公式，求得每一钢板对 y_C 轴的惯性矩为

$$I_{y_C}^{\mathrm{I}} = \frac{10 \times 1^3}{12} + 10 \times 1 \times 4.5^2 = 203.3 \ \mathrm{cm}^4$$

从型钢表中查得每一槽钢对 y_C 轴的惯性矩为

$$I_{y_C}^{\mathrm{II}} = 101.3 \ \mathrm{cm}^4$$

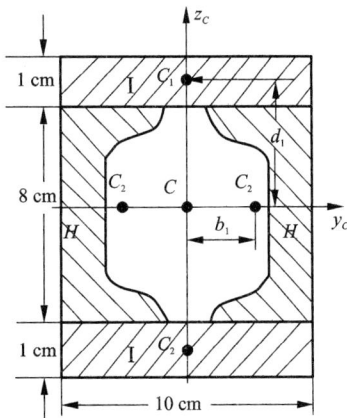

图 5.8　槽钢和钢板组成的截面

则该组合截面对 y_C 轴的惯性矩为

$$I_{y_C} = 2(I_{y_C}^{\mathrm{I}} + I_{y_C}^{\mathrm{II}}) = 2 \times (203.3 + 101.3) = 609.2 \ \mathrm{cm}^4$$

（2）计算 I_{z_C}：

每一钢板对 z_C 轴的惯性矩为

$$I_{z_C}^{\mathrm{I}} = \frac{1 \times 10^3}{12} = 83.3 \ \mathrm{cm}^4$$

从型钢表中查得，每一槽钢的形心到外侧边缘的距离为 1.43 cm，则该形心 C_1 与 z_C 轴的距离为 $b_2 = 5 - 1.43 = 3.57$ cm。又从型钢表中查得槽钢对其形心轴 z 的惯性矩 I_z 及面积 A 分别为 $I_z = 16.6 \ \mathrm{cm}^4$，$A = 10.24 \ \mathrm{cm}^2$。故由平行轴公式得每一槽钢对 z_C 轴的惯性矩为

$$I_{z_C}^{\mathrm{II}} = 16.6 + 10.24 \times (3.57)^2 = 146.6 \ \mathrm{cm}^4$$

最终可得到整个组合截面对 z_C 轴的惯性矩为

$$I_{z_C} = 2(I_{z_C}^{\mathrm{I}} + I_{z_C}^{\mathrm{II}}) = 2 \times (83.3 + 146.6) = 459.8 \ \mathrm{cm}^4$$

5.4　转轴公式、主惯性轴

任意平面图形（如图 5.9 所示）对 y 轴和 z 轴的惯性矩和惯性积，可由式（5.5）~式（5.9）求得，若将坐标轴 y，z 绕坐标原点 O 点旋转 α，且以逆时针转角为正，则新旧坐标轴之间应有如下关系

$$y_1 = y\cos\alpha + z\sin\alpha$$

$$z_1 = z\cos\alpha - y\sin\alpha$$

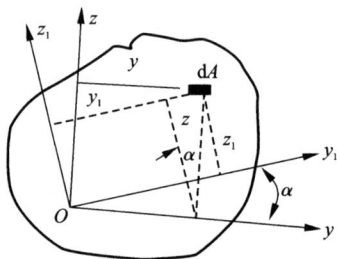

图 5.9　任意平面图形

将此关系代入惯性矩及惯性积的定义式，则可得相应量的新、旧转换关系，即转轴公式

$$I_{y_1} = \int_A z_1^2 \mathrm{d}A = \frac{I_y + I_z}{2} - \frac{I_y - I_z}{2}\cos 2\alpha - I_{yz}\sin 2\alpha \tag{5.16}$$

$$I_{z_1} = \frac{I_y + I_z}{2} - \frac{I_y - I_z}{2}\cos 2\alpha + I_{yz}\sin 2\alpha$$

$$I_{y_1 z_1} = \frac{I_y - I_z}{2}\sin 2\alpha + I_{yz}\cos 2\alpha \tag{5.17}$$

若令 α_0 为惯性矩为极值时的方位角，则由条件 $\mathrm{d}I_{y1}/\mathrm{d}\alpha = 0$，可得

$$\tan 2\alpha_0 = -\frac{2I_{yz}}{I_y - I_z} \tag{5.18}$$

由式（5.18）可以求出 α_0 和 $\alpha_0 + \pi/2$，以确定一对主惯性轴 y_0 和 z_0。由式（5.18）求出 $\sin 2\alpha_0$，$\cos 2\alpha_0$ 后代回式（5.16）与式（5.17），即可得到惯性矩的两个极值，称主惯性轴。

主惯性矩的计算公式：

$$I_{y_0} = \frac{I_y + I_z}{2} + \frac{1}{2}\sqrt{(I_y - I_z)^2 + 4I_{yz}^2}$$

$$I_{z_0} = \frac{I_y + I_z}{2} - \frac{1}{2}\sqrt{(I_y - I_z)^2 + 4I_{yz}^2}$$

因此,对于惯性积,也不可以说:图形对一对正交的坐标轴的惯性积等于零,这一对坐标轴称为主(惯性)轴。

由式(5.16)尚可证明

$$I_{y_1} + I_{z_1} = I_y + I_z \tag{5.19}$$

即通过同一坐标原点的任意一对直角坐标轴的惯性矩之和为一常量,因而两个主惯性矩中必然一个为极大值,另一个为极小值。

若主惯性轴通过形心,则称形心主惯性轴,相应的主惯性矩称形心主惯性矩。

例题 5.6　确定图形的形心主惯性轴位置,并计算形心主惯性矩(如图 5.10 所示)。

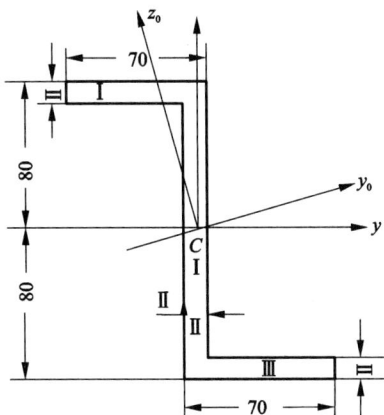

图 5.10　组合图形形心主惯性矩求解示意

解:(1)首先确定图形的形心。利用平行移轴公式分别求出各矩形对 y 轴和 z 轴的惯性矩和惯性积

矩形 Ⅰ:

$$I_y^{\mathrm{I}} = I_{y_{C1}}^{\mathrm{I}} + a_1^2 A_1 = \left(\frac{1}{12} \times 0.059 \times 0.011^3 + 0.0745^2 \times 0.011 \times 0.059\right)\mathrm{m}^4 = 360.9\ \mathrm{cm}^4$$

$$I_z^{\mathrm{I}} = I_{z_{C1}}^{\mathrm{I}} + b_1^2 A_1 = \left(\frac{1}{12} \times 0.059 \times 0.011^3 + (-0.035)^2 \times 0.011 \times 0.059\right)\mathrm{m}^4 = 98.2\ \mathrm{cm}^4$$

$$I_{yz}^{\mathrm{I}} = I_{y_{C1}z_{C1}}^{\mathrm{I}} + a_1 b_1 A_1 = (0 + (-0.035) \times 0.0745 \times 0.011 \times 0.059)\mathrm{m}^4 = -169\ \mathrm{cm}^4$$

矩形 Ⅱ:

$$I_y^{\mathrm{II}} = I_{y_{C1}}^{\mathrm{II}} = \left(\frac{1}{12} \times 0.011 \times 0.16^3\right)\mathrm{m}^4 = 376.9\ \mathrm{cm}^4$$

$$I_z^{\mathrm{II}} = I_{z_{C1}}^{\mathrm{II}} = \left(\frac{1}{12} \times 0.016 \times 0.011^3\right)\mathrm{m}^4 = 1.78\ \mathrm{cm}^4$$

$$I_{yz}^{\mathrm{II}} = 0$$

矩形 Ⅲ:

$$I_y^{\mathrm{III}} = I_y^{\mathrm{I}} = 360.9\ \mathrm{cm}^4$$

$$I_z^{\mathrm{III}} = I_z^{\mathrm{I}} = 98.2\ \mathrm{cm}^4$$

$$I_{yz}^{\mathrm{III}} = I_{yz}^{\mathrm{I}} = -169\ \mathrm{cm}^4$$

整个图形对 y 轴和 z 轴的惯性矩和惯性积为

$$I_y = I_y^{\text{I}} + I_y^{\text{II}} + I_y^{\text{III}} = 1097.3 \text{ cm}^4$$

$$I_z = I_z^{\text{I}} + I_z^{\text{II}} + I_z^{\text{III}} = 198 \text{ cm}^4$$

$$I_{yz} = I_{yz}^{\text{I}} + I_{yz}^{\text{II}} + I_{yz}^{\text{III}} = -338 \text{ cm}^4$$

(2)将求得的 I_y,I_z,I_{yz} 代入上式得

$$\tan 2\alpha_0 = \frac{-2I_{zy}}{I_y - I_z} = \frac{-2 \times (-338)}{1097.3 - 198} = 0.752$$

则

$$\alpha_0 = 18.5° \text{ 或 } 108.5°$$

α_0 的两个值分别确定了形心主惯性轴 y_0 和 z_0 的位置,则

$$I_{y_0} = \frac{1097.3 + 198}{2} + \frac{1097.3 - 198}{2}\cos 37° - (-338)\sin 37° \text{ m}^4 = 1210 \text{ cm}^4$$

$$I_{z_0} = \frac{1097.3 + 198}{2} + \frac{1097.3 - 198}{2}\cos 217° - (-338)\sin 217° \text{ m}^4 = 85 \text{ cm}^4$$

表5.1 几何图形的形心位置和惯性矩

图形	形心位置	惯性矩
	$e = \dfrac{h}{2}$	$I_z = \dfrac{bh^3}{12}$ $I_y = \dfrac{hb^3}{12}$
	$e = \dfrac{H}{2}$	$I_z = \dfrac{BH^3 - bh^3}{12}$ $I_y = \dfrac{HB^3 - hb^3}{12}$
	$e = \dfrac{H}{2}$	$I_z = \dfrac{BH^3 - bh^3}{12}$ $I_y = \dfrac{(H-h)B^3 + h(B-b)^3}{12}$
	$e = \dfrac{d}{2}$	$I_z = I_y = \dfrac{\pi d^4}{64}$

续表5.1

图形	形心位置	惯性矩
	$e = \dfrac{D}{2}$	$I_z = I_y = \dfrac{\pi}{64}(D^4 - d^4)$
	$e = \dfrac{h}{3}$	$I_z = \dfrac{bh^3}{36}$
	$e = \dfrac{4r}{3\pi} \approx 0.424r$	$I_z = \left(\dfrac{1}{8} - \dfrac{8}{9\pi^2}\right)\pi r^4 \approx 0.110 r^4$
	$e = b$	$I_z = \dfrac{\pi ab^3}{4}$ $I_y = \dfrac{\pi ba^3}{4}$

思考题

1. "图形对某一轴的静矩为零,则该轴必定通过图形的形心",这种说法对吗?

2. "图形在任意一点只有一对主惯性轴",这种说法对吗?

3. "有一定面积的图形对任一轴的轴惯性矩必不为零",这种说法对吗?

4. "图形对某一点的主轴的惯性矩为图形对过该点所有轴的惯性矩中的极值",这种说法对吗?

5. "如果一对正交轴中有一根是图形的对称轴,则这一对轴为图形的惯性主轴",这种说法对吗?

6. "由平行移轴定理可知,图形对本身形心轴的惯性矩是所有平行轴中最小的",这种说法对吗?

7. "平行移轴公式表示图形对于任意两个相互平行轴的惯性矩和惯性积之间的关系",这种说法对吗?

8. "对过横截面形心的一对正交轴,其惯性积一定为零",这种说法对吗?

9. 为什么说图形对其对称轴的静矩为零,惯性矩不为零?

习　题

1. 试计算图 5.11 所示截面形心 C 的坐标 y_C。

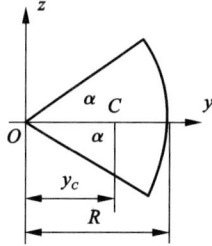

图 5.11　扇形截面

2. 图 5.12 所示平行四边形截面，高为 h，底为 b，试计算该截面对水平形心轴 z 的惯性矩。

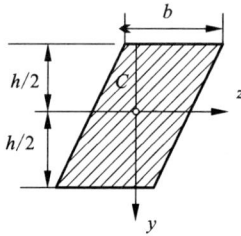

图 5.12　平行四边形截面

3. 试计算图 5.13 所示截面对水平形心轴 z 的惯性矩。

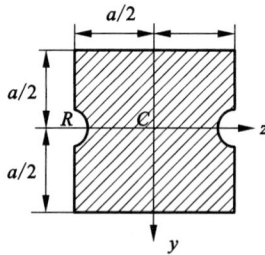

图 5.13　截面

4. 试计算图 5.14 所示正六边形截面对形心轴 y 和 z 的惯性矩。

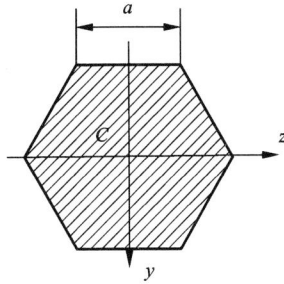

图 5.14 正六边形截面

5. 试计算图 5.15(a)所示截面对水平形心轴 z 的惯性矩。

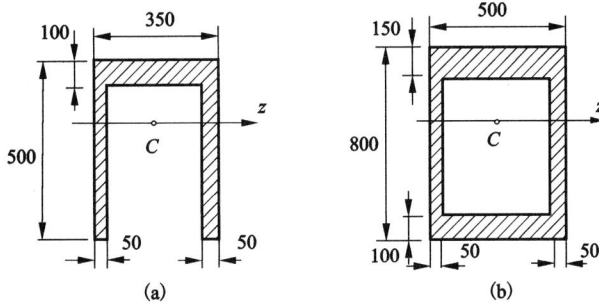

图 5.15 截面

6. 试计算图 5.15(b)所示截面对水平形心轴 z 的惯性矩。

7. 试计算图 5.16 所示截面对水平形心轴 z 的惯性矩。

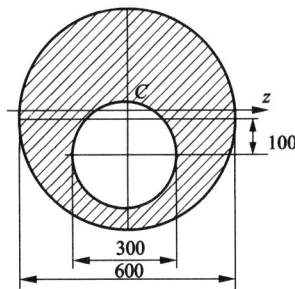

图 5.16 截面

第 6 章　弯曲内力

6.1　弯曲的概念和实例

　　弯曲是工程实际中常见的一种基本变形形式。如图 6.1(a)和图 6.1(b)所示的单梁吊车横梁、图 6.1(c)和图 6.1(d)所示的车轴、图 6.2(a)和图 6.2(b)所示的托架等，它们都是弯曲变形的构件，图 6.2(c)和图 6.2(d)所示的齿轮轴，除扭转等变形外，也有弯曲变形。

　　这些构件的共同特点是：它们都可简化为一根直杆；在通过轴线的平面内，受到垂直于杆轴线的外力(横向力)或外力偶作用。在这样的外力作用下，杆的轴线将弯曲成一条曲线，如上述各图中的虚线所示，这种变形形式称为弯曲。以弯曲为主要变形的构件，通常称为梁。

　　在工程实际中，大多数梁的横截面都有一根对称轴，如图 6.3(a)所示。通过梁轴线和截面对称轴的平面称为纵向对称面。当梁上外力位于纵向对称面内(或外力偶矩所在平面平行于纵向对称面)时，梁的轴线将弯曲成一条位于纵向对称面内的平面曲线[图 6.3(b)]。

　　若梁弯曲变形后轴线所在平面与载荷所在的纵向平面平行，则称为平面弯曲。在工程中经常使用的梁，其横截面多数具有对称轴，对称轴与梁轴线构成了梁的纵向对称平面[图 6.4(a)]，当所有外力均作用在该纵向对称平面内时，由对称性可知，梁的轴线必将弯曲成一条位于该对称面内的平面曲线，如图 6.4(b)所示，这种情形也称为对称弯曲。对称弯曲是工程实际中常见的一种平面弯曲。若梁不具有纵向对称面，或者梁虽具有纵向对称面但外力并不作用在纵向对称面内，一般情况下，梁将发生非平面弯曲。平面弯曲是工程实际中最常见的情况，本章及后面两章将讨论平面弯曲的问题。

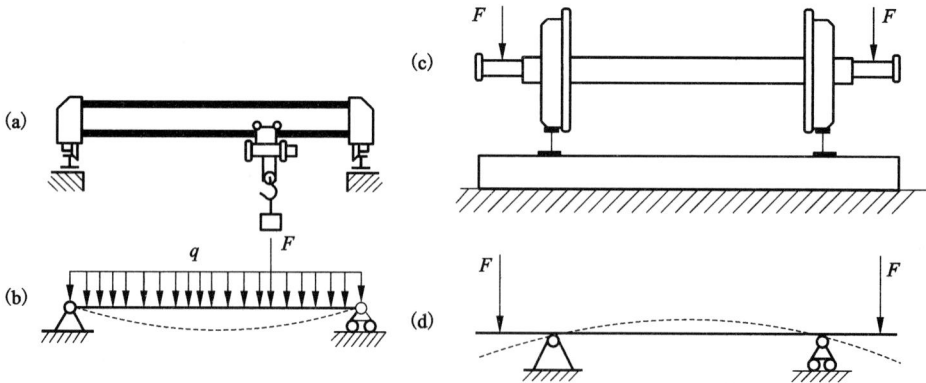

图 6.1　弯曲工程实例

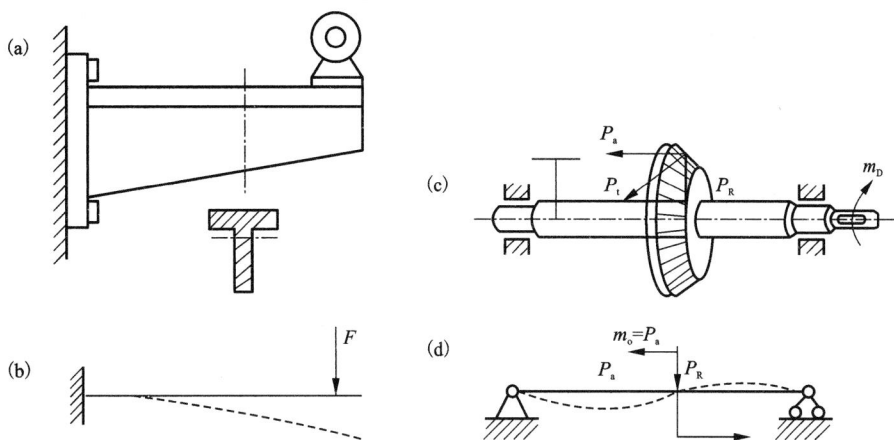

图 6.2　弯曲变形构件

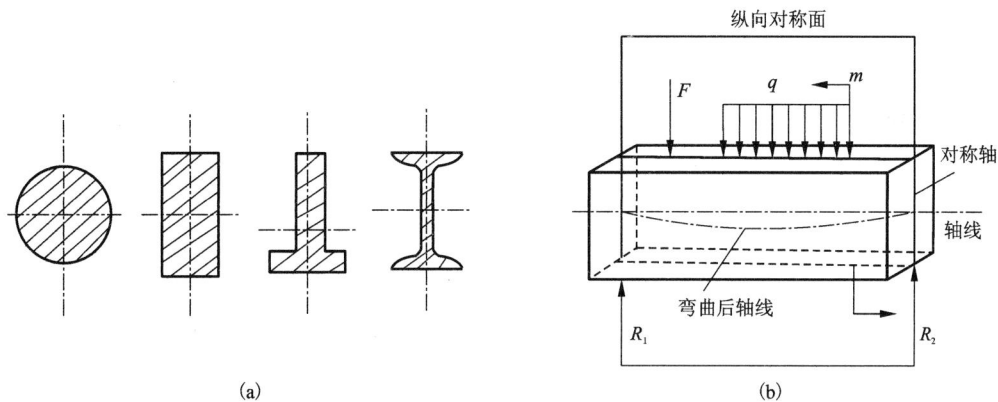

图 6.3　梁的横截面对称轴与纵向对称面示意

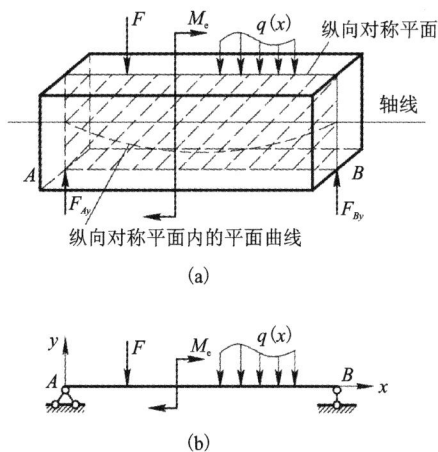

图 6.4　梁的纵向对称平面与平面弯曲示意

6.2　梁的计算简图

对梁进行分析计算,首先须将实际构件简化为一个计算简图,下面举例说明。

(1)厂房中的吊车梁[图6.1(a)]可作如下简化:由于截面的形状和尺寸对内力的计算并无影响,因而可将吊车梁简化为一根直杆,并以其轴线来表示;因电葫芦的轮距远小于梁长,故可将其对吊车的压力近似地视为一集中力 F;吊车梁的自重则简化为沿梁长均匀分布的载荷;行车时如吊车梁向左或向右偏移,总有一端的轨道能起阻止作用,因而可将一端的约束视为固定铰支座,另一端则为可动铰支座。最后得如图6.1(b)所示的计算简图。

(2)图6.1(c)所示车轴由车轮支承于钢轨上,车体的重力通过轴承作用于车轴的两端。由于轴承宽度不大,故可将此力简化为一集中力 P,钢轨通过车轮给车轴的约束,可简化为固定铰支座和可动铰支座[图6.1(d)]。

(3)图6.2(a)所示托架一端没有约束,为自由端,另一端与刚性面紧固连接,应简化为固定端支座。托架为一变截面梁,其轴线并不水平,但因此而引起的计算误差不大,故仍可近似地将其简化为一水平的直梁[图6.2(b)]。

(4)图6.2(c)所示为在机械传动中的齿轮轴,以止推轴承和径向轴承为支承,一端作用有扭转力矩 m_D,在锥齿轮上的啮合力可分解为径向力 P_r、切向力 P_t 和轴向力 P_a。当轴产生弯曲变形时,由于两轴承不能约束齿轮轴在弯曲平面内的微小转动,故止推轴承可简化为固定铰支座,径向轴承则简化为可动铰支座。将力 P_a 平移至齿轮中心,则它对轴的作用可简化为一个矩 $m_o = P_a r$ 的力偶和一个轴向推力 P_a。最后可得齿轮轴在竖向平面内的计算简图如图6.2(d)所示。

由上述各例可见,分析计算一弯曲构件时,都进行了三个方面的简化:一是构件几何形状的简化;二是载荷的简化;三是支座的简化。对构件的几何形状作简化时,可暂不考虑构件截面的具体形状,忽略一些构造上的枝节,将其简化为一直杆,并用构件的轴线来表示。

载荷一般可简化为三种形式:集中载荷、分布载荷和集中力偶。均匀分布的载荷又称均布载荷,分布在单位长度上的载荷称为载荷的集度,一般以 q 表示,集度的单位为 N/m 或 kN/m。

构件的支承方式可简化为固定铰支座、可动铰支座和固定端支座三种。根据梁的支承情况,在工程实际中常见的梁有以下三种基本形式:

(1)简支梁。梁的一端为固定铰支座,另一端为可动铰支座,如图6.1(b)和6.2(d)所示。

(2)外伸梁。梁由一个固定铰支座和一个可动铰支座支承,梁的一端或两端伸出支座之外,如图6.1(d)所示。

(3)悬臂梁。梁的一端固定,另一端为自由端,如图6.2(b)所示。

以上各种梁的支座反力皆可用静力平衡方程求得,统称为静定梁。

梁是工程实际中常用的构件,而且往往是机械和结构物中的主要构件,下面将分章讨论其内力、应力和变形。本章首先讨论梁弯曲时的内力。

6.3 剪力和弯矩

梁的强度和刚度分析在材料力学中占有重要的地位。而进行梁的强度和刚度分析，必须先了解梁上各截面上的内力情况。

1. 截面法求梁的内力

当作用在梁上的全部外力（包括载荷和支反力）均为已知时，任一横截面上的内力可由截面法确定。

现以如图 6.5(a) 所示的简支梁为例。首先由平衡方程求出约束反力 F_A、F_B，取点 A 为坐标轴 x 的原点，根据求内力的截面法，可计算任一横截面 m—m 上的内力。基本步骤为：①用假想的截面 m—m 把梁截为两段，取其中一段为研究对象；②画出所取研究对象的受力图；③通过脱离体的平衡方程，求出截面内力。具体分析如下：假如取左段为研究对象，根据物体系统平衡的原理，梁整体平衡，取出一部分也应满足平衡条件。因此，若左段满足平衡条件，m—m 截面内一定存在竖向内力 F_S 与外力 F_A 平衡，由平衡方程

$$\sum F_y = 0, \quad F_A - F_S = 0$$

可得

$$F_S = F_A \tag{6.1}$$

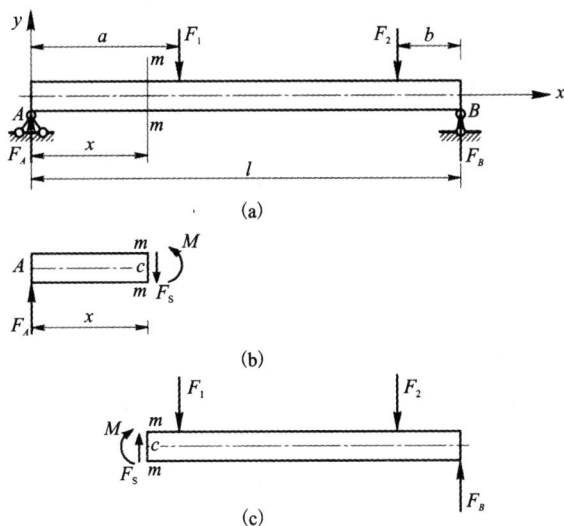

图 6.5 简支梁

内力 F_S 称为截面的剪力。另外，由于 F_A 与 F_S 构成一力偶，因而，可断定 m—m 上一定存在一个与其平衡的内力偶 M，对 m—m 截面的形心 C 取矩，建立平衡方程

$$\sum M_C = 0, \quad M - F_A x = 0$$

可得

$$M = F_A x \tag{6.2}$$

内力偶 M 称为截面的弯矩。由此可以确定,梁弯曲时截面内力有两项,即剪力和弯矩。

根据作用与反作用原理,如取右段为研究对象,用相同的方法也可以求得 m—m 截面上的内力。但要注意,其数值虽与式(6.1)和式(6.2)相等,其指向和转向却与其相反[图 6.5 (c)]。

2. 梁内力的符号

为了使取左段梁或右段梁所计算的同一截面 m—m 上的内力不仅在数值上相等,而且正负号也相同,先对剪力、弯矩的符号做如下规定:截面上的剪力相对所取的脱离体上任一点均产生顺时针转动趋势,这样的剪力为正的剪力[图 6.6(a)],反之为负的剪力[图 6.6 (b)];截面上的弯矩使得所取脱离体下部受拉为正[图 6.6(c)],反之为负[图 6.6(d)]。

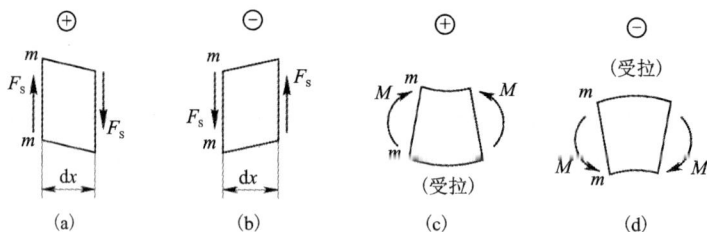

图 6.6 梁内力的符号规定示意

例题 6.1 梁的计算简图如图 6.7(a)所示,已知 F_1,F_2,且 $F_2 > F_1$,以及尺寸 a,b,l,c 和 d。试求梁在 E,F 点处横截面上的剪力和弯矩。

解: 为求梁横截面上的内力,即剪力和弯矩,首先求出支反力 F_A 和 F_B[如图 6.7(a)所示]。由平衡方程

$$\sum M_A = 0, \quad F_B l - F_1 a - F_2 b = 0$$

和

$$\sum M_B = 0, \quad -F_A l + F_1(l-a) + F_2(l-b) = 0$$

解得

$$F_A = \frac{F_1(l-a) + F_2(l-b)}{l}, \quad F_B = \frac{F_1 a + F_2 b}{l}$$

当计算横截面 E 上的剪力 F_{SE} 和弯矩 M_E 时,将梁沿横截面 E 假想地截开,研究其左段梁,并假定 F_{SE} 和 M_E 均为正向,如图 6.7(b)所示。由梁段的平衡方程

$$\sum F_y = 0, \quad F_A - F_{SE} = 0$$

可得

$$F_{SE} = F_A$$

由

$$\sum M_E = 0, \quad M_E - F_A c = 0$$

可得

$$M_E = F_A c$$

结果为正,说明假定的剪力和弯矩的指向和转向正确,即均为正值。读者可以从右段梁

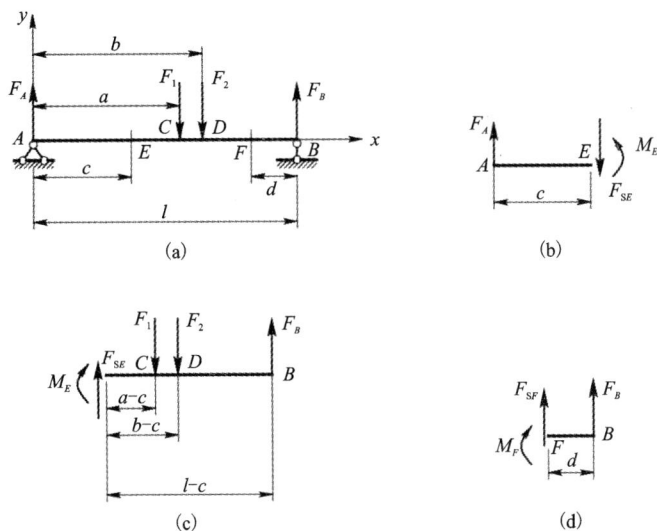

图 6.7 简支梁的内力计算简图

[图 6.7(c)]来计算 F_{SE} 和 M_E，以验算上述结果。

计算横截面 F 上的剪力 F_{SF} 和弯矩 M_F 时，将梁沿横截面 F 假想地截开，研究其右段梁，并假定 F_{SF} 和 M_F 均为正向，如图 6.7(d)所示。由平衡方程

$$\sum F_y = 0, \quad F_{SF} + F_B = 0$$

可得

$$F_{SF} = -F_B$$

由

$$\sum M_F = 0, \quad -M_F + F_B d = 0$$

可得

$$M_F = F_B d$$

F_{SF} 结果为负，说明与假定的指向相反；M_F 结果为正，说明假定的转向正确。将 F_A 和 F_B 代入上述各式，即可确定 E，F 截面的内力。

3. 求指定截面内力的简便方法

由例题 6.1 可以看出，由截面法算得的某一截面内力，实际上可以由截面一侧的梁段上外力(包括已知外力或外力偶及支反力)确定，因此可以得到如下求指定截面内力的简便方法。

任一截面的剪力等于该截面一侧所有外力在梁轴垂线上投影的代数和，即

$$F_S = \sum_{i=1}^{n} F_i \tag{6.3}$$

任一截面的弯矩等于该截面一侧所有外力和力偶对该截面形心之矩的代数和，即

$$M = \sum_{i=1}^{n} M_i \tag{6.4}$$

需要指出的是：代数和中外力或力矩(力偶矩)的正负号与剪力和弯矩的正负号规定一

致。如例题 6.1 中 F_{SE} 可直接写成 E 截面左侧竖向外力代数和，即 $F_{SE} = F_A$，之所以 F_{SE} 是正的，是因为 F_A 对 E 截面产生顺时针转动。同样 E 截面左侧梁段上所有力或力偶对 E 截面形心矩的代数和 $M_E = F_A c$，M_E 是正的，是因为左侧梁段上 F_A 对 E 截面形心的力矩使得左侧梁段下部受拉。可见，如果取梁某截面左侧的梁段为研究对象，则向上的力和顺时针转向的力偶在该截面处引起的剪力和弯矩均为正值，向下的力和逆时针转向的力偶在该截面处引起的剪力和弯矩均为负值。

从上述分析可以看出，简便方法求内力的优点是无须切开截面、取脱离体、进行受力分析以及列出平衡方程，而可以根据截面一侧梁段上的外力直接写出截面的剪力和弯矩。这种方法大大简化了求内力的计算步骤，但要特别注意代数和中外力或力（力偶）矩的正负号。下面通过例题来熟悉该简便方法。

例题 6.2 图 6.8 所示为一在整个长度上受线性分布载荷作用的悬臂梁，已知最大载荷集度 q_0。试求 C，B 两点处横截面上的剪力和弯矩。

解： 当求悬臂梁横截面上的内力时，若取包含自由端的截面一侧的梁段来计算，则不必求出支反力。用求内力的简便方法，可直接写出横截面 C 上的剪力 F_{SC} 和弯矩 M_C

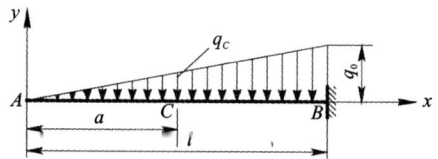

图 6.8 悬臂梁受力示意图

$$F_{SC} = \sum_{i=1}^{n} F_i = -\frac{q_C}{2}a$$

$$M_C = -\frac{q_C}{2}a \cdot \frac{1}{3}a = -\frac{q_C}{6}a^2$$

由三角形比例关系，可得 $q_C = \dfrac{a}{l}q_0$，则

$$F_{SC} = -\frac{q_0 a^2}{2l}$$

$$M_C = -\frac{q_0 a^3}{6l}$$

可见，简便方法求内力的计算过程非常简单。

6.4 剪力图和弯矩图

通过弯曲内力的分析可以看出，在一般情况下，梁的横截面上的剪力和弯矩是随横截面的位置变化而变化的。设横截面的位置用其沿梁轴线 x 上的坐标表示，则梁的各个横截面上的剪力和弯矩可以表示为坐标 x 的函数，即

$$F_S = F_S(x)$$
$$M = M(x)$$

式中：F_S 和 M 分别称为剪力方程和弯矩方程。在建立剪力方程和弯矩方程时，一般是以梁的左端为坐标 x 的原点。有时，为了方便计算，也可将 x 坐标的原点取在梁的右端或梁的其他位置。

在工程实际中，为了简明而直观地表明梁的各截面上剪力 F_S 和弯矩 M 的大小变化情况，需要绘制剪力图和弯矩图。可仿照轴力图或扭矩图的作法，以截面沿梁轴线的位置为横坐标 x，以截面上的剪力 F_S 或弯矩 M 数值为对应的纵坐标，选定比例尺，绘制剪力图和弯矩图。对水平梁，绘图时将正值的剪力画在 x 轴的上方；至于弯矩，则画在梁的受压一侧，也就是正值的弯矩画在 x 轴的上方。

由剪力方程和弯矩方程，特别是根据剪力图和弯矩图，可以确定梁的剪力和弯矩的最大值，以及剪力和弯矩为最大值的截面，这些截面称为危险截面。剪力方程和弯矩方程，以及剪力图和弯矩图是梁的强度计算和刚度计算的重要依据。

绘制梁的剪力图和弯矩图的基本方法：首先分别写出梁的剪力方程和弯矩方程，然后根据它们来作图。这也就是数学中作函数 $y = f(x)$ 的图形所用的方法。

一般情况下，梁横截面上的内力是随横截面的位置而变化的，即不同的横截面有不同的剪力和弯矩。设横截面沿梁轴线的位置用坐标 x 表示，以 x 为横坐标，以剪力或弯矩为纵坐标绘出的曲线，即为梁的剪力图和弯矩图。作内力图的步骤是，首先画一条基线（x 轴）平行且等于梁的长度；然后，习惯上将正值的剪力画在 x 轴上方，负值的剪力画在 x 轴下方。同样，将正值的弯矩画在 x 轴的上方，负值的弯矩画在 x 轴的下方，也就是画在梁的受压侧。作内力图的主要目的就是能很清楚地看到梁上内力（剪力、弯矩）的最大值发生在哪个截面，以便对该截面进行强度校核。另外，根据梁的内力图还可以进行梁的变形计算。

1. 按内力方程作内力图

首先，根据截面法，可将梁的剪力、弯矩写成 x 的函数

$$F_S = F_S(x)$$
$$M = M(x)$$

上两式分别为梁的剪力方程和弯矩方程，即内力方程。由剪力方程、弯矩方程可以判断内力图的形状，进而确定几个截面的内力值，即可绘出内力图。

下面通过例题说明用剪力方程和弯矩方程绘制剪力图和弯矩图的方法。

例题 6.3 如图 6.9(a) 所示的悬臂梁，自由端处受一集中载荷 F 作用。试作梁的剪力图和弯矩图。

解：为计算方便，将坐标原点取在梁的右端。利用求内力的简便方法，考虑任意截面 x 的右侧梁段，则可写出任意横截面上的剪力和弯矩方程

$$F_S(x) = F \qquad (a)$$
$$M(x) = -Fx \qquad (0 \leqslant x \leqslant l) \qquad (b)$$

由式(a)可见，剪力图与 x 无关，是常值，即为水平直线，只须确定线上一点，例如 $x = 0$ 处，$F_S = F$，即可画出剪力图[图 6.9(b)]。

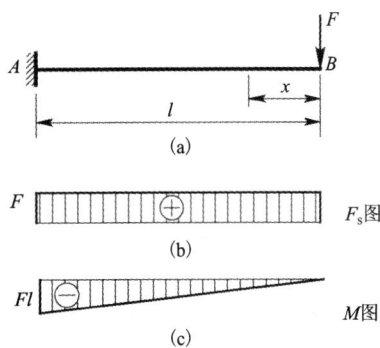

图 6.9 集中载荷作用下的悬臂梁

由式(b)可知，弯矩是 x 的一次函数，弯矩图是一斜直线，因此，只须确定线上两点，如 $x = 0$ 处 $M = 0$，$x = l$ 处 $M = -Fl$，即可绘出弯矩图[图 6.9(c)]。

例题 6.4 如图 6.10(a) 所示的简支梁，在全梁上受集度为 q 的均布载荷作用。试作梁的剪力图和弯矩图。

解：对于简支梁，须先计算其支反力。由于载荷及支反力均对称于梁跨的中点，因此，两支反力[图6.10(a)]相等。

$$F_A = F_B = \frac{ql}{2}$$

任意横截面 x 处的剪力和弯矩方程可写成

$$F_S(x) = F_A - qx = \frac{ql}{2} - qx \quad (0 \leqslant x \leqslant l)$$

$$M(x) = F_A x - qx \cdot \frac{x}{2} = \frac{qlx}{2} - \frac{qx^2}{2} \quad (0 \leqslant x \leqslant l)$$

由上式可知，剪力图为一倾斜直线，弯矩

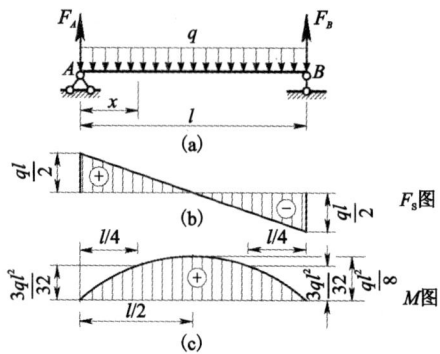

图 6.10　均布载荷作用下的简支梁

图为抛物线。仿照例题 6.3 中的绘图过程，即可绘出剪力图[图6.10(b)]和弯矩图[图6.10(c)]。斜直线需确定线上两点，而抛物线需要确定三个点以上。

由内力图可见，梁在梁跨中点横截面上的弯矩值为最大，$M_{max} = \frac{ql^2}{8}$，而该截面上的剪力 $F_S = 0$；两支座内侧横截面上的剪力值为最大，$F_{S,max} = \left| \frac{ql}{2} \right|$。

例题 6.5　如图6.11(a)所示的简支梁在 C 点处受集中载荷 F 作用。试作梁的剪力图和弯矩图。

解：首先由平衡方程 $\sum M_B = 0$ 和 $\sum M_A = 0$ 分别算得支反力[图6.11(a)]为

$$F_A = \frac{Fb}{l}, \qquad F_B = \frac{Fa}{l}$$

由于梁在 C 点处有集中载荷 F 的作用，显然，在集中载荷两侧的梁段，其剪力和弯矩方程均不相同，故需将梁分为 AC 和 CB 两段，分别写出其剪力方程和弯矩方程。

对于 AC 段梁，其剪力方程和弯矩方程分别为

$$F_S(x) = F_A \qquad (0 \leqslant x \leqslant a) \qquad \text{(a)}$$

$$M(x) = F_A x \qquad (0 \leqslant x \leqslant a) \qquad \text{(b)}$$

对于 CB 段梁，剪力和弯矩方程为

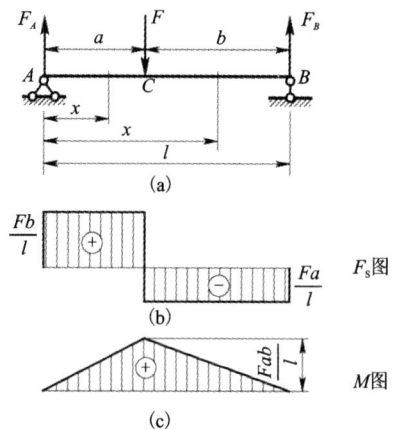

图 6.11　集中载荷作用下的简支梁

$$F_S(x) = F_A - F = -\frac{F(l-b)}{l} = -\frac{Fa}{l} \qquad (a \leqslant x \leqslant l) \qquad \text{(c)}$$

$$M(x) = F_A x - F(x-a) = \frac{Fa}{l}(l-x) \qquad (a \leqslant x \leqslant l) \qquad \text{(d)}$$

由式(a)和式(c)可知：左、右两梁段的剪力图各为一条平行于 x 轴的直线。由式(b)和式(d)可知：左、右两段的弯矩图各为一条斜直线。根据这些方程绘出的剪力图和弯矩图如图6.11(b)和图6.11(c)所示。

由图可见，在 $b > a$ 的情况下，AC 段梁任一横截面上的剪力值为最大，$F_{S,max} = \frac{Fb}{l}$；集中

载荷作用处横截面上的弯矩为最大，$M_{max} = \dfrac{Fab}{l}$；在集中载荷作用处左、右两侧截面上的剪力值不相等。

例题 6.6 图 6.12(a) 所示的简支梁在 C 点处受矩为 M_e 的集中力偶作用。试作梁的剪力图和弯矩图。

解： 由于梁上只有一个外力偶作用，因此与之平衡的约束反力也一定构成一反力偶，即 A、B 处的约束反力为

$$F_A = \frac{M_e}{l}, \quad F_B = \frac{M_e}{l}$$

由于力偶不影响剪力，故全梁可由一个剪力方程表示，即

$$F_S(x) = F_A = \frac{M_e}{l} \qquad (0 \leqslant x < l) \qquad (a)$$

而弯矩方程则要分段建立。

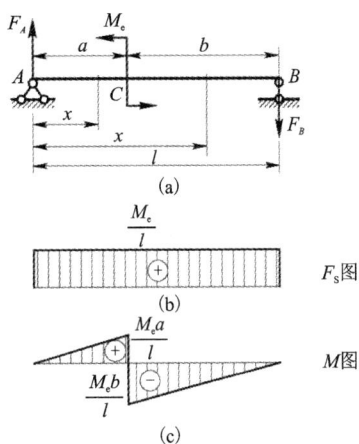

图 6.12 集中力偶作用下的简支梁

AC 段：

$$M(x) = F_A = \frac{M_e}{l}x \qquad (0 \leqslant x < a) \qquad (b)$$

CB 段：

$$M(x) = F_A x - M_e = -\frac{M_e}{l}(l-x) \qquad (a < x \leqslant l) \qquad (c)$$

由式 (a) 可知：整个梁的剪力图是一条平行于 x 轴的直线。由式 (b) 和式 (c) 可知：左、右两梁段的弯矩图各为一条斜直线。根据各方程的适用范围，就可分别绘出梁的剪力图和弯矩图 [图 6.12(b) 和图 6.12(c)]。由图可见，在集中力偶作用处左、右两侧截面上的弯矩值有突变。若 $b > a$，则最大弯矩发生在集中力偶作用处的右侧横截面上，$M_{max} = \dfrac{M_e b}{l}$（负值）。

由以上各例题所求得的剪力图和弯矩图，可以归纳出如下规律：

(1) 在集中力或集中力偶作用处，梁的内力方程应分段建立。推广而言，在梁上外力不连续处（即在集中力、集中力偶作用处和分布载荷开始或结束处），梁的弯矩方程和弯矩图应该分段。

(2) 在梁上集中力作用处，剪力图有突变，若从左向右画图，则遇到向上的集中力时，剪力图向上突变；在梁上受集中力偶作用处，弯矩图有突变，若从左向右画图，则遇到顺时针方向的集中力偶时，弯矩图向上突变。剪力（弯矩）的突变值等于左、右两侧剪力（弯矩）代数差的绝对值，并且突变值等于突变截面上所受的外力（集中力或集中力偶）。

如：在例题 6.5 中，如图 6.11(b) 所示，在集中力作用的 C 截面为剪力的突变截面，该截面剪力的突变值为 $\left| \dfrac{Fb}{l} - \left(-\dfrac{Fa}{l} \right) \right| = |F|$；又如例题 6.6 中，如图 6.12(c) 所示，在集中力偶作用的 C 截面为弯矩的突变截面，该截面弯矩的突变值为 $\left| \dfrac{M_e a}{l} - \left(-\dfrac{M_e b}{l} \right) \right| = |M_e|$。

(3) 集中力作用截面处弯矩图上有尖角；集中力偶作用截面处剪力图无变化。

（4）全梁的最大剪力和最大弯矩可能发生在全梁或各段梁的边界截面，或极值点的截面处。

2. 利用剪力、弯矩与载荷间的微分关系作内力图

利用剪力、弯矩与载荷间的微分关系可以更方便快捷地作内力图，这三者之间的关系在上述例题中已经可以看到。如图 6.9 中，AB 段内载荷为零，则剪力图是水平线，弯矩图是一斜直线，而在图 6.10 中，AB 段内的载荷集度 $q(x)$ 为常数，则对应的剪力图就是斜直线，而弯矩图则是二次曲线。由此可以推断，载荷、剪力及弯矩三者之间一定存在着必然的联系，下面具体推导出这三者间的关系。

（1）$q(x)$，$F_S(x)$ 和 $M(x)$ 间的关系。

设梁受载荷作用如图 6.13（a）所示，建立坐标系，并规定：分布载荷的集度 $q(x)$ 向上为正，向下为负。在有分布载荷的梁段上取一微段 dx，设坐标为 x 处横截面上的剪力和弯矩分别为 $F_S(x)$ 和 $M(x)$，该处的载荷集度 $q(x)$，在 $x+dx$ 处横截面上的剪力和弯矩分别为 $F_S(x)+dF_S(x)$ 和 $M(x)+dM(x)$。又由于 dx 是微小的一段，所以可认为 dx 段上的分布载荷是均布的，即 $q(x)$ 等于常值，则 dx 段梁受力如图 6.13（b）所示，根据平衡方程

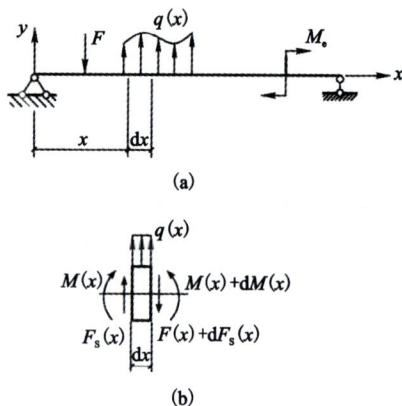

图 6.13 梁的剪力、弯矩与载荷间关系示意图

$$\sum F_y = 0, \ F_S(x) - [F_S(x) + dF_S(x)] + q(x)dx = 0$$

得到

$$\frac{dF_S(x)}{dx} = q(x) \tag{6.5}$$

对 $x+dx$ 截面形心取矩并建立平衡方程

$$\sum M_C = 0, \ [M(x) + dM(x)] - M(x) - F_S(x)dx - \frac{q(x)}{2}(dx)^2 = 0$$

略去上式中的二阶无穷小量 $(dx)^2$，则可得到

$$\frac{dM(x)}{dx} = F_S(x) \tag{6.6}$$

将式（6.6）代入式（6.5），又可得

$$\frac{d^2M(x)}{dx^2} = q(x) \tag{6.7}$$

以上三式即为载荷集度 $q(x)$、剪力 $F_S(x)$ 和弯矩 $M(x)$ 三者之间的关系式。

（2）内力图的特征。

由式（6.5）可见，剪力图上某点处的切线斜率等于该点处载荷集度的大小；由式（6.6）可见，弯矩图上某点处的斜率等于该点处剪力的大小；由式（6.7）可见，弯矩图的凹向取决于载荷集度的正负号。

下面通过式（6.5）、式（6.6）和式（6.7）讨论几种特殊情况：

①当 $q(x) = 0$ 时，由式（6.5）、式（6.6）可知：$F_S(x)$ 一定为常量，$M(x)$ 是 x 的一次函数，

即没有均布载荷作用的梁段,剪力图为水平直线,弯矩图为斜直线。

②当 $q(x)$ 为常数时,由式(6.5)、式(6.6)可知:$F_S(x)$ 是 x 的一次函数,$M(x)$ 是 x 的二次函数,即有均布载荷作用的梁段,剪力图为斜直线,弯矩图为二次抛物线。

③当 $q(x)$ 为 x 的一次函数时,由式(6.5)、式(6.6)可知:$F_S(x)$ 是 x 的二次函数,$M(x)$ 是 x 的三次函数,即三角形均布载荷作用的梁段,剪力图为抛物线,弯矩图为三次曲线。

(3)极值的讨论。

由前面分析可知,当梁上作用均布载荷时,梁的弯矩图即为抛物线,这就存在曲线的凹向和极值位置的问题。如何判断极值的凹向呢?数学中是由曲线的二阶导数来判断的。假如曲线方程 $y = f(x)$,则当 $y'' > 0$ 时,有极小值;当 $y'' < 0$ 时,有极大值。仿照数

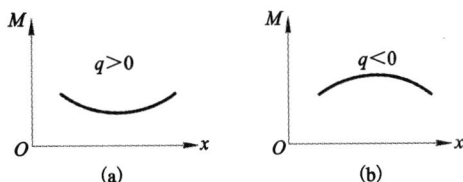

图 6.14　弯矩图与均布载荷方向关系示意

学的方法来确定弯矩图的极值凹向,则当 $M''(x) = q(x) > 0$ 时,弯矩图有极小值;当 $M''(x) = q(x) < 0$ 时,弯矩图有极大值。也就是说,当 $q(x)$ 方向向上作用时,$M(x)$ 图有极小值;当 $q(x)$ 方向向下作用时,$M(x)$ 图有极大值,具体形式如图 6.14 所示。

下面讨论极值的位置。在式(6.6)中,令 $M'(x) = F_S(x) = 0$,即可确定弯矩图极值的位置 x。由此可得:剪力为零的截面即为弯矩的极值截面。或者说,弯矩的极值截面上剪力一定为零。

应用 $q(x)$、$F_S(x)$ 和 $M(x)$ 间的关系,可检验所作剪力图或弯矩图的正确性,或直接作梁的剪力图和弯矩图。现将有关 $q(x)$、$F_S(x)$ 和 $M(x)$ 间的关系以及剪力图和弯矩图的一些特征汇总整理,如图 6.15 所示,以供参考。

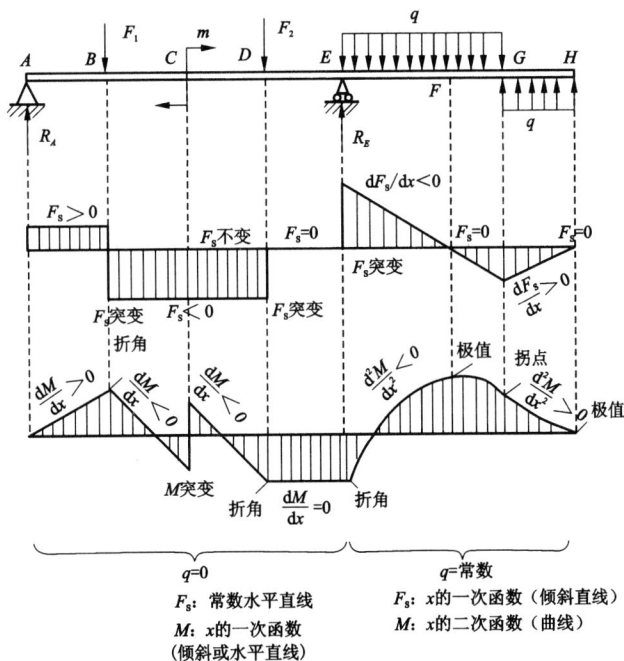

图 6.15　$q(x)$、$F_S(x)$ 和 $M(x)$ 间的关系及剪力图和弯矩图特征

（4）作内力图的步骤。

①分段（集中力、集中力偶、分布载荷的起点和终点处必须分段）；

②判断各段内力图形状（图 6.15）；

③确定控制截面内力（割断分界处的截面）；

④画出内力图；

⑤校核内力图（突变截面和端面的内力）。

3. 按迭加原理作弯矩图

当梁在载荷作用下为小变形时，其跨长的改变可忽略不计。因而，在求梁的支反力、剪力和弯矩时，均可按其原始尺寸进行计算，而得到的结果均与梁上载荷呈线性关系。在这种情况下，当梁上受几个载荷共同作用时，某一横截面上的弯矩就等于梁在各项载荷单独作用下同一横截面上弯矩的代数和。如图 6.16（a）所示，悬臂梁在集中载荷 F 和均布载荷 q 共同作用下，在距 A 端为 x 的任意横截面上的弯矩为

$$M(x) = Fx - \frac{qx^2}{2}$$

$M(x)$ 中的第 1 项是集中载荷 F 单独作用下梁的弯矩，第 2 项是均布载荷 q 单独作用下梁的弯矩。由于弯矩可以迭加，故弯矩图也可以迭加，即可分别作出各项载荷单独作用下梁的弯矩图［如图 6.16（c）和图 6.16（e）所示］，然后将其相应的纵坐标迭加，即得梁在所有载荷共同作用下的弯矩图［如图 6.15（f）所示］。

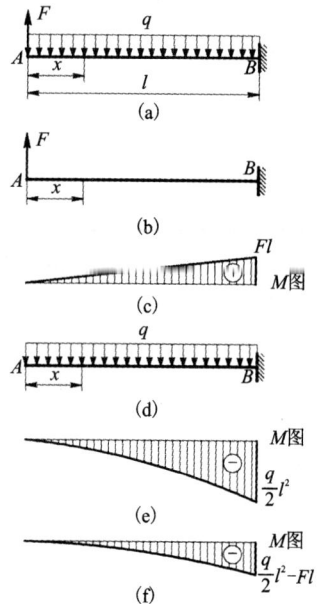

图 6.16　迭加法画悬臂梁弯矩图示意

例题 6.7　试根据剪力、弯矩与载荷间的微分关系作如图 6.17（a）所示静定梁的剪力图和弯矩图。

解： 已求得梁的支反力为

$$F_A = 81 \text{ kN}, \quad F_B = 29 \text{ kN}, \quad M_{RA} = 96.5 \text{ kN} \cdot \text{m}$$

由于梁上外力将梁分为 4 段，故需分段绘制剪力图和弯矩图。

（1）绘制剪力图。

因 AE、ED、KB 三段梁上无分布载荷，即 $q(x) = 0$，该三段梁上的 F_S 图为水平直线。应当注意在支座 A 及截面 E 处有集中力作用，F_S 图有突变，要分别计算集中力作用处的左、右两侧截面上的剪力值。各段分界处的剪力值为

AE 段：

$$F_{SA右} = F_{SE左} = F_A = 81 \text{ kN}$$

ED 段：

$$F_{SE右} = F_{SD} = F_A - F = 81 - 50 = 31 \text{ kN}$$

DK 段：$q(x)$ 等于负常量，F_S 图应为向右下方倾斜的直线，因截面 K 上无集中力，则可取右侧梁段来研究，截面 K 上的剪力为

$$F_{SK} = -F_B = -29 \text{ kN}$$

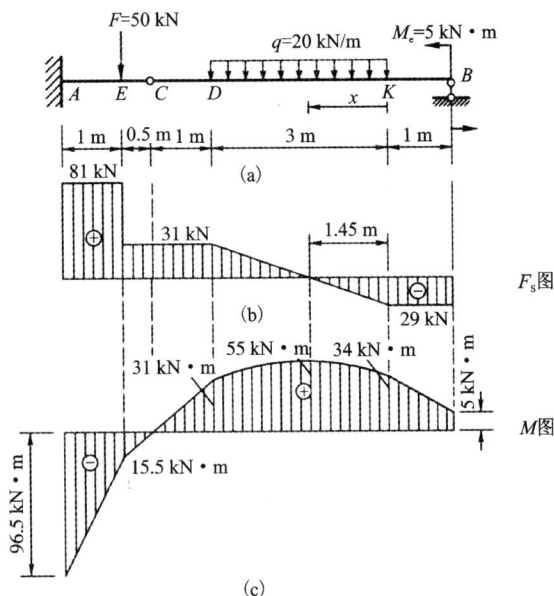

图 6.17 几个载荷共同作用下静定梁的内力计算

KB 段：

$$F_{SB左} = -F_B = -29 \text{ kN}$$

还需求出 $F_S = 0$ 的截面位置。设该截面距 K 为 x，于是在截面 x 上的剪力为零，即

$$F_{Sx} = -F_B + qx = 0$$

得

$$x = \frac{F_B}{q} = \frac{29 \times 10^3}{20 \times 10^3} = 1.45 \text{ m}$$

由以上各段的剪力值并结合微分关系，便可绘出剪力图，如图 6.17(b) 所示。

(2) 绘制弯矩图。

因 AE、ED、KB 三段梁上 $q(x) = 0$，故三段梁上的 M 图应为斜直线。各段分界处的弯矩值为

$$M_A = -M_{RA} = -96.5 \text{ kN} \cdot \text{m}$$

$$M_E = -M_{RA} + F_A \times 1 = -96.5 \times 10^3 + (81 \times 10^3) \times 1$$
$$= -15.5 \times 10^3 \text{ N} \cdot \text{m} = -15.5 \text{ kN} \cdot \text{m}$$

$$M_D = -96.5 \times 10^3 + (81 \times 10^3) \times 2.5 - (50 \times 10^3) \times 1.5$$
$$= 31 \times 10^3 \text{ N} \cdot \text{m} = 31 \text{ kN} \cdot \text{m}$$

$$M_{B左} = M_e = 5 \text{ kN} \cdot \text{m}$$

$$M_K = F_B \times 1 + M_e = (29 \times 10^3) \times 1 + 5 \times 10^3$$
$$= 34 \times 10^3 \text{ N} \cdot \text{m} = 34 \text{ kN} \cdot \text{m}$$

显然，在 ED 段的中间 C 处的弯矩 $M_C = 0$。

DK 段：该段梁上 $q(x)$ 为负常量，M 图为向上凸的二次抛物线。在 $F_S = 0$ 的截面上弯矩

有极限值，其值为

$$M_{极值} = F_B \times 2.45 + M_e - \frac{q}{2} \times 1.45^2$$

$$= (29 \times 10^3) \times 2.45 + 5 \times 10^3 - \frac{20 \times 10^3}{2} \times 1.45^2$$

$$= 55 \times 10^3 \ \text{N} \cdot \text{m} = 55 \ \text{kN} \cdot \text{m}$$

根据以上各段分界处的弯矩值和在 $F_S = 0$ 处的 $M_{极值}$，根据微分关系，可绘出该梁的弯矩图，如图 6.17(c)所示。

6.5 平面刚架的内力

平面刚架是由在同一平面内、不同取向的杆件，通过杆件相互刚性连接而组成的结构。平面刚架各杆的内力除了剪力和弯矩外，还有轴力。作内力图的步骤与前述相同，但因刚架是由不同取向的杆件组成，为了能表示内力沿各杆轴线的变化规律，习惯上按下列约定。

(1)弯矩图：画在各杆的受压一侧，不注明正负号。

(2)轴力图和剪力图：可画在刚架的任一侧，但须注明正负号。

例题 6.8 一悬臂刚架的受力情况如图 6.18(a)所示。试作刚架的内力图。

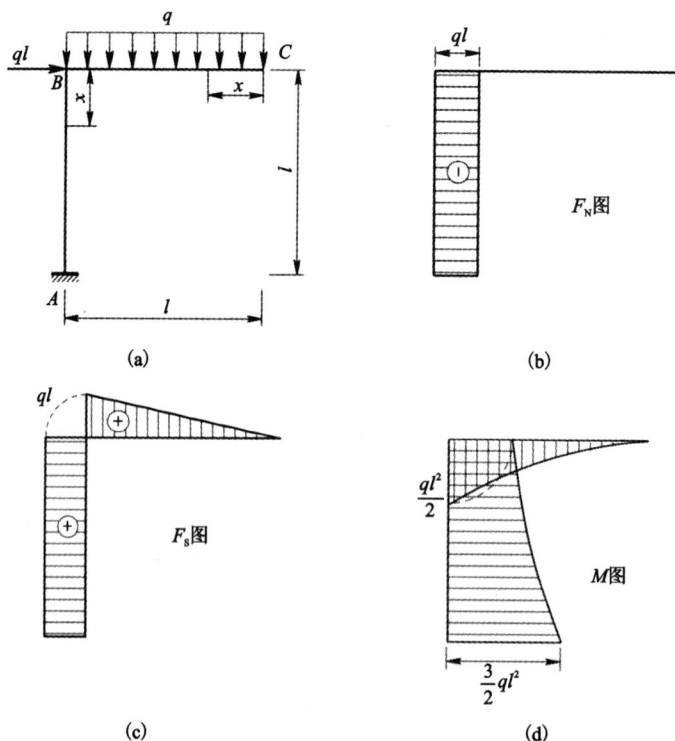

图 6.18 悬臂刚架受力与内力计算示意

解：计算内力时，一般应先求支反力。但对于悬臂梁或悬臂刚架，可以取包含自由端部分为研究对象，这样就可以不求支反力。下面分别列出各段杆的内力方程

BC 段：

$$\left.\begin{array}{l} F_N(x)=0 \\ F_S(x)=qx \\ M(x)=\dfrac{qx^2}{2} \end{array}\right\} \qquad (0 \leqslant x \leqslant l)$$

BA 段：

$$\left.\begin{array}{l} F_N(x)=-ql \\ F_S(x)=ql \\ M(x)=\dfrac{ql^2}{2}+qlx \end{array}\right\} \qquad (0 \leqslant x \leqslant l)$$

根据各段的内力方程，即可绘出轴力、剪力和弯矩图，分别如图 6.18(b)、图 6.18(c) 和图 6.18(d) 所示。画图时注意轴力图和剪力图可画在刚架的任一侧，但须注明正负号。弯矩图应画在各杆的受压一侧，其中 BC 段下侧受压，BA 段右侧受压，弯矩图不再标注正负号。

思考题

1. "两梁的跨度、承受的载荷及支撑相同，但材料和横截面面积不同，因而两梁的剪力图和弯矩图不一定相同"，这种说法对吗？

2. "最大弯矩必发生在剪力为零的横截面上"，这种说法对吗？

3. 梁在集中力作用的截面处，它的内力图有何特点？

4. 梁在集中力偶作用的截面处，它的内力图有何特点？

5. 梁在某一段内作用有向下的分布载荷时，在该段内它的内力图有何特点？

6. 在静定多跨梁中，如果中间铰点处没有外力偶，那么它的内力图有何特点？

7. 平衡微分方程中的正负号由哪些因素确定？简支梁受力及 Ox 坐标取向如图 6.19 所示，试分析下列平衡微分方程中哪一个是正确的。

A. $\dfrac{\mathrm{d}F_Q}{\mathrm{d}x}=q(x)$，$\dfrac{\mathrm{d}M}{\mathrm{d}x}=F_Q$ 　　　　B. $\dfrac{\mathrm{d}F_Q}{\mathrm{d}x}=-q(x)$，$\dfrac{\mathrm{d}M}{\mathrm{d}x}=-F_Q$

C. $\dfrac{\mathrm{d}F_Q}{\mathrm{d}x}=-q(x)$，$\dfrac{\mathrm{d}M}{\mathrm{d}x}=F_Q$ 　　　　D. $\dfrac{\mathrm{d}F_Q}{\mathrm{d}x}=q(x)$，$\dfrac{\mathrm{d}M}{\mathrm{d}x}=-F_Q$

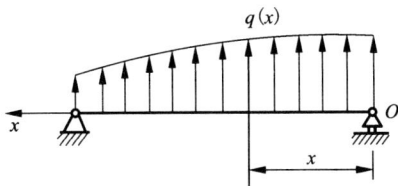

图 6.19　简支梁受力及 Ox 坐标取向

8. 对于承受均布载荷 q 的图 6.20 所示简支梁,其弯矩图的凸凹性与哪些因素相关? 试判断下列答案中哪一种是错误的。

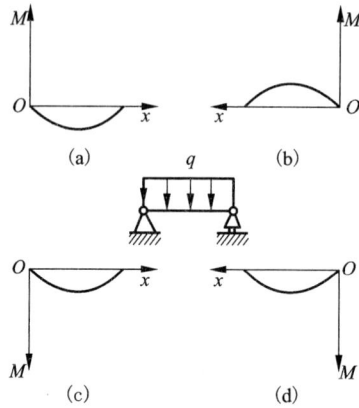

图 6.20 均布载荷作用下的简支梁

习 题

1. 在图 6.21 所示梁上,作用有集度为 $m = m(x)$ 的分布力偶。试建立力偶矩集度、剪力及弯矩间的微分关系。

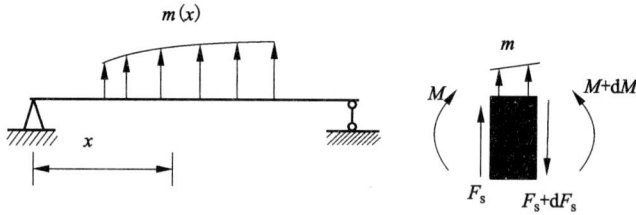

图 6.21 分布力偶作用下的简支梁

2. 对于图 6.22 所示杆件,试建立载荷集度(轴向载荷集度 q 或扭力矩集度 m)与相应内力(轴力或扭矩)间的微分关系。

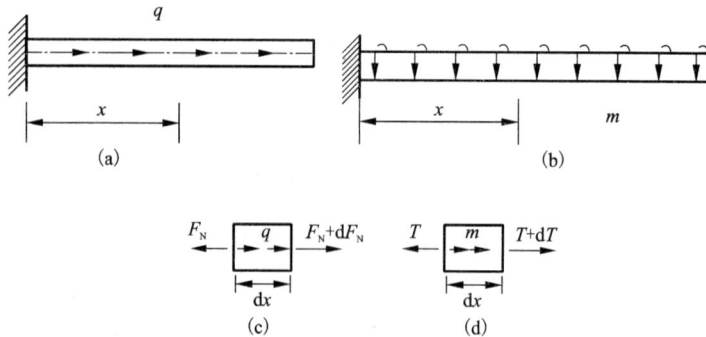

图 6.22 杆件

3. 如图 6.23 所示简支梁。试写出梁的剪力方程和弯矩方程,并作剪力图和弯矩图。

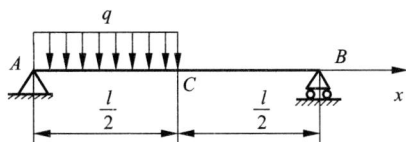

图 6.23 半边均布载荷作用下的简支梁

4. 试画出图 6.24 所示梁的剪力图和弯矩图(B 为中间铰点)。

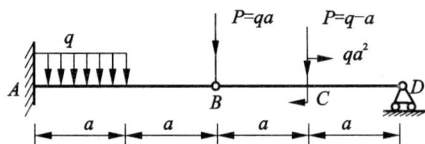

图 6.24 多种载荷作用下的静定梁

5. 欲用钢索起吊一根自重为 q(均布全梁)、长度为 l 的等截面梁,如图 6.25 所示,吊点位置 x 应在哪才最合理?

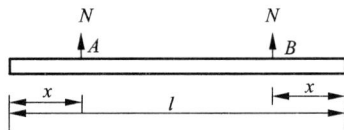

图 6.25 等截面梁

6. 一简支梁 AB(如图 6.26 示),在中点 C 处作用一集中力 P,在 B 端有一矩为 m 的集中力偶。作此梁的弯矩图。

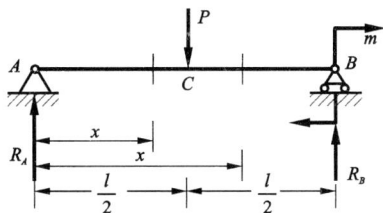

图 6.26 简支梁

7. 桥式吊车梁受小车轮压 P(位于梁的中点)和集度为 q 的自重作用(图 6.27),用迭加法作其弯矩图,并求出最大弯矩。

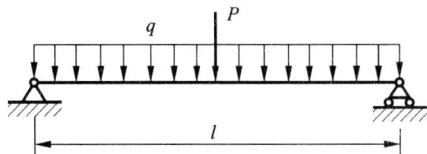

图 6.27 桥式吊车梁

8. 外伸梁受力如图 6.28 所示,试画出该梁的剪力图和弯矩图。

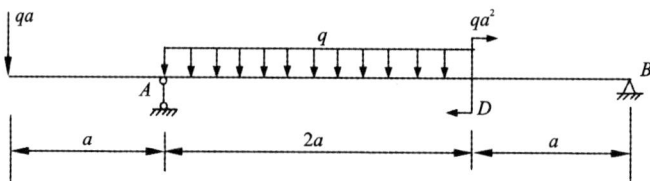

图 6.28　外伸梁受力示意图

9. 梁的受力如图 6.29 所示,试利用微分关系作梁的 F_S、M 图。

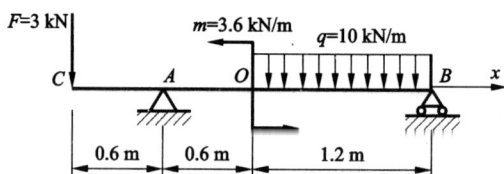

图 6.29　多种载荷作用下的外伸梁

10. 应用平衡微分方程画出图 6.30 所示各梁的剪力图和弯矩图,并确定 $|F_Q|_{max}$ 和 $|M|_{max}$ (本题和下题内力图中,内力大小只标注相应的系数)。

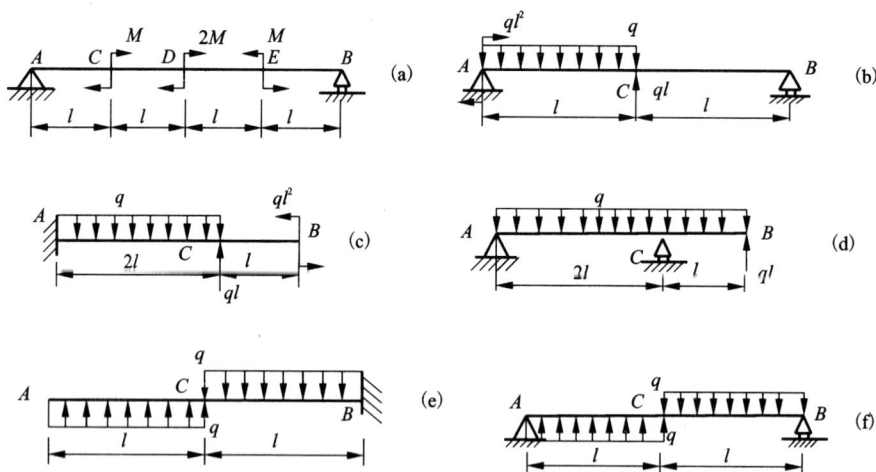

图 6.30

11. 试作图 6.31 所示刚架的弯矩图,并确定 $|M|_{max}$。

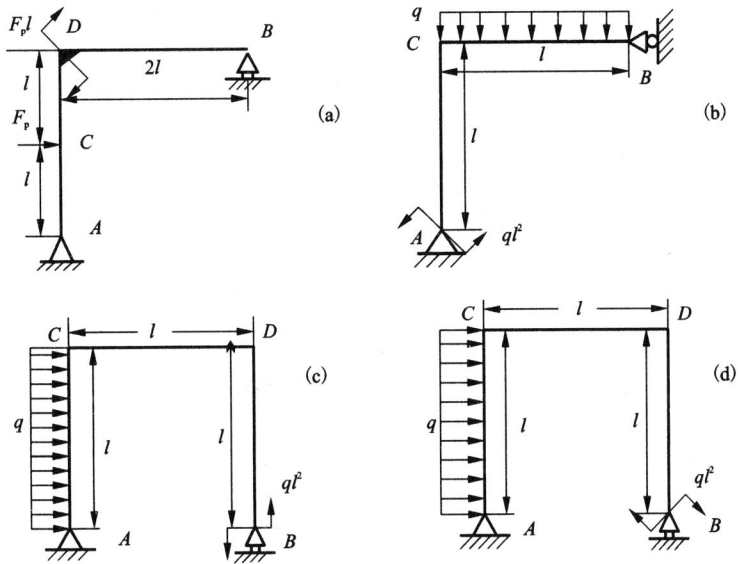

图 6.31 刚架

12. 静定梁承受平面载荷,但无集中力偶作用,其剪力图如图 6.32 所示。若已知 A 端弯矩 $M(0) = 0$,试确定梁上的载荷(包括支座反力)及梁的弯矩图。

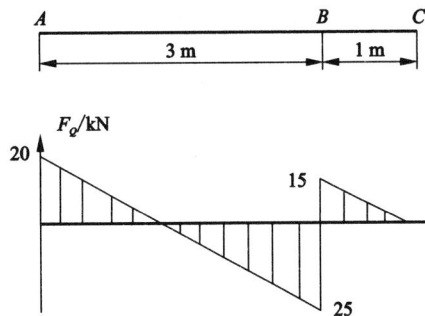

图 6.32 静定梁

13. 如图 6.33 所示,已知静定梁的剪力图和弯矩图,试确定梁上的载荷(包括支座反力)。

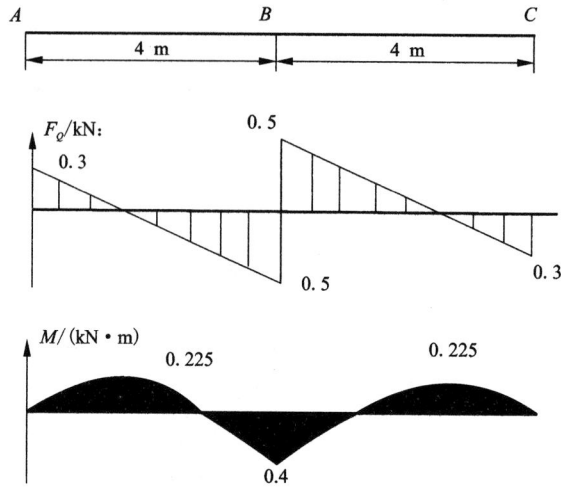

图 6.33　静定梁

14. 静定梁承受平面载荷，但无集中力偶作用，其剪力图如图 6.34 所示。若已知 E 端弯矩为零。求：

（1）在 Ox 坐标中写出弯矩的表达式；

（2）试确定梁上的载荷及梁的弯矩图。

15. 刚架受力如图 6.35 所示，试绘出刚架的内力图。

16. 曲杆受力如图 6.36 所示，试绘出曲杆的弯矩图。

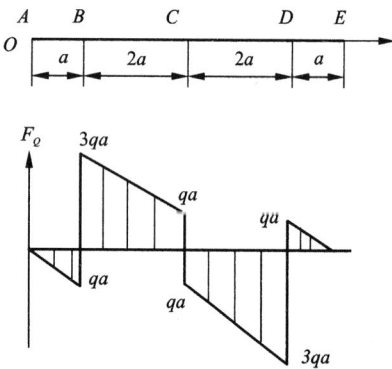

图 6.34　静定梁

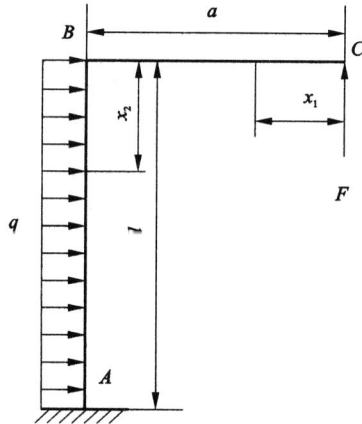

图 6.35　刚架

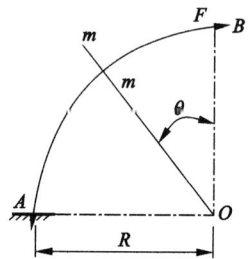

图 6.36　曲杆

第 7 章 弯曲应力

7.1 引言

前面讨论了梁在弯曲时的内力，即剪力和弯矩。但是，要解决梁的弯曲强度问题，只了解梁的内力是不够的，还必须研究梁的弯曲应力，应该知道梁在弯曲时，横截面上有什么应力，如何计算各点的应力，这样才能进行梁的合理设计与强度校核等一系列工作。

在一般情况下，横截面上有两种内力，即剪力和弯矩。由于剪力是横截面上切向内力系的合力，所以它必然与切应力有关；而弯矩是横截面上法向内力系的合力偶矩，所以它必然与正应力有关。由此可见，当梁横截面上有剪力 F_S 时，就必然有切应力 τ；当有弯矩 M 时，就必然有正应力 σ。为了解决梁的强度问题，本章将分别研究正应力与切应力的计算。

7.2 弯曲正应力

1. 纯弯曲梁的正应力

由上一节知道，正应力只与横截面上的弯矩有关，而与剪力无关。因此，首先以横截面上只有弯矩而无剪力作用的弯曲情况来讨论弯曲正应力问题。

在梁的各横截面上只有弯矩，而剪力为零的弯曲，称为纯弯曲。如果在梁的各横截面上同时存在着剪力和弯矩两种内力，这种弯曲称为横力弯曲或剪切弯曲。例如在如图 7.1 所示的简支梁中，CD 段为纯弯曲，AC 段和 DB 段为横力弯曲。

分析纯弯曲梁横截面上正应力的方法、步骤与分析圆轴扭转时横截面上切应力一样，需要综合考虑问题的变形方面、物理方面和静力学方面。

1）变形几何关系

为了研究与横截面上正应力相应的纵向线应变，首先观察梁在纯弯曲时的变形现象。为此，取一根具

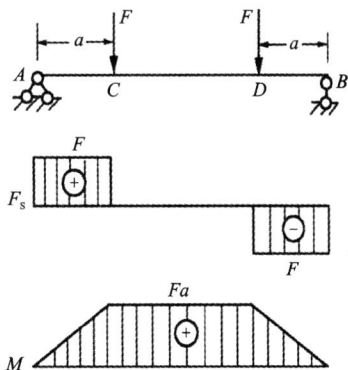

图 7.1 简支梁的纯弯曲与横力弯曲示意

有纵向对称面的等直梁，例如图 7.2(a) 所示的矩形截面梁，并在梁的侧面上画出垂直于轴线的横向线 m—m、n—n 和平行于轴线的纵向线 a—a、b—b。然后在梁的两端加一对大小相等、方向相反的力偶 M，使梁产生纯弯曲，此时可以观察到如下的变形现象。

纵向线弯曲后变成了弧线 $a'a'$、$b'b'$，靠顶面的 aa 线缩短了，靠底面的 bb 线伸长了。横向线 m—m、n—n 在梁变形后仍为直线，但相对转过了一定的角度，且仍与弯曲了的纵向线保持正交，如图 7.2(b) 所示。

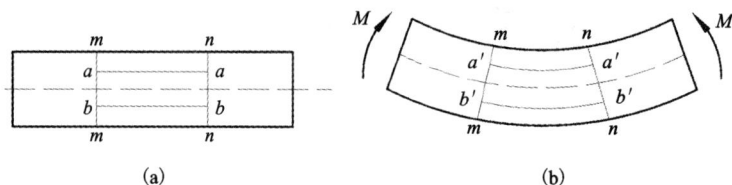

图 7.2 矩形截面等直梁的弯曲变形示意

梁内部的变形情况无法直接观察，但可根据梁表面的变形现象对梁内部的变形进行如下假设：

(1) 平面假设。梁所有的横截面变形后仍为平面，且仍垂直于变形后的梁的轴线。

(2) 单向受力假设。认为梁由许许多多根纵向纤维组成，各纤维之间没有相互挤压，每根纤维均处于拉伸或压缩的单向受力状态。

根据平面假设，前面由试验观察到的变形现象已经可以推广到梁的内部。即梁在纯弯曲变形时，横截面保持平面并作相对转动，靠近上面部分的纵向纤维缩短，靠近下面部分的纵向纤维伸长。由于变形的连续性，中间必有一层纵向纤维既不伸长也不缩短，这层纤维称为中性层（图 7.3）。中性层与横截面的交线称为中性轴。由于外力偶作用在梁的纵向对称面内，梁的变形也应该对称于此平面，在横截面上就是对称于对称轴。因此中性轴必然垂直于对称轴，但具体在哪个位置，目前还不能确定。

考察纯弯曲梁某一微段 dx 的变形（图 7.4）。设弯曲变形以后，微段左右两横截面的相对转角为 $d\theta$，则距中性层为 y 处的任一层纵向纤维 bb 变形后的弧长为

$$b'b' = (\rho + y)d\theta$$

式中：ρ 为中性层的曲率半径。该层纤维变形前的长度与中性层处纵向纤维 OO 长度相等，又因为变形前、后中性层内纤维 OO 的长度不变，故有

$$bb = OO = O'O' = \rho d\theta$$

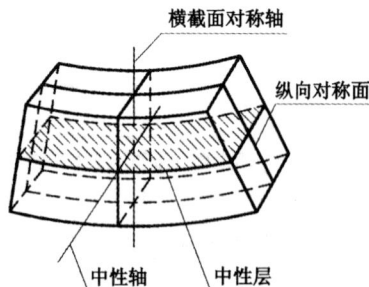

图 7.3 梁纯弯曲变形时的中性层与中性轴示意

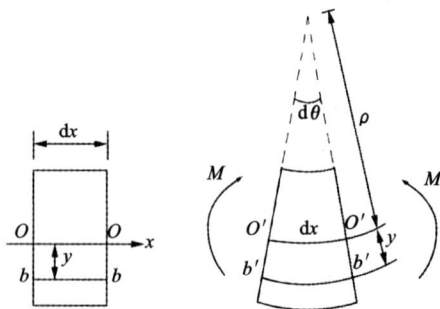

图 7.4 梁纯弯曲时的微元变形示意

由此得距中性层为 y 处的任一层纵向纤维的线应变为

$$\varepsilon = \frac{b'b' - bb}{bb} = \frac{(\rho + y)\mathrm{d}\theta - \rho\mathrm{d}\theta}{\rho\mathrm{d}\theta} = \frac{y}{\rho} \tag{7.1}$$

式(7.1)表明:线应变 ε 随 y 按线性规律变化。

2)物理关系

根据单向受力假设,且材料在拉伸及压缩时的弹性模量 E 相等,则由虎克定律,得

$$\sigma = E\varepsilon = E\frac{y}{\rho} \tag{7.2}$$

式(7.2)表明:纯弯曲时的正应力按线性规律变化,横截面上中性轴处,$y = 0$,因而 $\sigma = 0$,中性轴两侧,一侧受拉应力,另一侧受压应力,与中性轴距离相等各点的正应力数值相等(图7.5)。

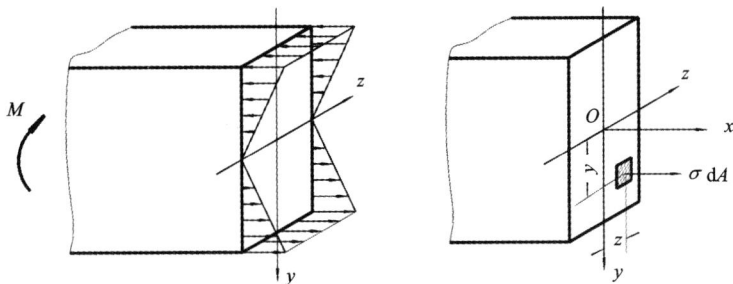

图7.5 梁纯弯曲时横截面上的应力分布示意

3)静力关系

虽然已经求得了由式(7.2)表示的正应力分布规律,但因曲率半径 ρ 和中性轴的位置尚未确定,所以不能用式(7.2)计算正应力,还必须由静力学关系来解决。

在图7.5中,取中性轴为 z 轴,过 z、y 轴的交点并沿横截面外法线方向的轴为 x 轴,作用于微面积 $\mathrm{d}A$ 上的法向微内力为 $\sigma\mathrm{d}A$。在整个横截面上,各微面积上的微内力构成一个空间平行力系。由静力学关系可知,应满足 $\sum F_x = 0$,$\sum M_y = 0$,$\sum M_z = 0$ 三个平衡方程。

由于所讨论的梁横截面上没有轴力,$F_N = 0$,故由 $\sum F_x = 0$,得

$$F_N = \int_A \sigma\mathrm{d}A = 0 \tag{7.3}$$

将式(7.2)代入式(7.3),得

$$\int_A \sigma\mathrm{d}A = \int_A E\frac{y}{\rho}\mathrm{d}A = \frac{E}{\rho}\int_A y\mathrm{d}A = \frac{E}{\rho}S_z = 0$$

式中:E/ρ 恒不为零,故必有静矩 $S_z\int_A y\mathrm{d}A = 0$,由截面性质知道,只有当 z 轴通过截面形心时,静矩 S_z 才等于零。由此可得出结论:中性轴 z 通过横截面的形心。这样就完全确定了中性轴在横截面上的位置。

由于所讨论的梁横截面上没有内力偶 M_y,因此由 $\sum M_y = 0$,得

$$M_y = \int_A z\sigma\mathrm{d}A = 0 \tag{7.4}$$

将式(7.2)代入式(7.4), 得

$$\int_A z\sigma \mathrm{d}A = \frac{E}{\rho}\int_A y\sigma \mathrm{d}A = \frac{E}{\rho}I_{yz} = 0$$

上式中, 由于 y 轴为对称轴, 故 $I_{yz} = 0$, 平衡方程 $\sum M_z = 0$ 自然满足。

纯弯曲时各横截面上的弯矩 M 均相等, 因此, 由 $\sum M_z = 0$, 得

$$M = \int_A y\sigma \mathrm{d}A \tag{7.5}$$

将式(7.2)代入式(7.5), 得

$$M = \int_A yE\frac{y}{\rho}\mathrm{d}A = \frac{E}{\rho}\int_A y^2\mathrm{d}A = \frac{E}{\rho}I_z \tag{7.6}$$

由式(7.6)得

$$\frac{1}{\rho} = \frac{M}{EI_z} \tag{7.7}$$

式中: $1/\rho$ 为中性层的曲率; EI_z 称为梁的抗弯刚度, 弯矩相同时, 梁的抗弯刚度越大, 梁的曲率越小。最后, 将式(7.7)代入式(7.2), 导出横截面上的弯曲正应力公式为

$$\sigma = \frac{My}{I_z} \tag{7.8}$$

式中: M 为横截面上的弯矩; I_z 为横截面对中性轴的惯性矩; y 为横截面上待求应力的 y 坐标。应用此公式时, 也可将 M、y 均代入绝对值, σ 是拉应力还是压应力可根据梁的变形情况直接判断。以中性轴为界, 梁的凸出一侧为拉应力, 凹入一侧为压应力。

以上分析中, 虽然把梁的横截面画成矩形, 但在导出公式的过程中并没有使用矩形的几何性质, 所以, 只要梁横截面有一个对称轴, 而且载荷作用于对称轴所在的纵向对称面内, 式(7.7)和式(7.8)就适用。

由式(7.8)可见, 横截面上的最大弯曲正应力发生在距中性轴最远的点上。用 y_{max} 表示最远点至中性轴的距离, 则最大弯曲正应力为

$$\sigma_{max} = \frac{My_{max}}{I_z}$$

上式可改写为

$$\sigma_{max} = \frac{M}{W_z} \tag{7.9}$$

其中

$$W_z = \frac{I_z}{y_{max}} \tag{7.10}$$

称为抗弯截面系数或抗截面模量, 是仅与截面形状及尺寸有关的几何量, 量纲为[长度]³。
高度为 h、宽度为 b 的矩形截面梁, 其抗弯截面系数为

$$W_z = \frac{bh^3/12}{h/2} = \frac{bh^2}{6}$$

直径为 D 的圆形截面梁的抗弯截面系数为

$$W_z = \frac{\pi D^4/64}{D/2} = \frac{\pi D^3}{32}$$

工程中常用的各种型钢，其抗弯截面系数可从附录的型钢表中查得。当横截面对中性轴不对称时，其最大拉应力及最大压应力将不相等。用式(7.9)计算最大拉应力时，可在式(7.10)中取 y_{max} 等于最大拉应力点至中性轴的距离；计算最大压应力时，在式(7.10)中应取 y_{max} 等于最大压应力点至中性轴的距离。

2. 横力弯曲梁的正应力

工程中的梁，大多数发生的是横力弯曲变形。这时，因截面上不仅有弯矩还有剪力，所以横截面上除有正应力外还有切应力。关于弯曲切应力，将在7.3节中专门讨论，下面分析横力弯曲时正应力的计算。

推导纯弯曲的正应力计算公式(7.8)时，引用了两个假设。一个是平面假设；另一个是纵向纤维之间无正应力的假设。当横力弯曲时，由于横截面上存在切应力而且并非均匀分布，因此，弯曲时横截面将发生翘曲，如图7.6所示，这势必使横截面再不能保持为平面。特别是当剪力 F_S 随截面位置变化时，相邻两截面的翘曲程度也不一样，这时，截面上除有因弯矩而产生的正应力外，还将产生附加正应力(如图7.7所示的T形梁)。另外，分布载荷作用下的横力弯曲，纵向纤维之间也存在正应力。弹性理论分析表明，对于横力弯曲时的细长梁，即截面高度远小于跨度的梁，横截面上的上述附加正应力和纵向纤维间的正应力都是非常微小的。用纯弯曲时梁横截面上的正应力计算公式(7.8)，即

$$\sigma = \frac{My}{I_z}$$

来计算细长梁横力弯曲时的正应力，与梁内的真实应力相比，并不会引起很大的误差，能够满足工程问题所要求的精度。因此，对横力弯曲时的细长梁，仍可以用公式(7.8)计算梁的横截面上的弯曲正应力。

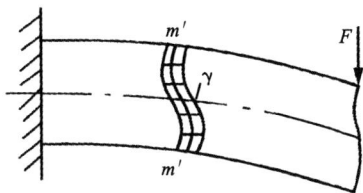

图 7.6　横力弯曲梁

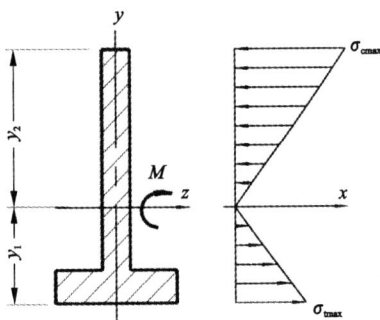

图 7.7　T 形梁

上述公式是根据等截面直梁导出的。对于缓慢变化的变截面梁，以及曲率很小的曲梁 ($h/\rho_0 \leqslant 0.2$，ρ_0 为曲梁轴线的曲率半径)也可近似适用。

7.3　弯曲切应力

当横力弯曲时，梁内不仅有弯矩还有剪力，因而横截面上既有弯曲正应力，又有弯曲剪应力。同时，由于横力弯曲时梁的横截面不再保持为平面，弯曲剪应力不能采用综合变形条

件、物理条件及静力条件进行应力分析的方法。本节从矩形截面梁入手，研究梁的弯曲剪应力。

1. 矩形截面梁的切应力

设图 7.8(a)所示矩形截面梁发生对称弯曲，任意截面上的剪力 F_S 与截面的对称轴 y 重合，如图 7.8(b)所示。现分析横截面内距中性轴为 y 处的某一横线 ss' 上的切应力分布情况。

根据切应力互等定理可知，在截面两侧边缘的 s 和 s' 处，切应力的方向一定与截面的侧边相切，即与剪力 F_S 的方向一致。而由对称关系可知，横线中点处切应力的方向，也必然与剪力 F_S 的方向相同。因此，可近似认为横线 ss' 上各点处切应力都平行于剪力 F_S。由以上分析，我们对切应力的分布规律做以下两点假设：

(1)横截面上各点切应力的方向均与剪力 F_S 的方向平行。

(2)切应力沿截面宽度均匀分布。

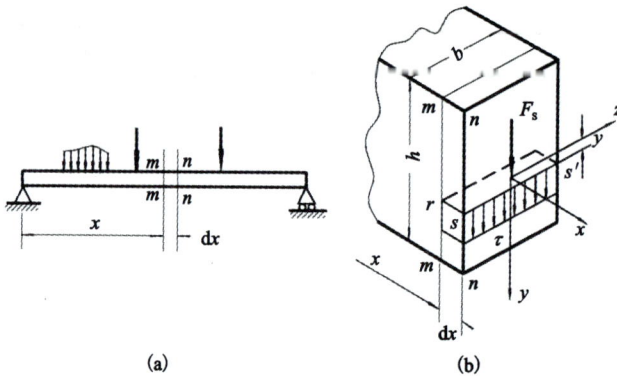

图7.8　对称弯曲时矩形截面梁任意截面上的剪力与应力分布示意

现以横截面 m—m 和 n—n 从图 7.8(a)所示梁中取出长为 dx 的微段，如图 7.9(a)所示。设作用于微段左、右两侧横截面上的剪力为 F_S，弯矩分别为 M 和 $M+dM$，再用距中性层为 y 的 rs 截面取出一部分 $mnsr$，如图 7.9(b)所示。该部分的左右两个侧面 σ_{mr} 和 σ_{ns} 上分别作用有由弯矩 M 和 $M+dM$ 引起的正应力。除此之外，两个侧面上还作用有切应力 τ。根据切应力互等定理，截出部分顶面 rs 上也作用有切应力 τ'，其值与距中性层为 y 处横截面上的切应力数值相等，如图 7.9(b)与图 7.9(c)所示。设截出部分 $mnsr$ 的两个侧面 σ_{mr} 和 σ_{ns} 上的法向微内力 dA 和 dA 合成的在 x 轴方向的法向内力分别为 F_{N1} 及 F_{N2}，则 F_{N2} 可表示为

$$F_{N2} = \int_{A_1} \sigma_{ns} dA = \int_{A_1} \frac{M+dM}{I_z} = y'dA = \frac{M+dM}{I_z}\int_{A_1} y'dA = \frac{M+dM}{I_z}S_z^* \qquad (7.11)$$

同理

$$F_{N1} = \frac{M}{I_z}S_z^* \qquad (7.12)$$

式中：A_1 为截出部分 $mnsr$ 的侧面 ns 或 mr 的面积，以下简称为部分面积；S_z^* 为 A_1 对中性轴的静矩。

考虑截出部分 $mnsr$ 的平衡，如图 7.9(c)所示。由 $\sum F_x = 0$，得

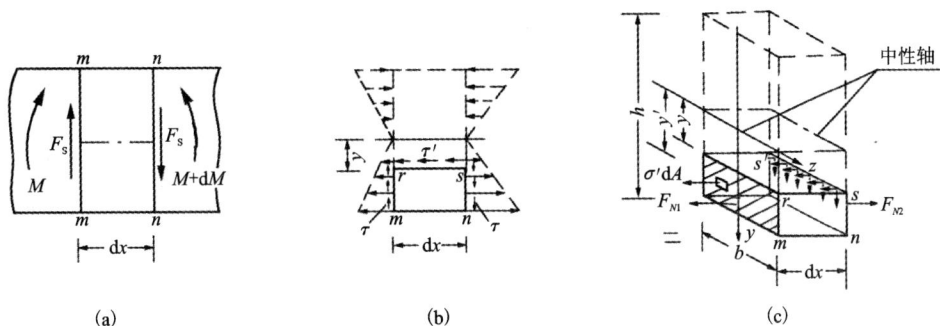

图 7.9　矩形截面梁微元上的内力与应力关系示意

$$F_{N2} - F_{N1} - \tau'b\mathrm{d}x = 0 \tag{7.13}$$

将式(7.11)及式(7.12)代入式(7.13)，化简后得

$$\tau' = \frac{\mathrm{d}M}{\mathrm{d}x}\frac{S_z^*}{I_z b}$$

注意到上式中 $\frac{\mathrm{d}M}{\mathrm{d}x} = F_S$，并注意到 τ' 与 τ 数值相等，于是矩形截面梁横截面上的切应力计算公式为

$$\tau = \frac{F_S S_z^*}{I_z b} \tag{7.14}$$

式中：F_S 为横截面上的剪力；b 为截面宽度；I_z 为横截面对中性轴的惯性矩；S_z^* 为横截面上部分面积对中性轴的静矩。

对于给定的高为 h、宽为 b 的矩形截面(如图7.10所示)，计算出部分面积对中性轴的静矩如下

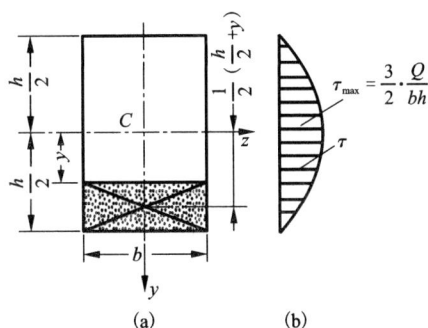

图 7.10　矩形截面梁横截面上的静矩求解与应力分布示意

$$S_z^* = \int_A y_1 \mathrm{d}A = \int_y^{h/2} b y_1 \mathrm{d}y_1 = \frac{b}{2}\left(\frac{h^2}{4} - y^2\right)$$

将上式代入式(7.14)，得

$$\tau = \frac{F_S}{2I_z}\left(\frac{h^2}{4} - y^2\right) \tag{7.15}$$

由式(7.15)可见,切应力沿截面高度按抛物线规律变化。当 $y = \pm h/2$ 时,$\tau = 0$,即截面的上、下边缘线上各点的切应力为零。当 $y = 0$ 时,切应力 τ 有极大值,这表明最大切应力发生在中性轴上,其值为

$$\tau_{max} = \frac{F_s h^2}{8 I_z}$$

将 $I_z = bh^3/12$ 代入上式,得

$$\tau_{max} = \frac{3}{2} \frac{F_S}{bh} \tag{7.16}$$

可见,矩形截面梁横截面上的最大切应力为平均切应力 $F_S/(bh)$ 的 1.5 倍。

根据剪切虎克定律,由式(7.15)可知切应变为

$$\gamma = \frac{\tau}{G} = \frac{F_S}{2GI_z}\left(\frac{h^2}{4} - y^2\right) \tag{7.17}$$

式(7.17)表明,横截面上的切应变沿截面高度同样按抛物线规律变化。在中性轴处,切应变 γ 最大;离中性轴越远,γ 越小;在梁的上、下边缘,$\gamma = 0$。可见,横力弯曲时由于截面上有剪力,沿截面高度各点具有按非线性规律变化的切应变,所以横截面将发生翘曲,如图 7.11 所示。

对于剪力 F_S 保持为常量的横力弯曲,相邻各横截面上对应点的切应变相等,因而各横截面翘曲情况相同。纵向纤维的长度不会因截面翘曲而改变,所以也不会再有附加的正应力,即截面翘曲并不改变按平面假设得到的正应力。

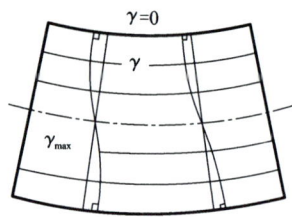

图 7.11 矩形截面梁横截面上的应力变化与翘曲变形示意

对于剪力 F_S 随截面位置变化的横力弯曲,相邻各横截面上对应点的切应变不相等,因而各横截面翘曲情况也不一样。这样,纵向纤维的长度会因截面翘曲而改变,从而引起附加的正应力。

2. 工字形截面梁的切应力

工字形截面由上、下翼缘及腹板构成,如图 7.12(a)所示。现分别研究腹板及翼缘上的切应力。

1)工字形截面腹板部分的切应力

腹板是狭长矩形,因此关于矩形截面梁切应力分布的两个假设完全适用。用相同的方法,必然导出相同的应力计算公式

$$\tau = \frac{F_S S_z^*}{I_z d} \tag{7.18}$$

式中：d 为腹板厚度。

式(7.18)与式(7.14)形式完全相同。

计算出部分面积 A_1 对中性轴的静矩

$$S_z^* = \frac{1}{2}\left(\frac{h}{2} + \frac{h_1}{2}\right)b\left(\frac{h}{2} - \frac{h_1}{2}\right) + \frac{1}{2}\left(\frac{h_1}{2} + y\right)d\left(\frac{h_1}{2} - y\right)$$

代入式(7.18),整理得

$$\tau = \frac{F_S}{8 I_z d}\left[b(h^2 - h_1^2) + 4d\left(\frac{h_1^2}{4} - y^2\right)\right] \tag{7.19}$$

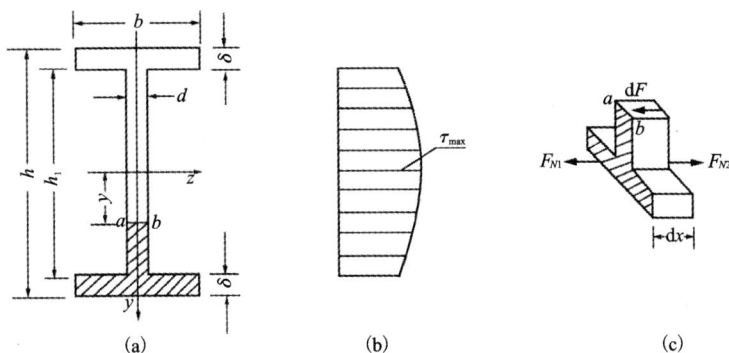

图 7.12　工字形截面梁上的剪力与切应力分布关系示意

由式(7.19)可见,工字形截面梁腹板上的切应力 τ 按抛物线规律分布,如图 7.12(b)所示。以 $y=0$ 及 $y=\pm h_1/2$ 分别代入式(7.19),得中性层处的最大切应力及腹板与翼缘交界处的最小切应力,分别为

$$\tau_{\max}=\frac{F_S}{8I_z d}\big[\,bh^2-(b-d)h_1^2\,\big]$$

$$\tau_{\min}=\frac{F_S}{8I_z d}\big[\,bh^2-bh_1^2\,\big]$$

由于工字形截面的翼缘宽度 b 远大于腹板厚度 d,即 $b\gg d$,所以由以上两式可以看出,$\tau_{\max}$ 与 $\tau_{\min}$ 实际上相差不大。因而,可以认为腹板上切应力大致是均匀分布的。若以图 7.12(b)中应力分布图的面积乘以腹板厚度 d,可得腹板上的剪力 F_{S1}。计算结果表明,F_{S1} 为 $(0.95\sim0.97)F_S$。可见,横截面上的剪力 F_S 绝大部分由腹板承受。因此,工程上通常将横截面上的剪力 F_S 除以腹板面积,近似得出工字形截面梁腹板上的切应力

$$\tau=\frac{F_S}{h_1 d} \tag{7.20}$$

(2)工字形截面翼缘部分的切应力。

现进一步讨论翼缘上的切应力分布问题。在翼缘上有两个方向的切应力:平行于剪力 F_S 方向的切应力和平行于翼缘边缘线的切应力。平行于剪力 F_S 的切应力数值极小,无实际意义,通常忽略不计。在计算与翼缘边缘平行的切应力时,可假设切应力沿翼缘厚度大小相等,方向与翼缘边缘线相平行,根据在翼缘上截出部分的平衡条件,由图 7.13(b)或图 7.13(c)可以得出与式(7.14)形式相同的翼缘切应力计算公式

$$\tau=\frac{F_S S_z^*}{I_z \delta} \tag{7.21}$$

式中:δ 为翼缘厚度,图 7.13(d)中绘有翼缘上的切应力分布图。工字形截面梁翼缘上的最大切应力一般均小于腹板上的最大切应力。

从图 7.13(d)可以看出,当剪力 F_S 的方向向上时,横截面上切应力的方向,由下边缘的外侧向里,通过腹板,最后指向上边缘的外侧,好像水流一样,故称为“切应力流”。所以在根据剪力 F_S 的方向确定了腹板的切应力方向后,就可由“切应力流”来确定翼缘上切应力的方向。对于其他的 L 形、丁形和 Z 形等薄壁截面,也可利用“切应力流”来确定截面上切应力方向。

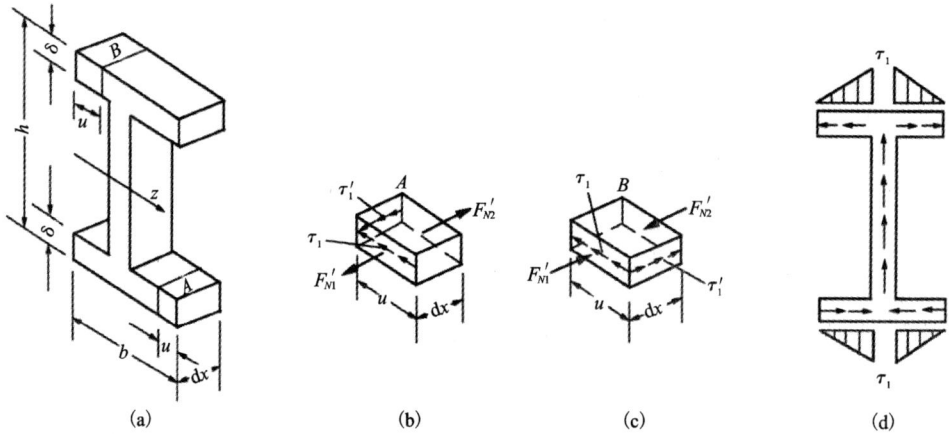

图7.13 工字形截面梁剪力与翼缘部分切应力分布关系示意

3. 圆形截面梁的切应力

在圆形截面梁的横截面上，除中性轴处切应力与剪力平行外，其他点的切应力并不平行于剪力。考虑距中性轴为 y 处长为 b 的弦线 AB 上各点的切应力如图7.14所示。根据切应力互等定理，弦线两个端点处的切应力必与圆周相切，且切应力作用线交于 y 轴的某点 p。弦线中点处切应力作用线由对称性可知也通过 p 点。因而可以假设 AB 线上各点切应力作用线都通过同一点 p，并假设各点沿 y 方向的切应力分量 τ_y 相等，则可沿用前述方法计算圆截面梁的切应力分量 τ_y，求得 τ_y 后，根据已设定的总切应力方向即可求得总切应力 τ。

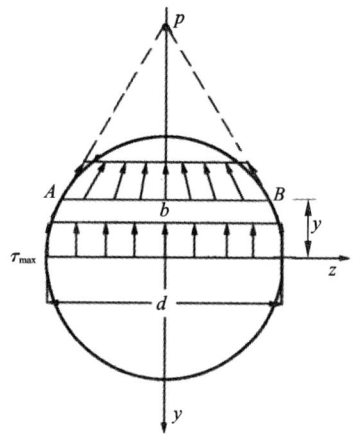

图7.14 圆形截面梁的横截面应力分布图

圆形截面梁切应力分量的计算公式与矩形截面梁切应力计算公式形式相同。

$$\tau_y = \frac{F_S S_z^*}{I_z b} \tag{7.22}$$

式中：b 为弦线长度，$b = 2\sqrt{R^2 - y^2}$；S_z^* 仍表示部分面积 A_1 对中性轴的静矩。

圆形截面梁的最大切应力发生在中性轴上，且中性轴上各点的切应力分量 τ_y 与总切应力 τ 大小相等、方向相同，其值为

$$\tau_{max} = \frac{4}{3}\frac{F_S}{\pi R^2} \tag{7.23}$$

由式(7.23)可见，圆截面的最大切应力 τ_{max} 为平均切应力 $\frac{F_S}{\pi R^2}$ 的4/3倍。

4. 环形截面梁的切应力

图7.15所示为一环形截面梁，已知壁厚 t 远小于平均半径 R，现讨论其横截面上的切应

力。环形截面内、外圆周线上各点的切应力与圆周线相切。由于壁厚很小，可以认为沿圆环厚度方向切应力均匀分布并与圆周切线相平行。据此即可用研究矩形截面梁切应力的方法分析环形截面梁的切应力。在环形截面上截取 $\mathrm{d}x$ 长的微段，并用与纵向对称平面夹角 θ 相同的两个径向平面在微段中截取出一部分，由对称性可知两个面上的切应力相等。考虑截出部分的平衡，可得环形截面梁切应力的计算公式

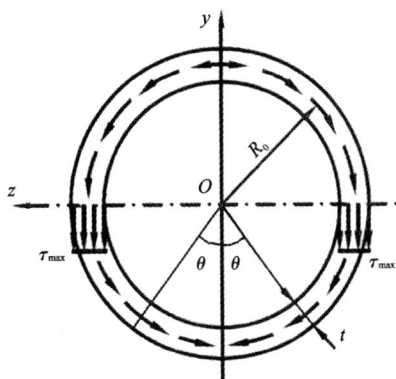

图 7.15 环形截面梁横截面上的切应力分布示意

$$\tau_y = \frac{F_Q S_z^*}{2t I_z} \qquad (7.24)$$

式中：t 为环形截面的厚度。

环形截面的最大切应力发生在中性轴处。计算出半圆环对中性轴的静矩

$$S_z^* = \int_{A_1} y\mathrm{d}A \approx 2\int_0^{\pi/2} R\cos\theta t R\mathrm{d}\theta = 2R^2 t$$

及环形截面对中性轴的惯性矩

$$I_z = \int_A y^2 \mathrm{d}A \approx 2\int_0^{\pi/2} R^2 \cos^2\theta t R\mathrm{d}\theta = \pi R^3 t$$

将上式代入式(7.24)，得环形截面最大切应力

$$\tau_{\max} = \frac{F_Q(2R^2 t)}{2t\pi R^3 t} = \frac{F_Q}{\pi R t} \qquad (7.25)$$

注意上式等号右边分母 $\pi R t$ 为环形横截面面积的一半，可见环形截面梁的最大切应力为平均切应力的 2 倍。

7.4 梁的强度校核

1. 弯曲正应力强度条件
梁在弯曲时，横截面上一部分点为拉应力，另一部分点为压应力。对于低碳钢等塑性材料，其抗拉和抗压能力相同，为了使截面上的最大拉应力和最大压应力同时达到许用应力，常将这种梁做成矩形、圆形和工字形等对称于中性轴的截面。因此，弯曲正应力的强度条件为

$$\sigma_{\max} = \left(\frac{M}{W_z}\right)_{\max} \leqslant [\sigma] \qquad (7.26)$$

对等截面梁，最大弯曲正应力发生在最大弯矩所在截面上，这时弯曲正应力强度条件为

$$\sigma_{\max} = \left(\frac{M_{\max}}{W_z}\right) \leqslant [\sigma] \qquad (7.27)$$

式中：$[\sigma]$ 为许用弯曲正应力。弯曲时，梁的横截面上正应力不是均匀分布的。弯曲正应力强度条件只是以离中性轴最远的各点的应力为依据，因此材料的弯曲许用正应力比轴向拉伸或压缩时的许用正应力取得略高些。但在一般的正应力强度计算中，均近似地采用轴向拉伸或压缩时的许用正应力来代替弯曲许用正应力。

对于抗拉、抗压性能不同的材料,例如铸铁等脆性材料,则要求梁的最大拉应力和最大压应力都不超过各自的许用值,其强度条件为

$$(\sigma_t)_{max} = \frac{My_t}{I_z} \leqslant [\sigma_t], \quad (\sigma_c)_{max} = \frac{My_c}{I_z} \leqslant [\sigma_c] \tag{7.28}$$

式中:y_t 和 y_c 分别为梁上拉应力最大点和压应力最大点的坐标;$[\sigma_t]$ 和 $[\sigma_c]$ 分别为材料的许用拉应力和许用压应力。

对于铸铁这类抗压性能明显优于抗拉性能的材料,工程上常将此种材料的梁的横截面做成如 T 字形等对中性轴不对称的截面(如图 7.7 所示 T 形梁),并使中性轴偏向受拉一侧,以使横截面上的最大拉应力明显低于最大压应力。

根据梁的正应力强度条件式(7.26)、式(7.27)和式(7.28),可对梁进行强度校核、截面设计以及确定许可载荷等强度计算。

2. 弯曲切应力强度条件

梁在受横力弯曲时,横截面上既存在正应力又存在切应力。横截面上最大的正应力位于横截面边缘线上,一般说来,该处切应力为零。在有些情况下,该处即使有切应力,其数值也较小,可以忽略不计。所以,当梁弯曲时,最大正应力作用点可视为处于单向应力状态,最大正应力的计算不受横截面上切应力的影响。因此,梁的弯曲正应力强度计算仍然以式(7.26)、式(7.27)或式(7.28)的强度条件为依据。

一般来说,梁横截面上的最大切应力发生在中性轴处,而该处的正应力为零。因此最大切应力作用点处于纯剪切应力状态,这时弯曲切应力强度条件为

$$\tau_{max} = \left(\frac{F_Q S_z^*}{I_z b}\right)_{max} \leqslant [\tau] \tag{7.29}$$

对等截面梁,最大切应力发生在最大剪力所在的截面上,弯曲切应力强度条件为

$$\tau_{max} = \left(\frac{F_{Qmax} S_{zmax}^*}{I_z b}\right) \leqslant [\tau] \tag{7.30}$$

许用切应力 $[\tau]$ 通常取纯剪切时的许用切应力。

对于梁来说,要满足抗弯强度要求,必须同时满足弯曲正应力强度条件和弯曲切应力强度条件。也就是说,影响梁的强度的因素有两个,即弯曲正应力与弯曲切应力。对于细长的实心截面梁或非薄壁截面的梁来说,横截面上的正应力往往是主要的,切应力通常只占次要地位。例如图 7.16 所示的受均布载荷作用的矩形截面梁,其最大弯曲正应力为

$$\sigma_{max} = \frac{M_{max}}{W_z} = \frac{\dfrac{ql^2}{8}}{\dfrac{bh^2}{6}} = \frac{3ql^2}{4bh^2}$$

而最大弯曲切应力为

$$\tau_{max} = \frac{3}{2}\frac{F_{Qmax}}{A} = \frac{3}{2}\frac{\dfrac{ql}{2}}{bh} = \frac{3ql}{4bh}$$

两者比值为

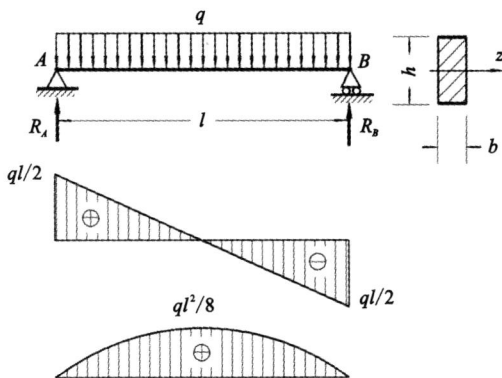

图 7.16 受均布载荷作用的矩形截面梁

$$\frac{\sigma_{max}}{\tau_{max}} = \frac{\dfrac{3ql^2}{4bh^2}}{\dfrac{3ql}{4bh}} = \frac{l}{h}$$

即，该梁横截面上的最大弯曲正应力与最大弯曲切应力之比等于梁的跨度 l 与截面高度 h 的比。当 $l \gg h$ 时，最大弯曲正应力将远大于最大弯曲切应力。因此，一般对于细长的实心截面梁或非薄壁截面梁，只要满足了正应力强度条件，就无须再进行切应力强度计算。但是，对于薄壁截面梁或梁的弯矩较小而剪力却很大时，在进行正应力强度计算的同时，还需检查是否满足切应力强度条件。

另外，对某些薄壁截面(如工字形、T 字形等)梁，在其腹板与翼缘联结处，同时存在相当大的正应力和切应力。这样的点也需进行强度校核，将在第 12 章进行讨论。

例题 7.1 图 7.17(a)所示的楼板主梁欲用两个工字型钢制成。已知钢的许用弯曲正应力 $[\sigma] = 160$ MPa，试选择工字钢的型号。

解：先作简支梁的弯矩图[图 7.17(b)]，可知 $M_{max} = 480$ kN·m，发生在梁的跨中截面处。

根据梁的正应力强度条件式(7.29)，

$\sigma_{max} = \dfrac{M_{max}}{W_z} \leqslant [\sigma]$，可得

$$W_z \geqslant \frac{M_{max}}{[\sigma]} = \frac{480 \times 10^6}{160} = 3 \times 10^6 \text{ mm}^3$$

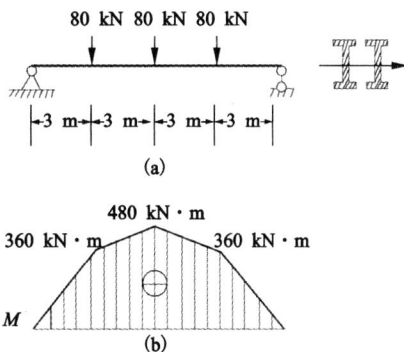

图 7.17 楼板主梁示意图

每个工字钢的抗弯截面模量

$$W_z' = \frac{1}{2} W_z = 1.5 \times 10^6 \text{ mm}^3 = 1500 \text{ cm}^3$$

由附录 B 型钢规格表可查得 45b 工字钢为 W_z

$$W_z = 1500 \text{ cm}^3$$

故所选工字钢截面型号为 45b。

例题 7.2 图 7.18(a)所示外伸梁用铸铁制成，截面为 T 字形，已知梁的载荷 $P_1 = 10$ kN，$P_2 = 4$ kN，铸铁的许用应力$[\sigma_t] = 30$ MPa，$[\sigma_c] = 100$ MPa。截面的尺寸如图所示，试校核此梁的强度。

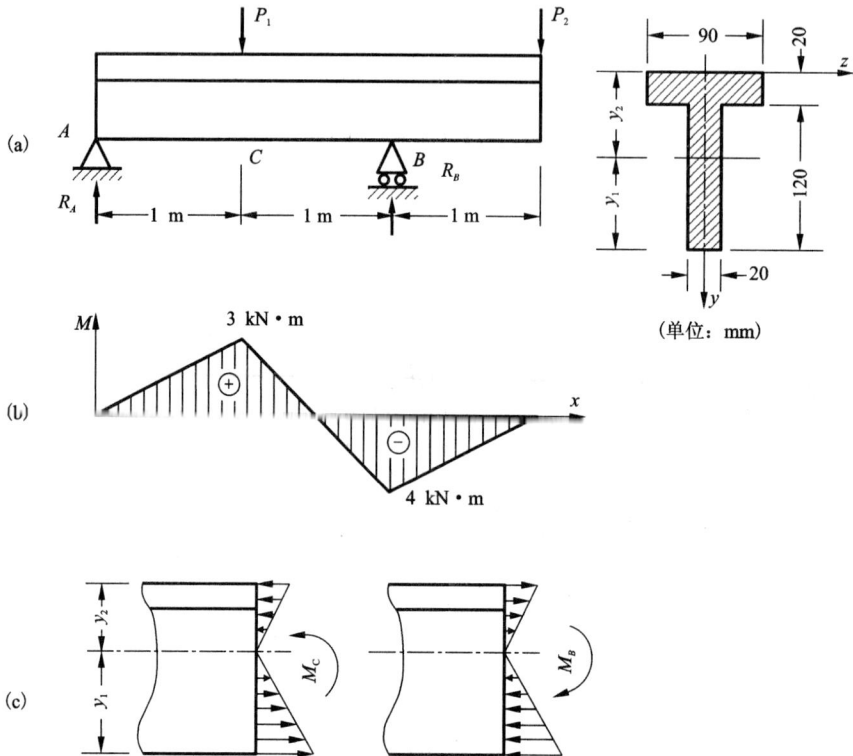

图 7.18 T 形截面外伸梁

解：(1)计算梁的支反力并作弯矩图。

根据 AB 梁的平衡条件，求得支反力

$$R_A = 3 \text{ kN}, \ R_B = 11 \text{ kN}$$

作 AB 梁的弯矩图如图 7.18(b)所示。可以看到在梁的 C 截面上有最大正弯矩

$$M_C = 3 \text{ kN} \cdot \text{m}$$

在 B 截面上有梁的最大负弯矩

$$M_B = -4 \text{ kN} \cdot \text{m}$$

(2)确定截面形心位置并计算形心惯性矩。T 字形截面尺寸如图 7.18(a)所示，以 y, z 为参考坐标系，确定截面形心的位置，有

$$y_C = \frac{20 \times 90 \times 10 + 120 \times 20 \times 80}{20 \times 90 + 120 \times 20} = 50$$

T 形截面对其形心轴的轴惯性矩

$$I_z = \left[\frac{90 \times 20^3}{12} + 90 \times 20 \times 40^2 \right] + \left[\frac{20 \times 120^3}{12} + 120 \times 20 \times 30^2 \right] = 7.98 \times 10^{-6} \text{ m}^4$$

(3)分别校核铸铁梁的拉伸和压缩强度。T 形截面对中性轴不对称，同一截面上的最大

拉应力和压应力并不相等。在截面 B 上，弯矩是负的，最大拉应力发生于上边缘各点，最大压应力发生于下边缘各点，故

在 B 截面

$$(\sigma_t)_{max} = \frac{M_B y_2}{I_z} = \frac{4 \times 10^3 \times 50 \times 10^{-3}}{7.98 \times 10^{-6}} = 25.1 \ MPa < [\sigma_t]$$

$$(\sigma_c)_{max} = \frac{M_B y_1}{I_z} = \frac{4 \times 10^3 \times 90 \times 10^{-3}}{7.98 \times 10^{-6}} = 45.1 \ MPa < [\sigma_c]$$

在截面 C 上，虽然弯矩 M_C 的绝对值小于 M_B，但 M_C 是正弯矩，最大拉应力发生于截面的下边缘各点，而这些点到中性轴的距离却比较远，因而就有可能发生比截面 B 还要大的拉应力，其值为

$$(\sigma_t)_{max} = \frac{M_C y_1}{I_z} = \frac{3 \times 10^3 \times 90 \times 10^{-3}}{7.98 \times 10^{-6}} = 33.8 \ MPa < [\sigma_t]$$

所以，最大拉应力位于截面 C 的下边缘各点处，并已超过材料的许用拉应力。因此，该铸铁梁的强度不满足要求，即该梁是不安全的。

由上例可见，当截面上的中性轴为非对称轴，且材料的抗拉、抗压许用应力数值不等时，最大正弯矩、最大负弯矩所在的两个截面均可能成为危险截面，因而均应进行强度校核。

例题 7.3　简支梁 AB 如图 7.19(a)所示，l $=2$ m，$a=0.2$ m，梁上的载荷 $q=10$ kN/m，F $=200$ kN。材料的许用应力 $[\sigma]=160$ MPa，$[\tau]$ $=100$ MPa。试选择适用的工字钢型号。

解：计算梁的支反力，然后作剪力图和弯矩图，分别如图 7.19(b)和图 7.19(c)所示。

首先根据最大弯矩选择工字钢型号，$M_{max}=$ 45 kN·m，由弯曲正应力强度条件，有

$$W_z = \frac{M_{max}}{[\sigma]} = \frac{45 \times 10^{-3}}{160 \times 10^6} = 2.81 \times 10^{-10} \ m^3$$
$$= 281 \ cm^3$$

查型钢表，选用 22a 工字钢，其 $W_z=309$

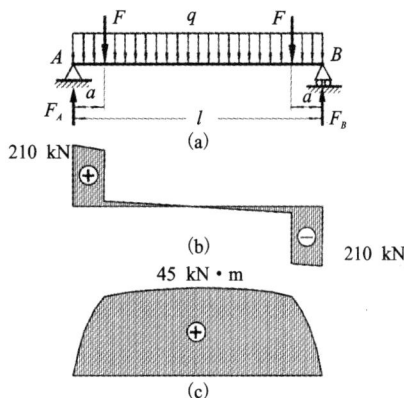

图 7.19　简支梁 AB

cm^3。然后校核梁的切应力。由表中查出，$\frac{I_z}{S_z^*}=18.9$ m，腹板厚度 $d=0.75$ cm。由剪力图 $F_{Smax}=210$ kN，代入切应力强度条件

$$\tau_{max} = \frac{F_{Qmax} S_z^*}{I_z b} = \frac{210 \times 10^3}{18.9 \times 10^{-2} \times 0.75 \times 10^{-2}} = 1.48 \times 10^8 \ Pa = 148 \ MPa > [\tau]$$

τ_{max} 超过 $[\tau]$ 很多，故应重新选择更大的截面。现以 25b 工字钢进行试算。由表查出 $\frac{I_z}{S_z^*}=21.27$ cm，$d=1$ cm，再次进行切应力强度校核。

$$\tau_{max} = \frac{210 \times 10^3}{21.27 \times 10^{-2} \times 1 \times 10^{-2}} = 9.87 \times 10^7 \ Pa = 98.7 \ MPa < [\tau]$$

因此，要同时满足正应力和切应力强度条件，应选用型号为 25b 的工字钢。

3. 截面的弯曲中心概念

当横力弯曲时,梁的横截面上不仅有正应力,还有剪应力。对于有对称截面的梁,当外力作用在形心主惯性平面内时,剪应力的合力,即剪力作用线通过形心,梁发生平面弯曲。对于非对称截面(特别是薄壁截面)梁,横向外力即使作用在形心主惯性平面内,剪应力的合力作用线也并不一定通过截面形心。此

图 7.20　梁的弯曲中心示意

时,梁不仅发生弯曲变形,而且还将产生扭转,如图 7.20 所示。只有当横向力作用在截面上某一特定点时,该梁才只产生弯曲而无扭转。这一特定点 A 称为弯曲中心或剪切中心,简称弯心。

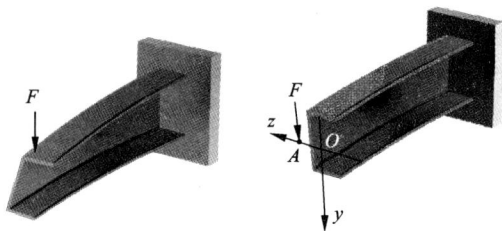

弯曲中心的位置只取决于截面的形状和尺寸,而与外力无关。

当截面有两个对称轴时,两个对称轴的交点即为弯曲中心,此时弯曲中心与形心重合,如工字形截面。当截面有一个对称轴时,可假定外力垂直于该对称轴,并产生平面弯曲,求得截面上剪应力合力的作用线,该作用线与对称轴的交点即为弯曲中心,此时弯曲中心一般与形心不重合,如槽形截面。对于没有对称轴的薄壁截面应这样求弯曲中心:

(1)确定形心主轴。

(2)设横向力平行于某一形心主轴,并使梁产生平面弯曲,求出截面上弯曲剪应力合力作用线的位置。

(3)设横向力平行于另一形心主轴,并使梁产生平面弯曲,求出对于此平面弯曲截面上剪应力合力作用线的位置。

(4)两合力作用线的交点即为弯曲中心的位置。

几种常见截面的弯曲中心位置见表 7.1。

表 7.1　几种常见截面的弯曲中心位置

截面形状					
弯曲中心 A 的位置	$e=\dfrac{b^2h^2t}{4I_z}$	$e=r_0$	$e=\left(\dfrac{4}{\pi}-1\right)r_0$	在两个狭长矩形中线的交点	与形心重合

4. 塑性弯曲的概念

前面根据弯曲正应力公式建立了梁的强度条件

$$\sigma_{max} = \frac{M_{max}}{W_z} \leqslant [\sigma]$$

这个公式是在材料服从虎克定律的情况下导出的，并认为当危险截面上、下边缘处的最大正应力 σ_{max} 到达屈服极限 σ_s 时，整个梁就处于危险状态。按这一考虑来建立强度条件的方法称许用应力法。

实际上，对于塑性材料的梁，按这一强度条件来进行设计，并未充分发挥梁的承载能力。因为当最大应力到达屈服极限时，仅靠近梁上、下边缘处的部分材料屈服，而梁的大部分材料仍处于弹性阶段，梁仍能继续承担更大的载荷。只有当整个截面上的材料都进入屈服阶段时，梁才会丧失承载能力。因此，在工程实际中就提出了这样的考虑：为了充分发挥梁的承载能力，在静载荷作用下，可以让部分材料进入塑性阶段，而当塑性区扩大到整个截面时才认为梁处于危险状态。以此为根据来建立强度条件的方法称为许用载荷法。下面就以截面形状对称于中性轴的梁（如矩形、工字形、圆形截面梁等）为例，来说明当材料进入塑性状态时横截面上的应力分布情况并计算梁的承载能力。

设一纯弯曲的矩形截面梁，横截面上的弯矩为 M，当梁上应力不超过比例极限时，横截面上的正应力分布如图 7.21(a) 所示。如弯矩 M 增大，在最大正应力 σ_{max} 到达屈服极限后，则从梁的上、下边缘处开始，梁的部分材料将相继进入塑性阶段。这时，由于梁各横截面仍保持为一平截面，因而梁各纵向纤维的应变 ε 与距中性层的距离成正比，如图 7.21(b) 所示。但由拉伸试验的应力—应变曲线可知，对于由具有明显屈服阶段的材料制成的梁，在梁上、下边缘附近的塑性区，各纵向纤维的应变虽然在增加，但应力却不再增加，仍保持为屈服极限 σ_s 之值。这时横截面上的应力分布情况如图 7.21(c) 所示，在靠近中性层的部分，材料仍处于弹性阶段。

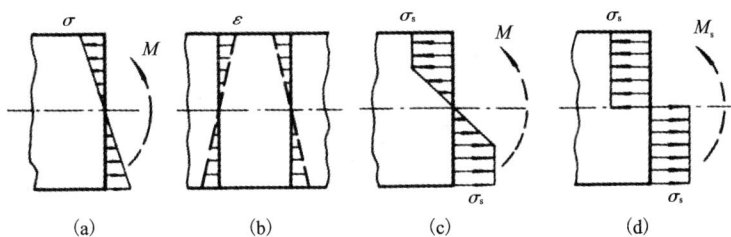

图 7.21　纯弯曲时矩形截面梁的受力变形示意

如果弯矩继续增加，塑性区将不断扩大，弹性区则不断缩小。当塑性区扩大至整个截面时，各点处的正应力都先后到达屈服极限 σ_s，如图 7.21(d) 所示。这时无须增加很大的弯矩，就可使梁产生更大的变形，梁表现为丧失了承载能力。若以这种情况作为梁的危险状态，则此时横截面上的弯矩 M_s 称为极限弯矩。

现在来计算极限弯矩 M。由于横截面形状对称于中性轴，则中性轴上、下两侧截面面积 A_1 和 A_2 相等，且分别受压和受拉。根据图 7.21(d) 所示的应力分布情况，由求合力偶矩的方法可以求得极限弯矩为

$$M_s = \int_{A_1} \sigma_s y dA + \int_{A_2} \sigma_s y dA = \sigma_s \left[\int_{A_1} y dA + \int_{A_2} y dA \right] = \sigma_s (S_1 + S_2) = 2\sigma_s S$$

式中：$S_1 = S_2 = S$，为中性轴一侧截面面积对中性轴的静矩。

上式又可改写为下面的形式：

$$M_s = \sigma_s W_s \tag{7.31}$$

式中：$W_s = 2S$，称为塑性抗弯截面系数。考虑安全系数后，截面的许用弯矩为

$$[M] = \frac{M_s}{n} = \frac{\sigma_s}{n} W_s = W_s[\sigma]$$

由此可得按许用弯矩法计算的强度条件为

$$M_{max} \leqslant [M] = W_s[\sigma] \tag{7.32}$$

式中：M_{max} 为梁横截面上的最大工作弯矩；$[M]$ 为梁横截面上的许用弯矩；W_s 为塑性抗弯截面系数；$[\sigma]$ 为弯曲许用应力。

显然，按许用弯矩求得的 M_{max} 要比按许用应力求得的 M_{max} 为大，它们的比值即为塑性抗弯截面系数 W_s 与抗弯截面系数 W_z 之比。对于矩形截面，有

$$W_s = 2\left(\frac{bh}{2} \times \frac{h}{4}\right) = \frac{bh^2}{4}, \quad W_z = \frac{bh^2}{6}, \quad \frac{W_s}{W_z} = \frac{bh^2}{4} \Big/ \left(\frac{bh^2}{6}\right) = 1.5$$

对于圆形截面，有

$$W_s = 2\left(\frac{\pi r^2}{2} \times \frac{4r}{3\pi}\right) = \frac{4}{3}r^3, \quad W_z = \frac{\pi}{4}r^3, \quad \frac{W_s}{W_z} = \frac{4}{3}r^3 \Big/ \left(\frac{\pi}{4}r^3\right) = 1.7$$

可见，按许用弯矩来选择梁的尺寸要比按许用应力经济，能更充分地发挥材料的潜力。

7.5 提高弯曲强度的一些措施

前面曾经指出，弯曲正应力是控制抗弯强度的主要因素。因此，讨论提高梁抗弯强度的措施，应以弯曲正应力强度条件为主要依据。由 $\sigma_{max} = \frac{M_{max}}{W_z} \leqslant [\sigma]$ 可以看出，为了提高梁的强度，可以从以下三方面考虑。

1. 合理安排梁的支座和载荷

从正应力强度条件可以看出，在抗弯截面模量不变的情况下，M_{max} 越小，梁的承载能力越强。因此，应合理地安排梁的支承及加载方式，以降低最大弯矩值。如图 7.22(a) 所示简支梁，受均布载荷 q 作用，梁的最大弯矩 $M_{max} = \frac{1}{8}ql^2$。

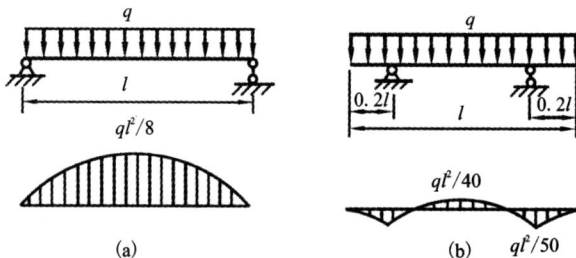

图 7.22 简支梁的支座位置变化与承载能力关系示意

如果将梁两端的铰支座各向内移动 $0.2l$，如图 7.22(b) 所示，则最大弯矩变为 $M_{max} = 1/40 ql^2$，仅为前者的 $1/5$。

由此可见，在可能的条件下，适当地调整梁的支座位置，可以降低最大弯矩值，提高梁的承载能力。例如，门式起重机的大梁[图 7.23(a)]、锅炉筒体[图 7.23(b)]等，就是采用

上述措施以达到提高强度、节省材料的目的的。

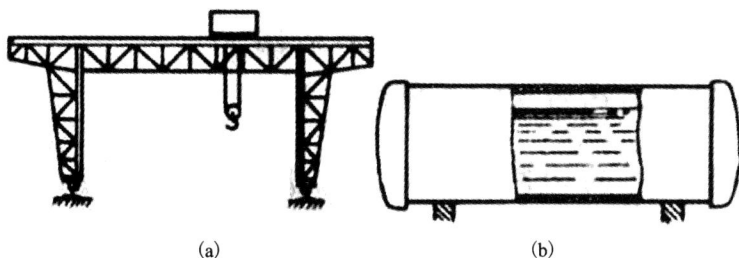

图 7.23 门式起重机的大梁图和锅炉筒体图

再如，图 7.24(a) 所示的简支梁 AB，在集中力 F 作用下梁的最大弯矩为

$$M_{max} = \frac{1}{4}Fl$$

如果在梁的中部安置一长为 $l/2$ 的辅助梁 CD [图 7.24(b)]，使集中载荷 F 分散成两个 $F/2$ 的集中载荷作用在 AB 梁上，此时梁 AB 内的最大弯矩为

$$M_{max} = \frac{1}{8}Fl$$

如果将集中载荷 F 靠近支座，如图 7.24(c) 所示，则梁 AB 上的最大弯矩为

$$M_{max} = \frac{5}{36}Fl$$

由上例可见，使集中载荷适当分散和使集中载荷尽可能靠近支座均能达到降低最大弯矩的目的。

2. 采用合理的截面形状

由正应力强度条件可知，梁的抗弯能力还取决于抗弯截面系数 W_z。为提高梁的抗弯强度，应找到一个合理的截面，以达到既提高强度，又节省材料的目的。

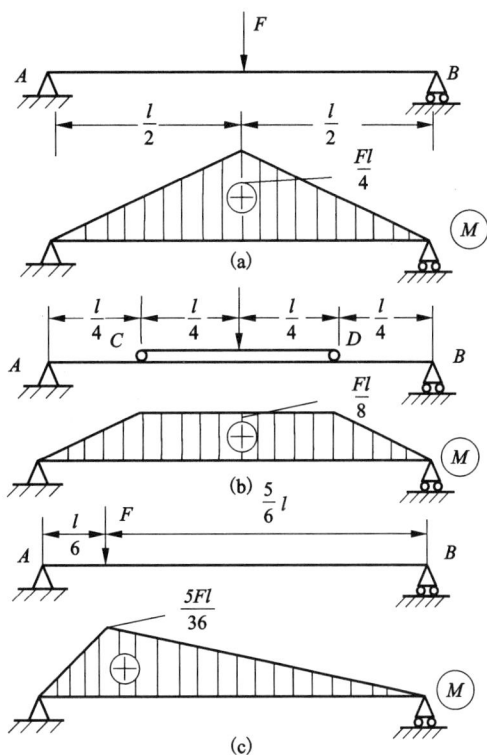

图 7.24 载荷分散对简支梁承载能力的影响示意

比值 $\dfrac{W_z}{A}$ 可作为衡量截面是否合理的尺度，$\dfrac{W_z}{A}$ 越大，截面越趋于合理。例如图 7.25 中所示的尺寸及材料完全相同的两个矩形截面悬臂梁，由于安放位置不同，抗弯能力也不同。竖放时

$$\frac{W_z}{A} = \frac{\frac{bh^2}{6}}{bh} = \frac{h}{6}$$

平放时

$$\frac{W_z}{A} = \frac{\dfrac{b^2 h}{6}}{bh} = \frac{b}{6}$$

当 $h > b$ 时，竖放时的 $\dfrac{W_z}{A}$ 大于平放时的 $\dfrac{W_z}{A}$，因此，矩形截面梁竖放比平放更为合理。在房屋建筑中，矩形截面梁几乎都是竖放的，道理就在于此。

表 7.2 列出了几种常用截面的 $\dfrac{W_z}{A}$，由此看出，工字形截面和槽形截面最为合理，而圆形截面是其中最差的一种，从弯曲正应力的分布规律来看，也容易理解这一事实。以图 7.26 所示截面面积和高度均相等的矩形截面及工字形截面为例说明如下：梁横截面上的正应力是按线性规律分布的，离中性轴越远，正应力越大。工字形截面有较多面积分布在距中性轴较远处，作用着较大的应力，而矩形截面有较多面积分布在中性轴附近，作用着较小的应力。因此，当两种截面上的最大应力相同时，工字形截面上的应力所形成的弯矩将大于矩形截面上的弯矩，即在许用应力相同的条件下，工字形截面抗弯能力较强。同理，圆形截面由于大部分面积分布在中性轴附近，其抗弯能力就更差了。

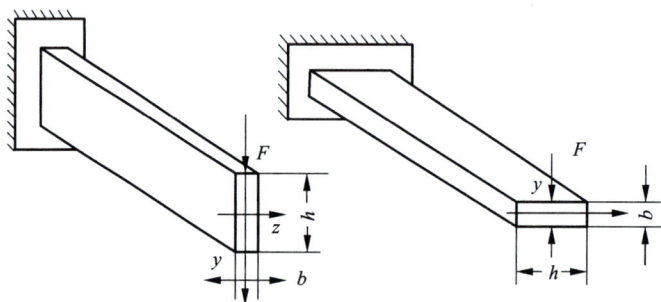

图 7.25　截面形状对矩形截面悬臂梁承载能力的影响示意

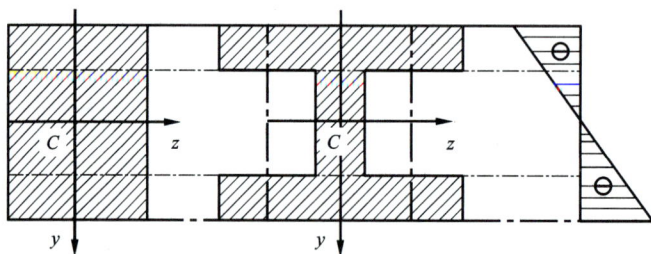

图 7.26　截面面积及高度均相等的矩形截面及工字形截面承载能力差异示意

表 7.2　几种常用截面的 W_z/A

截面形状	矩形	圆形	槽钢	工字钢
W_z/A	$0.167h$	$0.125d$	$(0.27 \sim 0.31)h$	$(0.27 \sim 0.31)h$

以上是从抗弯强度的角度来进行讨论的。工程实际中，选用梁的合理截面，还必须综合考虑刚度、稳定性以及结构、工艺等方面的要求，才能最后确定。

在讨论截面的合理形状时，还应考虑材料的特性。对于抗拉和抗压强度相等的材料，如各种钢材，宜采用对称于中性轴的截面，如圆形、矩形和工字形等。这种横截面上、下边缘最大拉应力和最大压应力数值相同，可同时达到许用应力值。对抗拉和抗压强度不相等的材料，如铸铁，则宜采用非对称于中性轴的截面，如图7.27所示。我们知道铸铁之类的脆性材料，抗拉能力低于抗压能力，所以在设计梁的截面时，应使中性轴偏于受拉应力一侧，通过调整截面尺寸，如能使 y_1 和 y_2 之比接近下列关系：

$$\frac{\sigma_{tmax}}{\sigma_{cmax}} = \frac{M_{max}y_1}{I_z} \Big/ \left(\frac{M_{max}y_2}{I_z}\right) = \frac{y_1}{y_2} = \frac{[\sigma_t]}{[\sigma_c]}$$

则最大拉应力和最大压应力可同时接近许用应力，式中$[\sigma_t]$和$[\sigma_c]$分别表示拉伸和压缩许用应力。

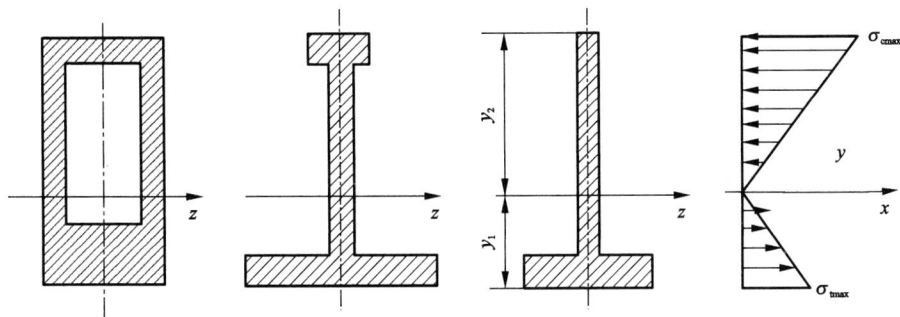

图7.27 抗拉和抗压强度不相等的材料梁的截面设计示意

3. 采用等强度梁

横力弯曲时，梁的弯矩是随截面位置而变化的，若按式(7.24)设计成等截面的梁，则除最大弯矩所在截面外，其他各截面上的正应力均未达到许用应力值，材料强度得不到充分发挥。为了减少材料消耗、减轻重量，可把梁制成截面随截面位置变化的变截面梁。若截面变化比较平缓，前述弯曲应力计算公式仍可近似使用。当变截面梁各横截面上的最大弯曲正应力相同，并与许用应力相等时，即当

$$\sigma_{tmax} = \frac{M(x)}{W(x)} = [\sigma]$$

时，称为等强度梁。等强度梁的抗弯截面模量随截面位置的变化规律为

$$W_z(x) = \frac{M(x)}{[\sigma]} \tag{7.33}$$

由式(7.33)可见，确定了弯矩随截面位置的变化规律，即可求得等强度梁横截面的变化规律。

在工程实践中，由于构造和加工的关系，很难做到理论上的等强度梁，但在很多情况下都利用了等强度梁的概念，即在弯矩大的梁段使其横截面相应地大一些。例如厂房建筑中广泛使用的鱼腹梁和机械工程中常见的阶梯轴等。下面举例说明。

设图 7.28(a)所示受集中力 F 作用的简支梁为矩形截面的等强度梁,若截面高度 h 为常量,则宽度 b 为截面位置 x 的函数, $b = b(x)$,矩形截面的抗弯截面模量为

$$W_z(x) = \frac{b(x)h^2}{6}$$

弯矩方程式为 $M(x) = \frac{F}{2}x, 0 \leqslant x \leqslant \frac{l}{2}$ 。

将以上两式代入式(7.33),化简后得

$$b(x) = \frac{3F}{h^2[\sigma]}x \qquad (7.34)$$

可见,截面宽度 $b(x)$ 为 x 的线性函数。由于约束与载荷均对称于跨度中点,因而截面形状也对跨度中点对称[图 7.28(b)]。在左、右两个端点处截面宽度 $b(x) = 0$,这显然不能满足抗剪强度要求。为了能够承受切应力,梁两端的截面应不小于某一最小宽度,如图 7.28(c)所示。由弯曲切应力强度条件

$$\tau_{max} = \frac{3}{2}\frac{F_{Qmax}}{A} = \frac{3}{2}\frac{\frac{F}{2}}{b_{min}h} \leqslant [\tau]$$

得

$$b_{min} = \frac{3F}{4h[\tau]} \qquad (7.35)$$

若设想把这一等强度梁分成若干狭条,然后叠置起来,并使其略微拱起,这就是汽车以及其他车辆上经常使用的叠板弹簧,如图 7.29 所示。

若上述矩形截面等强度梁的截面宽度 b 为常数,而高度 h 为 x 的函数,即 $h = h(x)$,用完全相同的方法可以求得

$$h(x) = \sqrt{\frac{3Fx}{b[\sigma]}} \qquad (7.36)$$

$$h_{min} = \frac{3F}{4b[\tau]} \qquad (7.37)$$

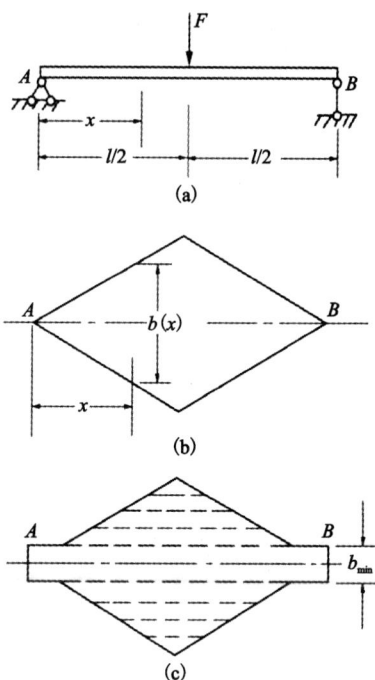

图 7.28 简支梁

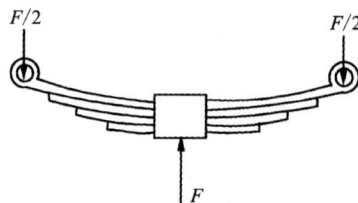

图 7.29 叠板弹簧

按式(7.36)和式(7.37)确定的梁形状如图 7.30(a)所示。如把梁做成图 7.30(b)所示的形式,就是厂房建筑中广泛使用的鱼腹梁。

使用式(7.23),也可求得圆截面等强度梁的截面直径沿轴线的变化规律。但考虑到加工的方便及结构上的要求,常用阶梯形状的变截面梁(阶梯轴)来代替理论上的等强度梁,如图 7.31 所示。

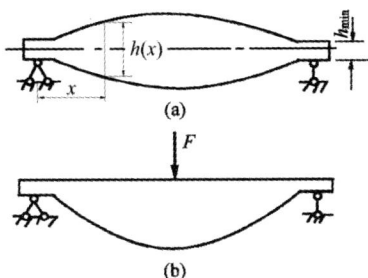

图 7.30 不同等强度梁示意

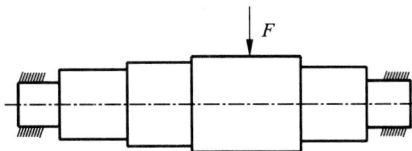

图 7.31 阶梯形状的变截面梁(阶梯轴)

应该指出,上面所提出的一些措施,仅是从弯曲强度的角度出发提出的。在实际工作中,设计一个构件时,还应考虑刚度、稳定性、工艺条件、加工制造等各方面的因素。例如增加梁横截面的高度,可以增大截面的抗弯截面系数,但并不是越高越好,否则就可能使梁丧失稳定,会突然地发生侧向变形。变截面梁虽然经济,但其刚度却会降低,加工制造比较费工。将载荷分散的办法也只能根据条件和需要来采用。

思考题

1."控制弯曲强度的主要因素是最大弯矩",这种说法对吗?

2."中性轴是梁的中性层与横截面的交线。当梁发生平面弯曲时,其横截面绕中性轴旋转",这种说法对吗?

3."平面弯曲时,中性轴垂直于载荷作用面",这种说法对吗?

4."等截面梁产生纯弯时,变形后横截面保持为平面,且其形状、大小均保持不变",这种说法对吗?

5.由两种不同材料黏合而成的梁弯曲变形,若平面假设成立,那么在不同材料的交接面处应力与应变有何变化特点?

6. 在推导平面弯曲正应力的公式时,提出的两个假设是什么?

7. 应用公式 $\sigma = My/I_z$ 时,必须满足的两个条件是什么?

8.在房屋的建造中,常常可以看到用空心楼板和波瓦作的屋面,请用弯曲理论解释其好处何在。

9.有一直径为 d 的钢丝绕在直径为 D 的圆筒上,钢丝仍然处于弹性范围。为减少弯曲应力,有人认为要加大钢丝的直径,你认为行吗? 说明理由。

10.用铅笔写字时笔尖折断,是什么应力导致的结果? 为什么?

11."横力弯曲梁某截面上的最大弯曲剪应力一定位于该截面的中性轴上",这种说法对吗?

12.横力弯曲时平面假设为何不成立? 既然平面假设不成立,为何仍用纯弯的应力计算公式计算横力弯曲时的正应力?

13.工字形截面梁在横力弯曲的作用下,翼缘的主要功能是什么? 腹板的主要功能是什么?

习 题

1. 图 7.32 所示为一受均布载荷的悬臂梁,已知梁的跨长 $l = 1$ m,均布载荷集度 $q = 6$ kN/m;梁由 10 号槽钢制成,截面有关尺寸如图所示,自型钢表查得横截面的惯性矩 $I_z = 25.6 \times 10^4$ mm^4。试求此梁的最大拉应力和最大压应力。

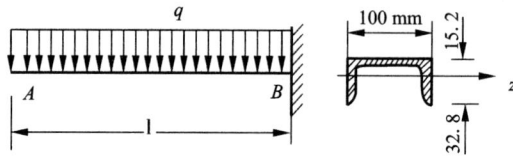

图 7.32 受均布载荷的悬臂梁

2. 一矩形截面木梁如图 7.33 所示,已知 $P = 10$ kN,$a = 1.2$ m;木材的许用应力 $[\sigma] = 10$ MPa。设梁横截面的高宽比为 $h/b = 2$,试选梁的截面尺寸。

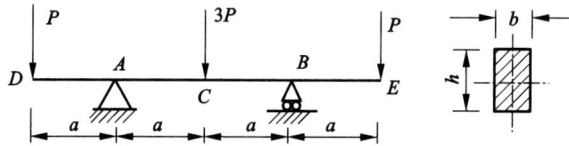

图 7.33 矩形截面木梁

3. 加热炉的水管横梁两端支于炉壁上,通过纵向水管作用于其上的钢坯压力 $P = 5$ kN,如图 7.34 所示。已知 $l = 1.8$ m,$a = 0.6$ m;水管的许用应力 $[\sigma] = 80$ MPa。设钢管的内径与外径之比 $\alpha = d/D = 5/6$,试选择水管的截面尺寸。

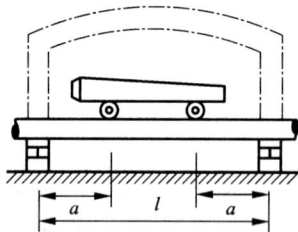

图 7.34 加热炉的水管横梁

4. 一起重量原为 50 kN 的单梁吊车,其跨度 $l = 10.5$ m(如图 7.35 所示),由 45a 号工字钢制成。为发挥其潜力,现拟将起重量提高到 $Q = 70$ kN,试校核梁的强度。若强度不够,再计算其可能承载的起重量。梁的材料为 Q235A 钢,许用应力 $[\sigma] = 140$ MPa;电葫芦自重 $G = 15$ kN,梁的自重暂不考虑。

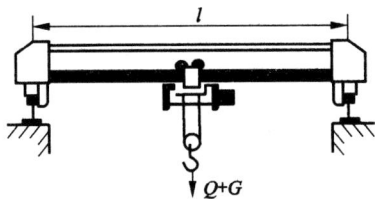

图 7.35　单梁吊车

5. 在题 4 中，为使吊车的起重量提高到 70 kN，可在工字梁的上、下翼缘上加焊两块盖板（如图 7.36 所示）。现设盖板的截面尺寸为 100 mm × 10 mm，试校核加焊盖板后梁的强度，有关数据如题 4。

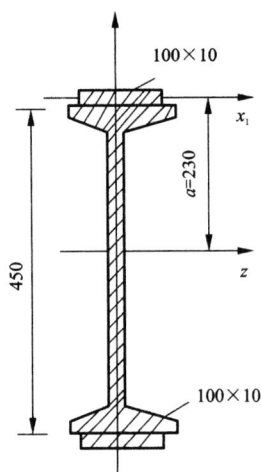

图 7.36　加焊后的工字梁

6. 一 T 形截面铸铁梁如图 7.37(a) 所示。已知 $P_1 = 8$ kN，$P_2 = 20$ kN，$a = 0.6$ m；横截面的惯性矩 $I_z = 5.33 \times 10^6$ mm^4；材料的抗拉强度 $\sigma_b = 240$ MPa，抗压强度 $\sigma_{bc} = 600$ MPa。取安全系数 $n = 4$，试校核梁的强度。

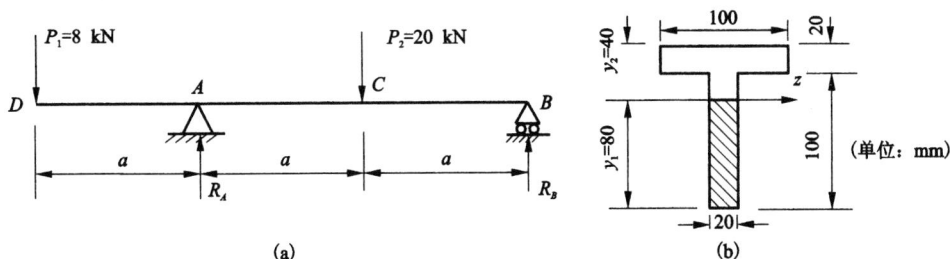

图 7.37　T 形截面铸铁梁

7. 试校题 6 中 T 形截面铸铁梁的切应力。设材料的许用切应力 $[\tau] = 0.8[\sigma_t]$，$[\sigma_t]$ 为许用拉应力。

8. 一外伸梁如图 7.38 所示，已知 $P = 50$ kN，$a = 0.15$ m，$l = 1$ m；梁由工字钢制成，材料的许用弯曲应力 $[\sigma] = 160$ MPa，许用切应力 $[\tau] = 100$ MPa，试选择工字钢的型号。

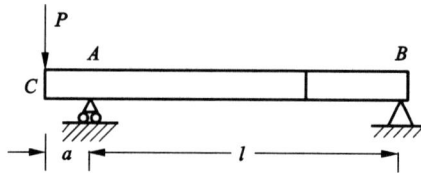

图 7.38　外伸梁

9. 直径为 d 的圆木如图 7.39 所示，现需从中切取一矩形截面梁。试问：
(1) 如欲使所切矩形梁的弯曲强度最高，h 和 b 应分别为何值？
(2) 如欲使所切矩形梁的弯曲刚度最高，h 和 b 应分别为何值？

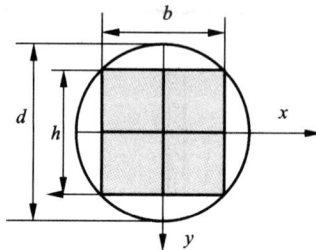

图 7.39　直径为 d 的圆木

10. 简支梁如图 7.40 所示，由 18 号工字钢制成，在外载荷作用下，测得横截面 A 底边的纵向正应变 $\varepsilon = 3.0 \times 10^{-4}$，试计算梁内的最大弯曲正应力。已知钢的弹性模量 $E = 200$ GPa，$a = 1$ m。

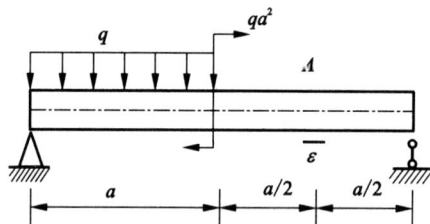

图 7.40　工字钢简支梁

11. 槽形截面铸铁梁如图 7.41 所示，$F = 10$ kN，$M_e = 70$ kN·m，许用拉应力 $[\sigma_t] = 35$ MPa，许用压应力 $[\sigma_c] = 120$ MPa。试校核梁的强度。

12. 简支梁如图 7.42 所示，由四块尺寸相同的木板胶接而成，试校核其强度。已知载荷 $F = 4$ kN，梁跨度 $l = 400$ mm，截面宽度 $b = 50$ mm，高度 $h = 80$ mm，木板的许用应力 $[\sigma] = 7$ MPa，胶缝的许用切应力 $[\tau] = 5$ MPa。

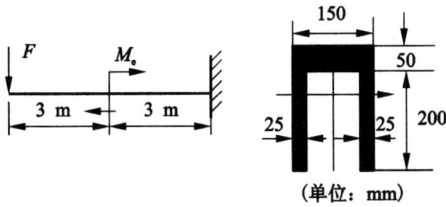

图 7.41　槽形截面铸铁梁

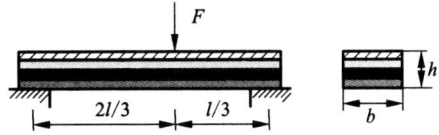

图 7.42　叠层简支梁

13. 简支梁如图 7.43 所示，承受偏斜的集中载荷 F 作用，试计算梁内的最大弯曲正应力。已知 $F = 10$ kN，$l = 1$ m，$b = 90$ mm，$h = 180$ mm。

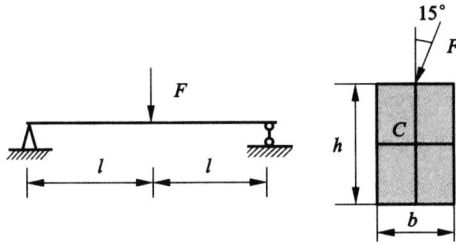

图 7.43　偏斜集中载荷作用下的简支梁

14. 悬臂梁如图 7.44 所示，承受载荷 F_1 与 F_2 作用，已知 $F_1 = 800$ N，$F_2 = 1.6$ kN，$l = 1$ m，许用应力 $[\sigma] = 160$ MPa。试分别按下列要求确定截面尺寸：（1）截面为矩形，$h = 2b$；（2）截面为圆形。

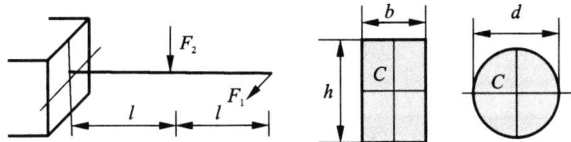

图 7.44　两种截面悬臂梁

15. 一铸铁梁，其截面如图 7.45 所示，已知许用压应力为许用拉应力的 4 倍，即 $[\sigma_c] = 4[\sigma_t]$。试从强度方面考虑，宽度 b 为何值最佳。

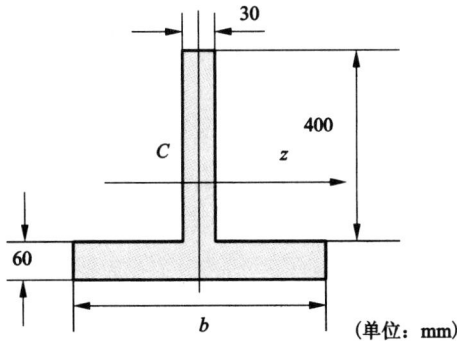

图 7.45　铸铁梁截面示意

16. 直径为 d 的圆截面铸铁杆如图 7.46 所示,承受偏心距为 e 的载荷 F 作用。试证明:当 $e \leqslant d/8$ 时,横截面上不存在拉应力,即截面核心为 $R = d/8$ 的圆形区域。

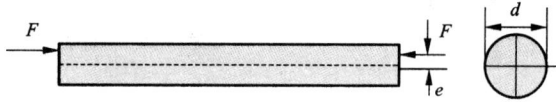

图 7.46　圆截面铸铁杆

17. 杆件如图 7.47 所示,同时承受横向力与偏心压力作用,试确定 F 的许用值。已知许用拉应力 $[\sigma_t] = 30$ MPa,许用压应力 $[\sigma_c] = 90$ MPa。

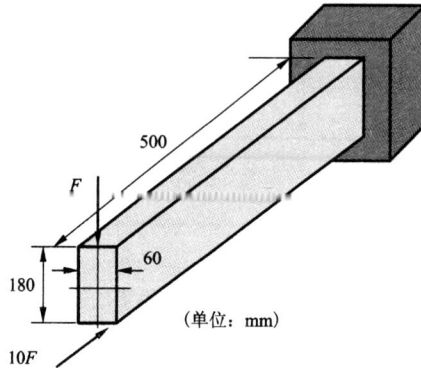

图 7.47　悬臂杆件

18. 外伸梁如图 7.48 所示,已知 I_z,试求梁内最大拉应力和最大压应力的大小及位置。

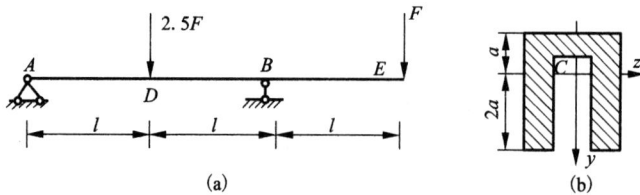

图 7.48　外伸梁

19. 承受集中载荷 F 的矩形截面细长悬臂梁如图 7.49 所示。试求梁的最大弯曲正应力和最大弯曲切应力及两者的比值。

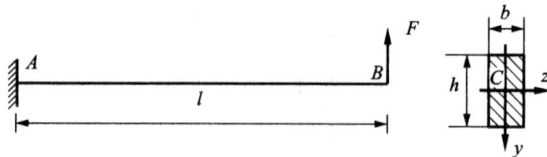

图 7.49　矩形截面细长悬臂梁

20. 一钢制阶梯圆轴如图 7.50 所示,AC 及 DB 段的直径为 100 mm,CD 段的直径为

120 mm。集中载荷 $F_p = 20$ kN，轴材料的许用应力 $[\sigma] = 65$ MPa，试校核该轴的强度。

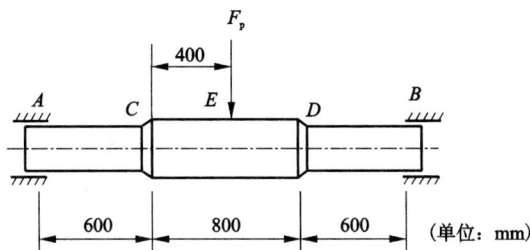

图7.50 钢制阶梯圆轴

21. 悬臂梁如图 7.51 所示，自由端受集中力 $F = 20$ kN 作用，材料的许用应力 $[\sigma] = 140$ MPa。若分别采用下列三种截面形状：(1)工字钢；(2)高宽比 $h/b = 2$ 的矩形；(3)圆形。试比较三者所耗的材料用量。

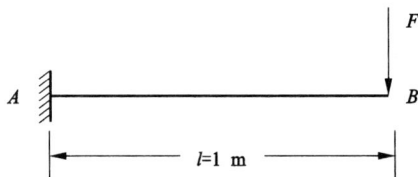

图7.51 悬臂梁

22. 铸铁制成的 T 形截面外伸梁，其尺寸及载荷分别如图 7.52(a) 和图 7.52(b) 所示。已知截面对形心轴 z 的惯性矩 $I_z = 4636.4 \times 10^4$ mm^4，$h_1 = 64.7$ mm，$h_2 = 145.3$ mm，材料的许用拉应力和许用压应力分别为 $[\sigma_t] = 40$ MPa 和 $[\sigma_c] = 120$ MPa。求：(1)该梁的许可载荷 $[F]$；(2)若允许改动截面翼缘板宽 b[图 7.52(c)]，求其最合理宽度。

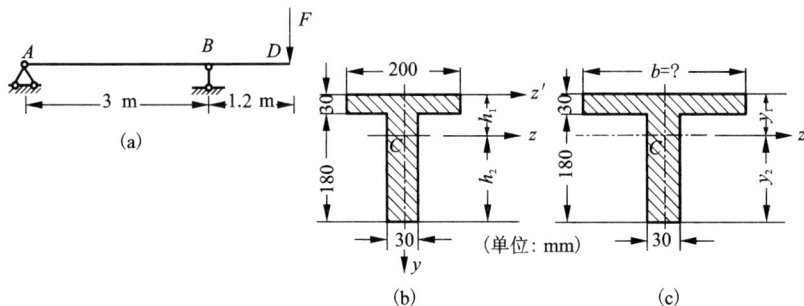

图7.52 T形截面外伸梁

23. 工字形截面钢梁如图 7.53 所示，已知其横截面尺寸为：$B = 220$ mm，$h = 800$ mm，$\delta = 22$ mm，$b = 10$ mm，梁横截面中性轴一侧截面对中性轴的静矩 $S_{zmax} = 2790 \times 10^{-6}$ mm^3，翼缘面积对中性轴的静矩为 $S_z = 1990 \times 10^{-6}$ mm^3，横截面对中性轴 z 的惯性矩 $I_z = 2062 \times 10^{-6}$ mm^4。已知梁的跨度 $l = 4.2$ m，载荷 $F_p = 750$ kN，材料的许用应力 $[\sigma] = 170$ MPa。试根据最大切应

力理论对梁的强度作全面校核。

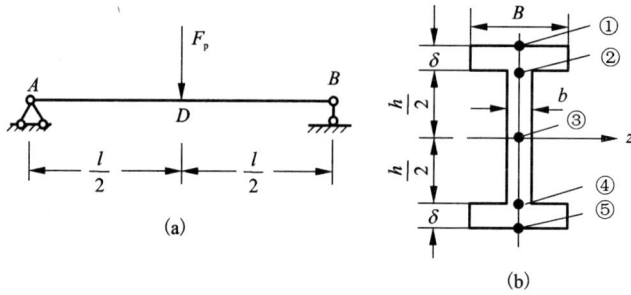

图 7.53 工字形截面钢梁

24. 一矩形变截面简支梁如图 7.54 所示，跨中承受集中载荷 F 作用。已知材料的许用应力 $[\sigma]$ 和 $[\tau]$，设截面宽度 b 不变，高度沿梁轴变化，试按等强度要求，确定截面高度沿梁轴的变化规律。

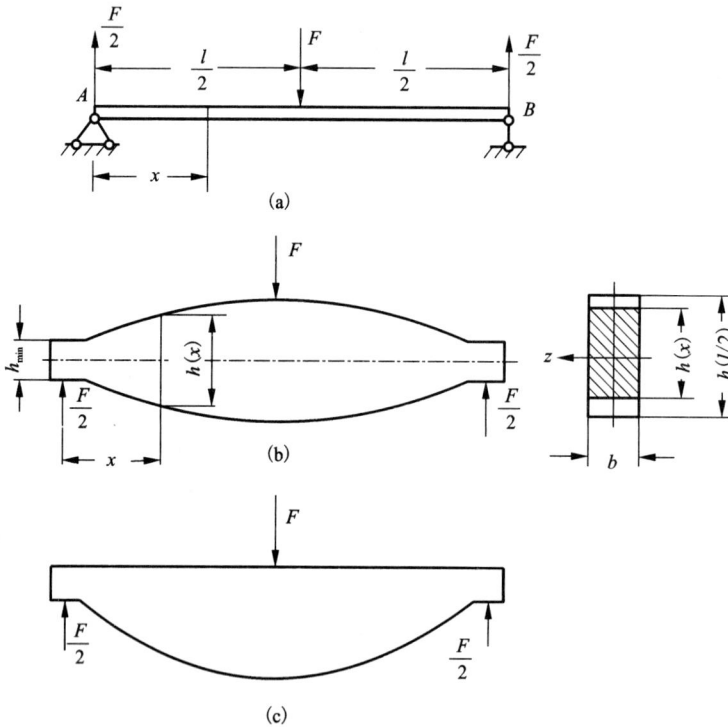

图 7.54 矩形变截面简支梁

第 8 章　弯曲变形

8.1　挠度与转角——梁的刚度条件

1. 工程实例

为保证弯曲构件正常地工作，不但要求构件有足够的强度，在某些情况下，还要求它们有足够的刚度。否则，尽管构件的强度足够，也往往由于变形过大而使其不能正常地工作。例如，桥式起重机大梁，在起吊重物后若其弯曲变形过大，就会使起重机在运行时产生很大的振动，破坏工作的平稳性。钢板轧机在轧制过程中，轧辊会因板坯的反作用力而产生弯曲变形[图 8.1(a)]，如轧辊的变形过大，将造成钢板沿宽度方向的厚度不匀，影响产品的质量。又如图 8.1(b) 所示的齿轮轴，在啮合力作用下所产生的弯曲变形如果过大[图 8.1(c)]，就会造成齿轮间的啮合不良，同时还会使轴与轴承的配合不好。其结果是传动不平稳，齿轮、轴承或轴的磨损加快，降低了使用寿命。因此必须限制构件的弯曲变形。工程中虽然经常限制弯曲变形，但是事物都是一分为二的，在某些情况下，也可以利用构件的弯曲变形来为生产服务。例如，叠板弹簧(图 8.2)要有较大的变形，才可以更好地发挥缓冲作用。弹簧扳手(图 8.3)要有明显的弯曲变形，才可以使测得的力矩更为准确。

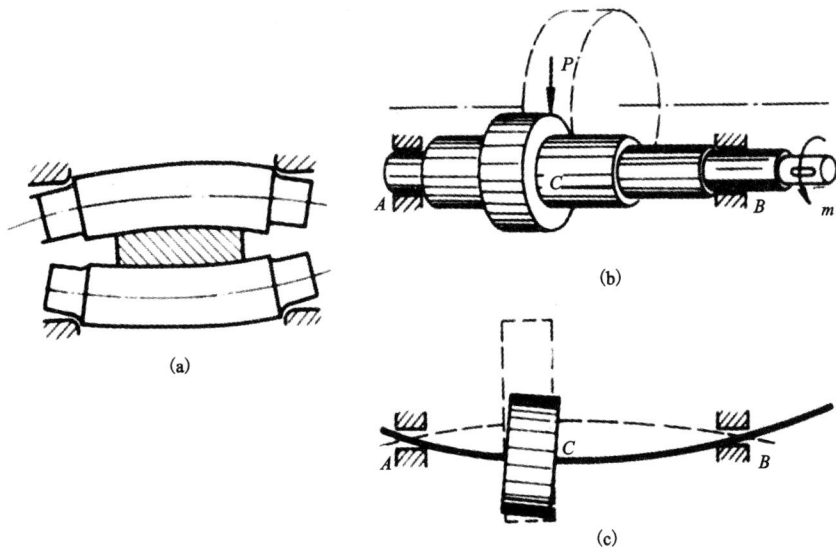

图 8.1　需要限制构件变形过大的工程实例

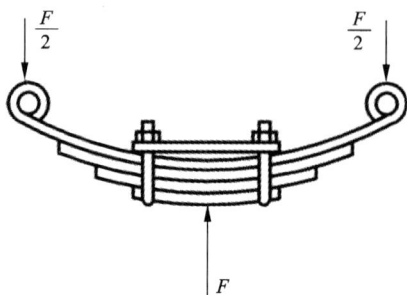

图 8.2 叠板弹簧

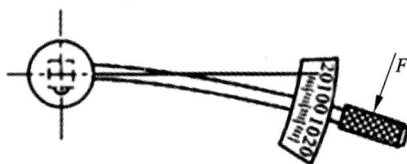

图 8.3 弹簧扳手

此外，在求解静不定梁的问题时，也需要考虑梁的变形条件。

根据工程实际中的需要，为了限制或利用弯曲构件的变形，必须研究梁的变形规律。本章讨论平面弯曲时梁的变形问题。

2. 挠度和转角

在讨论弯曲变形时，以变形前的梁轴线为 x 轴，垂直向上的轴为 y 轴（图 8.4）。xOy 平面为梁的纵向对称面。在对称弯曲的情况下，变形后梁的轴线将成为 xOy 平面内的一条曲线，称为挠曲线。挠曲线上横坐标为 x 的任意点的纵坐标，用 w 来表示，它代表坐标为 x 的横截面的形心沿 y 方向的位移，称为挠度。工程问题中，梁的挠度 w 一般远小于跨度，挠曲线是一条非常平坦的曲线，所以任一

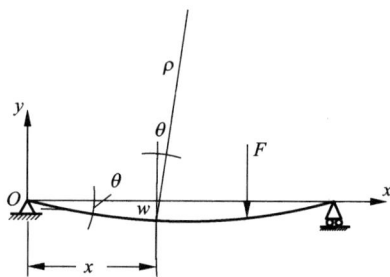

图 8.4 梁的挠曲线示意

截面的形心在 x 方向的位移都可略去不计。在弯曲变形过程中，梁的横截面对其原来的位置所转过的角度 q，称为该截面的转角。挠度和转角是度量弯曲变形的两个基本量。挠度和转角的符号，根据所选取的坐标系而定。与 y 轴正方向一致的挠度为正，反之为负；若挠曲线上某点处的斜率为正，则该处横截面的转角为正，反之为负。

在一般情况下，梁的挠度和转角随截面位置的不同而改变，是坐标 x 的函数，即

$$w = f(x) \tag{8.1}$$

$$\theta = \theta(x) \tag{8.2}$$

式(8.1)、式(8.2)表示的函数关系分别称为挠曲线方程和转角方程。

梁弯曲时，若不计剪力影响，根据平面假设，横截面在变形以后仍保持为平面，弯曲变形前垂直于轴线(x 轴)的横截面，变形后仍垂直于挠曲线。因此，横截面的转角 q 就是 y 轴与挠曲线法线的夹角。它应等于挠曲线的倾角，即等于 x 轴与挠曲线切线的夹角（图 8.4）。在小变形情况下，倾角 q 很小，故有

$$\theta \approx \tan\theta = \frac{\mathrm{d}w}{\mathrm{d}x} = f'(x) \tag{8.3}$$

由式(8.1)和式(8.3)可见，挠曲线方程在任一截面 x 处的函数值，即为该截面的挠度。

挠曲线上任一点切线的斜率等于该点处横截面的转角。因此,只要得到了挠曲线方程,就很容易求出梁的挠度和转角。

8.2 挠曲线的近似微分方程

在建立纯弯曲正应力计算公式时,曾导出曲率公式

$$\frac{1}{\rho} = \frac{M}{EI_z}$$

为建立梁的挠曲线方程,可由这一关系出发来推导。这个公式是在梁处于纯弯曲状态下得出的,但也可推广于非纯弯曲的情况。因为一般梁的横截面高度 h 远小于其跨度 l,在此情况下,剪力对梁变形的影响很小,可以忽略不计(例如,矩形截面的悬臂梁,自由端受集中载荷作用,当梁横截面高与梁长之比 $\frac{h}{l} = \frac{1}{10}$ 时,因剪力而产生的挠度不超过因弯矩而产生的挠度的 1%)。对于非纯弯曲的梁,弯矩 M 是随截面的位置而变的,它是 x 的函数;同样梁变形后的曲率半径也是 x 的函数。因此,这时上式应改为

$$\frac{1}{\rho(x)} = \frac{M(x)}{EI_z} \tag{8.4}$$

式(8.4)表明,挠曲线上任意一点的曲率与该处横截面上的弯矩成正比,与抗弯刚度成反比。

另一方面,挠曲线为 xOy 坐标系内的一条平面曲线 $w = f(x)$,其上任意一点的曲率可表示为

$$\frac{1}{\rho(x)} = \pm \frac{\dfrac{\mathrm{d}^2 w}{\mathrm{d}x^2}}{\left[1 + \left(\dfrac{\mathrm{d}w}{\mathrm{d}x}\right)^2\right]^{3/2}} \tag{8.5}$$

由式(8.4)和式(8.5)得

$$\pm \frac{\dfrac{\mathrm{d}^2 w}{\mathrm{d}x^2}}{\left[1 + \left(\dfrac{\mathrm{d}w}{\mathrm{d}x}\right)^2\right]^{3/2}} = \frac{M(x)}{EI_z} \tag{8.6}$$

式(8.6)称为挠曲线微分方程式。这是一个二阶非线性常微分方程,求解较难。但因在工程实际中,梁的变形一般都很小,挠曲线为一平坦的曲线,转角 $\theta = \dfrac{\mathrm{d}w}{\mathrm{d}x}$ 也是一个非常小的角度,$\left(\dfrac{\mathrm{d}w}{\mathrm{d}x}\right)^2$ 项与 1 相比可以略去不计。因而上式可简化为

$$\pm \frac{\mathrm{d}^2 w}{\mathrm{d}x^2} = \frac{M(x)}{EI_z} \tag{8.7}$$

式中,正负号与弯矩的符号规定及所取坐标系有关。根据上一章中关于弯矩的符号规定,在图 8.5 所示坐标系下,弯矩 M 与二阶导数 $\dfrac{\mathrm{d}^2 w}{\mathrm{d}x^2}$ 的符号总是一致的。因此,式(8.7)左端应取正

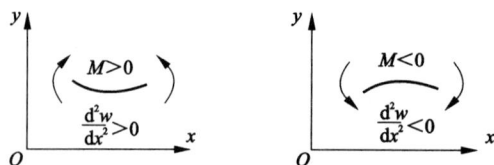

图8.5　梁的弯矩与挠度变化关系示意

号,即

$$\frac{\mathrm{d}^2 w}{\mathrm{d}x^2} = \frac{M(x)}{EI_z} \tag{8.8}$$

式(8.8)称为挠曲线近似微分方程。其之所以说近似,是因为略去了剪力对变形的影响,并在式(8.8)中略去了$\left(\dfrac{\mathrm{d}w}{\mathrm{d}x}\right)^2$。实践表明,根据这一公式计算所得的结果在工程应用中是足够精确的。

有些技术部门,例如我国土木建筑部门,在分析梁变形时,常采用y轴向下的坐标系,在这种情况下,挠曲线近似微分方程为

$$\frac{\mathrm{d}^2 w}{\mathrm{d}x^2} = - \frac{M(x)}{EI_z}$$

8.3　用积分法求弯曲变形

挠曲线近似微分方程的通解可用积分法求得,将挠曲线近似微分方程连续积分两次,得

$$\theta = \frac{\mathrm{d}w}{\mathrm{d}x} = \int \frac{M(x)}{EI_z}\mathrm{d}x + C \tag{8.9}$$

$$w = \int (\int \frac{M(x)}{EI_z}\mathrm{d}x)\,\mathrm{d}x + Cx + D \tag{8.10}$$

式中:C和D为积分常数,其值可根据给定的具体梁的已知变形条件确定。当梁的弯矩方程需要分段描述时,或梁的抗弯刚度分段变化时,挠曲线近似微分方程也应分段建立,并分段进行积分。

确定积分常数时,可以作为定解条件的已知变形条件包括两类:一类是位于梁支座处的截面,其挠度和转角或为零或为已知。例如,铰链支座处挠度为零,固定端处挠度与转角均为零,铰链与弹性支座相连处的挠度等于弹性支座本身的变形量等,这类条件通常称为边界条件。此外,当弯矩或抗弯刚度不连续,以致梁的挠曲线微分方程需要分段积分时,还须利用挠曲线在分段截面处的光滑、连续条件才能确定全部积分常数。因为挠曲线是一条连续光滑的曲线,不应有图8.6(a)和图8.6(b)所表示的不连续和不光滑的情况。亦即,在挠曲线的任一点上,有唯一确定的挠度和转角。挠曲线在分段截面处应满足的连续、光滑条件,简称为梁位移的连续条件。当梁有中间铰链时,其左、右截面的挠度相等,亦即,在中间铰链

处可以列出挠度的连续条件。一般说来,在梁上总能找出足够的边界条件及连续条件来确定积分常数。

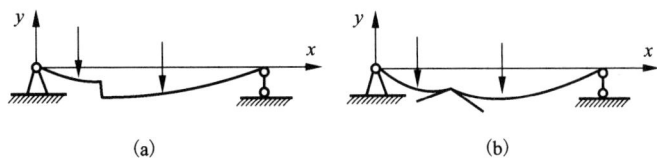

图 8.6 不连续和不光滑的挠曲线示意

挠曲线近似微分方程通解中的积分常数确定以后,就得到了挠曲线方程及转角方程,上述求梁变形的方法称为积分法。下面举例说明用积分法求转角和挠度的步骤和过程。

例题 8.1 图 8.7 所示简支梁,受集中力 F 作用,已知抗弯刚度 EI_z 为常量,试求梁的最大挠度及两端的转角。

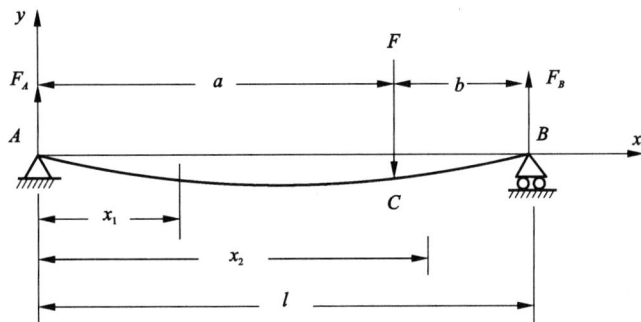

图 8.7 集中力作用下的简支梁

解:(1)列弯矩方程,求得梁两端的支反力

$$F_A = \frac{Fb}{l}, \quad F_B = \frac{Fa}{l}$$

分段列出弯矩方程

AC 段$(0 \leqslant x_1 \leqslant a)$:

$$M(x_1) = F_A x_1 = \frac{Fb}{l} x_1$$

CB 段$(a \leqslant x_2 \leqslant l)$:

$$M(x_2) = F_A x_2 - F(x_2 - a) = \frac{Fb}{l} x_2 - F(x_2 - a)$$

(2)列挠曲线近似微分方程并积分。

AC 段$(0 \leqslant x_1 \leqslant a)$:

$$EI_z w_1'' = \frac{Fb}{l} x_1$$

$$EI_z\theta_1 = \frac{Fb}{l}\frac{x_1^2}{2} + C_1 \tag{a}$$

$$EI_zw_1 = \frac{Fb}{l}\frac{x_1^3}{6} + C_1x_1 + D_1 \tag{b}$$

CB 段 $(a \leqslant x_2 \leqslant l)$:

$$EI_zw_2'' = \frac{Fb}{l}x_2 - F(x_2 - a)$$

$$EI_z\theta_2 = \frac{Fb}{l}\frac{x_2^2}{2} - F\frac{(x_2 - a)^2}{2} + C_2 \tag{c}$$

$$EI_zw_2 = \frac{Fb}{l}\frac{x_2^3}{6} - F\frac{(x_2 - a)^3}{6} + C_2x_2 + D_2 \tag{d}$$

(3)确定积分常数。

四个积分常数 C_1 , D_1 , C_2 及 D_2 可由光滑连续性条件和边界条件确定。

光滑连续性条件

$$w_1\big|_{x_1 = a} = w_2\big|_{x_2 = a}$$

$$\theta_1\big|_{x_1 = a} = \theta_2\big|_{x_2 = a}$$

边界条件

$$w_1\big|_{x_1 = 0} = 0$$

$$w_2\big|_{x_2 = l} = 0$$

将以上条件代入上面系列方程可解得

$$D_1 = D_2 = 0$$

$$C_1 = C_2 = -\frac{Fb}{6l}(l^2 - b^2)$$

(4)求转角方程和挠度方程。

将 C_1 , D_1 , C_2 及 D_2 的值代入式(a)、式(b)、式(c)及式(d),整理后得

AC 段 $(0 \leqslant x_1 \leqslant a)$:

$$EI_z\theta_1 = \frac{Fb}{6l}(l^2 - 3x_1^2 - b^2) \tag{e}$$

$$EI_zw_1 = -\frac{Fbx_1}{6l}(l^2 - x_1^2 - b^2) \tag{f}$$

CB 段 $(a \leqslant x_2 \leqslant l)$:

$$EI_z\theta_2 = -\frac{Fb}{6l}\left[(l^2 - b^2 - 3x_2^2) + \frac{3l}{b}(x_2 - a)^2\right] \tag{g}$$

$$EI_zw_2 = -\frac{Fb}{6l}\left[(l^2 - b^2 - 3x_2^2) + \frac{l}{b}(x_2 - a)^3\right]$$

(5)两端转角及最大挠度。

在式(e)及式(g)中,分别令 $x_1 = 0$ 及 $x_2 = l$,化简后得梁两端的转角为

$$\theta_A = \theta_1\big|_{x_1 = 0} = -\frac{Fab}{6EI_zl}(l + b) \tag{h}$$

$$\theta_B = \theta_2 \big|_{x_2 = l} = -\frac{Fab}{6EI_z l}(l + a)$$

当 $a > b$ 时，可以断定 θ_B 为最大转角。

当 $\theta = \dfrac{\mathrm{d}v}{\mathrm{d}x} = 0$ 时，w 有极值。因此如要求最大挠度，应首先确定转角 q 为零的截面位置。由式（h）可知截面 A 的转角 q_A 为负，此外，若在式（e）中令 $x_1 = a$，可求得截面 C 的转角为

$$\theta_C = -\frac{Fab}{3EI_z l}(a - b)$$

若 $a > b$，则 θ_C 为正。可见从截面 A 到截面 C，转角由负变为正，改变了符号。因此，对于光滑连续的挠曲线来说，$\theta = 0$ 的截面必然出现在 AC 段内。令式（e）等于零，得

$$\frac{Fb}{6l}(l^2 - 3x_1^2 - b^2) = 0$$

$$x_0 = \sqrt{\frac{l^2 - b^2}{3}} \tag{i}$$

式中：x_0 为挠度为最大值的截面的横坐标。以 x_0 代入式（f），求得最大挠度为

$$f_{\max} = -\frac{Fb}{9\sqrt{3}EI_z l}\sqrt{(l^2 - b^2)^3} \tag{j}$$

当集中力 F 作用于跨度中点时，$a = b = \dfrac{l}{2}$，由式（i）得 $x_0 = \dfrac{l}{2}$，即最大挠度发生于跨度中点。这也可由挠曲线的对称性直接看出。另一种极端情况是集中力 F 无限接近于右端支座，以致 b^2 与 l^2 相比可以省略，由式（i）及式（j）得

$$x_0 = \frac{l}{\sqrt{3}}0.577l$$

可见，即使在这种极端情况下，发生最大挠度的截面仍然在跨度中点附近。也就是说挠度为最大值的截面总是靠近跨度中点，所以可以用跨度中点的挠度近似地代替最大挠度，在式（f）中令 $x = \dfrac{l}{2}$，求出跨度中点的挠度为

$$f_{\frac{l}{2}} \approx -\frac{Fb}{48EI_z}3l^2 \approx -\frac{Fbl^2}{16EI_z}$$

这时用 $f_{\frac{l}{2}}$ 代替 $f_{\max}$ 所引起的误差为

$$\frac{f_{\max} - f_{\frac{l}{2}}}{f_{\max}} = \frac{\dfrac{1}{9\sqrt{3}} - \dfrac{1}{16}}{\dfrac{1}{9\sqrt{3}}} = 2.65\%$$

可见在简支梁中，只要挠曲线无拐点，总可以用跨度中点的挠度代替最大挠度，并且不会引起很大误差。

8.4 用迭加法求弯曲变形

8.3 节所介绍的积分法是求梁的变形的基本方法。它的优点是可以直接运用数学方法求得转角和挠度的普遍方程。但当只须求出梁的个别特定截面的挠度或转角时，积分法就显得过于累赘。

当梁的变形很小，且材料服从虎克定律时，梁的挠度和转角如同梁上的内力一样，均为载荷的线性齐次函数。也就是说，梁的挠度和转角也可以用迭加法进行计算。当梁上同时作用有多个载荷时，在梁上任一截面处引起的转角和挠度等于各载荷单独作用时在该截面引起转角和挠度的代数和。因此，用积分法求得梁在某些简单载荷作用下的变形，并将结果列入表8.1。利用这个表格，使用迭加法可以比较方便地解决一些弯曲变形问题。

迭加法不仅适用于计算梁的变形，还可用于更广的范围，如各种构件的支座反力、内力、应力和变形的计算等。这是因为这些物理量的计算都遵循着这样一个具有普遍意义的迭加原理，即在几个载荷共同作用下所引起的某一物理量，等于各载荷单独作用时所引起的此物理量的总和(代数和或矢量和)。

迭加原理是在一定条件下才成立的。从数学关系上看，其适用条件是所求物理量必须与载荷成正比关系。而要使此物理量与载荷成正比关系，则必须满足下述的条件：对于求支座反力、内力等仅使用静力平衡方程的问题，要求构件的变形很小，计算这些物理量时，可以忽略变形的影响，仍按构件变形前的原始尺寸来计算。此时由一载荷所引起的某一物理量，不受其他载荷的影响，各载荷的作用互不相干。对于求构件的应力、变形等问题，因还涉及材料的应力—应变关系，故除上述小变形条件外，还要求材料服从虎克定律，否则这些物理量与载荷就不再成正比关系。例如梁的挠度和转角，只有在小变形和材料服从虎克定律的情况下，才与载荷成正比关系。

在梁上的载荷比较复杂且单个载荷作用下梁的挠度及转角为已知或易求的情况下，用迭加法求梁的变形是比较方便的。下面举例说明。

例题 8.2 图 8.8(a)所示一简支梁，受均布载荷 q 及集中力 F 作用。已知抗弯刚度为 EI_z，$F = ql$，试用迭加法求梁 C 点的挠度。

解： 把梁所受载荷分解为只受均布载荷 q 及只受集中力 F 的两种情况[图 8.8(b)、图 8.8(c)]。

均布载荷 q 引起的 C 点挠度为

$$(f_C)_q = -\frac{5ql^4}{384 EI_z}$$

集中力 F 引起的 C 点挠度为

$$(f_C)_F = -\frac{Fl^3}{48EI_z} = -\frac{ql^4}{48EI_z}$$

梁在 C 点的挠度等于以上两挠度的代数和

$$f_C = (f_C)_q + (f_C)_F = -\frac{5ql^4}{384EI_z} - \frac{ql^4}{48EI_z} = -\frac{13ql^4}{384EI_z}$$

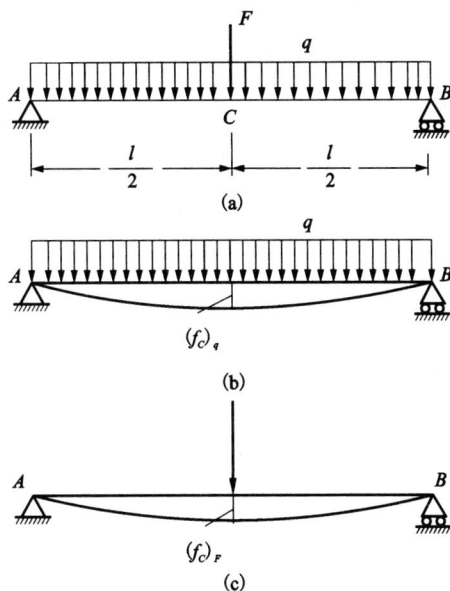

图 8.8　两种载荷作用下的简支梁迭加法求解示意

表 8.1　梁在简单载荷作用下的变形

序号	梁的简图	挠曲线方程	端截面转角	最大挠度
1		$v = -\dfrac{M_e x^2}{2EI}$	$\theta_B = -\dfrac{M_e l}{EI}$	$f_B = -\dfrac{M_e l^2}{2EI}$
2		$v = -\dfrac{M_e x^2}{2EI},$ $0 \leqslant x \leqslant a$ $v = -\dfrac{M_e a}{EI}\left[(x-a)+\dfrac{a}{2}\right],$ $a \leqslant x \leqslant l$	$\theta_B = -\dfrac{M_e a}{EI}$	$f_B = -\dfrac{M_e a}{EI}\left(l-\dfrac{a}{2}\right)$
3		$v = -\dfrac{F x^2}{6EI}(3l-x)$	$\theta_B = -\dfrac{F l^2}{2EI}$	$f_B = -\dfrac{F l^3}{3EI}$
4		$v = -\dfrac{F x^2}{6EI}(3a-x),$ $0 \leqslant x \leqslant a$ $v = -\dfrac{F a^2}{6EI}(3x-a),$ $a \leqslant x \leqslant l$	$\theta_B = -\dfrac{F a^2}{2EI}$	$f_B = -\dfrac{F a^2}{6EI}(3l-a)$

续表 8.1

序号	梁的简图	挠曲线方程	端截面转角	最大挠度
5		$v = -\dfrac{qx^2}{24EI}(x^2 - 4lx + 6l^2)$	$\theta_B = -\dfrac{ql^3}{6EI}$	$f_B = -\dfrac{ql^4}{8EI}$
6		$v = -\dfrac{M_e x}{6EIl}(l-x)(2l-x)$	$\theta_A = -\dfrac{M_e l}{3EI}$ $\theta_B = \dfrac{M_e l}{6EI}$	$x = (1 - \dfrac{1}{\sqrt{3}})l$ $f_{max} = -\dfrac{M_e l^2}{9\sqrt{3}EI}$ $f_{\frac{l}{2}} = -\dfrac{M_e l^2}{16EI}$
7		$v = -\dfrac{M_e x}{6EIl}(l^2 - x^2)$	$\theta_A = -\dfrac{M_e l}{6EI}$ $\theta_B = \dfrac{M_e l}{3EI}$	$x = \dfrac{1}{\sqrt{3}}l$ $f_{max} = -\dfrac{M_e l^2}{9\sqrt{3}EI}$ $f_{\frac{l}{2}} = -\dfrac{M_e l^2}{16EI}$
8		$v = \dfrac{M_e x}{6EIl}(l^2 - 3b^2 - x^2)$, $0 \leq x \leq a$ $v = -\dfrac{M_e}{6EIl}[3l(x-a)^2 - x^3 + (l^2 - 3b^2)x]$, $a \leq x \leq l$	$\theta_A = \dfrac{M_e}{6EIl}(l^2 - 3b^2)$ $\theta_B = \dfrac{M_e}{6EIl}(l^2 - 3a^2)$	
9		$v = -\dfrac{Fx}{48EI}(3l^2 - 4x^2)$ $0 \leq x \leq \dfrac{l}{2}$	$\theta_A = -\theta_B$ $= -\dfrac{Fl^2}{16EI}$	$f = -\dfrac{Fl^3}{48EI}$
10		$v = -\dfrac{Fbx}{6EIl}(l^2 - x^2 - b^2)$, $0 \leq x \leq a$ $v = -\dfrac{Fb}{6EIl}[\dfrac{l}{b}(x-a)^3 - x^3 + (l^2 - b^2)x]$, $a \leq x \leq l$	$\theta_A = -\dfrac{Fab(l+b)}{6EIl}$ $\theta_B = \dfrac{Fab(l+a)}{6EIl}$	设 $a > b$ 在 $x = \sqrt{\dfrac{l^2 - b^2}{3}}$ 处 $f_{max} = -\dfrac{Fb(l^2 - b^2)^{3/2}}{9\sqrt{3}EIl}$ $f_{\frac{l}{2}} = -\dfrac{Fb(3l^2 - 4b^2)}{48EI}$

续表 8.1

序号	梁的简图	挠曲线方程	端截面转角	最大挠度
11		$v = -\dfrac{qx}{24EI}(l^3 - 2lx^2 + x^3)$	$\theta_A = -\theta_B$ $= -\dfrac{ql^3}{24EI}$	$f = -\dfrac{5ql^4}{384EI}$
12		$v = -\dfrac{Fax}{6EIl}(l^2 - x^2),$ $0 \leqslant x \leqslant l$ $v = -\dfrac{F(x-l)}{6EI}[a(3x-l) - (x-l)^2],$ $l \leqslant x \leqslant (l+a)$	$\theta_A = -\dfrac{1}{2}\theta_B$ $= \dfrac{Fal}{6EI}$ $\theta_C = -\dfrac{Fa}{6EI}(2l+3a)$	$f_C = -\dfrac{Fa^2}{3EI}(l+a)$
13		$v = -\dfrac{M_e x}{6EIl}(x^2 - l^2),$ $0 \leqslant x \leqslant l$ $v = -\dfrac{M_e}{6EI}(3x^2 - 4xl + l^2),$ $l \leqslant x \leqslant (l+a)$	$\theta_A = -\dfrac{1}{2}\theta_B$ $= \dfrac{M_e l}{6EI}$ $\theta_C = -\dfrac{M_e}{3EI}(l+3a)$	$f_C = -\dfrac{M_e a}{6EI}(2l+3a)$

8.5 梁的刚度校核

在工程实际中,对弯曲构件的刚度要求是,其最大挠度或转角(或某特定截面的挠度或转角)不得超过某一规定的限度,即

$$|f|_{\max} \leqslant [f] \tag{8.11}$$

$$|\theta|_{\max} \leqslant [\theta] \tag{8.12}$$

式中:$[f]$ 为构件的许用挠度;$[\theta]$ 为构件的许用转角。

式(8.11)和式(8.12)称为弯曲构件的刚度条件。式中的许用挠度和许用转角对不同的构件有不同的规定,可从有关的设计规范中查得,例如

对吊车梁 $\qquad [f] = \left(\dfrac{1}{500} \sim \dfrac{1}{400}\right)l$

对架空管道 $\qquad [f] = \dfrac{l}{500}$

式中:l 为梁的跨度。在机械中,轴的许用挠度和许用转角有如下的规定

一般用途的轴 $\qquad [f] = (0.0003 \sim 0.0005)l$

刚度要求较高的轴 $\qquad [f] = 0.0002l$

在滑动轴承处 $\qquad [\theta] = 0.001 \text{ rad}$

在向心轴承处 $\qquad [\theta]=0.005\ \text{rad}$

在圆柱滚子轴承处 $\qquad [\theta]=0.0025\ \text{rad}$

在安装齿轮处 $\qquad [\theta]=0.001\ \text{rad}$

式中：l 为支承间的跨距。

例题 8.3 起重量为 50 kN 的单梁吊车，由 45b 号工字钢制成，其跨度 $l=10\ \text{m}$[图 8.9 (a)]。已知梁的许用挠度 $[f]=\dfrac{l}{500}$，材料的弹性模量 $E=210\ \text{GPa}$，试校核吊车梁的刚度。

解：吊车梁的计算简图如图 8.9(b)所示，梁的自重为均布载荷；电葫芦的轮压为一集中力 P，当其行至梁的中点时，所产生的挠度最大。

(1)计算变形。由型钢表查得，梁的自重及横截面的惯性矩分别为

$$q=874\ \text{N/m}$$

$$I=33760\times10^{-8}\ \text{m}^4$$

因 P 和 q 而引起的最大挠度均位于梁的中点 C 处，由表 8.1 查得

$$|f_{CP}|=\frac{Pl^3}{48EI}=\frac{50\times10^3\times10^3}{48\times210\times10^9\times33760\times10^{-8}}=0.01469\ \text{m}=14.69\ \text{mm}$$

$$|f_{C_q}|=\frac{5ql^4}{384EI}=\frac{5\times874\times10^4}{384\times210\times10^9\times33760\times10^{-8}}=0.001605\ \text{m}=1.605\ \text{mm}$$

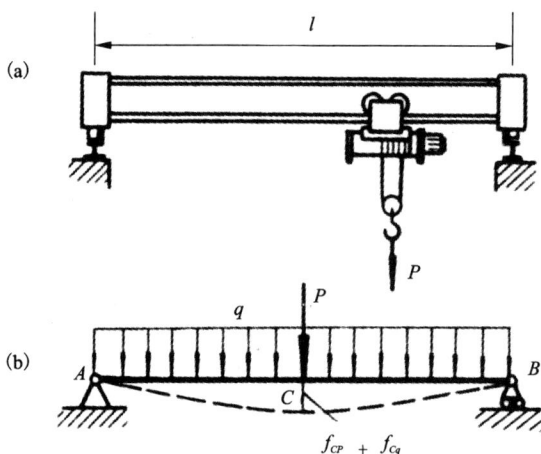

图 8.9 吊车梁的计算简图

由迭加法，得梁的最大挠度为

$$|f|_{\max}=|f_{CP}|+|f_{C_q}|=14.69+1.605\approx16.3\ \text{mm}$$

(2)校核刚度。吊车梁的许用挠度为

$$[f]=\frac{l}{500}=\frac{10}{500}=0.02\ \text{m}=20\ \text{mm}$$

因

$$|f|_{\max}=16.3\ \text{mm}<[f]=20\ \text{mm}$$

故刚度符合要求。

例题 8.4 车床主轴如图 8.10(a)所示,在图示平面内,已知切削力 $P_1 = 2$ kN,啮合力 $P_2 = 1$ kN;主轴的外径 $D = 80$ mm,内径 $d = 40$ mm, $l = 400$ mm, $a = 200$ mm;C 处的许用挠度 $[f] = 0.0001l$,轴承 B 处的许用转角 $[\theta] = 0.001$ rad;材料的弹性模量 $E = 210$ GPa,试校核其刚度。

解:将主轴简化为如图 8.10(b)所示的外伸梁,外伸部分的抗弯刚度 EI 近似地视为与主轴相同。

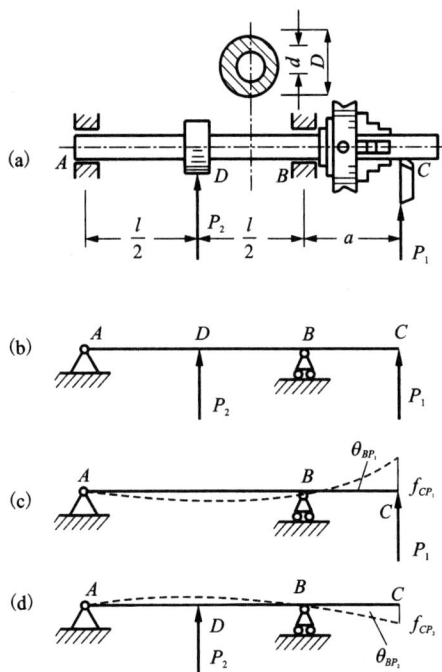

图 8.10 车床主轴的受力与变形示意

(1)计算变形。主轴横截面的惯性矩为

$$I = \frac{\pi}{64}(D^4 - d^4) = \frac{\pi}{64}(80^4 - 40^4)$$

$$= 1885000 \text{ mm}^4 = 1885 \times 10^{-9} \text{ m}^4$$

由表 8.1 查得,因 P_1 而引起的 C 端的挠度和截面 B 的转角[图 8.10(c)]分别为

$$f_{CP_1} = \frac{P_1}{3EI}a^2(l + a)$$

$$= \frac{2 \times 10^3 \times 200^2 \times 10^{-6}}{3 \times 210 \times 10^9 \times 1885 \times 10^{-9}}(400 \times 10^{-3} + 200 \times 10^{-3})$$

$$= 0.0404 \times 10^{-3} \text{ m} = 0.0404 \text{ mm}$$

$$\theta_{BP_1} = \frac{P_1 al}{3EI} = \frac{2 \times 10^3 \times 200 \times 10^{-3} \times 400 \times 10^{-3}}{3 \times 210 \times 10^9 \times 1885 \times 10^{-9}} = 0.1347 \times 10^{-3} \text{ rad}$$

因 P_2 而引起的截面 B 的转角[图 8.10(d)]为

$$\theta_{BP_2} = -\frac{P_2 l^2}{16EI} = -\frac{1 \times 10^3 \times 400^2 \times 10^{-6}}{16 \times 210 \times 10^9 \times 1885 \times 10^{-9}} = -0.0253 \times 10^{-3} \text{ rad}$$

因 P_2 而引起的 C 端的挠度为

$$f_{CP_2} = \theta_{BP_2} \cdot a = -0.0253 \times 10^{-3} \times 200 = -0.00506 \text{ mm}$$

最后由迭加法可得,C 端的总挠度为

$$f_C = f_{CP_1} + f_{CP_2} = 0.0404 - 0.00506 \approx 0.0353 \text{ mm}$$

B 处截面的总转角为

$$\theta_B = \theta_{BP_1} + \theta_{BP_2} = 0.1347 \times 10^{-3} - 0.0253 \times 10^{-3} = 0.1094 \times 10^{-3} \text{ rad}$$

(2)校核刚度。主轴的许用挠度和许用转角为

$$[f] = 0.0001l = 0.0001 \times 400 = 0.04 \text{ mm}$$

$$[\theta] = 0.001 \text{ rad}$$

而

$$f_C \approx 0.0353 \text{ mm} < [f] = 0.04 \text{ mm}$$

$$\theta_B = 0.1094 \times 10^{-3} \text{ rad} < [\theta] = 0.001 \text{ rad}$$

故主轴满足刚度条件。

8.6 提高弯曲刚度的一些措施

从上面挠曲线的近似微分方程及其积分可以看出，梁的弯曲变形与梁的跨度、支承情况，梁截面的惯性矩，材料的弹性模量，梁上作用载荷的类别和分布情况有关。因此，为提高梁的刚度，应从以下几方面入手：

1. 减小梁的跨度，增加支承约束

由前面的分析可知，减小梁的跨度，是提高弯曲刚度的有效措施。在跨度不能减小的情况下，可采取增加支承的方法提高梁的刚度。若外伸部分过长，可在端部加装尾架（图 8.11），以减小构件的变形，提高加工精度。当车削细长工件时，除用尾顶针外，有时还加用中心架（图 8.12）或跟刀架，以减小工件的变形，提高加工精度，减小表面粗糙度。对较长的传动轴，有时采用三支承来提高轴的刚度。应该指出，为细长工件和传动轴的弯曲刚度而增加支承，都将使这些杆件由原来的静定梁变为静不定梁。

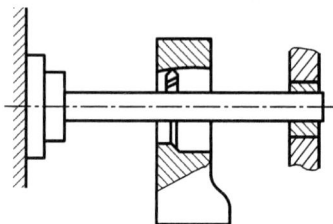

图 8.11 端部加装尾架减小构件变形

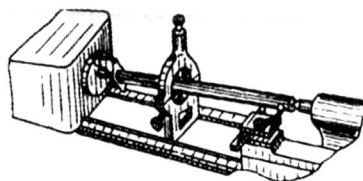

图 8.12 加用中心架控制构件变形

2. 调整加载方式，改善结构设计

通过调整加载方式、改善结构设计来降低梁的弯矩，也可以提高梁的弯曲刚度。例如图 8.13(a)所示的简支梁，若将集中力分散成作用于全梁上的均布载荷 [图 8.13(b)]，则此时最大挠度仅为集中力 F 作用时的 62.5%。如果将该简支梁的支座内移，改为外伸梁[图 8.13(c)]，则梁的最大挠度进一步减小。

3. 增大截面惯性矩

各种不同形状的截面，尽管其截面面积相等，但惯性矩却并不一定相等。所以选取合理的截面形状，增大截面惯性矩的数值，也是提高弯曲刚度的有效措施。例如，自行车车架用圆管代替实

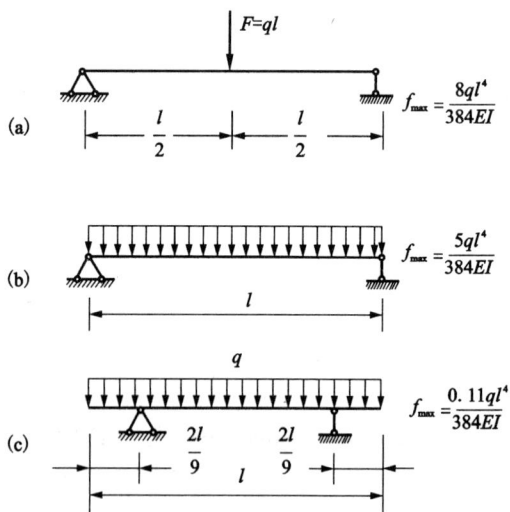

图 8.13 调整简支梁加载方式从而改善结构设计示意

心杆，不仅增加了车架的强度，也提高了车架的抗弯刚度。工字形、槽形和 T 形截面都比面积相等的矩形截面有更大的惯性矩。所以起重机大梁、机床的床身、立柱等多采用空心箱形

件,其目的也正是为了增加截面的惯性矩(图 8.14)。对一些原来刚度不足的构件,也可以通过增大惯性矩来提高其刚度,如工字钢梁在上、下翼缘处焊接钢板(图 8.15),将薄板冲压出一些筋条,可以提高其抗弯刚度(图 8.16)。

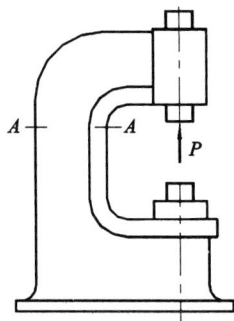

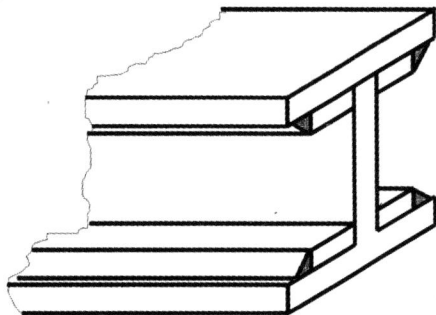

图 8.14　空心箱形件　　　　图 8.15　上、下翼缘焊接钢板的工字钢梁

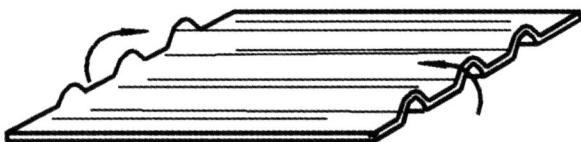

图 8.16　冲压出筋条的薄板

一般来说,提高截面惯性矩 I 的数值,往往也同时提高了梁的强度。不过,在强度问题中,更准确地说,是提高弯矩较大的局部范围内的抗弯截面模量。而弯曲变形与全长内各部分的刚度都有关系,往往要考虑提高杆件全长的弯曲刚度。

此外,弯曲变形还与材料的弹性模量 E 有关。对于 E 不同的材料来说,E 越大弯曲变形越小。因为各种钢材的弹性模量 E 大致相同,所以为提高弯曲刚度而采用高强度钢材,并不会达到预期的效果。

8.7　简单静不定梁

前面所讨论的梁,其约束反力都可通过静力平衡方程求得,皆为静定梁。在工程实际中,为提高梁的强度和刚度,或因构造上的需要,往往在静定梁上增加一个或几个约束。这时,未知反力的数目将多于平衡方程的数目,仅由静力平衡方程不能求解,这种梁称为静不定梁或超静定梁。如厂矿中铺设的管道一般需用三个以上的支座支承(图 8.17),这些都属于静不定梁。

在机械工程领域这样的例子也很普遍,即为了提高构件刚度在其适当部位增加约束,例如安装在车床卡盘上的工件[图 8.18(a)]如果比较细长,切削时会产生过大的挠度[图 8.18(b)],影响加工精度。为减小工件的挠度,常在工件的自由端用尾架上的顶尖顶紧。在不考虑水平方向的支座反力时,这相当于增加了一个可动铰支座(图 8.18)。这时工件的约束反力有四个: X_A, Y_B, M_A 和 R_B, 而有效的平衡方程只有三个。未知反力数目比平衡方程数目多出一个, 这是一次静不定梁。又如一些机器中的齿轮轴, 采用三个轴承支承。

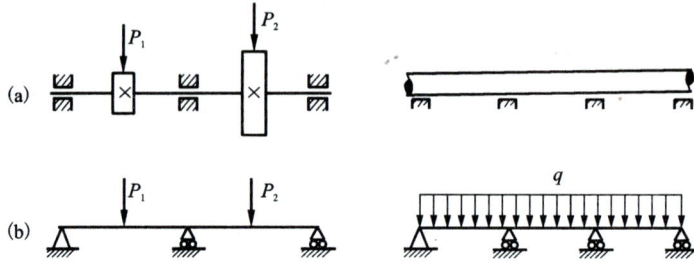

图 8.17　工程上多支座支承的静不定梁示意

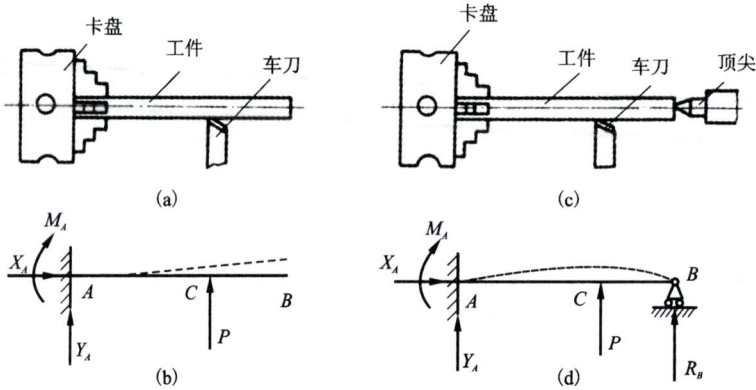

图 8.18　增加约束提高构件刚度的实例示意

　　静不定梁相对静定梁所增加的约束对于维持梁的平衡而言是多余的, 因此称为多余约束, 与此相应的反力, 称为多余约束力。多余约束力的个数即为梁的静不定次数, 求解静不定梁的方法不止一种, 这里介绍一种比较简单的方法, 即变形比较法。

　　在图 8.19(a)所示梁中, 固定端 A 有三个约束, 可动铰支座 B 有一个约束, 而独立的平衡方程只有三个, 故为一次静不定梁, 有一个多余支反力。

　　将支座 B 视为多余约束去掉后, 得到一个静定悬臂梁[图 8.19(b)], 称为基本静定系统或静定基。在静定基上加上原来的载荷 q 和未知的多余反力 F_B [图 8.19(c)], 则为原静不定系统的相当系统。所谓"相当"就是指在原有载荷 q 及多余支反力 F_B 的作用下, 相当系统的受力和变形与原静不定系统完全相同。

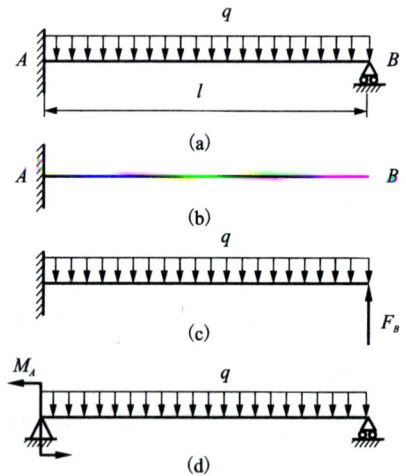

图 8.19　求解静不定梁
的变形比较法示意

为了使相当系统与原静不定梁相同,相当系统在多余约束处的变形必须符合原静不定梁的约束条件,即满足变形协调条件。在此例中,即要求 B 端的挠度等于零,即

$$f_B = 0 \tag{8.13}$$

由迭加法或积分法可知,在外力 q 和 F_B 作用下,相当系统[图8.20(c)]截面 B 的挠度为

$$f_B = \frac{F_B l^3}{3EI_z} - \frac{q l^4}{8EI_z} \tag{8.14}$$

将上述物理方程式(8.14)代入变形协调条件式(8.13),得补充方程为

$$f_B = \frac{F_B l^3}{3EI_z} - \frac{q l^4}{8EI_z} = 0 \tag{8.15}$$

解出

$$F_B = \frac{3ql}{8}$$

解得 F_B 为正号,表示未知力的方向与图中所设方向一致,解得静不定梁的多余支反力 F_B 后,其余内力、应力及变形的计算与静定梁完全相同。

上面的解题方法关键是比较基本静定系统与原静不定系统在多余约束处的变形,由此写出变形协调条件,因此,称为变形比较法。

应该指出,只要不是维持梁的平衡所必需的约束,均可作为多余约束。所以,对于图8.19(a)所示的静不定梁来说,也可将固定端处限制 A 截面转动的约束作为多余约束。这样,如果将该约束解除,并以多余支反力偶 M_A 代替其作用,则原梁的基本静定系如图8.19(d)所示,而相应的变形协调条件是截面 A 的转角为零,即

$$\theta_A = 0$$

由此求得的支反力与上述解答完全相同。

由以上的分析可见,解静不定梁的方法是:选取适当的基本静定梁;利用相应的变形协调条件和物理关系建立补充方程;然后与平衡方程联立解出所有的支座反力。求解静不定问题的方法还有多种,以力为未知量的方法称为力法,变形比较法属于力法中的一种。解静不定梁时,选择哪个约束为多余约束并不是固定的,可根据解题时的方便而定。选取的多余约束不同,相应的基本静定梁的形式和变形条件也随之不同。

例题 8.5　两端固定的梁,在 C 处有一中间铰,如图8.20(a)所示。当梁上受集中载荷作用后,试作梁的剪力图和弯矩图。

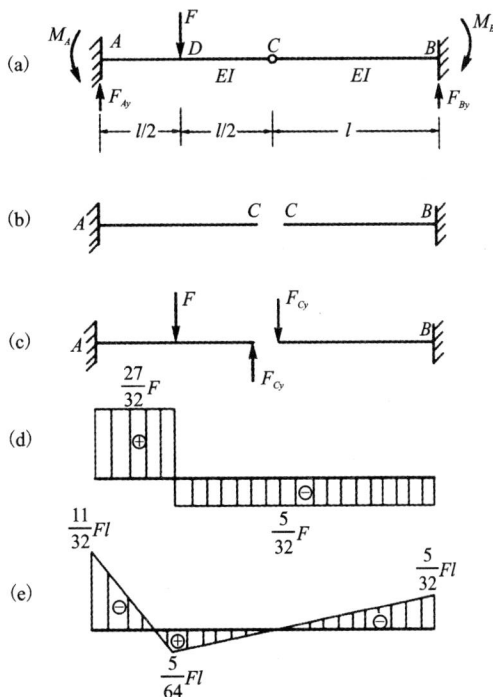

图8.20　带中间铰的两端固定梁

解： 如不考虑固定端和中间铰处的水平约束力，则共有 5 个支座约束力，即 M_A，M_B，F_{Ay}，F_{By} 和 F_{Cy}。两段共有 4 个独立的平衡方程，所以是一次超静定。

现假想将梁在中间铰处拆开，选两个悬臂梁为基本静定梁[图 8.20(b)]，即以 C 处的铰链约束作为多余约束，相应的约束力 F_{Cy} 为多余未知力。在基本静定梁 AC 和 CB 上作用有外力 F 和 F_{Cy}，如图 8.20(c) 所示。由于梁变形后中间铰不会分开，这就是变形协调条件。设 w_C' 是基本静定梁 AC 在 C 点的挠度，w_C'' 是基本静定梁 CB 在 C 点的挠度，由变形协调条件，两者须相等。因此，变形几何方程为

$$w_C' = w_C'' \tag{a}$$

由表 8.1 和迭加法，得到

$$w_C' = \frac{F\left(\frac{l}{2}\right)^3}{3EI} + \frac{F\left(\frac{l}{2}\right)^2}{2EI} \times \frac{l}{2} - \frac{F_{Cy}l^3}{3EI}$$

$$w_C'' = \frac{F_{Cy}l^3}{3EI}$$

代入式(a)后，得到补充方程为

$$\frac{5Fl^3}{48EI} - \frac{F_{Cy}l^3}{3EI} = \frac{F_{Cy}l^3}{3EI} \tag{b}$$

由式(b)解得

$$F_{Cy} = \frac{5}{32}F$$

再分别由两段的平衡方程，可求得其余支座反力。梁的剪力图和弯矩图分别如图 8.20(d)、图 8.20(e) 所示。

思考题

1. "只要满足线弹性条件，就可以应用挠曲线的近似微分方程"，这种说法对吗？

2. "最大挠度处的截面转角一定为零"，这种说法对吗？

3. "最大弯矩处的挠度也一定是最大"，这种说法对吗？

4. "梁的挠曲线方程随弯矩方程的分段而分段，只要梁不具有中间铰，梁的挠曲线仍然是一条光滑、连续的曲线"，这种说法对吗？

5. "若两梁的抗弯刚度相同、弯矩方程相同，则两梁的挠曲线形状相同"，这种说法对吗？

6. 应用梁的挠曲线近似微分方程 $y'' = M(x)/(EI)$ 时，其使用条件是什么？

7. 从弯曲的理论解释为什么传动轴上的齿轮或带轮应避免放置在跨中，而应尽量靠近轴承处。

8. 在设计中，一受弯的碳素钢轴的刚度不够，有人建议改用优质合金钢，此项建议是否合理？

习 题

1. 图 8.21 所示为镗刀在工件上镗孔的示意图。为保证镗孔精度，镗刀杆的弯曲变形不能过大。设径向切削力 $F = 200$ N，镗刀杆直径 $d = 10$ mm，外伸长度 $l = 50$ mm。材料的弹性模量 $E = 210$ GPa。试求镗刀杆上安装镗刀头的截面 B 的转角和挠度。

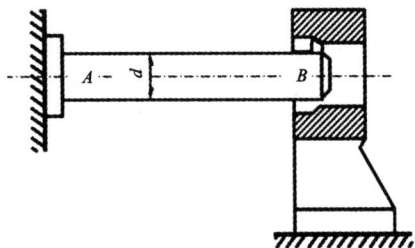

图 8.21 镗刀在工件上镗孔

2. 一悬臂梁如图 8.22 所示。已知梁的抗弯刚度为 EI_z，求自由端 B 的挠度 f_B。

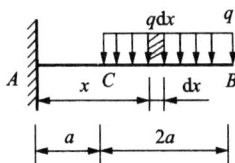

图 8.22 悬臂梁

3. 图 8.23 所示的外伸梁，在其外伸端受集中力 F 作用，已知梁的抗弯刚度 EI_z 为常数。试求外伸端 C 的挠度和转角。

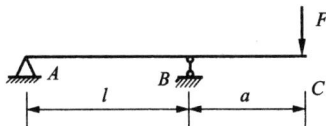

图 8.23 外伸梁

4. 变截面梁如图 8.24 所示，求跨度中点 C 的挠度。

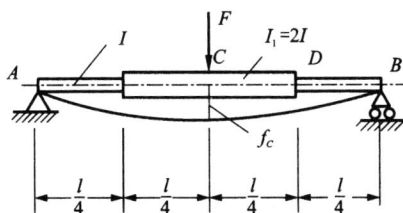

图 8.24 变截面梁

5. 图 8.25 所示悬臂梁 AD 和 BE 的抗弯刚度同为 $EI = 24 \times 10^6$ N·m²，由钢杆 CD 连接。CD 杆的长 $l = 5$ m，横截面面积 $A = 3 \times 10^{-4}$ m²，$E = 200$ GPa。若 $F = 50$ kN，试求悬臂梁 AD 在 D 点的挠度。

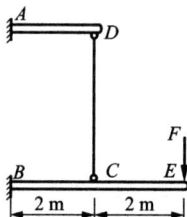

图 8.25　悬臂梁

6. 图 8.26 所示的悬臂梁，其弯曲刚度 EI 为常数，在自由端受一集中力 F 作用。试求该梁的挠曲线方程和转角方程，并确定其最大挠度 w_{max} 和最大转角 θ_{max}。

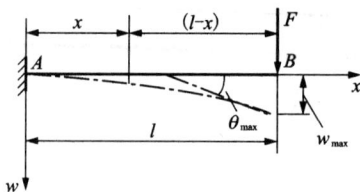

图 8.26　悬臂梁

7. 简支梁受均布载荷 q 的作用，如图 8.27 所示。已知梁的弯曲刚度 EI 为常数，试求此梁的最大挠度 w_{max} 及两端截面的转角 θ_A 和 θ_B。

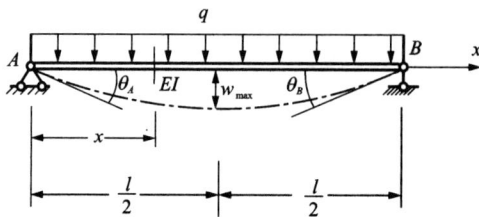

图 8.27　受均布荷载的简支梁

8. 如图 8.28 所示的简支梁，承受均布载荷 q 及集中力偶 $m = ql^2$ 作用。已知梁的弯曲刚度 EI 为常数，试用迭加法求出梁跨中截面 C 处的挠度和右端支座 B 处的转角。

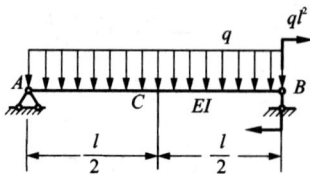

图 8.28　两种载荷作用下的简支梁

9. 试用迭加法求出图 8.29 所示简支梁的跨中截面 C 的挠度和两端截面的转角。已知梁的弯曲刚度 EI 为常数。

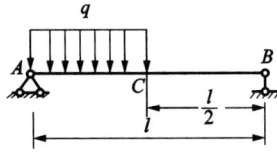

图 8.29　简支梁

10. 由 40a 工字钢制成的吊车梁如图 8.30 所示。已知起吊的最大重量 $F_P = 30$ kN，梁跨度 $l = 10$ m，材料的许用应力 $[\sigma] = 140$ MPa，弹性模量 $E = 200$ GPa，梁的许用挠度与跨度之比 $[w/l] = 1/500$。若考虑梁自重的影响，试校核梁的强度和刚度。

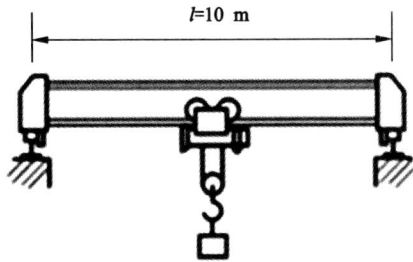

图 8.30　考虑梁自重的吊车梁

11. ABC 梁架如图 8.31(a) 所示，A 处为固定端支座，梁的 B 端用一圆截面钢杆 BC 系住，$F = 35$ kN。在梁承受载荷作用前，杆 BC 内没有内力。已知梁和杆用同样的钢材制成，材料的弹性模量为 E，梁横截面的惯性矩 $I = 0.0002$ m^4，梁长 $l = 3$ m，杆截面直径 $d = 12$ mm，杆长 $l_1 = 2.4$ m。试求钢杆 BC 所受的力。

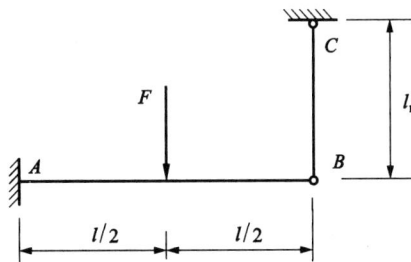

图 8.31　ABC 梁架

12. 图 8.32 所示简支梁 AB，受均布载荷和集中力偶作用，梁的弯曲刚度为 EI，试用迭加法求梁跨中点 C 的挠度值和 A、B 截面的转角。

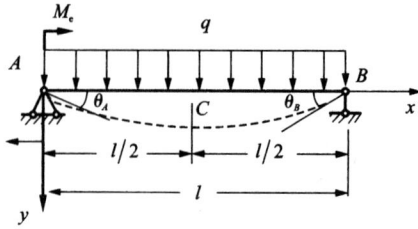

图8.32　简支梁 AB

13. 图 8.33 所示悬臂梁 AB，承受均布载荷 q 的作用。已知：$l = 3$ m，$q = 3$ kN/mm，$[f/l] = 1/400$，梁采用 20a 号工字钢，其弹性模量 $E = 200$ GPa，试校核梁的刚度。

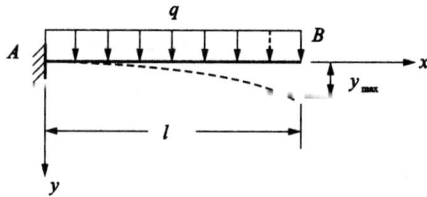

图8.33　悬臂梁 AB

14. 使用积分法计算图 8.34 所示悬臂梁的挠曲线方程，最大挠度和两端转角的表达式。

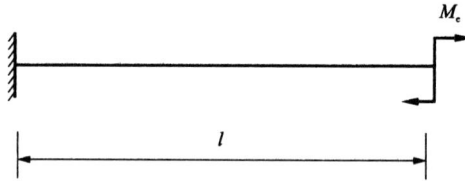

图8.34　悬臂梁

15. 试用积分法求图 8.35 所示简支梁的挠曲线方程及中间截面的挠度，EI 已知。

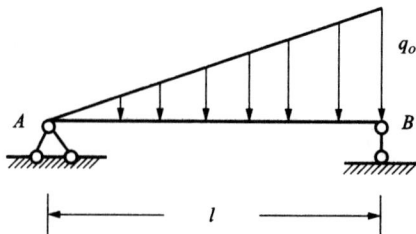

图8.35　简支梁

16. 外伸梁如图 8.36 所示，试按迭加原理求 θ_A，θ_B，f_A 和 f_D。

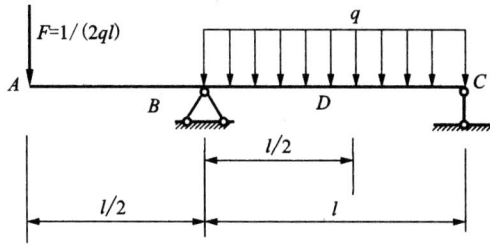

图 8.36　外伸梁

17. 图 8.37 所示的梁具有中间铰 B 和 C，EI 为已知，按迭加原理求 P 力作用处的挠度。

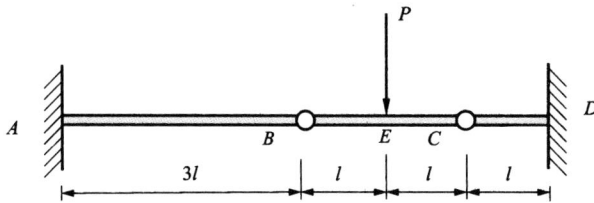

图 8.37　梁

第9章　应力应变状态分析与强度理论

9.1　应力状态的概念

1. 研究应力状态的意义

前面在研究轴向拉伸(或压缩)、扭转、弯曲等基本变形构件的强度问题时,都是以单向应力状态和纯剪切应力状态为基础进行分析的,并建立了相应的强度条件

$$\sigma_{max} \leqslant [\sigma], \ \tau_{max} \leqslant [\tau]$$

而在实际工程中,常常遇到更为复杂的情况。图9.1所示飞机螺旋桨轴既受拉,又受扭,如在轴表层用纵、横截面切取微体,则其受力状态与工字形截面上的 D 处类似。再如矿山牙轮钻的钻杆也同时存在扭转和压缩变形,这时杆横截面上危险点处不仅有正应力 σ,还有切应力 τ。另外,在利用前面知识对于受横力弯曲的工字形截面梁(图9.2)进行强度校核时,只分别对截面上最大正应力 A 处(单向应力状态)和最大切应力 B 处(纯剪切应力状态)进行正应力和切应力强度校核,但对正应力和切应力均较大的腹板与翼缘交界的 D 处,却没有进行强度校核。

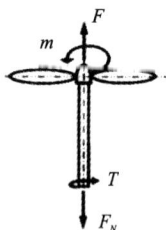

图9.1　受拉扭共同作用的飞机螺旋桨

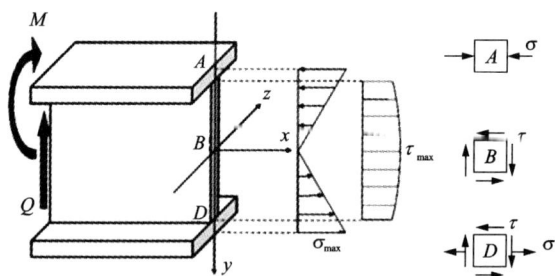

图9.2　受横力弯曲的工字形梁

对于这类受力构件及部位,是否仍可以用上述强度条件分别对正应力和切应力进行强度计算呢? 实践证明,这样将得到错误的结果。因为这些截面上的正应力和切应力并不是分别对构件的破坏起作用,而是有所联系的,因而应综合考虑它们的影响。显然,仅仅依靠对单向应力状态和纯剪切应力状态的已有认识,尚不能解决上述的强度问题,而应研究微体受力更一般的情况,以及微体内各截面的应力与各方向的变形,例如求出最大正应力、最大切应

力与最大正应变等，为研究材料在复杂应力作用下的破坏或失效规律奠定基础，这促使人们联系到构件的破坏现象。

事实上，构件在拉压、扭转、弯曲等基本变形情况下，并不都是沿构件的横截面破坏的。例如，在拉伸试验中，低碳钢屈服时在与试件轴线成45°的方向出现滑移线；铸铁压缩时，试件却沿着与轴线成接近45°的斜截面破坏。这表明杆件的破坏还与斜截面上的应力有关。因此，为了分析各种破坏现象，建立组合变形情况下构件的强度条件，还必须研究构件各个不同斜截面上的应力；对于应力非均匀分布的构件，则须研究危险点处的应力状态。所谓一点的应力状态，就是受力构件内某一点的各个截面上的应力情况。

应力状态的理论，不仅是为组合变形情况下构件的强度计算建立理论基础，在研究金属材料的强度问题时，在采用试验方法来测定构件应力的试验应力分析中，以及在断裂力学、岩石力学和地质力学等学科的研究中，都要广泛地应用到应力状态的理论，以及由它得出的一些结论。

2. 应力状态的研究方法

由于构件内的应力分布一般是不均匀的，所以在分析各个不同方向截面上的应力时，不宜截取构件的整个截面来研究，而是在构件中的危险点处，截取一个微小的正六面体，即单元体来分析，以此来代表一点的应力状态。例如图9.3(a)中所示的轴向拉伸构件，为了分析 A 点的应力状态，可以围绕 A 点以横向和纵向截面截取一个单元体来考虑。由于拉伸杆件的横截面上有均匀分布的正应力，所以这个单元体只在垂直于杆轴的平面上有正应力 $\sigma_x = \dfrac{P}{A}$，而其他各平面上都没有应力。在图9.3(b)所示的梁上，在上、下边缘的 B 和 B' 点处，也可截取类似的单元体，此单元体只在垂直于梁轴的平面上有正应力 σ_x。又如圆轴扭转时，若在轴表面截取单元体，则在垂直于轴线的平面上有切应力 τ_x，再根据切应力互等定理，在通过直径的平面上也有大小相等、符号相反的切应力 τ_x，如图9.3(c)所示。显然，对于同时产生弯曲和扭转变形的圆杆，如图9.3(d)所示，若在 D 点处截取单元体，则除有因弯曲而产生的正应力 σ_x 外，还存在因扭转而产生的切应力 τ_x 和 τ_y。上述这些单元体，都是从受力构件中取出的。因为单元体所截取的边长很小，所以可以认为单元体上的应力是均匀分布的。若令单元体的边长趋于零，则单元体上各截面的应力情况就代表这一点的应力状态。

由上所述，研究一点的应力状态，就是研究该点处单元体各截面上的应力情况。以后将会看到，若已知单元体三对互相垂直面上的应力，则此点的应力状态也就可确定了。由于在一般工作条件下构件处于平衡状态，显然从构件中截取的单元体也必须满足平衡条件。因此，可以利用静力平衡条件来分析单元体各截面上的应力。这就是研究应力状态的基本方法。

上面所截取的单元体有一个共同的特点，就是单元体各平面上的应力都平行于单元体的某一对平面，而在这一对平面上却没有应力，这样的应力状态称为平面应力状态。其中图9.3(a)和图9.3(b)所示的单元体只在一对平面上有正应力作用，而其他两对平面上都没有应力，这样的应力状态称为单向应力状态。但因单向应力状态问题的分析和计算与平面应力状态没有很大的差别，因而可以将其纳入平面应力状态的范围中讨论，作为平面应力状态的一种特殊情况。若围绕构件内一点所截取的单元体不管取向如何，在其三对平面上都有应力作用，这种应力状态则称为空间应力状态。

平面应力状态和空间应力状态统称为复杂应力状态。本章着重讨论平面应力状态，对空

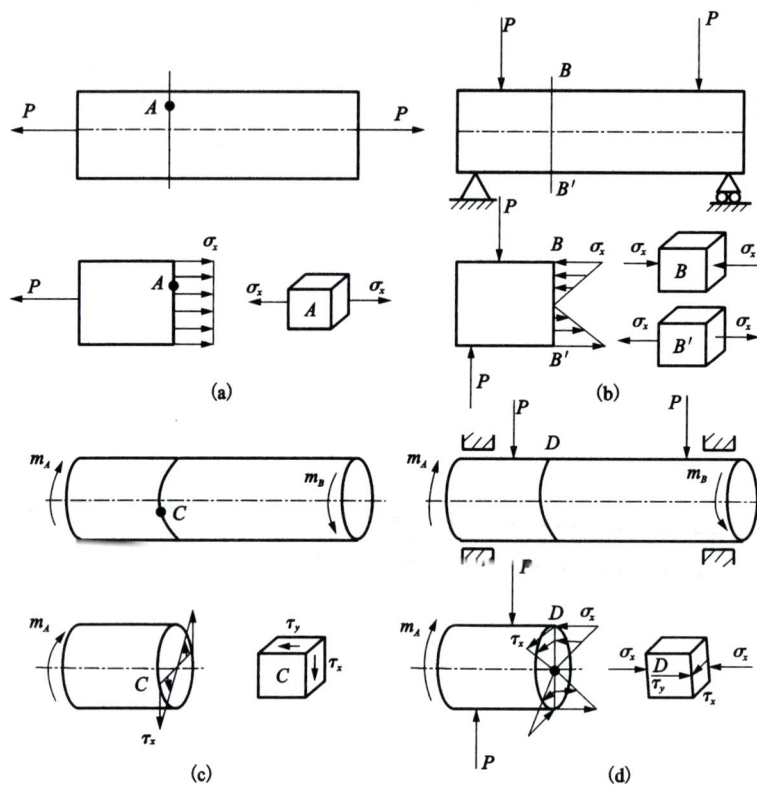

图9.3　不同受力构件应力状态分析时单元体的截取示意

间应力状态仅作一般介绍，最后再介绍几种常用的强度理论。

9.2　平面应力状态

平面应力状态是经常遇到的情况。图9.4所示的单元体，为平面应力状态的一般情况。在构件中截取单元体时，总是选取这样的截面位置，使单元体上所作用的应力均为已知。然后在此基础上，分析任意斜截面上的应力，确定最大正应力和最大切应力。

1. 斜截面上的应力

设一平面应力状态如图9.5(a)所示，已知与 x 轴垂直的两平面上的正应力为 σ_x，切应力为 τ_x；与 y 轴垂直的两平面上的正应力为 σ_y，切应力为 τ_y；与 z 轴垂直的两平面上无应力作用。现求此单元体任意平行于 z 轴的斜截面上的应力。

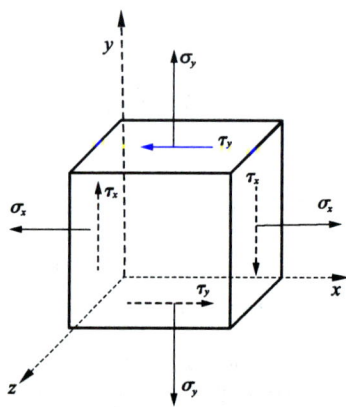

图9.4　平面应力状态单元体示意

平面应力状态的单元体也可表示为如图9.5(b)所示，并以 α 表示任意斜截面的外法线与 x 轴的夹角。如将单元体沿斜截面 BC 假想地截开，一般说来在此斜截面上将作用有任意

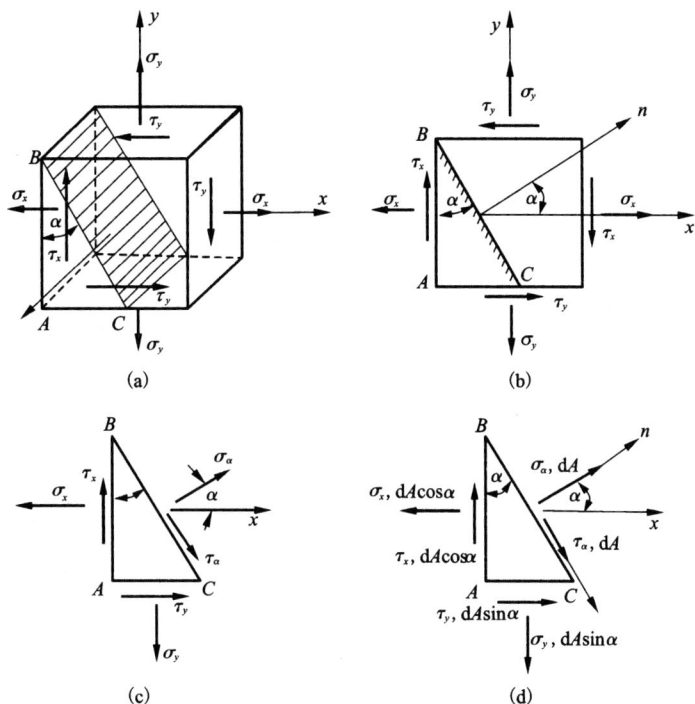

图 9.5　平面应力状态单元体上的应力分析

方向的应力，但可将其分解为垂直于该截面的正应力和平行于该截面的切应力，并分别以 σ_α 和 τ_α 表示[图 9.5(c)]。现取楔形体 ABC 为研究对象，通过平衡关系来求斜截面上的应力。

由于作用在单元体各平面上的应力是单位面积上的内力，所以不能直接用应力来列平衡方程。只有将应力乘以其作用面的面积以后，才能考虑各力之间的平衡关系。为此，设斜截面 BC 的面积为 dA，则侧面 AB 和底面 AC 的面积分别为 $dA\cos\alpha$ 和 $dA\sin\alpha$。将各平面上的应力乘以其作用面的面积后，可得作用于楔形体 ABC 上的各力如图 9.5(d)所示。选取垂直于斜截面的 n 轴和平行于斜截面的 t 轴为参考坐标轴，考虑楔形体 ABC 在 n 方向的平衡，由平衡条件

$$\sum N = 0,$$

$$\sigma_\alpha dA - (\sigma_x dA\cos\alpha)\cos\alpha + (\tau_x dA\cos\alpha)\sin\alpha - (\sigma_y dA\sin\alpha)\sin\alpha + (\tau_y dA\sin\alpha)\cos\alpha = 0$$

由切应力互等定理，$\tau_x = \tau_y$，则上式可简化为

$$\sigma_\alpha = \sigma_x\cos^2\alpha + \sigma_y\sin^2\alpha - 2\tau_x\sin\alpha\cos\alpha$$

又由三角关系得

$$\left.\begin{array}{l} \cos^2\alpha = \dfrac{1 + \cos2\alpha}{2} \\[2mm] \sin^2\alpha = \dfrac{1 - \cos2\alpha}{2} \\[2mm] 2\sin\alpha\cos\alpha = \sin2\alpha \end{array}\right\} \tag{9.1}$$

将其代入前式，可得

$$\sigma_\alpha = \frac{\sigma_x + \sigma_y}{2} + \frac{\sigma_x - \sigma_y}{2}\cos2\alpha - \tau_x\sin2\alpha \tag{9.2}$$

考虑楔形体在 t 方向的平衡,则由平衡条件

$$\sum T = 0,$$

$$\tau_\alpha dA - (\sigma_x dA\cos\alpha)\sin\alpha - (\tau_x dA\cos\alpha)\cos\alpha + (\sigma_y dA\sin\alpha)\cos\alpha + (\tau_y dA\sin\alpha)\sin\alpha = 0$$

由切应力互等定理,简化后得

$$\tau_\alpha = (\sigma_x - \sigma_y)\sin\alpha\cos\alpha + \tau_x(\cos^2\alpha - \sin^2\alpha)$$

再由式(9.1)所列的三角关系,得

$$\tau_\alpha = \frac{\sigma_x - \sigma_y}{2}\sin2\alpha + \tau_x\cos2\alpha \tag{9.3}$$

这样,利用式(9.2)和式(9.3),就可以从单元体上的已知应力 σ_x,σ_y,τ_x 和 τ_y,求得任意斜截面上的正应力 σ_α 和切应力 τ_α。并且由此两式出发,还可求得单元体的极值正应力和极值切应力。所以,这两个方程也称为应力转换方程。

利用式(9.2)、式(9.3)进行计算时,还应注意符号的规定:正应力以拉应力为正,压应力为负;切应力在其绕单元体内任一点为顺时针转向时为正,反之为负。例如在图9.5中,σ_x,σ_y,τ_x 和 σ_α,τ_α 均为正方向,而 τ_y 则为负方向。对于夹角 α 则规定从 x 轴转到斜截面的外法线 n,逆时针转向时的角度为正,反之为负。例如图9.5中的 α 就是正值。

例题 9.1 一单元体如图9.6所示,试求在 $\alpha = 30°$ 的斜截面上的应力。

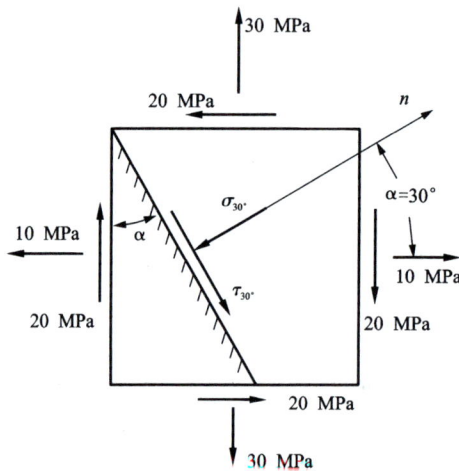

图9.6 某单元体

解:按应力和夹角的符号规定,此题中,$\sigma_x = +10$ MPa,$\sigma_y = 30$ MPa,$\tau_x = +20$ MPa,$\tau_y = -20$ MPa,$\alpha = +30°$。将其代入式(9.2),可得斜截面上的正应力为

$$\sigma_\alpha = \frac{\sigma_x + \sigma_y}{2} + \frac{\sigma_x - \sigma_y}{2}\cos2\alpha - \tau_x\sin2\alpha = \frac{10+30}{2} + \frac{10-30}{2}\cos60° - 20\sin60°$$

$$= -2.32 \text{ MPa}$$

由式(9.3)可得斜截面上的切应力为

$$\tau_\alpha = \frac{\sigma_x - \sigma_y}{2}\sin2\alpha + \tau_x\cos2\alpha = \frac{10-30}{2}\sin60° + 20\cos60°$$

$$= 1.34 \text{ MPa}$$

所得的正应力 σ_α 为负值,表明它是压应力;切应力 τ_α 为正值,其方向则如图 9.6 所示。

2. 极值正应力和极值切应力

由式(9.2)和式(9.3)可以看出,斜截面上的应力 σ_α 和 τ_α 是随角 α 连续变化的。在分析构件的强度时,我们关心的是在哪一个截面上的应力为极值,以及它们的大小。由于 σ_α 和 τ_α 是 α 的连续函数,因此,可以利用高等数学中求极值的方法来确定应力极值及其所在截面的位置。现先求极值正应力。

由式(9.2),令 $\dfrac{d\sigma_\alpha}{d\alpha}=0$,得

$$\frac{d\sigma_\alpha}{d\alpha}=\frac{\sigma_x-\sigma_y}{2}(-2\sin2\alpha)-\tau_x(2\cos2\alpha)=0$$

即

$$\frac{\sigma_x-\sigma_y}{2}\sin2\alpha+\tau_x\cos2\alpha=0 \tag{9.4}$$

把式(9.4)与式(9.3)比较可知,极值正应力所在的平面,就是切应力 σ_α 为零的平面。这个切应力等于零的平面,叫作主平面,主平面上的正应力,叫作主应力。也就是说,在通过某点的各个平面上,其中的最大正应力和最小正应力就是该点处的主应力。

若以 α_0 表示主平面的法线 n 与 x 轴间的夹角,由式(9.4)可得

$$\frac{\sin2\alpha_0}{\cos2\alpha_0}=-\frac{\tau_x}{\dfrac{\sigma_x-\sigma_y}{2}}$$

即

$$\tan2\alpha_0=\frac{-2\tau_x}{\sigma_x-\sigma_y} \tag{9.5}$$

上式可确定 α_0 的两个数值,即 α_0 和 $\alpha_0'=\alpha_0+90°$,这表明,两个主平面是相互垂直的;同样,两个主应力也必相互垂直。在一个主平面上的主应力为最大正应力 σ_{max},另一个主平面上的主应力则为最小正应力 σ_{min}。在平面应力状态中,单元体上没有应力作用的平面也是一个主平面,如图9.4和图9.5所示单元体垂直于 z 轴的平面,也是主平面,它与另外两个主平面也互相垂直。在三个主平面上的主应力通常用 σ_1,σ_2 和 σ_3 来表示,并按代数值的大小顺序排列,即 $\sigma_1\geqslant\sigma_2\geqslant\sigma_3$。例如一平面应力状态的单元体,若其上的主应力分别为 $+150\ \text{MPa}$,$+50\ \text{MPa}$,则 $\sigma_1=+150\ \text{MPa}$,$\sigma_2=+50\ \text{MPa}$,$\sigma_3=0$;若两主应力分别为 $+150\ \text{MPa}$,$-50\ \text{MPa}$,则 $\sigma_1=+150\ \text{MPa}$,$\sigma_2=0\ \text{MPa}$,$\sigma_3=-50\ \text{MPa}$。

由式(9.5)求出 $\cos2\alpha_0$ 和 $\sin2\alpha_0$ 后代入式(9.2),得到两主平面上的最大正应力和最小正应力为

$$\left.\begin{array}{r}\sigma_{max}\\\sigma_{min}\end{array}\right\}=\frac{\sigma_x+\sigma_y}{2}\pm\sqrt{\left(\frac{\sigma_x-\sigma_y}{2}\right)^2+\tau_x^2} \tag{9.6}$$

上式两极值应力的方位角可确定如下:若按式(9.5)取 $2\alpha_0$ 为主值 $\left(-\dfrac{\pi}{2}\leqslant2\alpha_0\leqslant\dfrac{\pi}{2}\right)$ 代入式(9.2),可以看出,当 $\sigma_x\geqslant\sigma_y$ 时,$\dfrac{\sigma_x-\sigma_y}{2}\cos2\alpha_0\geqslant0$(因为 $\cos2\alpha_0\geqslant0$),$-\tau_x\sin2\alpha_0\geqslant0$(因为 $\tau_x\geqslant0$ 时,$\sin2\alpha_0\leqslant0$;当 $\tau_x<0$ 时,$\sin2\alpha_0>0$,所以 α_0 对应 σ_{max} 的方向,如图 9.7(a)所示;反

之，若 $\sigma_x < \sigma_y$，则 α_0 对应 σ_{min} 的方向。应当注意，在上式中，当 σ_{max} 和 σ_{min} 均为正值时，可将其分别表示为 σ_1，σ_2；如求出的 σ_{max} 和 σ_{min} 出现负值，则应按主应力的代数值的排列次序，将其分别表示为 σ_1，σ_3 或 σ_2，σ_3。一点的应力状态，还可以用按主平面位置截取出的单元体及其上的主应力来表示，这种表示方法更为简单明确。

现再求极值切应力。由式(9.3)，令 $\dfrac{\mathrm{d}\tau_\alpha}{\mathrm{d}\alpha} = 0$，得

$$\frac{\mathrm{d}\tau_\alpha}{\mathrm{d}\alpha} = (\sigma_x - \sigma_y)\cos2\alpha - 2\tau_x\sin2\alpha = 0 \tag{9.7}$$

若以 α_1 表示极值切应力所在平面的法线与 x 轴间的夹角，则由式(9.7)可得

$$\tan2\alpha_1 = \frac{\sigma_x - \sigma_y}{2\tau_x} \tag{9.8}$$

上式也确定互成90°的两个 α_1 值，即 α_1 和 $\alpha_1' = \alpha_1 + 90°$。

比较式(9.5)与式(9.8)可见

$$\tan2\alpha_1 = -\cot2\alpha_0 = \tan(2\alpha_0 + 90°)$$

$$\alpha_1 = \alpha_0 + 45°$$

与式(9.6)的推导过程类似，由式(9.8)求出 $\sin2\alpha_1$ 及 $\cos2\alpha_1$ 后，代入式(9.3)可求得最大切应力和最小切应力为

$$\left.\begin{array}{r}\tau_{max}\\ \tau_{min}\end{array}\right\} = \pm\sqrt{\left(\frac{\sigma_x - \sigma_y}{2}\right)^2 + \tau_x^2} \tag{9.9}$$

再由式(9.6)，上式也可写成

$$\left.\begin{array}{r}\tau_{max}\\ \tau_{min}\end{array}\right\} = \pm\frac{\sigma_{max} - \sigma_{min}}{2} \tag{9.10}$$

若按式(9.8)取 $2\alpha_1$ 为主值 $\left(-\dfrac{\pi}{2} \leqslant 2\alpha_1 \leqslant \dfrac{\pi}{2}\right)$ 代入式(9.3)可得：若 $\tau_x \geqslant 0$，则 α_1 对应 τ_{max} 作用面；若 $\tau_x < 0$，则 α_1 对应 τ_{min} 作用面。极值切应力作用面与极值正应力作用面的关系为：由 σ_{max} 作用面顺时针转45°至 τ_{min} 作用面，逆时针转45°至 τ_{max} 作用面，如图9.7(a)所示。τ_{max} 与 τ_{min} 分别作用在相互垂直的平面上，大小相等、转向相反，符合切应力互等定理。

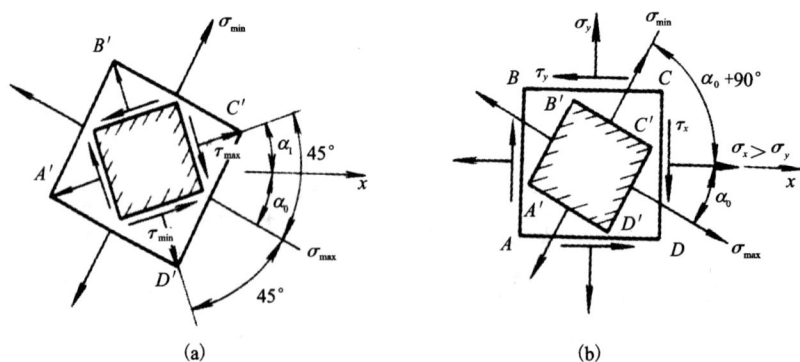

图9.7 单元体上极值正应力与极值切应力变化关系示意

还须指出，例如在图9.7(b)中，当单元体由 $ABCD$ 位置转到 $A'B'C'D'$ 位置的过程中，其应力的数值也随之改变，但是单元体的两互相垂直平面上的正应力之和则保持不变。例如单元体 $ABCD$ 上的两正应力之和 $\sigma_x + \sigma_y$，应等于单元体 $A'B'C'D'$ 上两主应力之和 $\sigma_{max} + \sigma_{min}$。这个关系建议读者自己证明。

例题 9.2 试求例9.1所示单元体(图9.6)的主应力和最大剪应力。

解：

(1)求主应力。

已知 $\sigma_x = +10$ MPa，$\sigma_y = 30$ MPa，$\tau_x = +20$ MPa，$\tau_y = -20$ MPa，将其代入式(9.6)，得主应力的值为

$$\left.\begin{array}{c}\sigma_{max}\\\sigma_{min}\end{array}\right\} = \frac{\sigma_x + \sigma_y}{2} \pm \sqrt{\left(\frac{\sigma_x - \sigma_y}{2}\right)^2 + \tau_x^2} = \frac{10+30}{2} \pm \sqrt{\left(\frac{10-30}{2}\right)^2 + 20^2}$$

$$= \begin{cases} +42.4 \text{ MPa} & （拉应力） \\ -2.4 \text{ MPa} & （压应力） \end{cases}$$

由此得 $\sigma_1 = 42.4$ MPa，$\sigma_2 = 0$ MPa，$\sigma_3 = -2.4$ MPa

不难得到 $\sigma_1 + \sigma_3 = \sigma_x + \sigma_y = 40$ MPa。利用这个关系可以校核计算结果的正确性。

现在确定主干面的位置。由式(9.5)可知

$$\tan 2\alpha_0 = -\frac{2\tau_x}{\sigma_x - \sigma_y} = \frac{-2 \times 20}{10-30} = 2$$

取主值 $2\alpha_0 = 63°26'$，得 $\alpha_0 = 31°43'$。

因为 $\sigma_x < \sigma_y$，所以由 x 轴逆时针转 $31°43'$，至 σ_{min} 作用面法向，顺时针转 $90° - 31°43' = 58°17'$ 至 σ_{max} 作用面法向，最后得到由主平面表示的单元体，如图9.8所示。

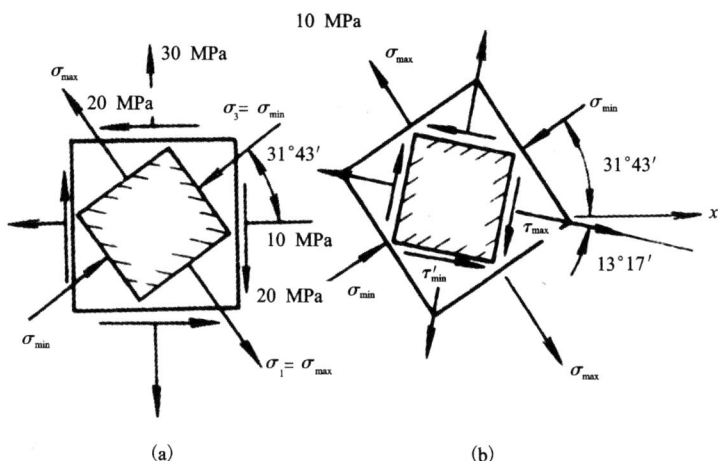

图9.8 单元体

(2)求极值切应力。

将 σ_x，σ_y 和 τ_x 代入式(9.9)

$$\left.\begin{array}{c}\tau_{\max}\\\tau_{\min}\end{array}\right\} = \pm\sqrt{\frac{\sigma_x - \sigma_y}{2} + \tau_x^2} = \sqrt{\left(\frac{10-30}{2}\right)^2 + 20^2} = \pm 22.4 \text{ MPa}$$

得 $\tau_{\max} = 22.4 \text{ MPa}$。

如用式(9.10)计算, 也可得到同样的结果。

再确定极值切应力的作用面。由式(9.8)可知

$$\tan 2\alpha_1 = \frac{\sigma_x - \sigma_y}{2\tau_x} = \frac{10-30}{2\times 20} = -0.5$$

故 $2\alpha_1 = -26°34'$, 得 $\alpha_1 = -13°17'$。

因为 $\tau_x = 20 \text{ MPa} > 0$, 所以由 x 轴顺时针转 $13°17'$ 至 $\tau_{\max}$ 作用面的法向。

3. 纯剪切和单向应力状态

前面已经得到平面应力状态的应力转换方程式(9.2)、式(9.3), 在此基础上, 现在再来讨论平面应力状态的两种特殊情况——纯剪切和单向应力状态。

(1)纯剪切应力状态。

我们知道, 圆轴扭转时在横截面的周边上切应力最大, 如在此处按横截面、径向截面和与表面平行的截面截取单元体, 则这个单元体处于纯剪切应力状态, 如图9.9(a)和图9.9(b)所示。为了得到此单元体任意斜截面上应力的计算公式, 可令式(9.2)、式(9.3)中的 $\sigma_x = \sigma_y = 0$, 从而得到

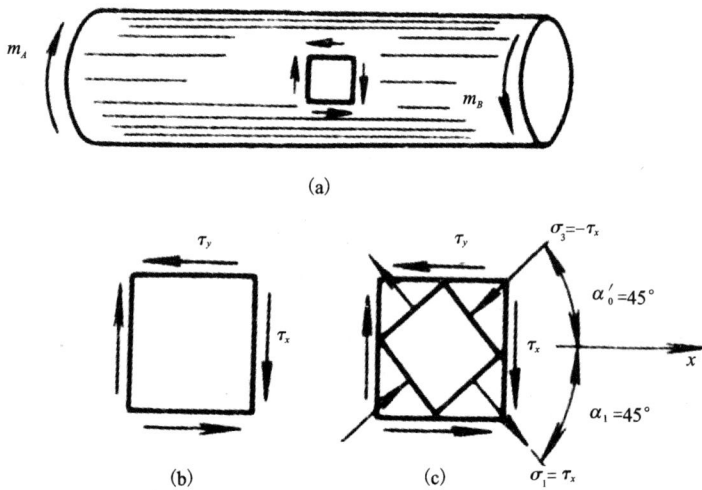

图9.9 圆轴扭转时截取的表面纯剪切应力状态单元体示意

$$\sigma_\alpha = -\tau_x \sin 2\alpha \tag{9.11}$$

$$\tau_\alpha = +\tau_x \cos 2\alpha \tag{9.12}$$

由上两式可知, 当 $\alpha_0 = -45°$ 和 $\alpha_0' = +45°$ 时, σ_α 为极值, 且 $\tau_\alpha = 0$, 即

$$\alpha_0 = -45° 时, \sigma_{\max} = \sigma_1 = \tau_x, \tau_\alpha = 0$$

$$\alpha_0' = +45° 时, \sigma_{\min} = \sigma_3 = -\tau_x, \tau_\alpha' = 0$$

由此可知，当单元体处于纯剪切应力状态时，主平面与纯剪切面成45°，其上的主应力值为 $\sigma_1 = -\sigma_3 = |\tau_x|$，如图9.9(c)所示。这是平面应力状态中的一个重要的应力变换。

（2）单向应力状态。

在图9.10(a)所示的拉伸直杆中，若自 A 点处截取一单元体，则其应力状态如图9.10(b)所示，这是一个单向应力状态。

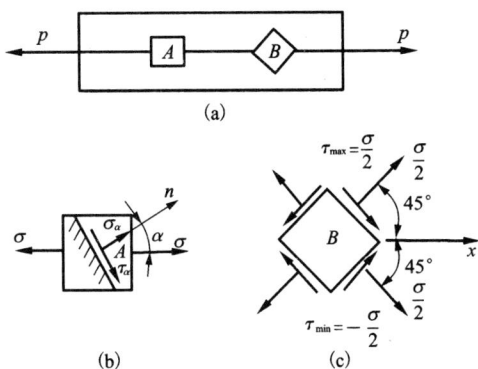

图9.10　拉伸直杆上不同方位的单元体应力状态分析示意

为求单向应力状态下单元体任意斜截面上的应力，仍可利用式(9.2)和式(9.3)，令式中的 $\sigma_x = \sigma$，$\sigma_y = \tau_x = 0$，由此可得

$$\sigma_\alpha = \frac{\sigma}{2}(1 + \cos 2\alpha) \tag{9.13}$$

$$\tau_\alpha = \frac{\sigma}{2}\sin 2\alpha \tag{9.14}$$

此即单向应力状态下任意斜截面上应力的计算公式。

当 $\alpha = \pm 45°$ 时，由式(9.14)可得极值切应力为

$$\left.\begin{array}{r}\tau_{max}\\\tau_{min}\end{array}\right\} = \pm\frac{\sigma}{2}$$

并由式(9.13)，得此截面上的正应力为

$$\sigma_{45°} = \sigma_{-45°} = \frac{\sigma}{2}$$

由此可知，在轴向拉伸（或压缩）时，杆的最大正应力即为横截面上的正应力；最大切应力则在与杆轴成45°的斜截面上，其值为横截面上正应力的一半。

应该注意，如果在轴向拉伸（压缩）的杆件中，沿与杆轴成 $\pm 45°$ 的斜截面截取单元体，则这个单元体的应力状态将如图9.10(c)所示，其四个斜截面上除最大和最小切应力外还有正应力，看起来似乎是平面应力状态，但实际上却是单向应力状态。

9.3 二向应力状态分析的图解法

1. 应力圆方程

由式(9.2)和式(9.3)可知,图9.5(a)中平面应力状态任意斜截面上的应力 σ_α 与 τ_α 是 α 的一元函数,即这两式可以看作表示 σ_α 与 τ_α 之间函数关系的参数方程,消除其中的参数 α,则可以得到 σ_α 与 τ_α 之间的直接关系式。为此,将式(9.2)改写成

$$\sigma_\alpha - \frac{\sigma_x + \sigma_y}{2} = \frac{\sigma_x - \sigma_y}{2}\cos2\alpha - \tau_x\sin2\alpha$$

然后,将以上改写式与式(9.3)分别两边平方后相加,于是得

$$\left(\sigma_\alpha - \frac{\sigma_x + \sigma_y}{2}\right)^2 + \tau_\alpha^2 = \left(\frac{\sigma_x - \sigma_y}{2}\right)^2 + \tau_x^2$$

可以看出,上式表示以 σ 为横坐标轴、τ 为纵坐标轴的平面内的一个圆,其圆心坐标 C 为 $\left(\frac{\sigma_x + \sigma_y}{2}, 0\right)$,半径 R 为 $\sqrt{\left(\frac{\sigma_x - \sigma_y}{2}\right)^2 + \tau_x^2}$,此圆称为应力圆或莫尔圆。其意义可理解为:一点的应力状态可用应力圆来表示,该点任意斜截面上的正应力和切应力对应 $\sigma - \tau$ 坐标系中的一个定点,所有这些点的轨迹为一个圆,即应力圆;反过来说,应力圆圆周上的任意一点的横、纵坐标代表微体上某一斜截面上的正应力和切应力。

2. 应力圆的绘制

对于图9.11(a)所示的应力状态,可以采用两种方法绘制应力圆。

第一种方法是直接利用应力圆的圆心与半径绘制,在如图9.11所示的 $\sigma - \tau$ 坐标系内,按照一定的比例尺取横坐标 $\frac{\sigma_x + \sigma_y}{2}$,纵坐标 0,确定为圆心 C,绘制半径为 $\sqrt{\left(\frac{\sigma_x - \sigma_y}{2}\right)^2 + \tau_x^2}$ 的圆,即为应力圆。此种绘制方法简单直观,但不利于应用,一般情况下采用下面的方法绘制。

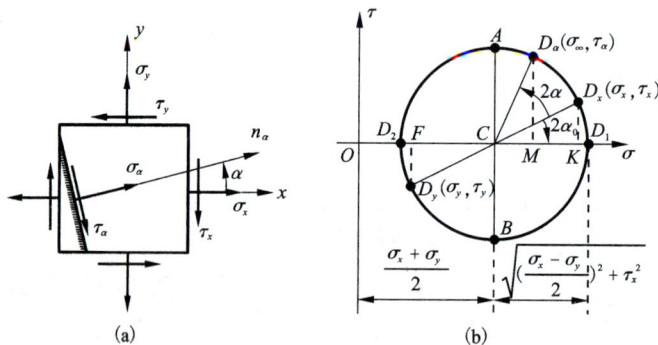

图9.11 根据应力状态绘制应力圆方法示意

第二种绘制方法的过程如下:在如图9.11所示的 $\sigma - \tau$ 坐标系内,选取一定的比例尺。设与 x 截面对应的点为 $D_x(\sigma_x, \tau_x)$,与 y 截面对应的点为 $D_y(\sigma_y, \tau_y)$,作点 D_x 和 D_y,并连

接 D_x 和 D_y，与 σ 轴交于 C 点，由于 τ_x 与 τ_y 的数值相等，$\overline{D_xK}$ 与 $\overline{D_yF}$ 长度相等，因此连线 $\overline{D_xD_y}$ 与 σ 轴交点 C 的横坐标为 $\dfrac{\sigma_x+\sigma_y}{2}$，即 C 点即为圆心。又由

$$\overline{CD_x}=\sqrt{\overline{CK}^2+\overline{KD_x}^2}=\sqrt{(\overline{OK}-\overline{CO})^2+\overline{KD_x}^2}$$

$$=\sqrt{\left(\sigma_x-\frac{\sigma_x+\sigma_y}{2}\right)^2+\tau_x^2}=\sqrt{\left(\frac{\sigma_x-\sigma_y}{2}\right)^2+\tau_x^2}$$

可知 $\overline{CD_x}$ 即为半径。于是以 C 点为圆心，以 $\overline{CD_x}$ 为半径作圆，即得到相应的应力圆。

3. 应力圆的应用

应力圆圆周上任意一点的横、纵坐标代表微体上某一斜截面上的正应力与切应力。当采用第二种绘制方法确定应力圆后，欲求 α 截面上的应力，只须从图 9.11(b) 中应力圆的 D_x 点依照微体上 α 相同的转向量取圆弧 $\overset{\frown}{D_xD_\alpha}$，使其对应的圆心角 $\angle D_xCD_\alpha=2\alpha$，则点 D_α 的横、纵坐标即为 α 截面上按照给定比例尺下的正应力与切应力。现证明如下：

设圆心角 $\angle D_xCD_1=2\alpha_0$，则

$$\overline{OM}=\overline{OC}+\overline{CM}=\overline{OC}+\overline{CD_\alpha}\cos(2\alpha_0+2\alpha)=\overline{OC}+\overline{CD_x}\cos(2\alpha_0+2\alpha)$$

$$=\overline{OC}+(\overline{CD_x}\cos2\alpha_0)\cos2\alpha+(\overline{CD_x}\sin2\alpha_0)\sin2\alpha$$

$$=\overline{OC}+\overline{CK}\cos2\alpha+\overline{KD_x}\sin2\alpha$$

$$=\frac{\sigma_x+\sigma_y}{2}+\frac{\sigma_x-\sigma_y}{2}\cos2\alpha-\tau_x\sin2\alpha=\sigma_\alpha$$

同理可得 $\overline{D_\alpha M}=\tau_\alpha$。这就证明了点 D_α 的横、纵坐标即为 α 截面上按照给定比例尺下的正应力与切应力。

需要说明的是，应力圆上的点与微体内的截面是一一对应的，而应力圆的圆心角为 $360°$。因此 α 仅需考虑 $[0°,180°]$ 或 $[-90°,90°]$ 即可，这是因为 α 与 $\alpha+180°$ 属于同一截面的两个方向，而该点同一截面上的应力应该是相等的。另外，α 与 $\alpha+90°$ 的两个面对应的点，位于应力圆的同一直径上。

利用图 9.11(b) 中的应力圆也可确定正应力与切应力的极值及其方位。应力圆与 σ 轴相交于 D_1 与 D_2 点，它们的横坐标对应正应力两极值，而且它们的纵坐标为零，说明 D_1 与 D_2 点对应的截面是主平面，对应的正应力为主应力，即

$$\left.\begin{matrix}\sigma_{D_1}\\\sigma_{D_2}\end{matrix}\right\}=\left.\begin{matrix}\sigma_{\max}\\\sigma_{\min}\end{matrix}\right\}=\overline{OC}\pm\overline{CD_1}=\frac{\sigma_x+\sigma_y}{2}\pm\sqrt{\left(\frac{\sigma_x-\sigma_y}{2}\right)^2+\tau_x^2}$$

即式 (9.6)。在应力圆上从 D_x 点到 D_1 点所对应的圆心角为顺时针的 $2\alpha_0$，则说明单元体中主方向为从 x 轴顺时针转过 α_0 的方向，且由图中几何关系可得

$$\tan2\alpha_0=-\frac{\overline{D_xK}}{\overline{CK}}=-\frac{\tau_x}{\dfrac{\sigma_x-\sigma_y}{2}}=-\frac{2\tau_x}{\sigma_x-\sigma_y}$$

由于 D_1 与 D_2 两点在同一条直径上，因此，最大正应力与最小正应力所在截面相互垂直。

同时，图 9.11(b) 中应力圆上存在 A 与 B 两个极值点，在这两个点上，切应力取到极大

值和极小值，即

$$\left.\begin{array}{c}\tau_A \\ \tau_B\end{array}\right\} = \left.\begin{array}{c}\tau_{\max} \\ \tau_{\min}\end{array}\right\} = \pm \sqrt{\left(\frac{\sigma_x - \sigma_y}{2}\right)^2 + \tau_x^2}$$

由于 A 与 B 两点在同一条直径上，因此，最大与最小正应力所在截面相互垂直。又由 AB 垂直于 D_1D_2 可知，切应力取极值的截面与正应力取极值的截面成 $45°$ 夹角。

4. 几种特殊的平面应力状态的应力圆

应力圆对于理解一点的应力状态的特征非常直观，下面简要介绍几种特殊的应力状态的应力圆。

（1）单向拉伸。

从图 9.12（b）中应力圆可以看出，图 9.12（a）中的单向拉伸应力状态下正应力的极大值出现在横截面上，大小为 σ_0，极小值出现在纵截面上，大小为 0；切应力的极值出现在 $\pm 45°$ 的斜截面上，绝对值为 $\sigma_0/2$，且在此斜截面上正应力的大小也为 $\sigma_0/2$。

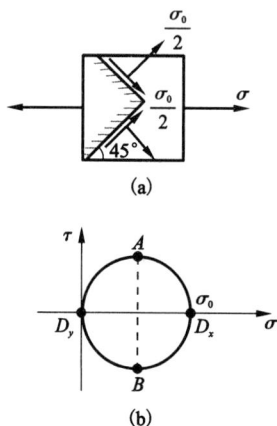

（2）单向压缩。

从图 9.13（b）中应力圆可以看出，图 9.13（a）中的单向压缩应力状态下正应力的极大值出现在纵截面上，大小为 0，极小值出现在横截面上，绝对值为 σ_0；切应力的极值出现在 $\pm 45°$ 的斜截面上，绝对值为 $\sigma_0/2$，且在此斜截面上正应力的大小为 $-\sigma_0/2$。

图 9.12 单向拉伸时的应力状态与应力圆关系示意

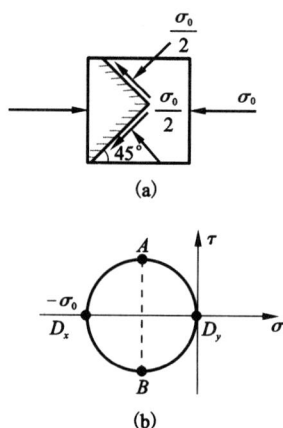

图 9.13 单向压缩时的应力状态与应力圆关系示意

（3）纯剪切。

从图 9.14（b）中应力圆可以看出，图 9.14（a）中的纯剪切应力状态属于二向应力状态，正应力的极值出现在 $\pm 45°$ 的斜截面上，绝对值为 τ_0。

（4）两向均匀拉伸或压缩。

图 9.15（b）和图 9.16（b）分别给出了图 9.15（a）和图 9.16（a）中两向均匀拉伸

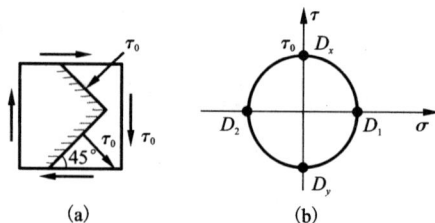

图 9.14 纯剪切时的应力状态与应力圆关系示意

和均匀压缩应力状态的应力圆，从图中可以看出，两应力圆均退化为 σ 轴上的一个点，这说明两向均匀拉伸和压缩应力状态任意斜截面上的应力对应的点均为此点，而此点对应的切应力为零，这说明两向均匀拉伸和压缩应力状态任意斜截面都是其主平面，且各主平面上的主应力相等。由这一结论可以推断，中面为圆形或其他任意形状的均质薄板，在周边受到压强为 σ_0 的均布压力（拉力）作用时（图 9.17），其内部任取一微体的应力状态均为图 9.15（a）和图 9.16（a）中两向均匀压缩（或拉伸）应力状态。

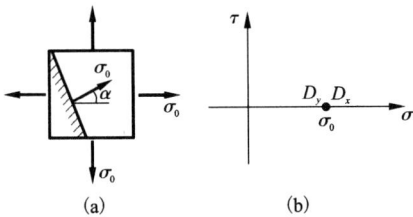

图 9.15　两向均匀拉伸时的
应力状态与应力圆关系示意

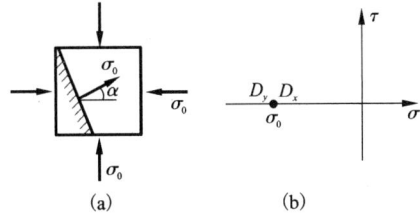

图 9.16　两向均匀压缩时的
应力状态与应力圆关系示意

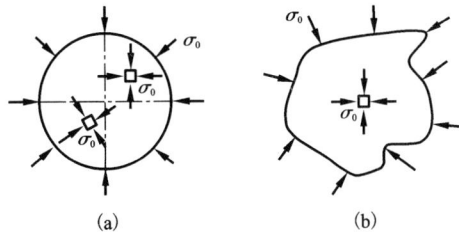

图 9.17　中面为圆形或其他形状的均质薄板周边受均布压（拉）力时的应力状态

例题 9.3　用图解法求解。

解：（1）求斜截面上的应力。

首先，建立 $\sigma - \tau$ 坐标系，选定比例尺。由 $(-70, 50)$ 与 $(0, -50)$ 分别确定 D_x 和 D_y 点，以 $D_x D_y$ 为直径作出应力圆，如图 9.18 所示。

为确定 $60°$ 斜截面上的应力，在应力圆上从 D_x 点逆时针转过圆心角 $2 \times 60° = 120°$ 至 D 点，所得 D 点即为应力圆上 $60°$ 斜截面对应的点。按照选定的比例尺，量得 $\overline{DN} = 60.8$ MPa，$\overline{DM} = 55.3$ MPa。由此得 $60°$ 斜截面上的应力为

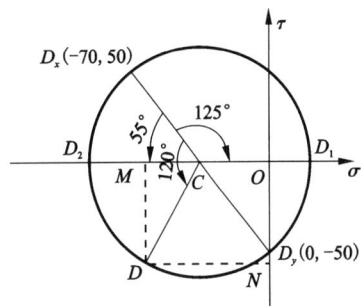

图 9.18　应力求解的图解法示意

$$\sigma_{60°} = -60.8 \text{ MPa}, \quad \tau_{60°} = -55.3 \text{ MPa}$$

（2）确定主平面和主应力。

应力圆与 σ 轴交于 D_1、D_2 点，按照选定的比例尺，量得 $\overline{OD_1} = 26$ MPa，$\overline{OD_2} = 96$ MPa，且从应力图中量得 $\angle D_x C D_1 = 125°$，$\angle D_x C D_2 = 55°$。即从 x 轴顺时针方向转动 $62.5°$ 和逆时针方向转动 $27.5°$ 的两个方向对应的平面为主平面，且主应力为

$$\sigma_{-62.5°} = 26 \text{ MPa}, \quad \sigma_{27.5°} = -96 \text{ MPa}$$

9.4 空间应力状态

1. 空间应力状态的概念和实例

一般说来，自受力构件中截取出的空间应力状态的单元体，其三个互相垂直平面上的应力可能是任意方向的，但都可以将其分解为垂直于其作用面的正应力和平行于单元体棱边的两个切应力，如图 9.19(a) 所示。理论分析证明，与平面应力状态类似，对于这样的单元体，也一定可以找到三对相互垂直的平面，在这些平面上没有切应力，而只有正应力。也就是说，按这三对平面截取的单元体只有三个主应力作用，如图 9.19(b) 所示。这是表示空间应力状态的常用方式。

工程实际中也常会接触到空间应力状态。例如在地层一定深度处所取的单元体（图 9.20），在竖向受到地层的压力，所以在上、下平面上有主应力 σ_3，但由于局部材料被周围大量材料包围，侧向变形受到阻碍，故单元体的四个侧面也受到侧向的压力，因而有主应力 σ_1 和 σ_2，所以这一单元体是空间应力状态。又如滚珠轴承中的滚珠与内环的接触处（图 9.21），也是三向压缩的应力状态。

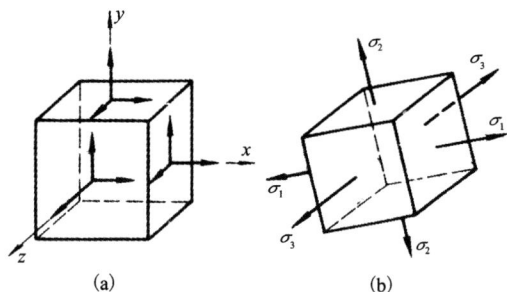

图 9.19 空间应力状态的表征示意

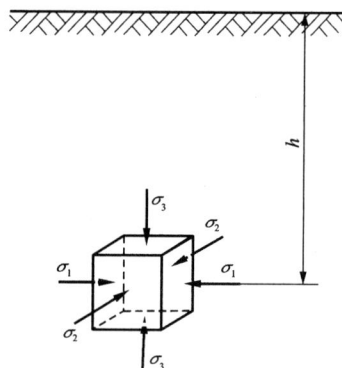

图 9.20 在地层一定深度处所取的单元体

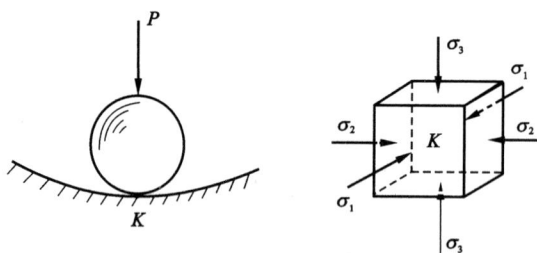

图 9.21 滚珠轴承的滚珠与内环接触处的三向压缩应力状态示意

由前述可见，一点的应力状态总可以用三个主平面上的主应力来表示，这种表示方法比较简单明确。确切地说，应力状态的分类应按主应力的数目来划分，即：三个主应力均不等于零的应力状态为空间应力状态（或称三向应力状态）；两个主应力不等于零的应力状态为平面应力状态(或称二向应力状态);而只有一个主应力不等于零的应力状态则为单向应力状态。

2. 最大正应力和最大切应力

理论分析证明,对各类应力状态的单元体,第一主应力 σ_1 是各不同方向截面上正应力的最大值,而第三主应力 σ_3 则是各不同方向截面上正应力中的最小值,即

$$\sigma_{\max} = \sigma_1, \quad \sigma_{\min} = \sigma_3 \tag{9.15}$$

理论分析还证明,各类应力状态的单元体,最大切应力之值为

$$\tau_{\max} = \frac{\sigma_1 - \sigma_3}{2} \tag{9.16}$$

其作用面与最大主应力 σ_1 和最小主应力 σ_3 的所在平面各成顺时针向及逆时针向的 45° 角,且与主应力 σ_2 的作用面垂直,如图 9.22(a) 所示。最大切应力作用面上的正应力值为 $\frac{\sigma_1 + \sigma_3}{2}$。因此,对平面应力状态,要特别注意算得的 $\sigma_{\max}$ 及 $\sigma_{\min}$,只有分别为 σ_1 和 σ_3 时,由式(9.9)或式(9.10)算得的极值切应力(也称主切应力)才是单元体各截面中的最大切应力。

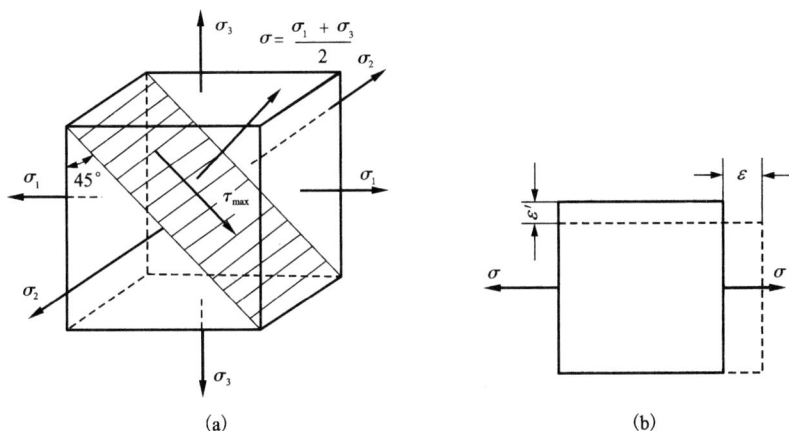

图 9.22　单元体最大正应力和最大切应力关系及单向应力状态下应力与应变关系示意

3. 广义虎克定律

现在再来讨论空间应力状态下应力与应变的关系。前面曾介绍过轴向拉伸构件的变形计算,得到了单向应力状态下应力与应变的关系[图 9.22(b)],即与应力方向一致的纵向应变为

$$\varepsilon = \frac{\sigma}{E}$$

垂直于应力方向的横向应变为

$$\varepsilon' = -\upsilon\varepsilon = -\upsilon\frac{\sigma}{E}$$

在空间应力状态下,单元体同时受到 σ_1,σ_2 和 σ_3 的作用[图 9.23(a)]。此时若计算沿 σ_1 方向的第一棱边的变形,则由 σ_1 引起的应变[图 9.23(b)]为

$$\varepsilon' = \frac{\sigma_1}{E}$$

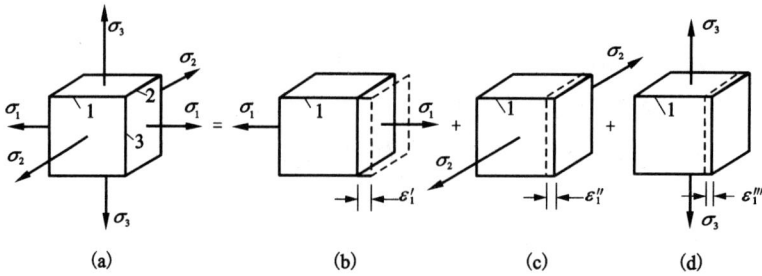

图9.23 空间应力状态下应力与应变的关系示意

因 σ_2 和 σ_3 而引起的应变[图9.23(c)、图9.23(d)]则为

$$\varepsilon'' = -v\frac{\sigma_2}{E}, \quad \varepsilon''' = -v\frac{\sigma_3}{E}$$

因此,沿主应力 σ_1 方向的总应变为

$$\varepsilon_1 = \varepsilon_1' + \varepsilon_1'' + \varepsilon_1'''$$

即

$$\left. \begin{array}{l} \varepsilon_1 = \dfrac{1}{E}\left[\sigma_1 - v(\sigma_2 + \sigma_3)\right] \\[2mm] \varepsilon_2 = \dfrac{1}{E}\left[\sigma_2 - v(\sigma_3 + \sigma_1)\right] \\[2mm] \varepsilon_3 = \dfrac{1}{E}\left[\sigma_3 - v(\sigma_1 + \sigma_2)\right] \end{array} \right\} \tag{9.17}$$

式(9.17)给出了在空间应力状态下,任意一点处沿主应力方向的线应变与主应力之间的关系,通常称之为广义虎克定律,它只有在线弹性条件下才能成立。式中的 σ_1, σ_2 和 σ_3 均应以代数值代入,求出的 ε_1, ε_2 与 ε_3,若为正值则表示应变为伸长;若为负值则表示应变为缩短。与主应力的顺序类似,按代数值排列,这三个线应变的顺序是 $\varepsilon_1 \geqslant \varepsilon_2 \geqslant \varepsilon_3$。并且,沿 σ_1 方向的线应变 ε_1 是所有不同方向线应变中的最大值,即

$$\varepsilon_{max} = \varepsilon_1 \tag{9.18}$$

在线弹性和小变形条件下,切应力不引起线应变。因此,若单元体各面不是主平面,则只须将式(9.17)中各符号的下标1,2,3相应改为 x, y, z,即得线应变 ε_x, ε_y, ε_z 与正应力 σ_x, σ_y, σ_z 之间的关系式。应用该式,可通过测得构件表面任一点正交方向的线应变,求得相应方向的正应力。

4. 体积虎克定律

现在讨论微体的体积改变与应力的关系。设如图9.24所示的主平面微体各边边长分别为 dx, dy 和 dz,则变形前其体积为

$$dV = dxdydz$$

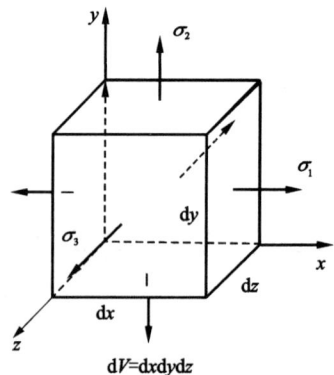

图9.24 空间应力状态下主平面微体的体积改变与应力关系示意

变形后，微体各边边长分别变为 $(1+\varepsilon_1)\mathrm{d}x$，$(1+\varepsilon_2)\mathrm{d}y$ 和 $(1+\varepsilon_3)\mathrm{d}z$，于是变形后的体积为

$$\mathrm{d}V' = (1+\varepsilon_1)(1+\varepsilon_2)(1+\varepsilon_3)\mathrm{d}x\mathrm{d}y\mathrm{d}z$$

展开上式并忽略高阶小量（各方向应变相对于 1 是小量），得

$$\mathrm{d}V' = (1+\varepsilon_1+\varepsilon_2+\varepsilon_3)\mathrm{d}x\mathrm{d}y\mathrm{d}z$$

由此可得微体的体积变化率，即体应变为

$$\theta = \frac{\mathrm{d}V'-\mathrm{d}V}{\mathrm{d}V} = \varepsilon_1+\varepsilon_2+\varepsilon_3 \tag{9.19}$$

将式（9.17）代入式（9.19）得

$$\theta = \frac{1-2v}{E}(\sigma_1+\sigma_2+\sigma_3) = \frac{3(1-2v)\sigma_{\mathrm{av}}}{E} \tag{9.20}$$

令 $K = \dfrac{E}{3(1-2v)}$，则上式改写为

$$\theta = \frac{\sigma_{\mathrm{av}}}{K} \tag{9.21}$$

此即为体积虎克定律，其中 K 为体积弹性模量。上式表明，体应变与平均应力成正比。

例题 9.4　截面为 20 mm×40 mm 的矩形截面拉杆受力如图 9.25(a) 所示。已知材料常数 $E = 200$ GPa，$v = 0.3$，与水平方向成 60° 的应变片上测得的应变为 $\varepsilon_u = 270 \times 10^{-6}$。求 P 的大小。

解：由拉压杆件横截面上应力公式可得

$$\sigma = \frac{P}{A}$$

在 B 处取一微体，并建立如图 9.25(b) 所示坐标系，则有

$$\sigma_x = 0，\quad \sigma_y = \sigma = \frac{P}{A}，\quad \tau_x = 0$$

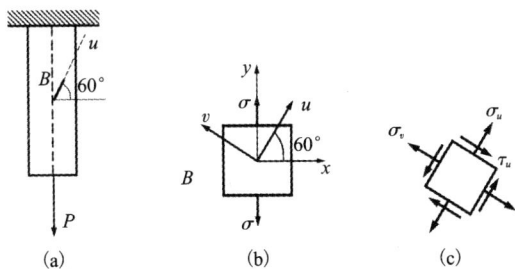

图 9.25　矩形截面拉杆受力与微体应力分析示意

由平面应力状态斜截面上的应力公式（9.17），可计算出图 9.25(c) 中微体上的正应力为

$$\sigma_u = \sigma_{60°} = \frac{\sigma_x+\sigma_y}{2} + \frac{\sigma_x-\sigma_y}{2}\cos 120° = \frac{\sigma}{2} + \frac{-\sigma}{2}\cos 120° = \frac{P}{2A} + \frac{P}{2A}\cdot\frac{1}{2} = \frac{3P}{4A}$$

$$\sigma_v = \sigma_{150°} = \frac{\sigma}{2} + \frac{-\sigma}{2}\cos 300° = \frac{P}{2A} - \frac{P}{2A}\cdot\frac{1}{2} = \frac{P}{4A}$$

由平面应力状态的广义虎克定律可得

$$\varepsilon_u = \frac{1}{E}(\sigma_u - v\sigma_v)$$

将 σ_u 和 σ_v 代入上式可得

$$P = \frac{4\varepsilon_u EA}{3-v} = \frac{270 \times 10^{-6} \times 200 \times 10^9 \times 4 \times 20 \times 40 \times 10^{-6}}{3-0.3} = 64 \times 10^3 \text{ N} = 64 \text{ kN}$$

例题9.5　在一个体积较大的钢块上有一 20 mm × 25 mm 的长方形凹座,现将一尺寸相同的长方形铝块放入其中,铝块顶面受到合力 $P = 50$ kN 的均布压力作用,如图 9.26(a)所示。假设铝块侧面和底面与凹座光滑接触,且钢块不变形,求铝块的主应力。已知铝块材料常数 $E = 70$ GPa,$v = 0.3$。

解: 铝块横截面上的压应力为

$$\sigma = -\frac{P}{A} = -\frac{50 \times 10^3}{20 \times 10^{-3} \times 25 \times 10^{-3}} = -100 \times 10^6 \text{ Pa} = -100 \text{ MPa}$$

在顶面受到均布压力的作用下,铝块的横向受到钢块的约束而不能发生变形,引起了横向的应力,即铝块处于三向应力状态,如图 9.26(b)所示,在图 9.26(b)的坐标系中,有

$$\varepsilon_x = \varepsilon_z = 0, \ \sigma_y = \sigma = -100 \text{ MPa} \tag{9.22}$$

由式(9.17)可得

$$\varepsilon_x = \frac{1}{E}\left[\sigma_x - v(\sigma_y + \sigma_z)\right]$$

$$\varepsilon_y = \frac{1}{E}\left[\sigma_y - v(\sigma_z + \sigma_x)\right]$$

$$\varepsilon_z = \frac{1}{E}\left[\sigma_z - v(\sigma_x + \sigma_y)\right]$$

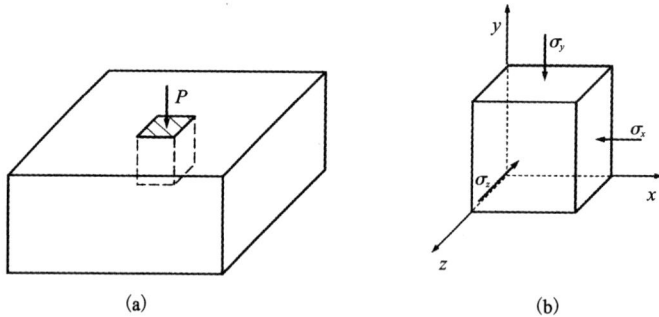

图9.26　长方形凹座中的铝块受力图

以上三式联立式(9.22)可解得

$$\sigma_x = \sigma_z = \frac{v}{1-v}\sigma_y = \frac{0.3}{1-0.3} \times (-100) = -42.86 \text{ MPa}$$

从而三个主应力为

$$\sigma_1 = \sigma_2 = -42.86 \text{ MPa}, \ \sigma_3 = -100 \text{ MPa}$$

9.5　复杂应力状态下的应变能与畸变能

1. 复杂应力状态下的应变能密度

考虑图 9.24 所示的主平面微体，当 σ_1，σ_2 和 σ_3 按照一定的比例从零开始增大到其最终值[①]时，在线弹性范围内 σ_1，σ_2 和 σ_3 分别与 ε_1，ε_2 与 ε_3 成正比。因此，微体上外力 $\sigma_1 \mathrm{d}y\mathrm{d}z$，$\sigma_2 \mathrm{d}z\mathrm{d}x$ 和 $\sigma_3 \mathrm{d}x\mathrm{d}y$ 分别在所发生的位移 $\varepsilon_1 \mathrm{d}x$，$\varepsilon_2 \mathrm{d}y$ 与 $\varepsilon_3 \mathrm{d}z$ 上所做的功，即微体的应变能为

$$\mathrm{d}W = \mathrm{d}V_\varepsilon = \frac{\sigma_1 \mathrm{d}y\mathrm{d}z \cdot \varepsilon_1 \mathrm{d}x}{2} + \frac{\sigma_2 \mathrm{d}z\mathrm{d}x \cdot \varepsilon_2 \mathrm{d}y}{2} + \frac{\sigma_3 \mathrm{d}x\mathrm{d}y \cdot \varepsilon_3 \mathrm{d}z}{2}$$

由此得单位体积内的应变能即应变能密度为

$$v_\varepsilon = \frac{1}{2}(\sigma_1 \varepsilon_1 + \sigma_2 \varepsilon_2 + \sigma_3 \varepsilon_3) \tag{9.23}$$

将广义虎克定律式(9.17)代入上式得

$$v_\varepsilon = \frac{1}{2E}\left[\sigma_1^2 + \sigma_2^2 + \sigma_3^2 - 2v(\sigma_1 \sigma_2 + \sigma_2 \sigma_3 + \sigma_3 \sigma_1)\right] \tag{9.24}$$

2. 畸变能密度

当作用在微体三个主方向的主应力 σ_1，σ_2 和 σ_3 不相等时，相应的主应变 ε_1，ε_2 与 ε_3 也不相等，这使得微体三个方向的边长变化率也不相同，如原来为正方体的微体将变成长方体，可见单元体的变形一般不仅表现为体积的改变，还存在形状的改变。这样微体内的应变能也可以分为两部分：一部分为因体积改变而储存的应变能，相应的应变能密度称为体积改变能密度，用 v_V 表示；另一部分为因形状改变而储存的应变能，相应的应变能密度称为畸变能密度，用 v_d 表示。现分别研究它们的计算方法以及与应变能密度的关系。

如图 9.27(a)所示，任意三向应力状态的三个主应力 σ_1，σ_2 和 σ_3 均可分解为两部分，一部分为三个方向均承受平均应力

$$\sigma_{av} = \frac{1}{3}(\sigma_1 + \sigma_2 + \sigma_3)$$

在这种情况下[图 9.27(b)]，微体处于三向等值拉伸或压缩状态，三个方向的边长变化率相同，且任意斜截面上均没有切应力，因此微体的形状不变，仅体积发生变化，于是此状

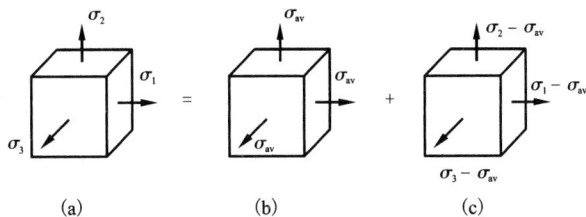

图 9.27　复杂应力状态下的应变能密度组成与主应力关系示意

---

①　按照其他方式加载时，所做的功相同。

态下的应变能密度即为体积改变能密度。将三个方向的应力 σ_{av} 代入式(9.24)，可得

$$v_V = \frac{1-2\mu}{6E}(\sigma_1 + \sigma_2 + \sigma_3)^2 \tag{9.25}$$

另一部分三个方向分别承受 $\overline{\sigma}_1 = \sigma_1 - \sigma_{av}$、$\overline{\sigma}_2 = \sigma_2 - \sigma_{av}$ 和 $\overline{\sigma}_3 = \sigma_3 - \sigma_{av}$，称为给定应力状态 $\sigma_i(i=1,2,3)$ 的应力偏量[图9.27(c)]，其平均应力 $\overline{\sigma}_{av} = 0$，从而有体应变 $\overline{\theta} = 0$，因此体积不变，仅形状发生改变，此状态下微体的应变能密度即为畸变能密度。将 $\overline{\sigma}_1 = \sigma_1 - \sigma_{av}$，$\overline{\sigma}_2 = \sigma_2 - \sigma_{av}$，$\overline{\sigma}_3 = \sigma_3 - \sigma_{av}$ 代入式(9.24)，可得

$$v_d = \frac{1+v}{6E}\left[(\sigma_1 - \sigma_2)^2 + (\sigma_2 - \sigma_3)^2 + (\sigma_3 - \sigma_1)^2\right] \tag{9.26}$$

可以验证

$$v_\varepsilon = v_d + v_V \tag{9.27}$$

即应变能密度 v_ε 等于畸变能密度 v_d 与体积改变能密度 v_V 之和。

9.6 平面应变状态应变分析

与构件内部各点处不同截面上的应力不同一样，各点处不同方位的应变也不同，称构件内一点在不同方位的应变状况为该点处的应变状态。当构件内某点处的变形平行于某一平面时，则称该点处于平面应变状态。下面对平面应变状态进行分析。

1. 任意方位的应变分析

已知某点 O 处 x 轴和 y 轴方向的线应变分别为 ε_x 和 ε_y，直角 xOy 的切应变为 γ_{xy}，现将坐标系 xOy 在其平面内绕 O 点逆时针方向转过 α 角度，得到坐标系 $\alpha O\beta$（图9.28）。在小变形条件下，利用变形几何关系可以得到，α 轴方向的线应变 ε_α 和直角 $\alpha O\beta$ 的切应变为 $\gamma_{\alpha\beta}$ 分别为[1]

$$\varepsilon_\alpha = \frac{\varepsilon_x + \varepsilon_y}{2} + \frac{\varepsilon_x - \varepsilon_y}{2}\cos2\alpha - \frac{\gamma_{xy}}{2}\sin2\alpha \tag{9.28}$$

$$\frac{\gamma_{\alpha\beta}}{2} = \frac{\varepsilon_x - \varepsilon_y}{2}\sin2\alpha + \frac{\gamma_{xy}}{2}\cos2\alpha \tag{9.29}$$

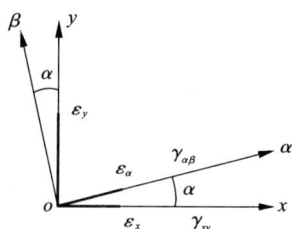

图9.28 任意方位的应变分析示意

此两式即为平面应变状态下任意方位应变的一般公式，其中正应变以拉应变为正；直角增大的切应变为正；角度 α 以从 x 轴正向逆时针转向为正。

通过与平面应力状态下斜截面应力的一般公式式(9.2)和式(9.3)比较可以看出，式(9.2)和式(9.3)与式(9.28)和式(9.29)在形式上非常类似，只须将式(9.2)和式(9.3)中的 σ_x，σ_y 和 τ_x 分别换为 ε_x，ε_y 和 $\gamma_{xy}/2$，σ_α 和 τ_α 分别换为 ε_α 和 $\gamma_{\alpha\beta}/2$，即可得到式(9.28)和式(9.29)。需要说明的是，应力分析是根据静力平衡条件建立的，应变分析是根据几何关系建立的，它们都与材料的力学性能(线性、弹性、各向同性)无关。但是，应变分析只适用于小变形问题，而应力分析无此限制。

另外，从式(9.29)可以看出，$\gamma_{\alpha\beta}(\alpha) = -\gamma_{\alpha\beta}(\alpha+90°)$，即互垂方位的切应变数值相等，

---

[1] 参阅单辉祖主编：《材料力学》(第4版第Ⅰ册)，高等教育出版社，2004年版。

但符号相反。

2. 应变圆

从式(9.28)和式(9.29)中消除 α，可得

$$\left(\varepsilon_\alpha - \frac{\varepsilon_x + \varepsilon_y}{2}\right)^2 + \left(\frac{\gamma_\alpha}{2}\right)^2 = \left(\frac{\varepsilon_x - \varepsilon_y}{2}\right)^2 + \left(\frac{\gamma_{xy}}{2}\right)^2$$

在 $\varepsilon - \gamma/2$ 坐标系内，此方程的轨迹是一个圆，其

圆心 C 为 $\left(\dfrac{\varepsilon_x + \varepsilon_y}{2},\ 0\right)$，半径 R_ε 为 $\sqrt{\left(\dfrac{\varepsilon_x - \varepsilon_y}{2}\right)^2 + \left(\dfrac{\gamma_{xy}}{2}\right)^2}$，

此圆称为应变圆或应变莫尔圆。其画法与应力圆类似，

以 $D_x\left(\varepsilon_x,\ \dfrac{\gamma_{xy}}{2}\right)$ 与 $D_y\left(\varepsilon_y,\ -\dfrac{\gamma_{xy}}{2}\right)$ 的连线为直径所画的圆

即为该应变圆，如图 9.29 所示。且可以证明，将 D_x 沿

α 方向绕 C 点旋转 2α，所得点 D_α 的横、纵坐标分别代

表 ε_α 和 $\gamma_{\alpha\beta}/2$。

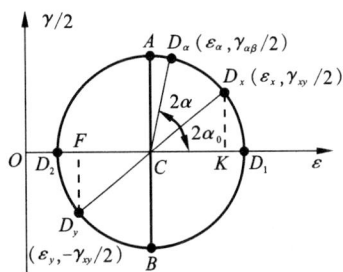

图 9.29　应变圆

3. 最大应变与主应变

从图 9.29 中可以看出，应变圆与 ε 轴相交于 D_1

与 D_2 点，它们的横坐标对应正应变两极值，最大与最小正应变分别为

$$\left.\begin{array}{r}\varepsilon_{\max} \\ \varepsilon_{\min}\end{array}\right\} = \overline{OC} + \overline{CD_1} = \frac{1}{2}(\varepsilon_x + \varepsilon_y) \pm \frac{1}{2}\sqrt{(\varepsilon_x - \varepsilon_y)^2 + \gamma_{xy}^2} \tag{9.30}$$

又由于 D_1 与 D_2 点的纵坐标为零，说明正应变取极值的方位切应变为零。切应变为零的方位

上的正应变称为主应变。因此，主应变即为正应变的极值，且由于 D_1 与 D_2 点在同一条直径

上，因此，主应变位于互垂方位。主应变方位角 α_0 由下式决定

$$\tan 2\alpha_0 = -\frac{\overline{D_x K}}{\overline{CK}} = -\frac{\gamma_{xy}}{\varepsilon_x - \varepsilon_y} \tag{9.31}$$

而最大切应变则为

$$\gamma_{\max} = \varepsilon_{D_1} - \varepsilon_{D_2} = \sqrt{(\varepsilon_x - \varepsilon_y)^2 + \gamma_{xy}^2} \tag{9.32}$$

例题 9.6　试验中常用应变片测量应变，但由于应变

片只能测量线应变而不能测量角应变，因此，常用多个(三

个或四个)应变片组成应变花来测量某处的应变。其中 $0°$，

$45°$ 和 $90°$ 方向的三个应变片组成直角应变花就是常用的一

种，如图 9.30 所示。现若测得某点处 $0°$，$45°$ 和 $90°$ 方向的

应变 $\varepsilon_{0°}$，$\varepsilon_{45°}$ 和 $\varepsilon_{90°}$，求此点处的主应变。

解：建立如图 9.30 所示的坐标系，则有

$$\varepsilon_x = \varepsilon_{0°}, \quad \varepsilon_y = \varepsilon_{90°}$$

在式(9.28)中，令 $\alpha = 45°$ 可得

$$\varepsilon_{45°} = \frac{\varepsilon_{0°} + \varepsilon_{90°}}{2} + \frac{\varepsilon_{0°} - \varepsilon_{90°}}{2}\cos 90° - \frac{\gamma_{xy}}{2}\sin 90°$$

即

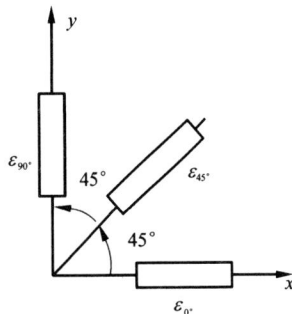

图 9.30　应变花

$$\gamma_{xy} = \varepsilon_{0°} + \varepsilon_{90°} - 2\varepsilon_{45°}$$

由式(9.30)可得

$$\left.\begin{array}{c}\varepsilon_{\max}\\\varepsilon_{\min}\end{array}\right\} = \frac{1}{2}\left[\varepsilon_{0°} + \varepsilon_{90°} \pm \sqrt{(\varepsilon_{0°} - \varepsilon_{90°})^2 + (\varepsilon_{0°} + \varepsilon_{90°} - 2\varepsilon_{45°})^2}\right]$$

9.7   材料的破坏形式

前面对各种应力状态进行了分析。实践证明,不同的材料在各种应力状态下,可能出现不同的破坏现象,因此,在分析构件在复杂应力状态下的强度时,还须考虑材料的破坏形式,并以此为依据来建立材料在复杂应力状态下的强度条件。为此,本节先讨论材料的破坏形式。

1. 材料破坏的基本形式

前面的章节中介绍了一些材料的破坏现象,如以低碳钢和铸铁两种材料为例,它们在拉伸(压缩)和扭转试验时的破坏现象虽然各有不同,但都可把它归纳为两类基本形式,即脆性断裂和塑性屈服。

例如,铸铁拉伸或扭转时,在未产生明显的塑性变形的情况下就突然断裂,材料的这种破坏形式叫作脆性断裂。前面提到的石料压缩时的破坏,也属于这种破坏形式。又如低碳钢在拉伸、压缩和扭转时,当试件的应力达到屈服点后,就会发生明显的塑性变形,使其失去正常的工作能力,这是材料破坏的另一种基本形式,叫作塑性屈服。至于铸铁压缩时的破坏,因在试件被剪断前材料已产生了明显的塑性变形,故也属于塑性屈服的破坏形式。通常情况下,脆性材料(例如铸铁、高碳钢等)的破坏形式是脆性断裂,而一般塑性材料(例如低、中碳钢,铝,铜等)的破坏形式是塑性屈服。

试验研究的结果表明,金属材料具有两种极限抵抗能力:一种是抵抗脆性断裂的极限抗力,例如,铸铁拉伸时,用抗拉强度 σ_b 来表示;另一种是抵抗塑性屈服的极限抗力,例如,低碳钢拉伸时,可用屈服时的切应力 τ_s 来表示。一般来说,脆性材料对塑性屈服的极限抗力大于其对脆性断裂的极限抗力,而塑性材料对脆性断裂的极限抗力大于其对塑性屈服的极限抗力。

材料在受力后是否发生破坏,这取决于构件的应力是否超过材料的极限抗力。例如,在低碳钢拉伸试验中,材料屈服时在试件表面上出现与轴线成45°的滑移线,就是由在这个方向的截面上的最大切应力 $\tau_{\max}$ 达到某一极限值所引起的。同样,在铸铁压缩时,试件沿与轴线接近45°的斜截面上发生破坏,也是由于此截面上的最大切应力 $\tau_{\max}$ 的作用。而当铸铁拉伸时,试件沿横截面呈脆性断裂,这是因为在此截面上的最大正应力达到了极限值。而低碳钢扭转时,则是因为横截面上的切应力达到某一极限值,首先使材料屈服而产生较大的塑性变形;在应力不断增加的情况下继而沿横截面将试件剪断。但铸铁扭转时,则由于在与轴线成45°的螺旋面上有最大拉应力,因而使试件沿此螺旋面被拉断。

2. 应力状态对材料破坏形式的影响

材料的破坏形式是脆性断裂还是塑性屈服,不仅由材料本身的性质所决定,还与材料的应力状态有很大关系。

试验证明,同一种材料在不同的应力状态下,会发生不同形式的破坏。也就是说,不同的应力状态将影响材料的破坏形式。例如,铸铁在拉伸时呈脆性断裂,而在压缩时则有较大的塑性变形,就是一个明显的例子。又如,有环形凹槽的低碳钢拉杆[图9.31(a)],由于凹

槽处截面有显著改变，而产生了应力集中。此时
轴向变形欲急剧增大，并使其横向变形显著收
缩，但是这种横向收缩将受到凹槽周围材料的牵
制，所以在凹槽处的单元体，除轴向应力 σ_1 外，
其侧面上还同时存在主应力 σ_2 和 σ_3，处于三向
拉伸应力状态[图 9.31(b)]。在这种情况下，拉
杆在凹槽处将呈脆性断裂，这种现象是普遍存在
的。很多试验证明，在三向拉伸应力状态下，即使
是塑性材料也会发生脆性断裂。相反，若材料处
于三向压缩应力状态(如大理石在各侧面上受压
缩)，即使是脆性材料，也表现为有较大的塑性。

　　由上述各例可知，压应力本身不能造成材料
的破坏，而是由它所引起的切应力等因素在对材
料的破坏起作用；构件内的切应力将使材料产生
塑性变形；在三向压缩应力状态下，脆性材料也
会发生塑性变形；拉应力易于使材料产生脆性断
裂；三向拉伸的应力状态则使材料发生脆性断裂
的倾向最大。这说明材料所处的应力状态，对其
破坏形式有很大影响。

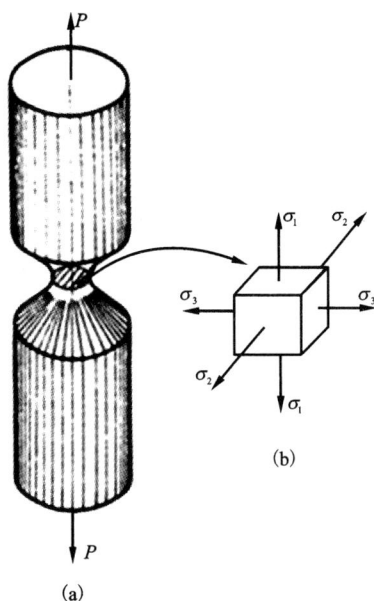

图 9.31　有环形凹槽的低碳钢
拉杆凹槽处单元体的应力状态示意

　　此外，变形速度和温度等对材料的破坏形式也有较大影响。这些内容将在第 10 章中再
略加介绍。

9.8　强度理论

1.强度理论的概念

　　前面几章中，曾介绍了构件在轴向拉伸(或压缩)、扭转和弯曲时的强度计算，并建立了
相应的强度条件。例如，轴向拉伸(或压缩)时的强度条件为

$$\sigma = \frac{P}{A} \leqslant [\sigma] = \frac{\sigma_u}{n}$$

式中：σ_u 表示材料的极限应力，如屈服点 σ_s 或抗拉强度 σ_b。这些极限应力可直接通过试验
测得。所以说，上述的强度条件是直接与试验进行比较而建立的。

　　但在工程实际中，还经常遇到一些复杂变形的构件，其危险点并不是简单地处于单向应
力状态或纯剪切应力状态，而是处于复杂应力状态。在此情况下，已不能采用将构件内的应
力直接与极限应力比较的方法来确定构件的强度了。对于这类复杂应力状态下的构件，如何
建立它的强度条件呢？本节就来讨论这个问题。

　　为解决这个问题，如果仍像对拉压构件那样，直接通过试验的方法来确定材料的极限应力，
那么就得按 σ_1，σ_2 和 σ_3 的不同组合，对各种应力状态一一进行试验，以此来测定材料在各种
复杂应力状态下的极限应力。但由于在复杂应力状态下 σ_1，σ_2 和 σ_3 的组合是无穷的，而且为
实现各种应力状态所需的试验设备和试验方法也较复杂，显然，这样做是不切合实际的。在这

样的情况下,人们根据材料破坏的现象,总结材料破坏的规律,逐渐形成了这样的认识:认为材料的破坏是由某一个因素所引起的,对于同一种材料,无论处于何种应力状态,当导致它们破坏的这一共同因素达到某一个极限值时,构件就会破坏。因此,可以通过简单拉伸的试验来确定这个因素的极限值,从而建立复杂应力状态下的强度条件。在长期的生产实践中,通过对材料破坏现象的观察和分析,人们对材料发生破坏的原因,提出了各种不同的假说。经过实践检验,证明在一定范围内成立的一些假说,通常称为强度理论,或称破坏理论。

2. 常用的强度理论

由上节讨论知道,材料破坏的基本形式可分为脆性断裂和塑性屈服两种。因此,强度理论也可分为两类,一类是关于脆性断裂的强度理论,另一类是关于塑性屈服的强度理论。从强度理论的发展史来看,最早提出的是关于脆性断裂的强度理论,通常采用的有最大拉应力理论和最大伸长线应变理论。这是因为远在 17 世纪时,大量使用的材料主要是建筑上用的砖、石和铸铁等脆性材料,人们观察到的破坏现象多半是脆性断裂。到 19 世纪,由于生产的发展和科学技术的进步,在工程技术中,如低碳钢、铜等这类塑性材料的应用越来越多,人们对材料发生塑性屈服的物理实质有了较多认识后,才提出了关于塑性屈服的强度理论,通常采用的有最大切应力理论和形状改变比能理论。

(1)最大拉应力理论(第一强度理论)。

这个理论认为,引起材料发生脆性断裂的主要因素是最大拉应力,无论材料处于何种应力状态,只要构件危险点处的最大拉应力 $\sigma_{max} = \sigma_1$ 达到材料的极限应力值 σ_u,就会引起材料的脆性断裂。根据这一强度理论,破坏条件为

$$\sigma_1 = \sigma_u$$

式中:σ_u 为材料在各种应力状态下所共有的极限应力,当然也适用于单向应力状态。因此可由简单拉伸试验来测定,其值即为试件断裂时的抗拉强度 σ_b,将 σ_b 除以安全系数后,即得到材料的许用拉应力$[\sigma]$。于是,按此理论所建立的在复杂应力状态下的强度条件为

$$\sigma_1 \leqslant [\sigma] \tag{9.33}$$

试验表明,这个理论对于脆性材料,例如铸铁、陶瓷、工具钢等较为适合。

(2)最大伸长线应变理论(第二强度理论)。

这个理论认为,引起材料发生脆性断裂的主要因素是最大伸长线应变 ε_{max},无论材料处于何种应力状态,只要构件危险点处的最大伸长线应变 $\varepsilon_{max} = \varepsilon_1$ 达到某一个极限值 ε_u 时,就会引起材料的脆性断裂。根据这一理论,材料的破坏条件为

$$\varepsilon_1 \leqslant \varepsilon_u$$

因材料在脆性断裂前的变形很小,可设材料在破坏前服从虎克定律,则在空间应力状态下,上式中的主应变 ε_1 由广义虎克定律式(9.17)求得

$$\varepsilon_1 = \frac{1}{E}[\sigma_1 - v(\sigma_2 + \sigma_3)]$$

而 ε_u 是各种应力状态共同的极限应变,因而可由简单拉伸试验测出,其值为

$$\varepsilon_u = \frac{\sigma_b}{E}$$

式中:σ_b 为材料的抗拉强度。因此破坏条件可用应力表示为

$$\frac{1}{E}[\sigma_1 - v(\sigma_2 + \sigma_3)] = \frac{\sigma_b}{E}$$

或

$$\sigma_1 - v(\sigma_2 + \sigma_3) = 0$$

考虑安全系数后,可得按此理论建立的在复杂应力状态下的强度条件为

$$\sigma_1 - v(\sigma_2 + \sigma_3) \leqslant [\sigma] \tag{9.34}$$

试验指出,这个理论对于脆性材料如合金铸铁、低温回火的高强度钢和石料等而言是大致符合的。

(3)最大切应力理论(第三强度理论)。

这个理论认为,使材料发生塑性屈服的主要因素是最大切应力 τ_{max},无论材料处于何种应力状态,只要构件中的最大切应力达到某一个极限切应力 τ_u,就会引起材料的塑性屈服。按此理论,材料的破坏条件(或称屈服条件)为

$$\tau_{max} = \tau_u$$

在复杂应力状态下的最大切应力 τ_{max} 可由式(9.16)计算,即

$$\tau_{max} = \frac{\sigma_1 - \sigma_3}{2}$$

而式中的极限切应力 τ_u 则可通过简单拉伸试验来测定,其值为屈服时试件横截面上的正应力 σ_s 的一半,即

$$\tau_u = \frac{\sigma_s}{2}$$

因此,破坏条件又可表示为

$$\frac{\sigma_1 - \sigma_3}{2} = \frac{\sigma_s}{2}$$

或

$$\sigma_1 - \sigma_3 = \sigma_s$$

考虑安全系数后,可得按此理论而建立的在复杂应力状态下的强度条件为

$$\sigma_1 - \sigma_3 \leqslant [\sigma] \tag{9.35}$$

一些试验结果表明,对于塑性材料如常用的 Q235 钢、45 钢、铜、铝等而言,这个理论是符合的。因此,对塑性材料制成的构件进行强度计算时,经常采用这个理论。

(4)形状改变比能理论(第四强度理论)。

构件受力后,其形状和体积都会发生改变,同时构件内部也积蓄了一定的变形能。因此,积蓄在单位体积内的变形能即比能,也包括两个部分:因体积改变而产生的比能和因形状改变而产生的比能。

形状改变比能理论认为,使材料发生塑性屈服的主要原因,取决于形状改变比能。也就是说,无论材料处于何种应力状态,只要其形状改变比能到达某一极限值,就会引起材料的塑性屈服,而这个形状改变比能的极限值,则可通过简单拉伸试验来测定。

在这里,我们略去详细的推导过程,直接给出按这一理论而建立的、在复杂应力状态下的破坏条件(或称屈服条件)和强度条件,分别为

$$\begin{cases} \sqrt{\dfrac{1}{2}\left[(\sigma_1 - \sigma_2)^2 + (\sigma_2 - \sigma_3)^2 + (\sigma_3 - \sigma_1)^2\right]} = \sigma_s \\ \sqrt{\dfrac{1}{2}\left[(\sigma_1 - \sigma_2)^2 + (\sigma_2 - \sigma_3)^2 + (\sigma_3 - \sigma_1)^2\right]} \leqslant [\sigma] \end{cases} \tag{9.36}$$

式中：σ_s 为由拉伸试验测出的材料的屈服点；$[\sigma]$ 为材料的许用应力。

对于塑性材料如钢材、铝、铜等而言，这个理论与试验结果基本上是符合的。这也是目前对塑性材料广泛采用的一个强度理论。

上面介绍的根据四个强度理论而建立的强度条件，可将其归纳为如下的统一形式

$$\sigma_{eq} \leq [\sigma] \tag{9.37}$$

式中：$[\sigma]$ 为根据拉伸试验而确定的材料的许用拉应力；σ_{eq} 为复杂应力状态下 σ_1，σ_2，σ_3 按不同强度理论而形成的某种组合，称为相当应力。对于不同的强度理论，它们分别为

$$\begin{cases} \text{第一强度理论：} \sigma_{eq1} = \sigma_1 \\ \text{第二强度理论：} \sigma_{eq2} = \sigma_1 - \upsilon(\sigma_2 + \sigma_3) \\ \text{第三强度理论：} \sigma_{eq3} = \sigma_1 - \sigma_3 \\ \text{第四强度理论：} \sigma_{eq4} = \sqrt{\dfrac{1}{2}\left[(\sigma_1 - \sigma_2)^2 + (\sigma_2 - \sigma_3)^2 + (\sigma_3 - \sigma_1)^2\right]} \end{cases} \tag{9.38}$$

这样，在进行复杂应力状态下的强度计算时，可按下述几个步骤进行：

（1）从构件的危险点处截取单元体，计算出主应力 σ_1，σ_2，σ_3 [图 9.32（a）]；

（2）选用适当的强度理论，算出相应的相当应力 σ_{eq}，把复杂应力状态转换为等效的单向应力状态 [图 9.32（b）]；

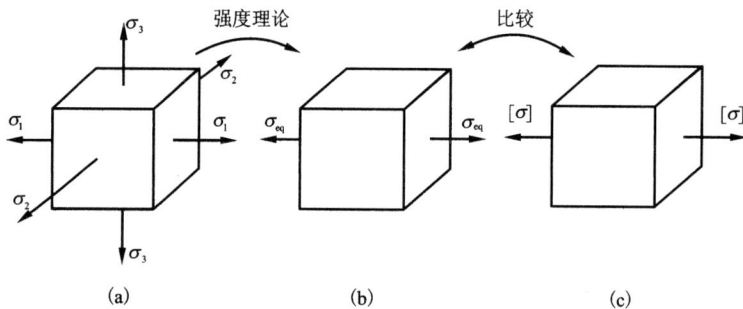

图 9.32　复杂应力状态下的强度计算步骤示意

（3）确定材料的许用拉应力 $[\sigma]$，将其与 σ_{eq} 比较 [图 9.32（c）]，从而对构件进行强度计算。

复杂应力状态下构件的强度条件有两种形式。除上述的校核应力的形式 [式（9.37）] 之外，还可采用下列的校核安全系数的形式：

$$n = \frac{\sigma_u}{\sigma_{eq}} \geq [n] \tag{9.39}$$

式中：n 为构件的工作安全系数；$[n]$ 为构件的许用安全系数；σ_u 为由简单拉伸试验测得的极限应力；σ_{eq} 为对应于不同强度理论的相当应力。

3. 强度理论的选择和应用

一般说来，当受力构件处于复杂应力状态时，在常温、静载的条件下，脆性材料多数是发生脆性断裂，所以通常采用最大拉应力理论，或最大伸长线应变理论。由于最大拉应力理论应用简单，所以比最大伸长线应变理论使用得更为广泛。但在 20 世纪初叶，机械制造中也

曾经广泛采用最大伸长线应变理论，根据它来设计塑性材料零件的截面尺寸。在通常情况下，因为塑性材料的破坏形式多为塑性屈服破坏，所以应该采用最大切应力理论，或形状改变比能理论。前者应用比较简单，后者可以得到较为经济的截面尺寸。

　　根据材料选择强度理论，在多数情况下是合适的。但是，材料的脆性和塑性不是绝对的。正如在上节中所说的那样，不同的应力状态，例如三向拉伸或三向压缩应力状态，将导致材料产生不同的破坏形式。因此，也要注意到在少数特殊情况下，必须按照可能发生的破坏形式来选择适宜的强度理论，对构件进行强度计算。

　　强度理论的一个重要应用，就是根据它来推知在某一种应力状态下的许用应力。例如，材料在纯剪切应力状态时的许用切应力 $[\tau]$，就可根据强度理论导出。纯切应力状态单元体的三个主应力为

$$\sigma_1 = \tau_x,\ \sigma_2 = 0,\ \sigma_3 = -\tau_x$$

　　若采用第一强度理论来进行强度计算，则应将各主应力代入式(9.33)，得

$$\tau_x \leqslant [\sigma]$$

　　由此得材料的许用切应力

$$[\tau] = [\sigma]$$

　　若采用第二强度理论，将各主应力代入式(9.34)，得

$$\tau_x \leqslant \frac{1}{1+v}[\sigma]$$

说明材料的许用切应力

$$[\tau] = \frac{1}{1+v}[\sigma]$$

　　对于金属材料，泊松比 $v = 0.23 \sim 0.42$，故

$$\tau = (0.7 \sim 0.8)[\sigma]$$

　　若采用第三强度理论，则由式(9.35)

$$\tau_x - (-\tau_x) \leqslant [\sigma]$$

得

$$\tau_x \leqslant \frac{1}{2}[\sigma]$$

故许用切应力

$$[\tau] = 0.5[\sigma]$$

　　同样，若采用第四强度理论，则由式(9.36)

$$\tau_x \leqslant \frac{1}{\sqrt{3}}[\sigma]$$

得

$$[\tau] \approx 0.6[\sigma]$$

　　实际上，在圆轴扭转问题中，通常规定的许用切应力为

脆性材料：$[\tau] = (0.8 \sim 1.0)[\sigma]$

塑性材料：$[\tau] = (0.5 \sim 0.6)[\sigma]$

这就是根据上述强度理论导出的，这个结果也得到了试验的验证。

4. 薄壁圆筒的强度校核

下面以受内压力作用的薄壁圆筒为例，说明强度理论在强度计算中的应用。

工程实际中经常遇到薄壁圆筒的容器，如蒸汽锅炉、液压缸、储能器等。设一薄壁圆筒如图 9.33(a)所示，圆筒容器内部受到压强为 p 的压力作用，其壁厚 δ 远小于圆筒平均直径 D。一般规定，$\delta \leqslant \dfrac{1}{10}D$ 的圆筒，叫作薄壁圆筒。

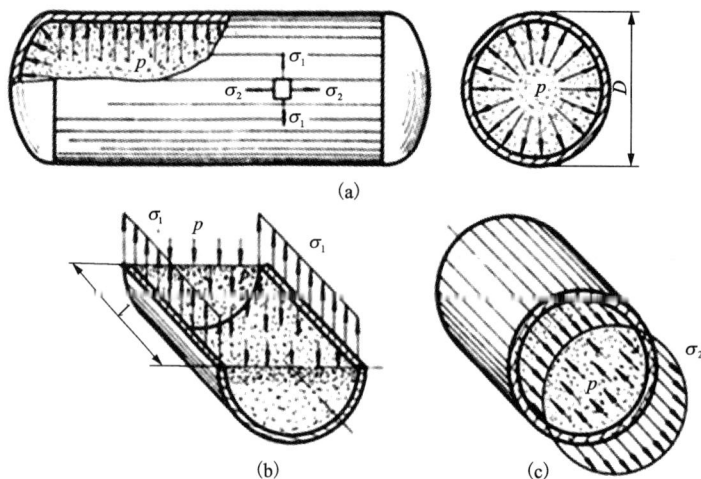

图 9.33　薄壁圆筒的受力与应力分析

由于容器的器壁较薄，在内压力的作用下，可假设其如薄膜般进行工作，只能承受拉力的作用。因此，在圆筒筒壁的纵向和横向截面上，只有拉应力作用，而且认为拉应力沿壁厚方向是均匀分布的。

为计算圆筒筒壁在纵向截面上的应力，可用截面法以通过圆筒直径的纵向截面将圆筒截为两半，取下半部长为 l 的一段圆筒（连同其内所装的气体或液体）为研究对象，如图 9.33(b)所示。设圆筒纵向截面上的周向应力为 σ_1，并将筒内的压力视为作用于圆筒的直径平面上，则由平衡方程

$$\begin{cases} \sum Y = 0, \ 2\sigma_1 \delta l - pDl = 0 \\ \sigma_1 = \dfrac{pD}{2\delta} \end{cases} \tag{9.40}$$

式中：σ_1 为直径截面上的应力；D 为圆筒的平均直径；δ 为筒壁的厚度。

若以横截面将圆筒截开，取左边部分为研究对象，如图 9.33(c)所示，并设圆筒横截面上的轴向应力为 σ_2，则由平衡方程得

$$\begin{cases} \sum X = 0, \ \sigma_2 \delta \pi D - p \dfrac{\pi D^2}{4} = 0 \\ \sigma_2 = \dfrac{pD}{4\delta} \end{cases} \tag{9.41}$$

由于 $D \gg d$，则由上两式可知，圆筒容器内的内压强 p 远小于 σ_1 和 σ_2，因而垂直于筒壁的径向应力很小，可以忽略不计。如果在筒壁上按通过直径的纵向截面和横向截面截取出一

个单元体,则此单元体处于平面应力状态,如图 9.33(a)所示。作用于其上的主应力为

$$\sigma_1 = \frac{pD}{2\delta}, \ \sigma_2 = \frac{pD}{4\delta}, \ \sigma_3 = 0$$

故需用强度理论来进行强度计算。

因为薄壁圆筒常用像低碳钢这类的塑性材料制成,所以可采用最大切应力理论,或形状改变比能理论。将单元体上各主应力代入式(9.37)和式(9.38),得

$$\sigma_{eq3} = \frac{pD}{2\delta} \leqslant [\sigma] \tag{9.42}$$

$$\sigma_{eq4} = \frac{pD}{2.3\delta} \leqslant [\sigma] \tag{9.43}$$

利用上面两式,即可对薄壁圆筒进行强度校核,或选择圆筒壁厚。对于一些锅炉和液压缸等容器,材料的许用拉应力$[\sigma] = \sigma_b/n$,σ_b为常温时材料的抗拉强度,安全系数 $n = 3 \sim 5$。此外,还需考虑焊缝和腐蚀等影响材料强度的因素。

例题 9.7　薄壁圆筒容器的直径 $D = 1500$ mm,壁厚 $\delta = 30$ mm,最大工作压强 $p = 4$ MPa,采用的材料是 15 g 锅炉钢板,许用应力$[\sigma] = 120$ MPa。试校核筒壁的强度。

解: 由于$\frac{\delta}{D} = \frac{30}{1500} = \frac{1}{50} < \frac{1}{10}$,可知这是一个薄壁圆筒容器,又因为筒壁上的应力是二向应力状态,所以应该根据强度理论进行强度计算。因筒壁材料是塑性材料,故应该选择最大切应力理论,或形状改变比能理论进行强度校核,由式(9.42)或式(9.43)可得

$$\sigma_{eq3} = \frac{pD}{2\delta} = \frac{4 \times 1.5}{2 \times 0.03} = 100 \text{ MPa} < [\sigma]$$

$$\sigma_{eq4} = \frac{pD}{2.3\delta} = \frac{4 \times 1.5}{2.3 \times 0.03} = 87 \text{ MPa} < [\sigma]$$

由计算结果可知,无论用最大切应力理论还是用形状改变比能理论进行校核,筒壁的强度都是足够的。在设计计算中,若按最大切应力理论选择圆筒壁厚,是偏于安全的;若按形状改变比能理论选择,则比较经济。

例题 9.8　从某构件的危险点处取出一单元体,如图 9.34(a)所示,已知钢材的屈服点 $\sigma_s = 280$ MPa。试按最大切应力理论和形状改变比能理论计算构件的工作安全系数。

解: 单元体处于空间应力状态,垂直于 z 轴的平面上的应力 s_z 是主应力,但位于 xOy 平面内的应力却不是主应力。因此应先计算 xOy 平面内的主应力,然后才能计算工作安全系数。

(1)求主应力。已知 $\sigma_x = +100$ MPa,$\sigma_y = 0$ MPa,$\tau_x = -40$ MPa,将其代入式(9.6),得

$$\begin{matrix}\sigma_1 \\ \sigma_2\end{matrix} = \frac{\sigma_x}{2} \pm \sqrt{\left(\frac{\sigma_x}{2}\right)^2 + \tau_x^2} = \frac{100}{2} \pm \sqrt{\left(\frac{100}{2}\right)^2 + (-40)^2} = \begin{cases} +114 \text{ MPa} \\ -14 \text{ MPa}\end{cases}$$

以主应力表示的三向应力状态下的单元体如图 9.34(b)所示。各主应力之值为

$$\sigma_1 = +140 \text{ MPa}, \ \sigma_2 = +114 \text{ MPa}, \ \sigma_3 = -14 \text{ MPa}$$

(2)计算工作安全系数。若按最大切应力理论,单元体的相当应力为

$$\sigma_{eq3} = \sigma_1 - \sigma_3 = 140 - (-14) = +154 \text{ MPa}$$

由式(9.39),单元体的工作安全系数为

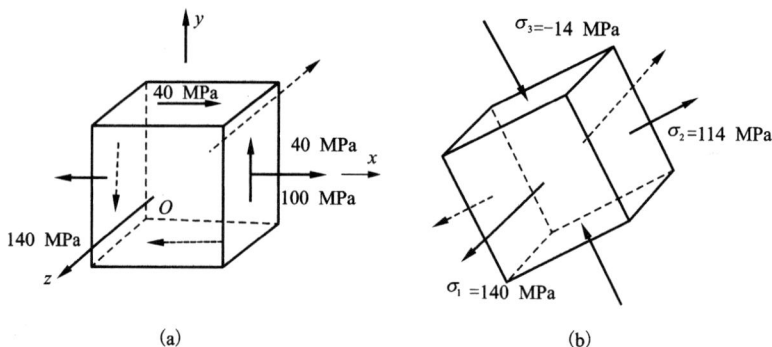

图9.34 单元体

$$n_3 = \frac{\sigma_s}{\sigma_{eq3}} = \frac{280}{154} = 1.82$$

若按形状改变比能理论，单元体的相当应力为

$$\sigma_{eq4} = \sqrt{\frac{1}{2}\left[(\sigma_1 - \sigma_2)^2 + (\sigma_2 - \sigma_3)^2 + (\sigma_3 - \sigma_1)^2\right]}$$

$$= \sqrt{\frac{1}{2}\left[(140 - 114)^2 + (114 + 14)^2 + (-14 - 140)^2\right]}$$

$$= 143 \text{ MPa}$$

由式(9.39)，单元体的工作安全系数

$$n_3 = \frac{\sigma_s}{\sigma_{eq4}} = \frac{280}{143} = 1.96$$

通过计算可知，按最大切应力理论比按形状改变比能理论所得的工作安全系数要小些，因此，所得的截面尺寸也要大一些。

9.9 莫尔强度理论

1. 概述

前面介绍的四个强度理论中，最大切应力理论是解释和判断塑性材料是否发生屈服的理论，但材料发生屈服的根本原因是材料的晶格之间在最大切应力的面上发生错动。因此，从理论上说，利用这一理论也可以解释和判断材料的脆性剪断破坏。但实际上，某些试验现象没有证实这种论断。例如铸铁压缩试验，虽然试件最后发生剪断破坏，但剪断面并不是最大切应力的作用面。这一现象表明，对脆性材料，仅用切应力作为判断材料剪断破坏的原因还不全面。1900年，莫尔(O. Mohr)提出了新的强度理论，这一理论认为，材料发生剪断破坏的原因主要是切应力，但也和同一截面上的正应力有关。因为当材料沿某一截面有错动趋势时，该截面上将产生内摩擦力阻止这一错动。这一摩擦力的大小与该截面上的正应力有关。当构件在某截面上有压应力时，压应力越大，材料越不容易沿该截面产生错动；当截面上有拉应力时，则材料就容易沿该截面错动。因此，剪断并不一定发生在切应力最大的截面上。

莫尔强度理论是以材料破坏试验结果为基础，并采用某种简化后建立起来的理论。对于任意的应力状态进行试验,设想三个主应力按比例增加,直至材料破坏(对于脆性材料是断裂,对于塑性材料是屈服)。此时,三个主应力分别为 σ_{1u},σ_{2u} 和 σ_{3u},画出其最大的应力圆,即由 σ_{1} 和 σ_{3} 确定的应力圆。按照上述方式,根据 σ_{1} 和 σ_{3} 的不同比值,在 $\sigma - \tau$ 平面内得到一系列的极限应力圆,于是可以作出它们的包络线 AB 和 $A'B'$,如图 9.35 所示。AB 和 $A'B'$ 即为材料的失效边界线,它们仅与材料有关。对于一个已知的应力状态,如由 σ_{1} 和 σ_{3} 确定的应力圆在上述包络线之内,则这一应力状态不会引起失效,如恰与包络线相切,则表明这一应力状态已达到失效状态。

在实际应用中,为了达到利用有限的试验数据便可以近似地确定包络线的目的,以及便于计算,通常以单向拉伸和单向压缩的两个极限应力圆的公切线代替包络线,若再除以安全系数,则得到如图 9.36 所示情况。于是,对于某一应力状态,如果 σ_{1} 和 σ_{3} 所画应力圆与该公切线相切,则得到相应的许用应力圆。

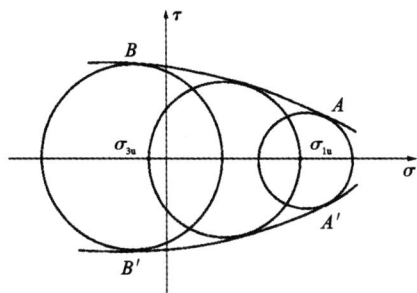

图 9.35 通过画极限应力圆确定材料的失效边界线示意

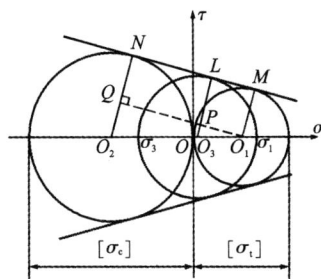

图 9.36 以单向拉伸和单向压缩的两个极限应力圆确定许用应力圆示意

2. 强度条件

接下来研究上述许用应力圆对应的 σ_{1} 和 σ_{3} 应满足的条件,并建立相应的强度条件。

从图 9.36 可以看出,

$$\frac{\overline{O_3P}}{\overline{O_2Q}} = \frac{\overline{O_3O_1}}{\overline{O_2O_1}} \tag{9.44}$$

且容易求出

$$\overline{O_3P} = \overline{O_3L} - \overline{O_1M} = \frac{\sigma_1 - \sigma_3}{2} - \frac{[\sigma_t]}{2}$$

$$\overline{O_2Q} = \overline{O_2N} - \overline{O_1M} = \frac{[\sigma_c]}{2} - \frac{[\sigma_t]}{2}$$

$$\overline{O_3O_1} = \overline{OO_1} - \overline{OO_3} = \frac{[\sigma_t]}{2} - \frac{\sigma_1 + \sigma_3}{2}$$

$$\overline{O_2O_1} = \overline{O_2O} + \overline{OO_1} = \frac{[\sigma_c]}{2} + \frac{[\sigma_t]}{2}$$

将上述各式代入式(9.44),得

$$\sigma_1 - \frac{[\sigma_t]}{[\sigma_c]}\sigma_3 = [\sigma_t] \tag{9.45}$$

此式即为 σ_1 和 σ_3 的许用值应满足的条件,由此得莫尔强度理论对应的强度条件为

$$\sigma_{rM} = \sigma_1 - \frac{[\sigma_t]}{[\sigma_c]}\sigma_3 \leqslant [\sigma_t] \tag{9.46}$$

试验表明,对于抗拉强度与抗压强度不同的脆性材料,例如铸造铁和岩石等,莫尔理论往往能给出比较满意的结果。

同时可看出,对于抗拉强度与抗压强度相同的材料,即当 $[\sigma_t]$ 与 $[\sigma_c]$ 相等时,式(9.46)就转化为最大切应力强度条件,所以莫尔理论又可看作第三强度理论的推广。

例题 9.9 如图 9.37 所示灰口铸铁试样,其压缩强度极限 σ_{bc} 约为其拉伸强度极限 σ_{bt} 的 3 倍,试根据莫尔强度理论估算其试样压缩破坏时断面的方位。

解:首先,利用拉、压强度极限画应力图,作两应力圆的公切线,即得极限曲线 MN。

设断面法线 n 的方位角为 α,如图 9.37(a)所示,则由图 9.37(b)可以看出

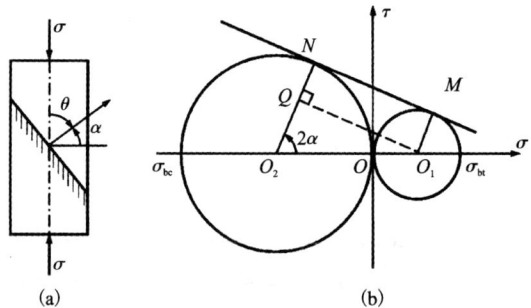

图 9.37 用莫尔强度理论分析灰口铸铁试样示意

$$\cos 2\alpha = \frac{\overline{O_2 Q}}{O_2 O_1} = \frac{\dfrac{\sigma_{bc}}{2} - \dfrac{\sigma_{bt}}{2}}{\dfrac{\sigma_{bc}}{2} + \dfrac{\sigma_{bt}}{2}} = \frac{1}{2}$$

由此得 $\alpha = 30°$。即断面法线 n 与试样轴线的夹角 θ 为

$$\theta = 90° - \alpha = 60°$$

试验表明,铸铁试样压缩破坏时的 θ 为 $55° \sim 60°$,这与莫尔强度理论预测的结果基本相符。

思考题

1. "一点沿某一方向上的正应力为零,则沿该方向的线应变也为零",这种说法对吗?

2. 一等直杆,当受到轴向拉伸时,杆内会产生剪应变吗?当受到扭转时,杆内会产生拉应变吗?

3. 广义虎克定律适用于什么情况?

4. "纯剪切状态的单元体既有体积改变,又有形状改变",这种说法对吗?

5. "在构件中凡是剪应变不为零时,则相应的剪应力一定不为零",这种说法对吗?

6. "在单元体的某个方向上有应变就一定有应力,没有应变就一定没有应力",这种说法对吗?

7. "设一点处为非零应力状态,但三个主应力之和为零,那么单元体的体积不变,而其形状将发生变化",这种说法对吗?

8. 铸铁试件在拉伸、压缩、扭转试验中,危险点的应力状态如何?

9. 四个强度理论各可用于何种情况?

10. 虽然通常将材料划分为塑性材料和脆性材料,但更确切地说,应是在某种条件下材料表现为塑性状态或脆性状态。举例说明:在什么条件下,通常所说的塑性材料会产生脆性断裂;在什么条件下,通常所说的脆性材料会产生塑性流动。

11. 处于三向等值拉伸或压缩应力状态,低碳钢会不会产生塑性流动? 应采用哪一种强度理论?

12. 用石料或混凝土立方体试块作单向压缩试验时,如果试块沿垂直于压力的方向破裂,用哪一种强度理论解释比较合适? 从宏观看,这种破坏是否由最低拉应力引起?

13. 由碳钢制成的螺栓受拉伸时,在螺纹的根部会出现脆性断裂;灰铸铁板在淬火钢球压力作用下,铁板在接触点会出现明显的凹坑。为什么?

14. 一低碳钢实心圆轴在纯弯矩 M 作用下刚好开始屈服。现有另一相同的轴受扭矩 T 的作用,按第一、第三强度理论计算出使轴刚好开始屈服时的扭矩分别为 $2M$ 和 M。你认为哪一个值可靠? 为什么?

习　题

1. 已知某点的应力状态如图 9.38 所示,试计算图示斜截面上的应力。

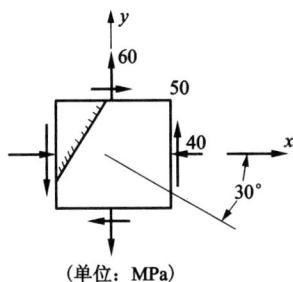

图 9.38　某点应力状态图

2. 试用应力圆法求图 9.39 所示应力状态图斜截面上的应力。

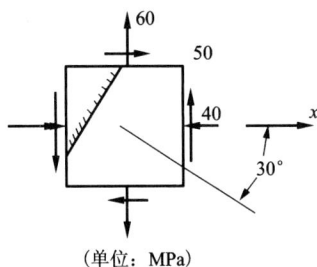

图 9.39　应力状态图

3. 构件中的某一点的应力状态如图 9.40 所示。试确定主应力的大小及方位。

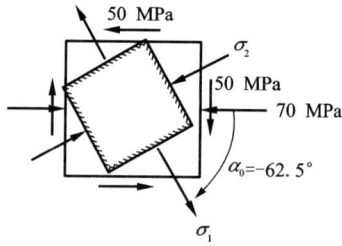

图 9.40　构件中某一点的应力状态图

4. 试分析图 9.41 所示圆截面铸铁试件扭转时的破坏现象。

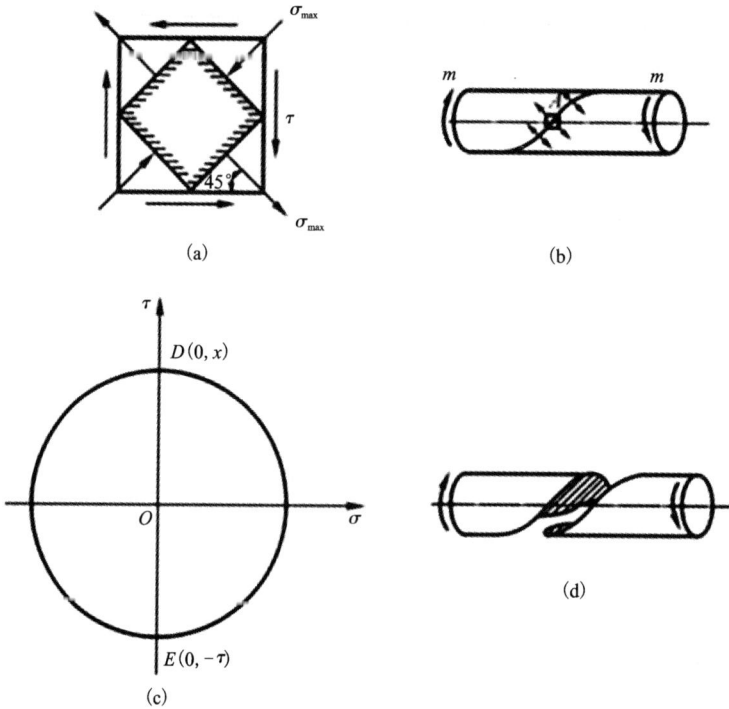

图 9.41　圆截面铸铁试件

5. 某点的应力状态如图 9.42 所示。试求该点的主应力及最大切应力。

6. 承受内压 p 作用的圆筒形薄壁容器的平均直径 $D = 500$ mm，壁厚 $\delta = 10$ mm，容器材料的 $E = 200$ GPa，$\nu = 0.25$。现在容器表面用电阻应变片测得环向应变 $\varepsilon'' = 350 \times 10^{-6}$，试求其所受的内压力 p。

7. 图 9.43 所示悬臂梁上 A 点的应力状态如图 9.43(b) 所示。试求图 9.43(b) 中微体在指定斜截面上的应力，并确定 A 点主平面和主应力(用主平面微体表示)。

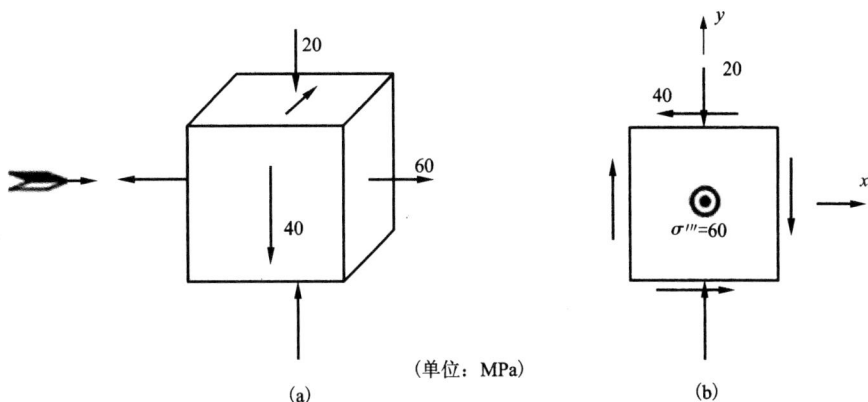

图 9.42 某点的应力状态图

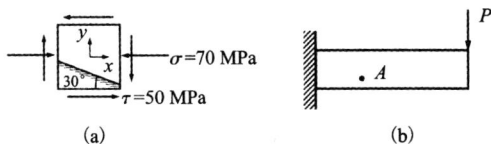

图 9.43 悬臂梁上 A 点的应力状态

8. 试验中常用应变片测量应变,但由于应变片只能测量线应变而不能测量角应变,因此,常用多个(三个或四个)应变片组成应变花来测量某处的应变,其中 0°,45°和 90°方向的三个应变片组成直角应变花就是常用的一种,如图 9.44 所示。现若测得某点处 0°,45°和 90°方向的应变 $\varepsilon_{0°}$,$\varepsilon_{45°}$和 $\varepsilon_{90°}$,求此点处的主应变。

9. 截面为 20 mm × 40 mm 的矩形截面拉杆受力如图 9.45 所示。已知材料常数 $E = 200$ GPa,$v = 0.3$,与水平方向成 60°的应变片上测得的应变为 $\varepsilon_u = 270 \times 10^{-6}$。求 p 的大小。

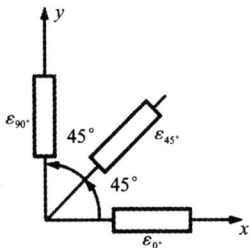

图 9.44 应变花

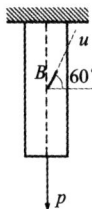

图 9.45 矩形截面拉杆

10. 在一个体积较大的钢块上有一 20 mm × 25 mm 的长方形凹座,现将一尺寸相同的长方形铝块放入其中,铝块顶面受到合力 $p = 50$ kN 的均布压力作用,如图 9.46(a)所示。假设铝块侧面和底面与凹座光滑接触,且钢块不变形,求铝块的主应力。已知铝块材料常数 $E = 70$ GPa,$v = 0.3$。

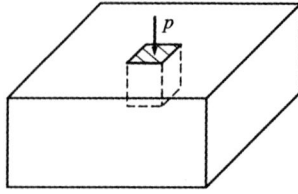

图9.46 长方形凹座中的铝块受力图

11. 已知铸铁构件危险点处的应力状态如图 9.47 所示,若许用拉应力 $[\sigma_t] = 30$ MPa,试校核其强度。

12. 图 9.48 所示单向受力与纯剪切组合应力状态是一种常见的应力状态。试分别利用第三与第四强度理论建立相应的强度条件。

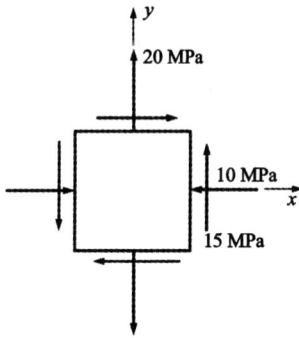

图9.47 点的应力状态图

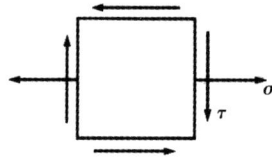

图9.48 组合应力状态图

13. 工字钢简支梁受力如图 9.49 所示,已知 $[\sigma] = 160$ MPa, $[\tau] = 100$ MPa。试按强度条件选择工字钢型号,并按照第四强度理论作主应力校核。

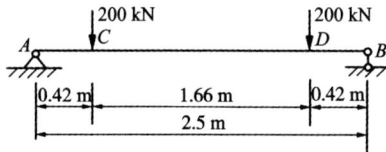

图9.49 工字钢简支梁受力图

14. 两端封闭的薄壁筒同时承受内压强 p 和外力矩 m 的作用,如图 9.50 所示在圆筒表面 a 点用应变仪测出与 x 轴分别成正负 45°方向两个微小线段 ab 和 ac 的应变 $\varepsilon_{45°} = 629.4 \times 10^{-6}$, $\varepsilon_{-45°} = -66.9 \times 10^{-6}$,试求压强 P 和外力矩 m。已知薄壁筒的平均直径 $d = 200$ mm,厚度 $t = 10$ mm, $E = 200$ GPa,泊松比 $v = 0.25$。

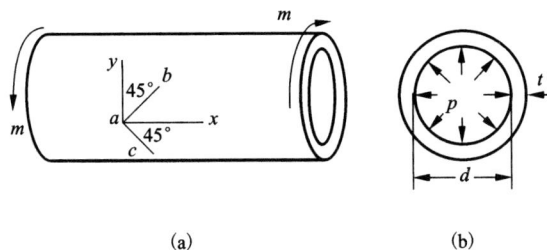

图 9.50　两端封闭的薄壁筒

15. 某危险点的应力状态如图 9.51 所示，试按四个强度理论建立强度条件。

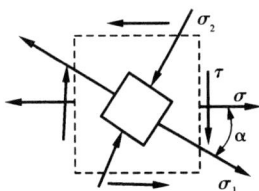

图 9.51　某危险点的应力状态图

16. 图 9.52 所示的两个单元体，已知正应力 $\sigma = 165$ MPa，切应力 $\tau = 110$ MPa。试求两个单元体的第三、第四强度理论表达式。

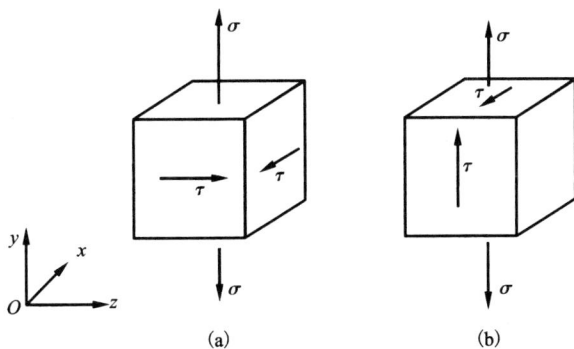

图 9.52　单元体

17. 一岩石试件的抗压强度为 $[\sigma] = 140$ MPa，$E = 55$ GPa，$v = 0.25$，承受三向压缩。已知试件破坏时的两个主应力分别为 $\sigma_1 = -1.4$ MPa 和 $\sigma_2 = -2.8$ MPa，试根据第四强度理论推算这时的另一个方向的主应力为多少？

18. 图 9.53 所示的薄壁圆筒受最大内压时，测得 $\varepsilon_x = 1.88 \times 10^{-4}$，$\varepsilon_y = 7.37 \times 10^{-4}$，已知钢的材料常数 $E = 210$ GPa，$[\sigma] = 170$ MPa，泊松比 $v = 0.3$，试用第三强度理论校核其强度。

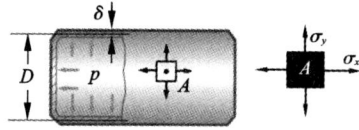

图9.53　薄壁圆筒

19. 试用第三强度理论分析图9.54所示四种应力状态中哪种最危险（应力单位为MPa）。

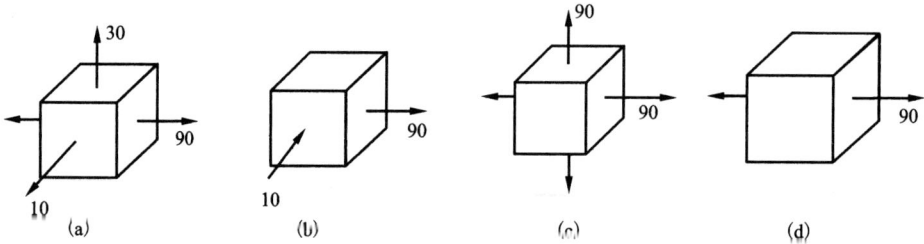

图9.54　单元体

20. 一脆性材料制成的圆管，内径 $d=0.1$ m，外径 $D=0.15$ m，承受扭矩 $M_n=70$ kN·m，轴向压力 P。如材料的拉伸强度极限为 100 MPa，压缩强度极限为 250 MPa，试用第一强度理论确定圆管破坏时的最大压力 P。

21. 如图9.55所示，在船舶螺旋桨轴的 $F-F$ 截面上，由于主机扭矩引起的切应力 $\tau=14.9$ MPa，由推力引起的压应力 $\sigma_x'=-4.2$ MPa，由螺旋桨等重力引起的最大弯曲正应力 $\sigma_x''=\pm22$ MPa，试求截面 $F-F$ 上危险点 C 的主应力大小及其方位，并求出最大切应力。若轴的材料许用应力 $[\sigma]=100$ MPa，试按第三强度理论校核该轴的强度。

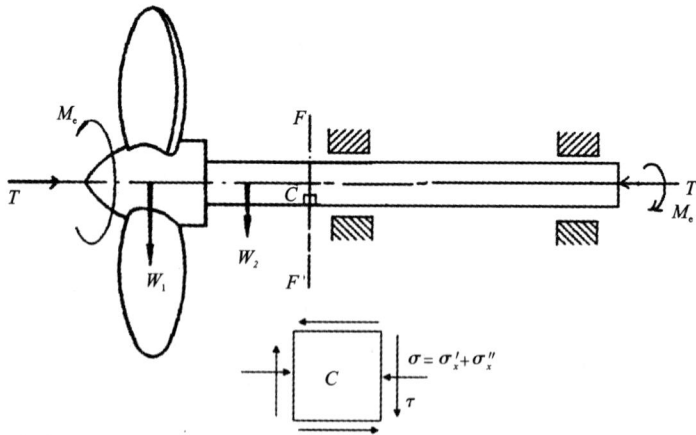

图9.55　船舶螺旋桨

22. 如图9.56所示，已知 $\tau_x=-\tau_y=40$ MPa，$\sigma_x=-80$ MPa。

（1）画出单元体的主平面，并求出主应力；

（2）画出切应力为极值的单元体上的应力；

（3）若材料是低碳钢，试按第三、四强度理论计算单元体的相当应力。

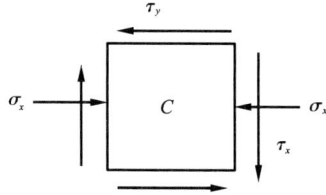

图 9.56　单元体

23. 有一发生弯扭组合变形的圆轴，已知其弯矩和扭矩数值相同，$M = 800$ N·m，材料的许用应力 $[\sigma] = 90$ MPa。试按第三和第四强度理论计算其直径，并比较这两个直径相差多少。

第 10 章　组合变形

10.1　概述

在前面各章节中分别讨论了杆件在发生拉伸（压缩）、扭转和弯曲等某一基本变形时的强度与刚度问题。但工程实际中，某些构件由于受力较复杂，往往同时发生两种或两种以上的基本变形。它们对应的应力或变形属同一量级，在杆件设计计算时均需要同时考虑。例如，如图 10.1 所示悬臂吊车的横梁 AB，当起吊重物时，不仅产生弯曲，而且由于拉杆 BC 的斜向力作用压缩 [图 10.1 (b)]，这类由两种或两种以上基本变形组合的变形，称为组合变形。现实生活中这种例子还有很多，如图 10.2 中，(a) 图所示烟囱，自重引起轴向压缩变形，风载荷引起弯曲变形；(b) 图所示厂房柱子，偏心力引起轴向压缩和弯曲组合变形；(c) 图所示传动轴和 (d) 图所示梁分别发生弯曲与扭转、斜弯曲组合变形。

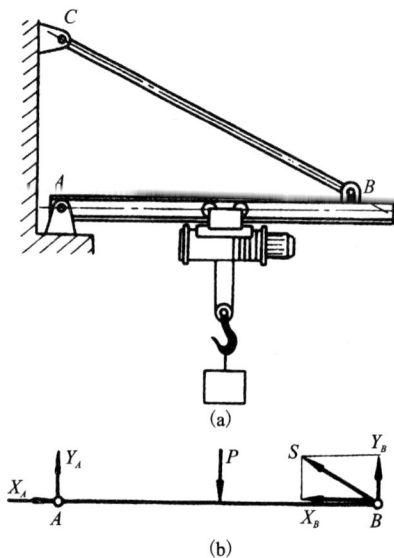

图 10.1　悬臂吊车横梁组合变形示意

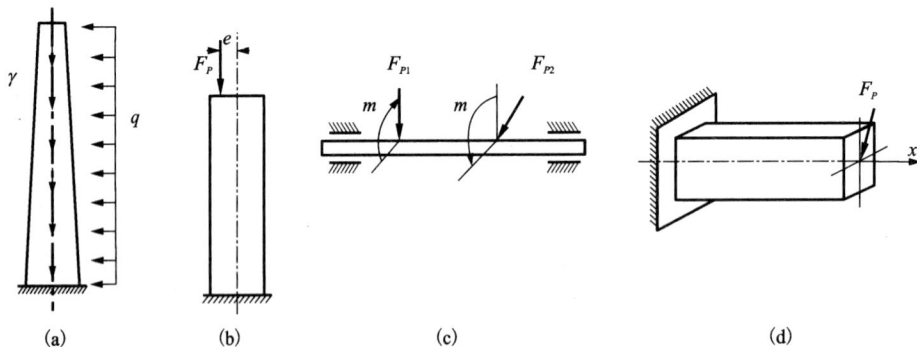

图 10.2　组合变形实例

在材料服从虎克定律且变形很小的前提下，杆件上虽然同时存在着几种基本变形，但每一种基本变形都是彼此独立、互不影响的。即任一基本变形都不会改变另一种基本变形所引起的应力和变形。因此,对组合变形构件进行强度和刚度计算时,可应用迭加原理,采用先分解后综合的方法。其基本步骤如下:

(1)将作用在构件上的载荷进行分解,得到与原载荷等效的几组载荷,使构件在每一组载荷的作用下,只产生一种基本变形;

(2)分别计算各基本变形的解(内力、应力、变形);

(3)综合考虑各基本变形,确定危险截面和危险点,迭加其应力、变形,进行强度和刚度计算。当构件危险点处于单向应力状态时,可将上述应力进行代数相加;若处于复杂应力状态,则需求出其主应力,按强度理论来进行强度计算。

需要强调的是,上述迭加原理的成立,除材料必须服从虎克定律外,小变形的限制也是必要的。现以压缩与弯曲的组合变形来说明这一问题。当弯曲变形很小,以至在计算约束力与内力过程中可以忽略不计弯曲变形的影响时,如图 10.3(a)所示,弯矩可以按杆件变形前的位置来计算。这时轴向力 P 和横向载荷 F 引起的变形是各自独立的,迭加原理可以适用。反之,若弯曲变形较大,如图 10.3(b)所示,弯矩应按杆件变形后的位置计算,则轴向压力 P 除引起轴力外,还将产生弯矩 P_w,而挠度 w 又受 P 及 F 的共同影响。显然,轴向压力 P 及横向载荷 F 的作用并不是各自独立的。在这种情况下,尽管杆件仍然是线弹性的,但迭加原理并不能成立。

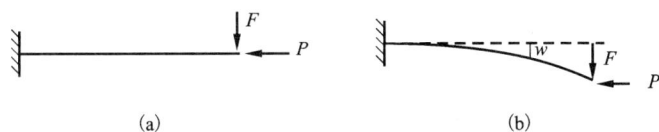

图 10.3　压缩与弯曲组合变形迭加原理的适用条件示意

本章正是在材料服从虎克定律且构件变形很小的基础上,介绍杆在斜弯曲、拉伸(压缩)和弯曲、弯曲和扭转等组合变形下的应力和强度计算。

10.2　斜弯曲

平面弯曲:横向力作用平面通过梁横截面弯心连线,且与横截面形心主惯性轴所在纵面重合或平行,梁的挠曲线所在平面或者与横向力作用平面重合或者与之平行。

斜弯曲:横向力通过梁横截面的弯心,不与形心主惯性轴重合或平行,而是斜交,梁的挠曲线不再与载荷纵平面重合或平行。例如图 10.4 中给出的几种常见截面,其中图(b)(c)(d)(f)是斜弯曲;图(a)是平面弯曲;图(e)是斜弯曲与扭转的组合变形。

现以图 10.5 所示矩形截面悬臂梁为例,研究具有两个相互垂直对称面的梁在斜弯曲情况下的变形特点和强度计算问题。

1.变形特点分析

设力 F 作用在梁自由端截面的形心,并与形心主惯性轴 y 轴形成夹角 φ(图 10.5)。现将力 F 沿两对称轴分解,得

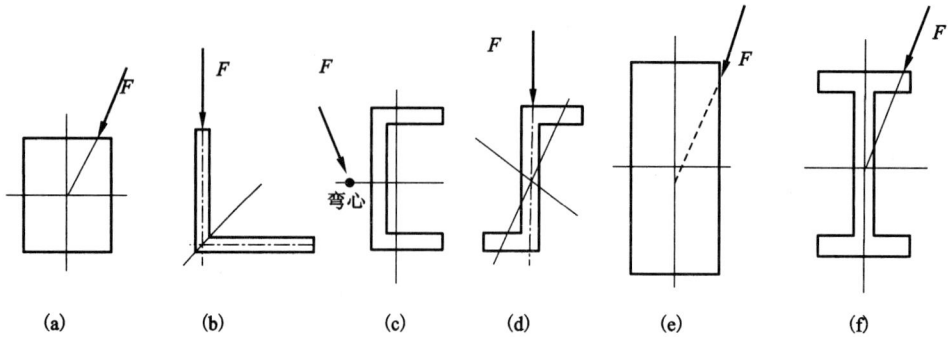

图 10.4　几种常见不同弯曲变形受力截面示意

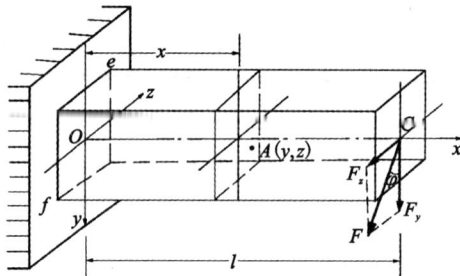

图 10.5　矩形截面悬臂梁斜弯曲情况下的受力与变形分析

$$F_y = F\cos\varphi, \ F_z = F\sin\varphi$$

杆在 F_y 和 F_z 的单独作用下，将分别在 xOy 平面和 xOz 平面内发生平面弯曲。由此可见，斜弯曲可以看作两个相互正交平面内平面弯曲的组合。在应力计算时，因为梁的强度主要由正应力控制，所以通常只考虑弯矩引起的正力，而不计切应力。

由前面知识可知，悬臂梁在 F_y 和 F_z 单独作用下，自由端截面的形心 C 在 xOy 平面和 xOz 平面内的挠度分别为

$$w_y = \frac{F_y l^3}{3EI_z} = \frac{F\cos\varphi l^3}{3EI_z}, \ w_z = \frac{F_z l^3}{3EI_y} = \frac{F\sin\varphi l^3}{3EI_y}$$

由于 w_y 和 w_z 方向不同，故得 C 点的总挠度为

$$w = \sqrt{w_y^2 + w_z^2}$$

若总挠度 w 与 y 轴的夹角为 β，则

$$\tan\beta = \frac{w_z}{w_y} = \frac{I_z}{I_y}\tan\varphi \tag{10.1}$$

可见，对于 $I_y \neq I_z$ 的截面，$\beta \neq \varphi$，如图 10.6 所示。这表明变形后梁的挠曲线与集中力 F 不在同一纵向平面内，所以称为"斜"弯曲。

若梁截面的 $I_y = I_z$，如圆形、正多边形等，将恒有 $\tan\beta = \tan\varphi$，以及 $\beta = \varphi$，表明变形后梁的挠曲线与集中力 F 仍在同一纵向平面内，仍然是平面弯曲。即对这类梁来说，横向力作用于通过截面形心的任何一个纵向平面内时，它总是发生平面弯曲，而不会发生斜弯曲。

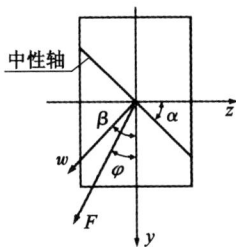

图 10.6 斜弯曲示意

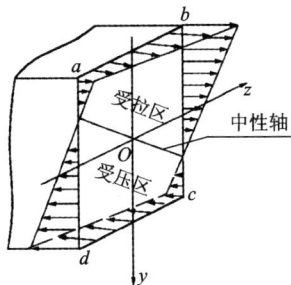

图 10.7 x 截面上的应力分布示意

2. 正应力计算

在距固定端为 x 的横截面(以下简称 x 截面)上,由 F_y 和 F_z 引起的弯矩为

$$M_z = F_y(l-x) = F\cos\varphi(l-x) = M\cos\varphi(\text{上拉,下压})$$

$$M_y = F_z(l-x) = F\sin\varphi(l-x) = M\sin\varphi(\text{内拉,外压})$$

式中: $M = F(l-x)$,表示 F 引起的 x 截面上的总弯矩。此时弯矩内力不规定符号,但在其后标明弯曲方向。

为了分析横截面上的正应力及其分布规律,现考察 x 截面上任意一点 $A(y, z)$ 处的正应力, F_y 在 x 截面上 A 点处引起的正应力为

$$\sigma' = -\frac{M_z}{I_z}y = -\frac{M\cos\varphi}{I_z}y$$

同理, F_z 在 x 截面上 A 点处引起的正应力为

$$\sigma'' = \frac{M_y}{I_y}z = \frac{M\sin\varphi}{I_y}z$$

显然, σ' 和 σ'' 分别沿高度和宽度线性分布。由于 F_y 和 F_z 在 x 截面上 A 点处引起的应力均为正应力,因此应力的迭加即变为两个平面弯曲对应的正应力之间求代数和,即在 x 截面上 A 点处的正应力为

$$\sigma = \sigma' + \sigma'' = M\left(-\frac{\cos\varphi}{I_z}y + \frac{\sin\varphi}{I_y}z\right) \tag{10.2}$$

其在 x 截面上的分布形式如图 10.7 所示。这就是梁在斜弯曲时横截面上任意点正应力的计算方法。在每一具体问题中, σ' 和 σ'' 可能有不同的表达形式,但其符号总可根据杆件的变形由视察法来确定。截面上的最大拉应力与最大压应力分别(出现在 b 点和 d 点)为

$$\sigma_{t,\max} = M\left(\frac{\cos\varphi}{I_z}y_{\max} + \frac{\sin\varphi}{I_y}z_{\max}\right) = \frac{M_z}{W_z} + \frac{M_y}{W_y}$$

$$\sigma_{c,\max} = -\left(\frac{M_z}{W_z} + \frac{M_y}{W_y}\right) \tag{10.3}$$

3. 强度计算与中性轴位置

在进行强度计算时,应首先确定危险截面及其危险点的位置。对于图 10.5 所示的悬臂梁来说,在固定端处 M_y 与 M_z 同时达到最大值,该处的横截面即为危险截面,至于危险点,应是 M_y 与 M_z 引起的正应力都达到最大值的点。图 10.5 中的 e 点和 f 点就是这样的危险点,而且可以判断出 e 点受最大拉应力,而 f 点受最大压应力。杆件受斜弯曲的强度条件仍然是

限制最大工作应力不得超过材料的许用应力,则由式(10.3)得强度条件为

$$\begin{cases} \sigma_{t,\,max} = [\sigma_t] \\ |\sigma_{c,\,max}| = [\sigma_c] \end{cases} \tag{10.4}$$

若材料的抗拉与抗压强度相同,只须校核 e 点和 f 点中的一点即可。

对于上述矩形截面杆,由于具有明显的棱角,因而危险点的位置很容易确定。若截面形状无明显的棱角,如图 10.8(a)所示,则作中性轴的平行线并与截面相切于 e,f 两点,此两点的正应力即为最大正应力,即危险点。

由于每一平面弯曲都会在截面上同时引起拉应力与压应力,因而在两向平面弯曲组合时,截面上一定有一些点的正应力等于零,这些点的连线就是中性轴(又称为零应力线)。显然,危险点应是离中性轴最远的点,于是要确定危险点,首先应确定中性轴的位置。为此,设点 (y_0,z_0) 是中性轴上的一点,则由式(10.2)得

$$\sigma = M\left(-\frac{\cos\varphi}{I_z}y_0 + \frac{\sin\varphi}{I_y}z_0\right) = 0$$

由此得中性轴的方程为

$$-\frac{\cos\varphi}{I_z}y_0 + \frac{\sin\varphi}{I_y}z_0 = 0$$

可见,中性轴是一条通过截面形心的斜直线,由上式可得它与 z 轴的夹角为

$$\tan\alpha = \frac{y_0}{z_0} = \frac{I_z}{I_y}\tan\varphi \tag{10.5}$$

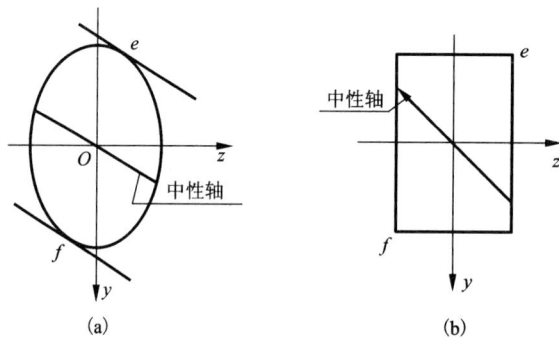

图 10.8　截面形状无明显棱角时危险点的确定示意

由中性轴的斜率表达式和图 10.6 可以看出,中性轴的位置只与 φ 和截面的形状、大小有关,而与外力的大小无关;对于 $I_y \neq I_z$ 的截面,$\alpha \neq \varphi$,亦即中性轴与外力作用线不垂直,也可以由此现象将这种弯曲称为斜弯曲。若 $I_z = I_y$(如截面为圆形或正多边形),则有 $\alpha = \varphi$,即中性轴与外力作用线相垂直,这就是平面弯曲了。亦即这时两向平面弯曲的组合仍为平面弯曲,故此种情况可将两向弯矩合成为一个弯矩来计算。

另外还可以看出,无论 I_y 是否等于 I_z,恒有 $\alpha = \beta$(图 10.6),此即说明,无论是平面弯曲还是斜弯曲,梁轴线的弯曲方向均与中性轴垂直。

例题 10.1　图 10.9 所示起重机的大梁为 32a 工字钢,许用应力 $[\sigma] = 160$ MPa,跨度 $l = 4$ m,载荷 $F = 30$ kN,由于运动惯性等因素而偏离纵向对称面,$\varphi = 15°$。试校核梁的强度。

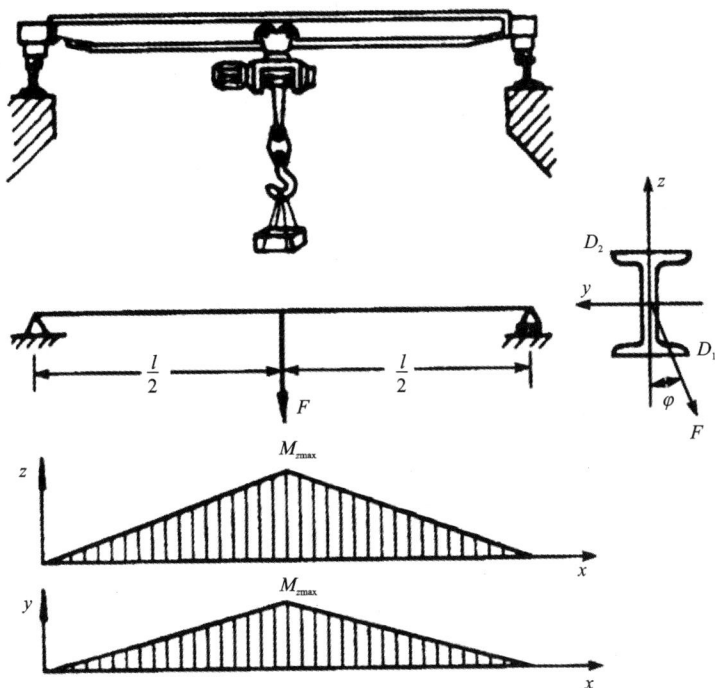

图 10.9　起重机大梁的强度校核示意

解: 当小车位于跨度中点时,大梁处于最不利的受力状态,且该处截面的弯矩最大,故为危险截面。将外力 F 沿截面的两主轴 y 与 z 分解为

$$F_y = F\sin\varphi = 30\sin15° = 7.76 \text{ kN}$$
$$F_z = F\cos\varphi = 30\cos15° = 29 \text{ kN}$$

它们引起的弯矩图如图 10.9 所示,其最大弯矩分别为

$$M_{ymax} = \frac{F_z l}{4} = \frac{29\times4}{4} = 29 \text{ kN·m(下拉, 上压)}$$

$$M_{zmax} = \frac{F_y l}{4} = \frac{7.76\times4}{4} = 7.76 \text{ kN·m(内拉, 外压)}$$

危险截面上的危险点显然为棱角处的 D_1 与 D_2,且 D_1 点受最大拉应力,D_2 点受最大压应力。由于它们的数值相等,故只须校核其中的一点即可。由型钢表查得 32a 工字钢的两个抗弯截面系数分别为

$$W_y = 692.2 \text{ cm}^3, \quad W_z = 70.8 \text{ cm}^3$$

于是危险点上的最大应力为

$$\sigma_{max} = \frac{M_{ymax}}{W_y} + \frac{M_{zmax}}{W_z} = \left(\frac{29\times10^3}{692.2\times10^{-6}} + \frac{7.76\times10^3}{70.8\times10^{-6}}\right) = 151.5\times10^6 \text{ Pa} = 151.5 \text{ MPa}$$

由于 $\sigma_{max} < [\sigma]$,故此梁满足强度要求。

若载荷 F 不偏离梁的纵向垂直对称面,即 $\varphi = 0$,则跨度中点截面上的最大正应力为

$$\sigma_{max} = \frac{M_{max}}{W_y} = \frac{Fl}{4W_y} = \frac{30 \times 10^3 \times 4 \times 10^3}{4 \times 692.2 \times 10^3} = 43.4 \text{ MPa}$$

可见,虽然载荷只偏离一个不大的角度,最大应力却由 43.4 MPa 变为 151.5 MPa,增长了 2.5 倍。原因就在于工字形截面的 W_z 远小于 W_y,因而其侧向抗弯能力较弱。因此,当截面的 W_z 与 W_y 相差较大时,应注意斜弯曲对强度的不利影响。在这一点上,箱形截面要比工字形截面优越。

10.3 弯拉(压)组合与截面核心

拉弯、压弯组合变形,是工程中经常遇到的情况,如图 10.1 中悬臂吊车的横梁 AB,图 10.2 中的烟囱、厂房柱子等,它们的受力主要分为以下几种情况:

(1)轴向力和横向力同时存在,如图 10.2 所示的烟囱;

(2)力作用线平行于轴线,但不通过截面形心,如图 10.2 所示的厂房柱子;

(3)力作用于截面形心,但作用线与轴线成一定夹角,如图 10.1 所示的横梁 AB 在 B 处的受力。

在这些情况下,杆将产生弯曲与轴向拉压的组合变形,简称弯拉(压)组合变形。下面研究弯拉组合杆件的应力计算、强度条件等问题。

1. 弯拉(压)组合的应力

这里考虑如图 10.10(a)所示悬臂杆,在其自由端形心处作用一与轴线成 α 角的力 F,由于 F 既非轴向力,也非横向力,所以变形不是基本变形,属于前述的弯拉组合问题。

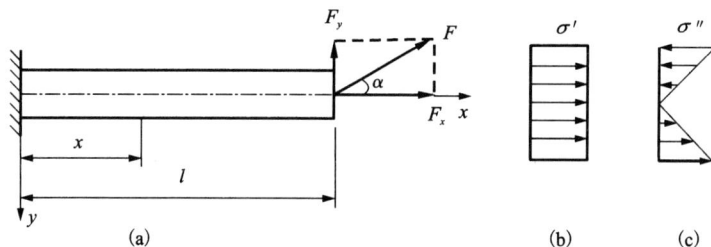

图 10.10 悬臂杆的弯拉(压)组合的应力分析

首先可将外力 F 沿轴向和横向分解为

$$F_x = F\cos\alpha, \ F_y = F\sin\alpha$$

杆在 F_x 和 F_y 单独作用下,将分别发生轴向拉伸和平面弯曲。在距固定端为 x 的横截面(以下简称 x 截面)上,由 F_x 引起的轴力和 F_y 引起的弯矩分别为

$$F_N = F_x$$
$$M = F_y(l - x)$$

对应的应力分别为

$$\sigma' = \frac{F_N}{A}, \ \sigma'' = \frac{M}{I_z}y$$

式中:A 和 I_z 分别为截面面积和对中性轴的惯性矩。正应力 σ' 和 σ'' 沿宽度均匀分布,沿高

度的分布规律分别如图 10.10(b)和图 10.10(c)所示。

由迭加法，x 截面上任一点(y,z)处的正应力为

$$\sigma = \sigma' + \sigma'' = \frac{F_N}{A} + \frac{M}{I_z}y \qquad (10.6)$$

由于忽略截面上的弯曲切应力，横截面上只有正应力，于是迭加后横截面上的正应力沿高度分布规律只可能是以下三种情况：当$|\sigma''|_{max} > \sigma'$时，该横截面上的正应力分布如图 10.11(a)所示，下边缘的最大拉应力数值大于上边缘的最大压应力数值。当$|\sigma''|_{max} = \sigma'$时，该横截面上的应力分布如图 10.11(b)所示，上边缘各点处的正应力为零，下边缘各点处的拉应力最大。当$|\sigma''|_{max} < \sigma'$时，该横截面上的正应力分布如图 10.11(c)所示，下边缘各点处的拉应力最大。在这三种情况下，横截面的中性轴分别在横截面内、横截面边缘和横截面以外。

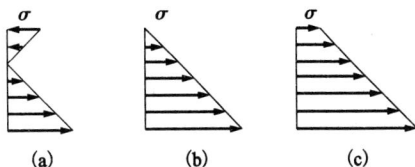

图 10.11　悬臂杆的弯拉(压)
组合下 x 截面上的应力分布

显然，固定端截面为危险截面。由应力分布图可见，该横截面的上、下边缘处各点可能是危险点。这些点的正应力为

$$\left.\begin{array}{r}\sigma_{t,\,max}\\\sigma_{t,\,min}\end{array}\right\} = \frac{F_N}{A} \pm \frac{M}{W_z} \qquad (10.7)$$

相应的强度条件为

$$\begin{array}{l}\sigma_{t,\,max} \leqslant [\sigma_t]\\\sigma_{c,\,max} \leqslant [\sigma_c]\end{array} \qquad (10.8)$$

一般情况下，对于抗拉与抗压能力不相等的材料，如铸铁和混凝土等，需用以上两式分别校核构件的强度；对于抗拉与抗压能力相等的材料，如低碳钢，则只须校核构件应力绝对值最大处的强度即可。

还应指出，在上面的分析中，对于受横向力作用的杆件，横截面上除有正应力外，还有因剪力而产生的切应力，必要时还需考虑切应力的强度。

例题 10.2　图 10.12(a)所示托架，受载荷 $F = 45$ kN 作用。设 AC 为工字钢截面杆，许用应力$[\sigma] = 160$ MPa，试选择工字钢型号。

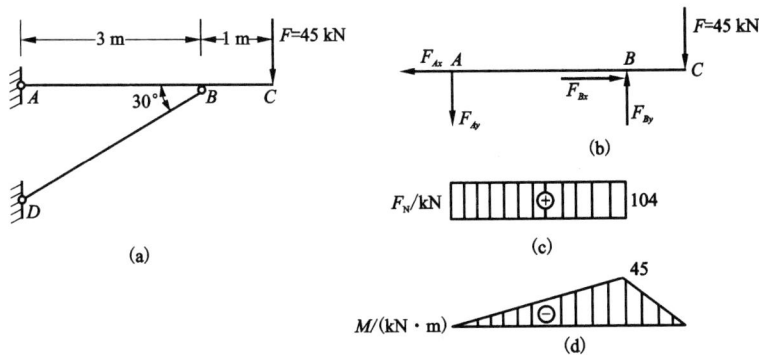

图 10.12　托架的受力与设计

解： 取 AC 杆进行分析，其受力情况如图 10.12(b) 所示。由平衡方程，求得

$$F_{Ay} = 15 \text{ kN}, \quad F_{By} = 60 \text{ kN}, \quad F_{Ax} = F_{Bx} = 104 \text{ kN}$$

由此可知，AB 段既会在轴向载荷作用下发生轴向变形，又会在横向载荷作用下发生弯曲变形，因此属于弯拉组合变形。AC 杆的内力图如图 10.12(c) 和图 10.12(d) 所示。由内力图可见，B 点左侧的横截面是危险截面。该横截面的上边缘各点处的拉应力最大，是危险点。强度条件为

$$\sigma_{t, \max} = \frac{M_{\max}}{W_z} + \frac{F_N}{A} \leqslant [\sigma] \tag{a}$$

若是方形、圆形或已知长宽比的矩形截面，将它们的 W_z 和 A 具体表达式代入上式即可直接进行设计。但对于型钢，W_z 与 A 之间无一定的函数关系，一个不等式不能确定两个未知量，因此采取试算的方法来设计。

先不考虑轴力 F_N，仅考虑 M 设计截面，则式(a)变为

$$\frac{M_{\max}}{W_z} \leqslant [\sigma]$$

由此可得，

$$W_z \geqslant \frac{M_{\max}}{[\sigma]} = \frac{45 \times 10^3}{160 \times 10^6} = 2.81 \times 10^{-4} \text{ m}^3 = 281 \text{ cm}^3$$

由型钢表，选 22a 号工字钢，$W_z = 309 \text{ cm}^3$，$A = 42 \text{ cm}^2$。考虑轴力后，最大拉应力为

$$\sigma_{t, \max} = \frac{M_{\max}}{W_z} + \frac{F_N}{A} = \frac{45 \times 10^3}{309 \times 10^{-6}} + \frac{104 \times 10^3}{42 \times 10^{-4}} = 170 \times 10^6 \text{ Pa} > [\sigma]$$

可见 22a 号工字钢截面不够大，应选大一号工字钢截面，即 22b，查表得，其 $W_z = 325 \text{ cm}^3$，$A = 46.4 \text{ cm}^2$，最大拉应力为

$$\sigma_{t, \max} = \frac{M_{\max}}{W_z} + \frac{F_N}{A} = \frac{45 \times 10^3}{325 \times 10^{-6}} + \frac{104 \times 10^3}{46.4 \times 10^{-4}} = 160.8 \times 10^6 \text{ Pa}$$

$\sigma_{t, \max}$ 虽然超过了 $[\sigma]$，但超过不到 5%，工程上认为仍能满足强度要求，因此可选取 22b 号工字钢。

2. 偏心拉伸(压缩)与截面核心

当杆件上的轴向载荷与轴线平行，但并不与轴线重合[如图 10.13(a)]时，即为偏心拉伸(压缩)，该载荷称为偏心载荷。下面以图 10.13(a) 为例，分析偏心拉伸(压缩)情况下的应力强度问题。

设图 10.13(a) 中偏心载荷 F 的作用点 A 在第一象限，坐标为 (y_F, z_F)。将此偏心拉力 F 向截面形心简化后，得到以下三个载荷：轴向拉力 F，作用于 xOz 平面内的力偶矩 $M_y^0 = Fz_F$，作用于 xOy 平面内的力偶矩 $M_z^0 = Fy_F$。在这些载荷作用下，图 10.13(b) 杆件的变形是轴向拉伸和两个纯弯曲的组合。在所有横截面上，轴力及弯矩都保持不变，它们是

$$F_N = F, \quad M_y = M_y^0 = Fz_F, \quad M_z = M_z^0 = Fy_F$$

迭加以上三个内力所对应的正应力，得任意横截面 mn 上任意点 $C(y, z)$ 的应力为

$$\sigma = \frac{F_N}{A} + \frac{M_y}{I_y}z + \frac{M_z}{I_z}y = \frac{F}{A}\left[1 + \frac{z_F}{i_y^2}z + \frac{y_F}{i_z^2}y\right] \tag{10.9}$$

式中：A 为横截面面积；i_y 与 i_z 分别为横截面对轴 y 和 z 的惯性半径。上式表明，横截面上的

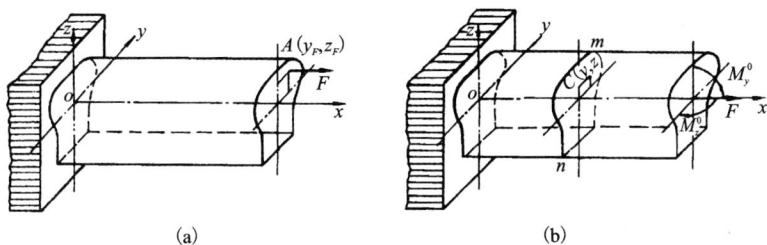

图 10.13　悬臂杆偏心拉伸(压缩)情况下的应力强度分析示意

正应力按线性规律变化,故距中性轴最远的点有最大应力。如以 (y_0, z_0) 代表中性轴上任意点的坐标,将此坐标代入式(10.9)后,应该有

$$\sigma = \frac{F}{A}\left(1 + \frac{z_F}{i_y^2}z_0 + \frac{y_F}{i_z^2}y_0\right) = 0$$

于是得中性轴方程式为

$$1 + \frac{z_F}{i_y^2}z_0 + \frac{y_F}{i_z^2}y_0 = 0 \tag{10.10}$$

可见,中性轴是一条不通过截面形心的直线,如图 10.14 所示。在上式中分别令 $z_0 = 0$ 或 $y_0 = 0$,可得中性轴在 y、z 两轴上的截距分别为

$$a_y = -\frac{i_z^2}{y_F}, \quad a_z = -\frac{i_y^2}{z_F} \tag{10.11}$$

式(10.11)表明,a_y 和 a_z 分别与 y_F 和 z_F 符号相反,所以中性轴与外力作用点位于截面形心的两侧,如图 10.15 所示。

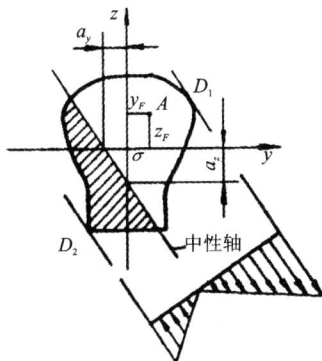

图 10.14　悬臂杆偏心拉伸(压缩)情况下横截面上的应力分析

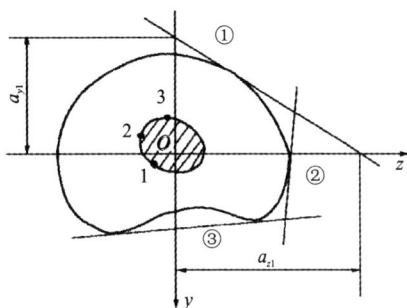

图 10.15　任意形状截面的截面核心确定示意

中性轴将截面划分为受拉与受压两个区域,图 10.14 中画阴影线的部分表示压应力区。在截面的周边上作平行于中性轴的切线,切点 D_1 与 D_2 就是截面上距中性轴最远的点,也就是截面的危险点。对于具有凸出棱角的截面,棱角的顶点显然就是危险点,如图 10.14 中的 D_1,D_2 点。把危险点 D_1 与 D_2 的坐标代入式(10.9),即可求得横截面上的最大拉应力与最

大压应力。若设图 10.14 中 D_1 与 D_2 点的坐标分别为 (y_1, z_1) 与 (y_2, z_2)，则杆的强度条件为

$$\sigma_{t, max} = \frac{F}{A}\left(1 + \frac{z_F}{i_y^2}z_1 + \frac{z_y}{i_z^2}y_1\right) \leqslant [\sigma_t]$$

$$|\sigma_{c, max}| = \left|\frac{F}{A}\left(1 + \frac{z_F}{i_y^2}z_2 + \frac{y_F}{i_z^2}y_2\right)\right| \leqslant [\sigma_c]$$

以上讨论的是偏心拉伸杆的情况。同理，对于偏心压缩杆，只要杆的抗弯刚度相对较大（如短柱），压力引起的附加弯矩可以忽略，上述的分析方法和应力计算公式式(10.9)仍然适用。

由中性轴的截距式(10.9)可以看出，当偏心载荷作用点的位置 (y_F, z_F) 改变时，中性轴在两轴上的截距 a_y 和 a_z 亦随之改变，而且 y_F、z_F 越小，a_y、a_z 就越大，即载荷作用点越是靠近形心，中性轴就越是远离形心。在一般情况下中性轴将截面分成拉伸和压缩两个区域。工程上常用的砖石、混凝土、铸铁等脆性材料的抗压性能好而抗拉能力差，对于这些材料制成的偏心受压杆，应避免截面上出现拉应力。为此，要对偏心距（即偏心力作用点到截面形心的距离）的大小加以限制。当偏心外力作用在截面形心周围一个小区域内，而对应的中性轴与截面周边相切或位于截面之外时，整个横截面上就只有压应力而无拉应力。这个围绕截面形心的特定小区域称为截面核心。由截面核心的定义可知，偏心力的作用点位于截面核心边界的确定方法是：以截面周边上若干点的切线作为中性轴，算出其在坐标轴上的截距，然后利用式(10.11)求出各中性轴所对应的外力作用点的坐标，顺序连接所求得的各外力作用点，于是得到一条围绕截面形心的封闭曲线，它所包围的区域就是截面核心。

为确定任意形状截面的截面核心边界，可将与截面周边相切的任一直线①（图 10.15）看作是中性轴，它在 y 和 z 两个形心主惯性轴上的截距分别为 a_{y1} 和 a_{z1}。根据这两个值，就可从式(10.11)确定与该中性轴对应的外力作用点 1，亦即截面核心边界上的一个点的坐标 (y_{F_1}, z_{F_1})，即

$$y_{F_1} = -\frac{i_z^2}{a_{y1}}, \quad z_{F_1} = -\frac{i_y^2}{a_{z1}} \tag{a}$$

同样，分别将与截面周边相切的直线②，③，…看作中性轴，并按上述方法求得与它们对应的截面核心边界上点 2，3，…的坐标。连接这些点得到的一条封闭曲线，就是所求截面核心的边界，而该边界曲线所包围的带阴影线的面积，即为截面核心，如图 10.15 所示。下面以圆形和矩形截面为例，来具体说明确定其截面核心边界的方法。

由于圆截面关于圆心 O 是极对称的，因而，截面核心的边界关于圆心 O 也应是极对称的，也是一个圆心为 O 的圆。对于图 10.16 中直径为 d 的圆，以圆心为原点建立坐标系 yOz，过圆与 y 轴交点 A 作一条与圆截面周边相切的直线①，将其看作是中性轴，该中性轴在 y，z 两个形心主惯性轴上的截距分别为 $a_{y1} = -\frac{d}{2}$，$a_{z1} = \infty$，而圆截面的 $i_y^2 = i_z^2 = \frac{d^2}{16}$，那么由式(a)就可得到与中

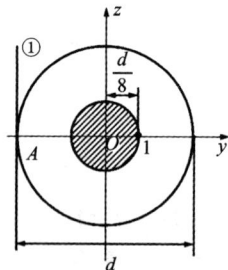

图 10.16 圆截面的截面核心示意

性轴①对应的截面核心边界上点 1 的坐标为

$$y_{F_1} = -\frac{i_z^2}{a_{y1}} = -\frac{d^2/16}{-d/2} = \frac{d}{8}, \quad z_{F_1} = -\frac{i_y^2}{a_{z1}} = 0$$

由此可知，截面核心边界是一个以 O 为圆心、以 $\dfrac{d}{8}$ 为半径的圆，即图 10.16 中带阴影线的区域。

对于边长为 b 和 h 的矩形截面，如图 10.16 所示，以两对称轴为坐标轴建立坐标系 yOz。设 1 点为第一象限内的截面核心边界上任意一点，则与其对应的中性轴①必经过 C 点，将 C 点坐标 $(-\dfrac{h}{2}, -\dfrac{b}{2})$ 以及矩形截面的 $i_y^2 = \dfrac{b^2}{12}$ 和 $i_z^2 = \dfrac{h^2}{12}$ 代入式（10.10），可得 1 点坐标 (y_{F_1}, z_{F_1}) 应满足如下方程

$$1 - \frac{6z_{F_1}}{b} - \frac{6y_{F_1}}{h} = 0$$

这也就是说，第一象限内的截面核心边界上的点应满足上式，即图 10.17 中 $E(\dfrac{h}{6}, 0)$，$F(0, \dfrac{b}{6})$ 两点确定的线段。根据对称性可知，其他各象限内截面核心边界应分别为线段 FG，GH 和 HE，且 G，H 两点的坐标分别为 $(-\dfrac{h}{6}, 0)$，$(0, -\dfrac{b}{6})$，于是得到矩形截面的截面核心边界，它是个位于截面中央的菱形，如图 10.17 所示。

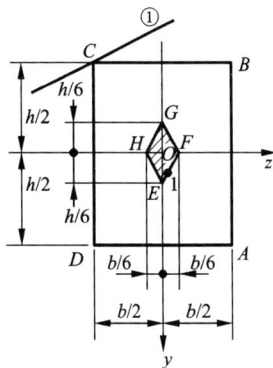

图 10.17　矩形截面的截面核心确定示意

例题 10.3　一端固定并有切槽的杆，如图 10.18所示。试求最大正应力。

解： 由观察判断，切槽处杆的横截面是危险截面，如图 10.18(b)所示。对于该截面，F 为偏心拉力。现将 F 向该截面的形心 C 简化，得到截面上的轴力和弯矩为

$$F_N = F = 10 \text{ kN}$$

$$M_z = F \times 0.05 = 0.5 \text{ kN} \cdot \text{m}$$

$$M_y = F \times 0.025 = 0.25 \text{ kN} \cdot \text{m}$$

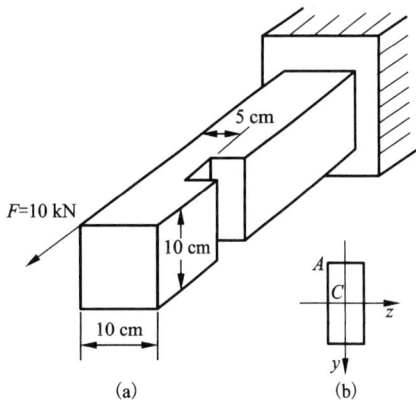

图 10.18　一端固定并有切槽的杆

A 点为危险点，该点处的最大拉应力为

$$\sigma_{t,\max} = \frac{F_N}{A} + \frac{M_y}{W_y} + \frac{M_z}{W_z} = \frac{10 \times 10^3}{0.1 \times 0.05} + \frac{0.5 \times 10^3}{\dfrac{1}{6} \times 0.05 \times 0.1^2} + \frac{0.25 \times 10^3}{\dfrac{1}{6} \times 0.1 \times 0.05^2}$$

$$= 14 \times 10^6 \text{ Pa} = 14 \text{ MPa}$$

10.4　弯扭组合与弯拉(压)扭组合变形

在机械设备中的传动轴与曲柄轴等，大多处于弯扭组合或弯拉(压)扭组合变形状态。现以图 10.19(a)所示的钢制直角曲拐中的圆杆 AB 为例，研究杆在弯曲和扭转组合变形问题的强度计算方法。

首先将作用在 C 点的力 F 向 AB 杆右端截面的形心 B 简化，得到一横向力 F 及力偶矩

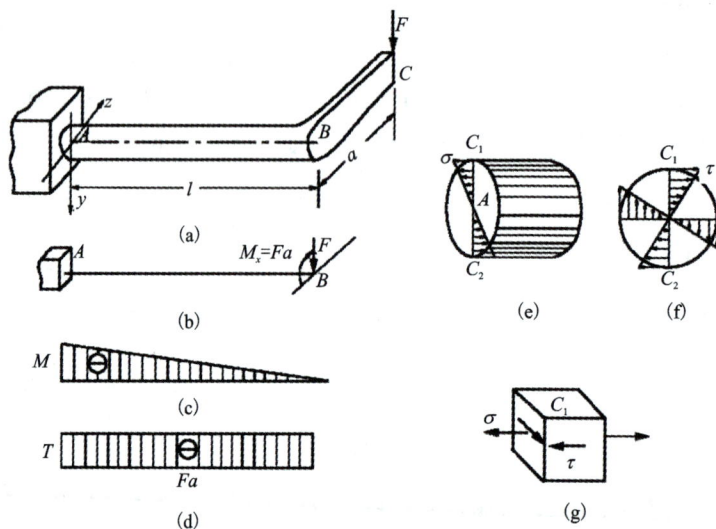

图 10.19 钢制直角曲拐中的圆杆弯曲和扭转组合变形分析

$M_x = Fa$，如图 10.19（b）所示。力 F 使 AB 杆弯曲，力偶矩 M_x 使 AB 杆扭转，故 AB 杆同时产生弯曲和扭转两种变形。

    AB 杆的弯矩图和扭矩图分别如图 10.19（c）和图 10.19（d）所示。由内力图可见，固定端截面弯矩与扭矩均达到最大值，是危险截面，其弯矩和扭矩值分别为

$$M = Fl, \quad T = Fa$$

    在该截面上，弯曲正应力和扭转切应力的分布分别如图 10.19（e）与图 10.19（f）所示。从应力分布图可见，横截面的上、下两点 C_1 和 C_2 是危险点。因两点危险程度相同，故只须对其中任一点作强度计算。现对 C_1 点进行分析。在该点处取出一单元体，其各面上的应力如图 10.19（g）所示，弯曲正应力和扭转切应力分别为

$$\sigma = \frac{M}{W}, \quad \tau = \frac{T}{W_p}$$

    由于该单元体处于一般二向应力状态，所以需用强度理论来建立强度条件。其第三强度理论和第四强度理论的强度条件分别为

$$\sigma_{r3} = \sqrt{\sigma^2 + 4\tau^2} \leqslant [\sigma] \tag{10.12}$$

$$\sigma_{r4} = \sqrt{\sigma^2 + 3\tau^2} \leqslant [\sigma] \tag{10.13}$$

    如将 σ 和 τ 代入上面两式，并注意到圆轴的抗扭截面系数 $W_p = 2W$，可以得到圆轴弯扭组合变形时的第三强度理论和第四强度理论的强度条件分别为

$$\sigma_{r3} = \frac{1}{W} \sqrt{M^2 + T^2} \leqslant [\sigma] \tag{10.14}$$

$$\sigma_{r4} = \frac{1}{W} \sqrt{M^2 + 0.75 T^2} \leqslant [\sigma] \tag{10.15}$$

式中：M 应理解为是危险截面处的组合弯矩 M，若同时存在 M_z 和 M_y，则组合弯矩 $M = \sqrt{M_z^2 + M_y^2}$；T 为危险截面的扭矩；$W = \dfrac{\pi d^3}{32}$ 为圆轴截面的抗弯截面系数。

当圆杆同时产生拉伸(压缩)和扭转两种变形时,危险截面上的周边各点均为危险点,且危险点处于二向应力状态,式(10.12)和式(10.13)仍然适用,只是弯曲正应力需用拉伸(压缩)时的正应力代替。

当圆杆同时产生弯曲、扭转和拉伸(压缩)变形时,上述方法式(10.12)与式(10.13)同样适用,但是正应力是由弯曲和拉伸(压缩)共同引起的。

例题 10.4　一钢质圆轴,直径 $d = 8$ cm,其上装有直径 $D = 1$ m、重为 5 kN 的两个皮带轮,如图 10.20(a)所示。已知 A 处轮上的皮带拉力为水平方向,C 处轮上的皮带拉力为竖直方向。设钢的许用应力 $[\sigma] = 160$ MPa,试按第三强度理论校核轴的强度。

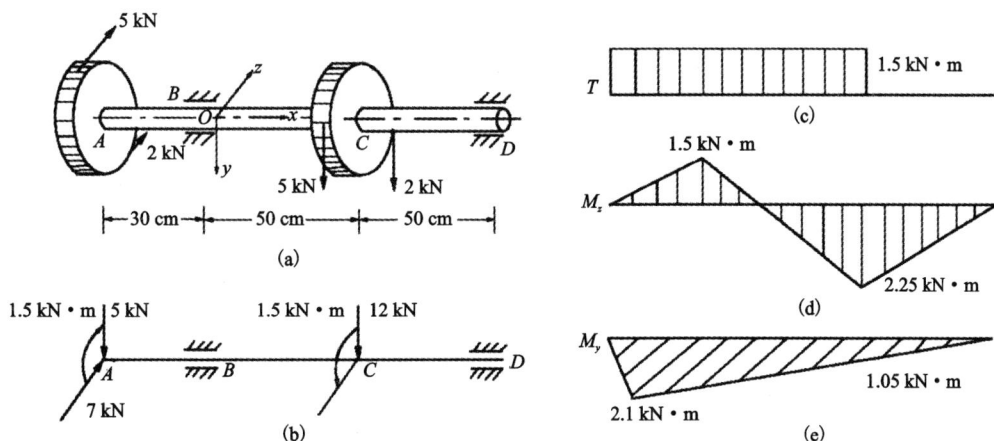

图 10.20　钢制圆轴的弯扭组合变形强度校核

解:将轮上的皮带拉力向轮心简化后,得到作用在圆轴上的集中力和力偶。此外,圆轴还受到轮重作用。简化后的外力如图 10.20(b)所示。

在力偶作用下,圆轴的 AC 段内产生扭转,扭矩图如图 10.20(c)所示。在横向力作用下,圆轴在 xOy 和 xOz 平面内分别产生弯曲,两个平面内的弯矩图如图 10.20(d)和图 10.20(e)所示。因为轴的横截面是圆形,不会发生斜弯曲,所以应将两个平面内的弯矩合成而得到横截面上的合成弯矩。由弯矩图可知,B 左边截面上的合成弯矩小于 B 截面上的合成弯矩,C 右边截面上的合成弯矩小于 C 截面上的合成弯矩,而且可以证明 B 与 C 之间截面上的合成弯矩小于这两个截面上的合成弯矩之极大值,因此,可能危险的截面是 B 截面和 C 截面。现分别求得这两个截面的合成弯矩为

$$M_B = \sqrt{M_{By}^2 + M_{Bz}^2} = \sqrt{2.1^2 + 1.5^2} = 2.58 \text{ kN} \cdot \text{m}$$

$$M_C = \sqrt{M_{Cy}^2 + M_{Cz}^2} = \sqrt{1.05^2 + 2.25^2} = 2.48 \text{ kN} \cdot \text{m}$$

因为 $M_B > M_C$,且 B,C 截面的扭矩相同,故 B 截面为危险截面。将 B 截面上的弯矩和扭矩值代入式(10.14),得到第三强度理论的相当应力为

$$\sigma_{r3} = \frac{1}{W}\sqrt{M_B^2 + T_B^2} = \frac{1}{\frac{\pi}{32} \times 0.08^3}\sqrt{(2.58 \times 10^3)^2 + (1.5 \times 10^3)^2} = 59.3 \times 10^6 \text{ Pa}$$

$$= 59.3 \text{ MPa} < [\sigma]$$

因此,该圆轴是安全的。

必须指出，上述轴的计算是按静载荷情况来考虑的。这样处理在轴的初步设计或估算时是经常采用的。实际上，由于轴的转动是在周期变化的交变应力作用下工作的，因此，有时还须进一步校核在交变应力作用下的强度。这在机械零件课程中将另有详述，本书不再讨论。至于有关交变应力的一些概念，将在第 13 章中介绍。

此外，在工程设计中，对于一些组合变形构件的强度问题，也常采用一种简化的计算方法。这就是当某一种基本变形起主导作用时，可将次要的基本变形忽略不计，而将构件简化为某种单一的基本变形；同时适当地增大安全系数或降低许用应力。例如，轧钢机中主动轧辊的辊身是弯曲与扭转组合变形的问题，但在实际计算中，可加大安全系数而只按弯曲强度来考虑。又如拧紧螺栓时，是拉伸与扭转的组合变形问题，有时则降低许用应力而只按拉伸强度来计算。如果构件所产生的几种基本变形都比较重要而不能忽略，这就应作为组合变形构件的问题来处理了。

思考题

1. 何谓组合变形？采用迭加原理分析组合变形问题时，须满足哪些条件？

2. 在斜弯曲中，横截面上危险点的最大正应力、截面挠度都分别等于两相互垂直平面内的弯曲引起的正应力、挠度的迭加。这一"迭加"是几何和还是代数和？试分别加以说明。

3. 斜弯曲、弯拉(压)组合情况下截面的中性轴各有什么特征？

4. 在斜弯曲、偏心拉伸(压缩)、弯扭组合情况下，受力杆件中各点处于什么应力状态？

5. 何谓截面核心？如何确定截面核心？

习 题

1. 悬臂吊车如图 10.21(a)所示，横梁用 25a 号工字钢制成，梁长 $l=4$ m，斜杆与横梁的夹角 $\alpha=30°$，电葫芦重量 $Q_1=4$ kN，起重量 $Q_2=20$ kN，材料的许用应力 $[\sigma]=100$ MPa。试校核横梁的强度。

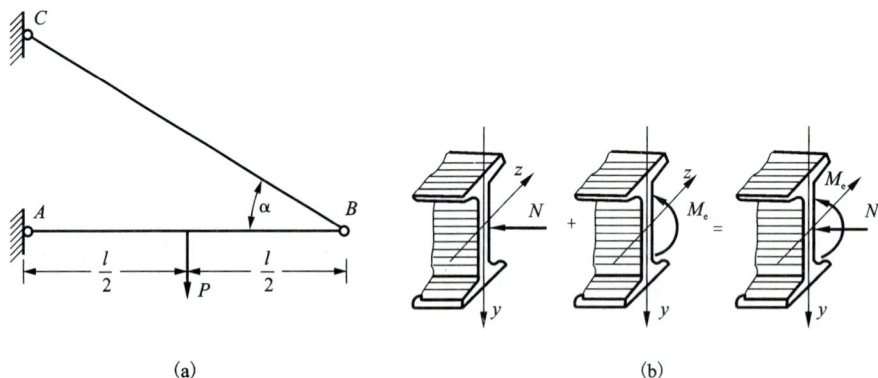

图 10.21 悬臂吊车横梁示意

2. 图 10.22 所示的钻床，钻孔时受到压力 $P = 15$ kN。已知偏心矩 $e = 40$ cm，铸铁立柱的许用拉应力 $[\sigma_t] = 35$ MPa，许用压应力 $[\sigma_c] = 120$ MPa，试计算铸铁立柱所需的直径。

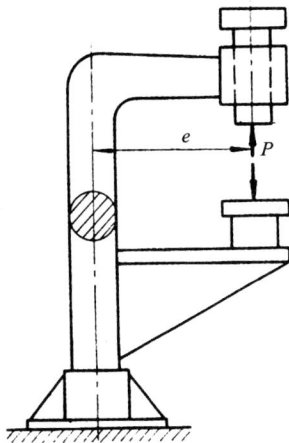

图 10.22　钻床

3. 一带槽钢板受力如图 10.23 所示，已知钢板宽度 $b = 8$ cm，厚度 $\delta = 1$ cm，边缘上半圆形槽的半径 $r = 1$ cm，已知拉力 $P = 80$ kN，钢板许用应力 $[\sigma] = 140$ MPa。试对此钢板进行强度校核。

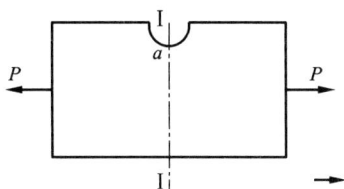

图 10.23　一带槽钢板

4. 图 10.24 所示的手摇绞车，已知轴的直径 $d = 3$ cm，卷筒直径 $D = 36$ cm，两轴承间的距离 $l = 80$ cm，轴的许用应力 $[\sigma] = 80$ MPa。试按第三强度理论计算绞车能起吊的最大安全载荷 Q。

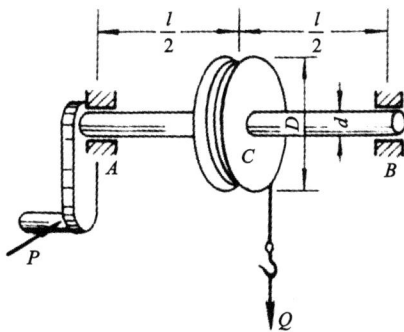

图 10.24　手摇绞车

5. 一齿轮轴 AB 如图 10.25 所示。已知轴的转速 $n = 265$ r/min，由电动机输入的功率 $P = 10$ kW；两齿轮节圆直径为 $D_1 = 396$ mm，$D_2 = 168$ mm；齿轮啮合力与齿轮节圆切线的夹角 $\alpha = 20°$；轴直径 $d = 50$ mm，材料为 45 钢，其许用应力 $[\sigma] = 50$ MPa。试校核轴的强度。

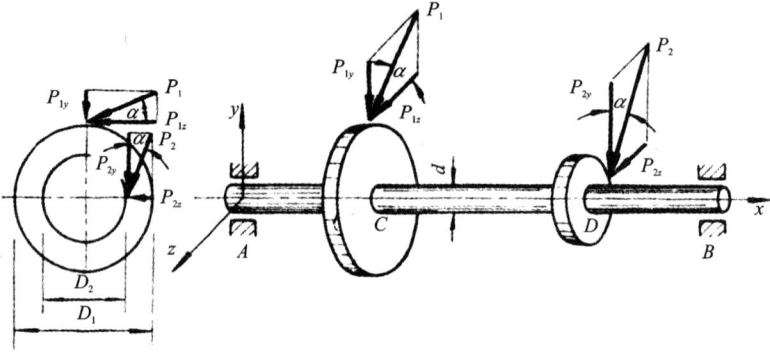

图 10.25 齿轮轴 AB

6. 砖砌烟囱受力如图 10.26 所示。高 $h = 30$ m，外径 $D = 3$ m，内径 $d = 2$ m，容重 $\rho g = 18$ kN/mm^3，风载 $q = 1$ kN/mm，试画出烟囱的内力图。

7. 一圆截面传动轴 AD 如图 10.27 所示。轴上两胶皮带轮直径均为 $D = 500$ mm，轮 C 上的胶带拉力沿铅垂方向，轮 D 上的胶带拉力沿水平方向，胶带拉力为 $F_{T_1} = 5$ kN，$F_{T_2} = 2$ kN。试画出轴 AD 的内力图。

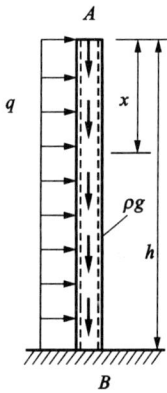

图 10.26 砖砌烟囱

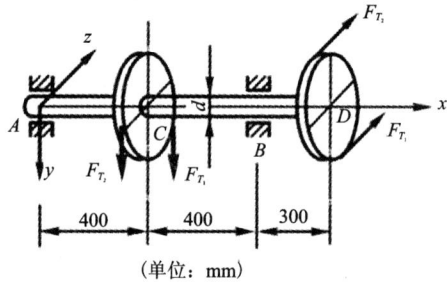

（单位：mm）

图 10.27 圆截面传动轴

8. 圆轴直径 $d = 20$ mm，受力如图 10.28 所示。在轴的上边缘 A 点处，测得纵向线应变 $\varepsilon_\alpha = 4 \times 10^{-4}$；在水平直径平面的外侧 B 点处，测得 $\varepsilon_{-45°} = 4 \times 10^{-4}$。材料的弹性模量 $E = 200$ GPa，泊松比 $\upsilon = 0.25$，$[\sigma] = 160$ MPa。求：(1) 作用在轴上的载荷 F、力偶 m 的大小；(2) 按第三强度理论进行强度校核。

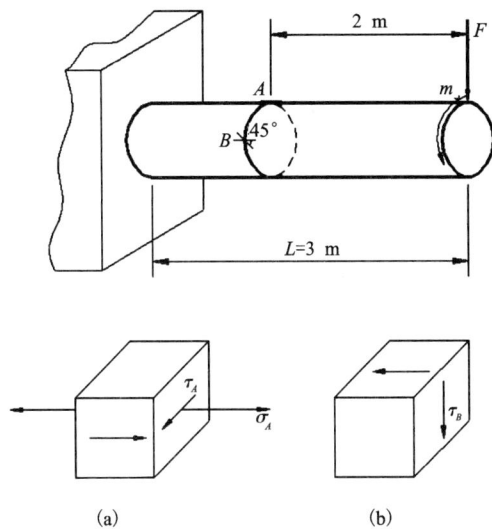

图 10.28 圆轴

9. 桥式起重机大梁为 32a 工字钢(图 10.29),材料为 Q235,$[\sigma] = 160$ MPa,$l = 4$ m。起重机小车行进时由于惯性或其他因素,载荷偏离纵向垂直对称面一个角度 φ。若 $\varphi = 15°$,$F = 30$ kN,试校核梁的强度。

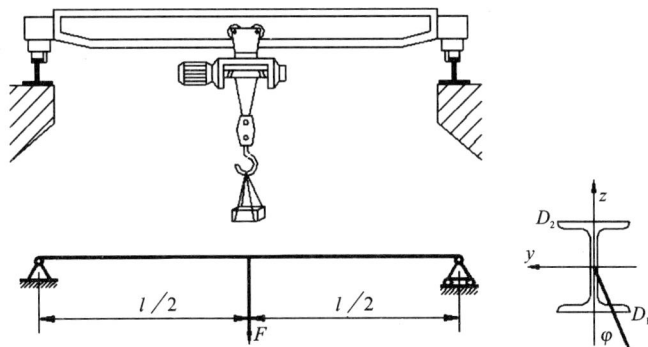

图 10.29 桥式起重机大梁

10. 图 10.30(a)受拉钢板原宽度 $b = 80$ mm,厚度 $t = 10$ mm,上边缘有一切槽,深 $a = 10$ mm,$F = 80$ kN,钢板的许用应力 $[\sigma] = 140$ MPa,试校核其强度。

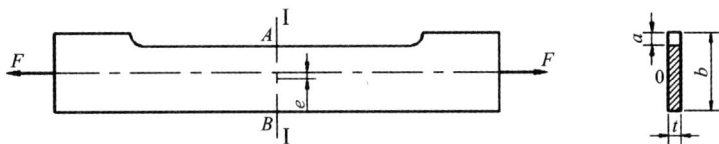

图 10.30 受拉钢板

11. 矩形截面木檩条如图 10.31 所示，跨长 $L = 3.3$ m，受集度 $q = 800$ N/m 的均布力作用，$[\sigma] = 12$ MPa，容许挠度为：$L/200$，$E = 9$ GPa，试校核此梁的强度和刚度。

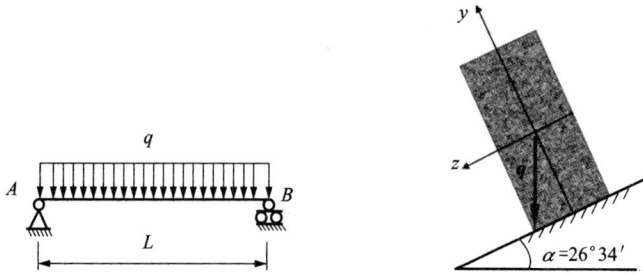

图 10.31　矩形截面木檩条

第 11 章 压杆稳定

11.1 压杆稳定性的概念

从前面的学习可知,当受拉杆件的应力达到屈服极限或强度极限时,杆件将发生塑性变形或断裂;长度较小的受压短柱也有类似的现象,如低碳钢短柱被压扁(屈服)和铸铁短柱被压碎(断裂)。这些都是由强度不够而引起的失效。但是如图 11.1 所示,(a)中木杆的横截面为矩形(1 cm × 2 cm),高为 3 cm,当载荷重量为 6 kN 时杆还不致破坏,而(b)中木杆的横截面与(a)相同,高为 1.4 m(细长压杆),当压力为 0.1 kN 时杆就被压弯,导致破坏。现实生活中类似的例子还有很多。为什么相同断面尺寸的同一种木材在(a)和(b)两种情况下破坏变形载荷竟相差 60 倍? 总结细长压

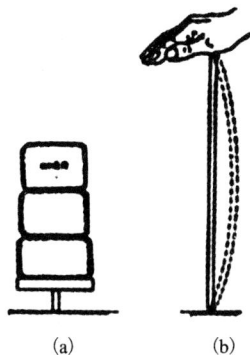

图 11.1 木杆

杆的破坏形式:这种突然产生显著的弯曲变形而使结构丧失工件能力,并非因强度不够,而是由于压杆不能保持原有直线平衡状态。这种现象称为压杆失稳。杆件的失稳往往产生很大的变形甚至导致系统的破坏,工程中的柱、桁架中的压杆、薄壳结构及薄壁容器等,在有压力存在时,都可能发生失稳。因此,对于轴向受压杆,除考虑其强度和刚度外,还应考虑其平衡稳定性问题。

1.平衡稳定性概念

图 11.2(a)所示刚性直杆 AB,A 端为铰支,B 端用弹簧水平支持,弹簧常数为 k(使弹簧产生单位轴向变形所需要的力),在铅垂载荷 F 的作用下,该杆在竖直位置保持平衡。

现在,给杆以微小的侧向干扰,使杆件产生微小的侧向位移 δ[图 11.2(b)]。这时,外力 F 对 A 点的力矩 $F\delta$ 使杆 AB 偏离原来的平衡位置,而弹簧反力 $k\delta$ 对 A 点的力矩 $k\delta l$ 力图恢复其初始平衡位置。如果 $F\delta < k\delta l$,即 $F < kl$,则在上述干扰解除后,杆将自动恢复到初始平衡位置,说明在该载荷作用下,杆在竖直位置的平衡状态是稳定的,即杆 AB 原来的平衡状态为稳定的平衡状态。如果 $F > kl$,则在干扰解

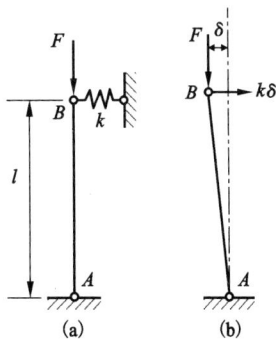

图 11.2 刚性直杆铅垂载荷作用下不同平衡状态示意

除后,杆不仅不能自动恢复其初始位置,而且将继续偏转,说明在该载荷下,杆在竖直位置的平衡状态是不稳定的,即杆 AB 原来的平衡状态为不稳定的平衡状态。如果 $F = kl$,则杆既

可以在竖直位置保持平衡，也可以在微小的偏斜状态保持平衡，即杆 AB 原来的平衡状态为随遇平衡状态。

由此可见，当杆长 l 与弹簧常数 k 一定时，杆 AB 在竖直位置平衡状态的性质，由载荷 F 的大小确定。

2. 压杆稳定性概念

受压的细长弹性直杆也有上述刚性直杆类似的情况。如图 11.3(a)所示弹性直杆 AB 下端固定，上端自由，并作用有轴向压力 F。若杆 AB 为理想直杆，且没有任何外界干扰，则它在压力 F 的作用下将保持直线平衡状态。此时对弹性直杆 AB 施加微小侧向干扰使其稍微弯曲，则去掉干扰后将出现两种不同现象：当压力 F 小于某一临界值时，弹性直杆 AB 会来回摆动，最后回复到原来的直线位置平衡状态[图 11.3(b)]，这说明杆 AB 在 F 的作用下外干稳定的平衡状态，此时的平衡状态具有抗干扰性；当压力 F 等于或大于某临界值时，在干扰去掉后，杆件将不能回复到原来的直线位置平衡状态，而是将继续弯曲，最终保持在一定弯曲变形的平衡状态[图 11.3(c)]，这说明杆 AB 在 F 的作用下原来的直线平衡状态是不稳定的，此时的平衡状态不具有抗干扰性。

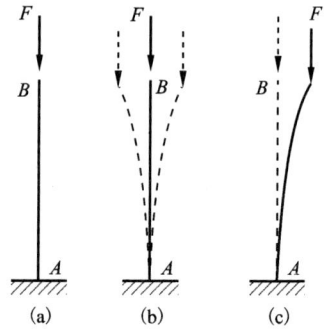

图 11.3 受压的细长弹性直杆轴向载荷作用下不同平衡状态示意

从上述的描述中可知，受压弹性直杆与刚性直杆模型一样，平衡状态的稳定性随着压力的增大而发生变化。这种平衡状态由稳定突然变为不稳定，且不能回复的现象称为失稳。弹性压杆的失稳，是由直线的平衡形式变为微弯的平衡形式。将使压杆直线形式的平衡状态开始由稳定转变为不稳定的轴向压力值，称为压杆的临界载荷，并用 F_{cr} 表示。当杆的轴向压力值达到或超过压杆的临界载荷时，压杆将产生失稳现象。为了保证压杆安全可靠地工作，必须使压杆处于直线平衡形式，因而压杆是以临界力作为其极限承载能力。

3. 其他稳定性问题的实例

除压杆外，某些其他薄壁构件也存在稳定性问题。例如图 11.4(a)中的狭长矩形截面梁，当作用在自由端的载荷 F 达到某一临界值时，梁将突然发生侧向弯曲与扭转；图 11.4(b)中承受径向外压的薄壁圆管，当外压 q 达到某一临界值时，圆环形截面将突然变为椭圆形；图 11.4(c)中圆弧形薄拱所受的匀布压力达到某一临界值时，突然变为非圆弧形拱，这些都是失稳现象的体现。

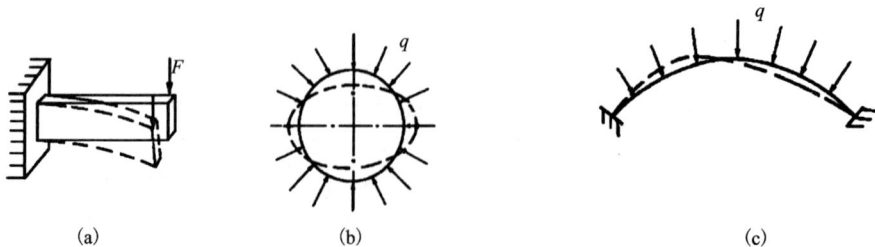

图 11.4 其他薄壁构件的失稳示意

在实际的工程结构中,也有不少稳定性失效的例子。如 1907 年与 1916 年北美洲的魁伯克(Quebec)大桥两次失事、1965 年英国渡桥电厂几座双曲型冷却塔在风压下坍陷等,事后分析都是因受压构件发生了失稳。因此在工程设计中必须考虑构件的稳定性问题。

4. 本章的主要研究内容

构件的稳定性问题是比较复杂的,本章主要研究压杆的稳定性问题。显然,解决压杆稳定性问题的关键是确定其临界载荷。如果将压杆的工作压力控制在临界载荷确定的许用范围内,则压杆不致失稳。因此,本章主要介绍如下四个方面的内容:压杆临界载荷的确定、压杆约束条件对临界载荷的影响、压杆稳定性条件与压杆的合理设计。

11.2　细长压杆的临界力

根据压杆失稳是由直线平衡形式转变为弯曲平衡形式这一重要概念,可以预料,凡是影响弯曲变形的因素,如截面的抗弯刚度 EI,杆件长度 l 和两端的约束情况,都会影响压杆的临界力。确定临界力的方法有静力法、能量法等。本节采用静力法,以两端铰支的中心受压直杆为例,说明确定临界力的基本方法。

1. 两端铰支压杆的临界力

两端铰支中心受压的直杆如图 11.5(a)所示。设压杆处于临界状态,并具有微弯的平衡形式,如图 11.5(b)所示。建立 $v-x$ 坐标系,任意截面 $v(x)$ 处的内力[图 11.5(c)]为

$$N = P(压力), \quad M = Pv$$

在图示坐标系中,根据小挠度近似微分方程 $\dfrac{\mathrm{d}^2 v}{\mathrm{d}x^2} = -\dfrac{M}{EI}$,得到

$$\frac{\mathrm{d}^2 v}{\mathrm{d}x^2} = -\frac{P}{EI}v$$

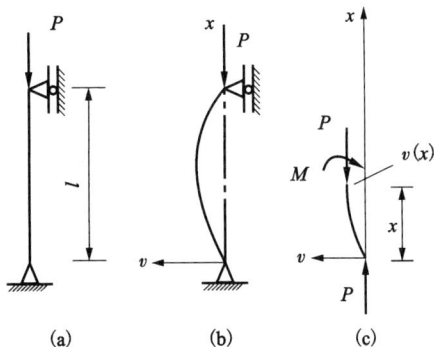

图 11.5　两端铰支中心受压的直杆的临界力分析

令 $k^2 = \dfrac{P}{EI}$,得微分方程

$$\frac{\mathrm{d}^2 v}{\mathrm{d}x^2} + k^2 v = 0 \tag{11.1}$$

此方程的通解为

$$v = A\sin kx + B\cos kx$$

利用杆端的约束条件,$x=0$,$v=0$,得 $B=0$,可知压杆的微弯挠曲线为正弦函数

$$v = A\sin kx \tag{11.2}$$

利用约束条件,$x=l$,$v=0$,得

$$A\sin kl = 0$$

这有两种可能:一是 $A=0$,即压杆没有弯曲变形,这与一开始的假设(压杆处于微弯平衡形式)不符;二是 $kl = n\pi$,$n=1,2,3,\cdots$。由此得出相应于临界状态的临界力表达式为

$$P_{cr} = \frac{n^2 \pi^2 EI}{l^2}$$

实际工程中有意义的是最小的临界力，即 $n=1$ 时的 P_{cr}

$$P_{cr} = \frac{\pi^2 EI}{l^2} \tag{11.3}$$

此即计算压杆临界力的表达式，又称为欧拉公式。因此，相应的 P_{cr} 也称为欧拉临界力。此式表明，P_{cr} 与抗弯刚度(EI)成正比，与杆长的平方(l^2)成反比。当压杆失稳时，总是绕抗弯刚度最小的轴发生弯曲变形。因此，对于各个方向约束相同的情形（例如球铰约束），式(11.3)中的 I 应为截面最小的形心主轴惯性矩。

将 $k = \dfrac{\pi}{l}$ 代入式(11.2)，得压杆的挠度方程为

$$v = A\sin\frac{\pi x}{l} \tag{11.4}$$

在 $x = \dfrac{l}{2}$ 处，有最大挠度 $v_{max} = A$。

在上述分析中，v_{max} 的值不能确定，其与 P 的关系曲线如图 11.6 中的水平线 AA' 所示，这是由采用挠曲线近似微分方程求解造成的；如采用挠曲线的精确微分方程，则得 $P - v_{max}$ 曲线如图 11.6 中 AC 所示。这种 $P - v_{max}$ 曲线称为压杆的平衡路径，它清楚地显示了压杆的稳定性及失稳后的特性。由图 11.6 可以看出，当 $P < P_{cr}$ 时，压杆只有一条平衡路径 OA，它对应直线平衡形式。当 $P \geqslant P_{cr}$ 时，其平衡路径出现两个分支$(AB$ 和 $AC)$，其中一个分支(AB)对应直线平衡

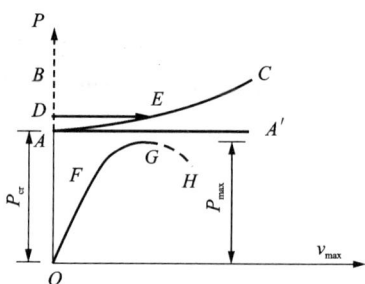

图 11.6　$P - v_{max}$ 曲线

形式，另一个分支(AC)对应弯曲平衡形式，前者是不稳定的，后者是稳定的。如 AB 路径中的 D 点一经干扰将达到 AC 路径上同一 P 的 E 点，处于弯曲平衡形式，而且该位置的平衡是稳定的。平衡路径出现分支处的 P 即为临界力 P_{cr}，故这种失稳称为分支点失稳。分支点失稳发生在理想受压直杆的情况。

对实际使用的压杆而言，轴线的初曲率、压力的偏心、材料的缺陷和不均匀等因素总是存在的，为非理想受压直杆。对其进行试验或理论分析所得平衡路径如图 11.6 中的 $OFGH$ 曲线，无平衡路径分支现象，一经受压（无论压力多小）即处于弯曲平衡形式，但也有稳定与不稳定之分。当压力 $P < P_{max}$ 时，处于路径 OFG 段上的任一点，如施加使其弯曲变形微增的干扰，然后撤除，仍能恢复原状（当处于弹性变形范围），或虽不能完全恢复原状（如已发生塑性变形）但仍能在原有压力下处于平衡状态，这说明原平衡状态是稳定的。而下降路径 GH 段上任一点的平衡是不稳定的，因为一旦施加使其弯曲变形微增的干扰，压杆将不能维持平衡而被压溃。压力 P_{max} 称为失稳极值压力，它比理想受压直杆的临界力 P_{cr} 小，且随压杆的缺陷（初曲率、压力偏心等）的减小而逐渐接近 P_{cr}。因 P_{cr} 的计算比较简单，它对非理想受压直杆的稳定计算有重要指导意义，故本书的分析是以理想受压直杆为主。

2.其他约束情况压杆的临界力

用上述方法，还可求得其他约束条件下压杆的临界力，结果如下：

(1)一端固定、一端自由的压杆[图 11.7(a)]。

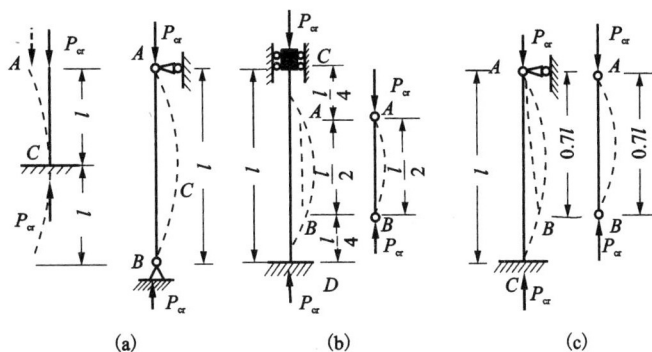

图 11.7　其他约束情况压杆的临界力示意

$$P_{cr} = \frac{\pi^2 EI}{(2l)^2}$$

（2）两端固定的压杆［图 11.7（b）］。

$$P_{cr} = \frac{\pi^2 EI}{(0.5l)^2}$$

（3）一端固定、一端铰支的压杆［图 11.7（c）］

$$P_{cr} \approx \frac{\pi^2 EI}{(0.7l)^2}$$

综合起来，可以得到欧拉公式的一般形式为

$$P_{cr} = \frac{\pi^2 EI}{(\mu l)^2} \tag{11.5}$$

式中：μl 为相当长度。μ 称为长度系数，它反映了约束情况对临界载荷的影响：当两端铰支时，$\mu=1$；当一端固定、一端自由时，$\mu=2$；当两端固定时，$\mu=0.5$；当一端固定、一端铰支时，$\mu \approx 0.7$。

由此可知，杆端的约束越强，μ 越小，压杆的临界力越高；杆端的约束越弱，则 μ 越大，压杆的临界力越低。

事实上，压杆的临界力与其挠曲线形状是有联系的，对于后三种约束情况的压杆，如果将它们的挠曲线形状与两端铰支压杆的挠曲线形状加以比较，就可以用几何类比的方法，求出它们的临界力。从图 11.7 中挠曲线形状可以看出：长为 l 的一端固定、另一端自由的压杆，与长为 $2l$ 的两端铰支压杆相当；长为 l 的两端固定压杆（其挠曲线上有 A、B 两个拐点，该处弯矩为零），与长为 $0.5l$ 的两端铰支压杆相当；长为 l 的一端固定、另一端铰支的压杆，与长为 $0.7l$ 的两端铰支压杆相当。

需要指出的是，欧拉公式的推导中应用了弹性小挠度微分方程，因此公式只适用于弹性稳定问题。另外，上述各种 μ 都是对理想约束而言的，实际工程中的约束往往比较复杂，例如压杆两端若与其他构件连接在一起，则杆端的约束是弹性的，μ 一般为 $0.5 \sim 1$，通常将 μ 取接近于 1。对于工程中常用的支座情况，长度系数 μ 可从有关设计手册或规范中查到，见表 11.1。

表 11.1　几种常见支持方式细长压杆的长度系数与临界载荷

支持方式	两端铰支	一端固定 另一端自由	两端固定	一端固定 另一端铰支
压杆及 挠曲轴 示意图				
长度系数 μ	1.0	2.0	0.5	0.7
临界载荷 F_{cr}	$\dfrac{\pi^2 EI}{l^2}$	$\dfrac{\pi^2 EI}{(2l)^2}$	$\dfrac{\pi^2 EI}{(0.5l)^2}$	$\dfrac{\pi^2 EI}{(0.7l)^2}$

对于以上细长压杆涉及的各种约束方式，当约束为空间约束时，则须分为两种情况确定临界载荷。当两端的空间约束在过轴线不同平面内的约束形式相同时，则只须令截面惯性矩 I 取其最小值，即可利用欧拉公式计算临界载荷，而使 I 取最小值的方向与轴线形成的平面即为挠曲轴线所在平面。当两端的空间约束在过轴线不同平面内的约束形式不同时，则须计算出在过轴线的不同平面内的临界载荷，其中的最小值即为该细长

图 11.8　柱状铰

压杆的临界载荷，相应的平面即为挠曲轴线所在平面。例如有一种柱状铰（图 11.8），在垂直于轴销的平面（x–z 平面）内，轴销对杆的约束相当于铰支；在轴销平面（x–z 平面）内，轴销对杆的约束接近于固定端约束。

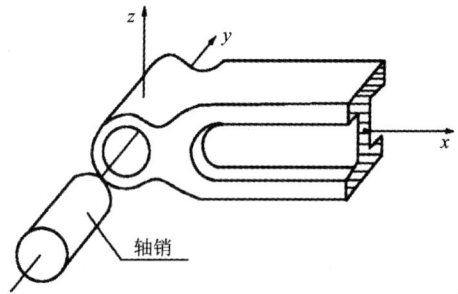

3. 压杆的临界应力

如上节所述，欧拉公式只有在弹性范围内才是适用的。为了判断压杆失稳时是否处于弹性范围，以及超出弹性范围后临界力的计算问题，必须引入临界应力及柔度的概念。

压杆在临界力作用下，其在直线平衡位置时横截面上的应力称为临界应力，用 σ_{cr} 表示。压杆在弹性范围内失稳时，则临界应力为

$$\sigma_{cr} = \frac{P_{cr}}{A} = \frac{\pi^2 EI}{(\mu l)^2 A} = \frac{\pi^2 Ei^2}{(\mu l)^2} = \frac{\pi^2 E}{\lambda^2} \tag{11.6}$$

式中：λ 为柔度；i 为截面的惯性半径，即

$$\lambda = \frac{\mu l}{i}, \quad i = \sqrt{\frac{I}{A}} \tag{11.7}$$

I 为截面的最小形心主轴惯性矩；A 为截面面积。

柔度 λ 又称为压杆的长细比。它全面地反映了压杆长度、约束条件、截面尺寸和形状对临界力的影响。柔度 λ 在稳定计算中是个非常重要的量，根据 λ 所处的范围，可以把压杆分为三类。

（1）细长杆（$\lambda \geqslant \lambda_p$）。

当临界应力小于或等于材料的比例极限 σ_p 时，即

$$\sigma_{cr} = \frac{\pi^2 E}{\lambda^2} \leqslant \sigma_p$$

压杆发生弹性失稳。若令

$$\lambda_p = \sqrt{\frac{\pi^2 E}{\sigma_p}} \tag{11.8}$$

则当 $\lambda \geqslant \lambda_p$ 时，压杆发生弹性失稳。这类压杆又称为大柔度杆。对于不同的材料，因弹性模量 E 和比例极限 σ_p 各不相同，λ_p 的数值亦不相同。例如 A3 钢，$E = 210$ GPa，$\sigma_p = 200$ MPa，用式(11.8)可算得 $\lambda_p = 102$。

（2）中长杆（$\lambda_s \leqslant \lambda \leqslant \lambda_p$）。

这类杆又称中柔度杆。当这类压杆失稳时，横截面上的应力已超过比例极限，故属于弹塑性稳定问题。对于中长杆，一般采用经验公式计算其临界应力，如直线公式

$$\sigma_{cr} = a - b\lambda \tag{11.9}$$

式中：a 和 b 为与材料性能有关的常数。当 $\sigma_{cr} = \sigma_s$ 时，其相应的柔度 λ_s 为中长杆柔度的下限，据式(11.9)不难求得

$$\lambda_s = \frac{a - \sigma_s}{b}$$

例如 A3 钢，$\sigma_s = 235$ MPa，$a = 304$ MPa，$b = 1.12$ MPa，代入上式算得 $\lambda_s = 61.6$。

（3）粗短杆（$\lambda \leqslant \lambda_s$）。

这类杆又称为小柔度杆。这类压杆将发生强度失效，而不是失稳。故

$$\sigma_{cr} = \sigma_s$$

根据上述三类压杆临界应力与 λ 的关系，可画出 $\sigma_{cr} - \lambda$ 曲线（图 11.9）。该图称为压杆的临界应力图。

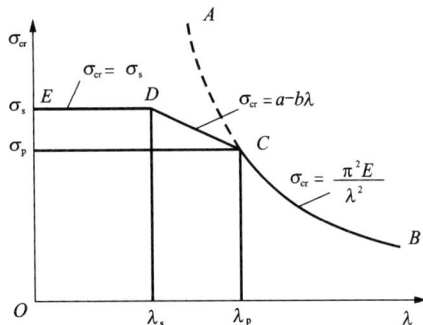

图 11.9 压杆的临界应力图

需要指出的是，对于中长杆和粗短杆，不同的工程设计中，可能采用不同的经验公式计算临界应力，如抛物线公式 $\sigma_{cr} = a_1 - b_1\lambda^2$（$a_1$ 和 b_1 也是和材料有关的常数）等，请读者注意查阅相关的设计规范，见表 11.2。

表 11.2　常用材料的 a, b 和 λ_p

材料	a/MPa	b/MPa	λ_p
A3 钢 $\sigma_s = 235$ MPa	304	1.12	102
优质碳钢 $\sigma_s = 306$ MPa	461	2.568	95
铸铁	332.2	1.454	70
木材	28.7	0.190	80

11.3　压杆的稳定性校核

工程上通常采用下列两种方法进行压杆的稳定计算。

1. 安全系数法

压杆的稳定条件可表示为

$$n = \frac{P_{cr}}{P} \geqslant n_{st} \tag{11.10}$$

式中：P 为压杆的工作载荷；P_{cr} 为压杆的临界载荷；n_{st} 为稳定安全系数。由于压杆存在初曲率和载荷偏心等不利因素的影响。n_{st} 一般比强度安全系数要大些，并且 λ 越大，n_{st} 也越大，具体取值可从有关设计手册中查到。在机械、动力、冶金等工业部门，由于载荷情况复杂，一般都采用安全系数法进行稳定计算。

2. 稳定系数法

压杆的稳定条件有时用应力的形式表达为

$$\sigma = \frac{P}{A} \leqslant [\sigma]_{st} \tag{11.11}$$

式中：P 为压杆的工作载荷；A 为横截面面积；$[\sigma]_{st}$ 为稳定许用应力。$[\sigma]_{st} = \dfrac{\sigma_{cr}}{n_{st}}$，它总是小于强度许用应力 $[\sigma]$，于是式(11.11)又可表达为

$$\sigma = \frac{P}{A} \leqslant \varphi[\sigma] \tag{11.12}$$

其中 φ 称为稳定系数，它由下式确定

$$\varphi = \frac{[\sigma]_{st}}{[\sigma]} = \frac{\sigma_{cr}}{n_{st}} \cdot \frac{n}{\sigma_u} = \frac{\sigma_{cr}}{\sigma_u} \cdot \frac{n}{n_{st}} < 1$$

式中：σ_u 为强度计算中的危险应力，由临界应力图(图 11.9)可以看出，$\sigma_{cr} < \sigma_u$，且 $n < n_{st}$，故 φ 为小于 1 的系数，φ 也是柔度 λ 的函数。表 11.3 所列为几种常用工程材料的 $\varphi - \lambda$ 对应数值。对于柔度为表中两相邻 λ 之间的 φ，可由直线内插法求得。由于考虑了杆件的初曲率和载荷偏心的影响，即使对于粗短杆，仍应在许用应力中考虑稳定系数 φ。在土建工程中，一般按稳定系数法进行稳定计算。

还应指出，在压杆计算中，有时会遇到压杆局部有截面被削弱的情况，如图 11.10 所示的杆上有开孔、切槽等。由于压杆稳定性取决于整个杆件的

图 11.10　有开孔的压杆

弯曲刚度，局部截面的削弱对整体变形影响较小，故稳定计算中仍使用原有的截面几何量。但强度计算是根据危险点的应力进行的，故必须对削弱了的截面进行强度校核，即

$$\sigma = \frac{P}{A_n} \leqslant [\sigma] \qquad (11.13)$$

式中：A_n 为横截面的净面积。

表 11.3　压杆的稳定系数

$\lambda = \frac{\mu l}{i}$	φ			
	3 号钢	16Mn 钢	铸铁	木材
0	1.000	1.000	1.00	1.00
10	0.995	0.993	0.97	0.99
20	0.981	0.973	0.91	0.97
30	0.958	0.940	0.81	0.93
40	0.927	0.895	0.69	0.87
50	0.888	0.840	0.57	0.80
60	0.842	0.776	0.44	0.71
70	0.789	0.705	0.34	0.60
80	0.731	0.627	0.26	0.48
90	0.669	0.546	0.20	0.38
100	0.604	0.462	0.16	0.31
110	0.536	0.384		0.26
120	0.466	0.325		0.22
130	0.401	0.279		0.18
140	0.349	0.242		0.16
150	0.306	0.213		0.14
160	0.272	0.188		0.12
170	0.243	0.168		0.11
180	0.218	0.151		0.10
190	0.197	0.136		0.09
200	0.180	0.124		0.08

11.4　提高压杆承载能力的措施

压杆的稳定性取决于临界载荷的大小。由临界应力图可知，当柔度 λ 减小时，则临界应力提高，而 $\lambda = \frac{\mu l}{i}$，所以提高压杆承载能力的措施主要是尽量减小压杆的长度、选用合理的截面形状、增加支承的刚性以及合理选用材料，具体叙述如下。

1. 减小压杆的长度

减小压杆的长度可使 λ 降低，从而提高压杆的临界载荷。工程中，为了减小柱子的长

度，通常在柱子的中间设置一定形式的撑杆，它们与其他构件连接在一起后，对柱子形成支点，限制了柱子的弯曲变形，起到减小柱长的作用。对于细长杆，若在柱子中设置一个支点，则长度减小一半，而承载能力可增加到原来的 4 倍。

2. 选择合理的截面形状

压杆的承载能力取决于最小的惯性矩 I，当压杆各个方向的约束条件相同时，使截面对两个形心主轴的惯性矩尽可能大且相等，是压杆合理截面的基本原则。因此，薄壁圆管[图 11.11(a)]、正方形薄壁箱形截面[图 11.11(b)]是理想截面，它们各个方向的惯性矩相同，且惯性矩比同等面积的实心杆大得多。但这种薄壁杆的壁厚不能过薄，否则会出现局部失稳现象。对于型钢截面(工字钢、槽钢、角钢等)，由于它们的两个形心主轴惯性矩相差较大，为了提高这类型钢截面压杆的承载能力，工程实际中常用几个型钢，通过缀板组成一个组合截面，如图 11.11(c)和图 11.11(d)所示。并选用合适的距离 a，使 $I_z = I_y$，这样可大大地提高压杆的承载能力。但设计这种组合截面杆时，应注意控制两缀板之间的长度 l_1，以保证单个型钢的局部稳定性。

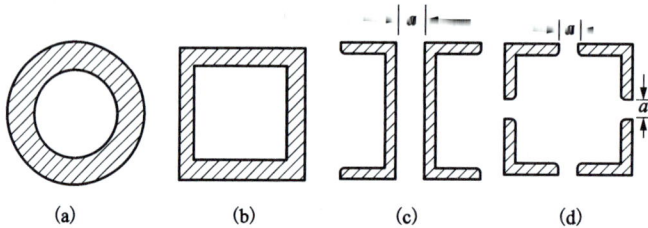

图 11.11　压杆截面设计原则

3. 增加支承的刚性

对于大柔度的细长杆，一端铰支另一端固定压杆的临界载荷比两端铰支的大一倍。因此，杆端越不易转动，杆端的刚性越大，长度系数就越小，如图 11.12 所示压杆，若增大杆右端止推轴承的长度 a，就加强了约束的刚性。

4. 合理选用材料

对于大柔度杆，临界应力与材料的弹性模

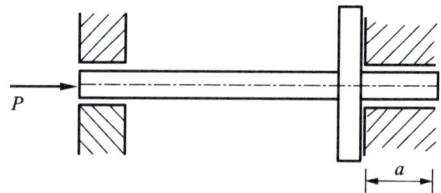

图 11.12　通过增加支承刚性
提高压杆临界载荷示意

量 E 成正比。因此钢压杆比铜、铸铁或铝制压杆的临界载荷高。但各种钢材的 E 基本相同，所以对大柔度杆而言选用优质钢材与选用低碳钢并无多大差别。对于中柔度杆，由临界应力图可以看到，材料的屈服极限 σ_s 和比例极限 σ_p 越高，则临界应力就越大，这时选用优质钢材会提高压杆的承载能力。至于小柔度杆，本来就存在强度问题，优质钢材的强度高，其承载能力的提高是显然的。

最后尚需指出，对于压杆，除了可以采取上述几方面的措施以提高其承载能力外，在可能的条件下，还可以从结构方面采取相应的措施。例如，将结构中的压杆转换成拉杆，这样就可以从根本上避免失稳问题，以图 11.13 所示的托架为例，在不影响结构使用的条件下，若图中(a)所示结构改换成(b)所示结构，则 AB 杆由承受压力变为承受拉力，从而避免了压杆的失稳问题。

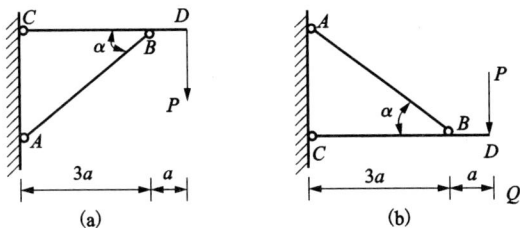

图 11.13 通过结构设计变化提高托架承载能力示意

例题 11.1 试由一端固定、一端简支的细长压杆的挠曲线的微分方程，导出临界压力。

解：

由挠曲线的微分方程可得

$$\frac{d^2 v}{dx^2} = \frac{M}{EI} = -\frac{P}{EI}v + \frac{R(l-x)}{EI}$$

方程的通解为

$$v = C_1 \cos kx + C_2 \sin kx + \frac{R}{EIk^2}(l-x)$$

固定支座的边界条件是

$$x = 0 \text{ 时}, \ v = 0, \ \frac{dv}{dx} = 0$$

$$x = l \text{ 时}, \ v = 0, \ \frac{dv}{dx} = 0$$

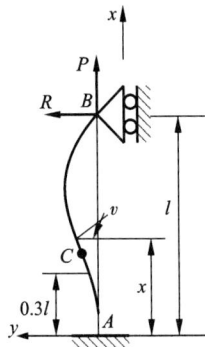

图 11.14 细长压杆

将边界条件代入上面各式，得

$$C_1 + \frac{R}{EIk^2}l = 0, \ C_1\cos kl + C_2\sin kl = 0, \ kC_2 - \frac{R}{EIk^2} = 0$$

解得

$$\tan kl = kl$$

作出正切曲线，与从坐标画出的 45°斜直线相交，交点的横坐标为

$$P_{cr} = (4.493)^2 EI/l^2$$

弯矩为零的 C 点的横坐标 $x_C = \dfrac{1.352}{k} \approx 0.3l$。

例题 11.2 一端固定、一端自由的细长杆，由 18 号工字钢制成，已知钢材的材料常数 $E = 200$ GPa，屈服极限 $\sigma_s = 240$ MPa，$l = 3$ m，从强度的角度计算杆的屈服载荷 P_s，并比较 P_{cr} 与 P_s。

解： 查 18 号工字钢的 $I_z = 1660 \ \text{cm}^4$，$I_y = 122 \ \text{cm}^4$，$A = 30.6 \ \text{cm}^2$。

$$(1) \ P_{cr} = \frac{\pi^2 EI_y}{(2l)^2} = \frac{3.14^2 \times 200 \times 10^9 \times 122 \times 10^{-8}}{(2 \times 3)^2} = 6.69 \times 10^4 \ \text{N}$$

$$(2) \ P_s = \sigma_s A = 240 \times 10^6 \times 30.6 \times 10^{-4} = 73.44 \times 10^4 \ \text{N}$$

$$\frac{P_{cr}}{P_s} = \frac{1}{10.98}, \quad P_s = 10.98 P_{cr}$$

结果说明：从强度方面考虑，材料所加的力达到 P_s 才危险，但压力达到 P_{cr} 就已失稳破坏，且 P_{cr} 只是 P_s 的约 1/10，说明若只考虑强度，允许加的压力较大，若考虑失稳破坏，则允许加的压力小，可见实际中构件的稳定性是要必须考虑的。

例题 11.3 千斤顶如图 11.15 所示。丝杆由优质碳钢制成，丝杆的内径 $d = 40$ mm，最大顶升高度 $l = 350$ mm，最大起重量 $F = 80$ kN。若规定的许用稳定安全系数 $n_{st} = 4$，试校核其稳定性。

解：（1）由材料性能确定 λ_s 与 λ_p。

对于优质碳钢，有 $\lambda_p = 100$，$\lambda_s = 60$，$a = 461$ MPa，$b = 2.57$ MPa。

（2）计算杆的柔度。

丝杆可简化为下端固定、上端自由的压杆：$\mu = 2$

圆截面惯性半径：$i = \sqrt{\dfrac{I}{A}} = \dfrac{d}{4} = 10$ mm

丝杆的柔度：$\lambda = \dfrac{\mu l}{i} = \dfrac{2 \times 350}{10} = 70$

（3）判断杆的类型，计算临界载荷。

由于杆的柔度：$\lambda_s = 60 < \lambda = 70 < \lambda_p = 100$，故为中柔度杆，按经验公式有

$$\sigma_{cr} = a - b\lambda = 461 - 2.57 \times 70 = 281.1 \text{ MPa}$$
$$F_{cr} = \sigma_{cr}A = 281.1 \times 40^2 \times \pi/4 = 353.24 \text{ kN}$$

（4）稳定性校核。

由稳定性条件，有

$$n = \frac{F_{cr}}{F} = \frac{353.24}{80} = 4.415 > n_{st} = 4$$

可见，丝杆是稳定的。

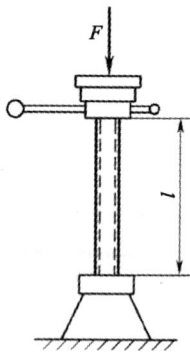

图 11.15 千斤顶

思考题

1. 把一张纸竖立在桌面上，在其自重的作用下足以使它弯曲；若把纸折成角形放置，其自重就不能使它弯曲了；若把纸卷成圆筒形放置，甚至在顶端加上砝码也不会弯曲。为什么？

2. 细长杆上有一小孔，对下列情况分别说明是否需要考虑小孔对截面的削弱，并说明理由。

（1）计算轴向拉伸强度；（2）校核轴向压缩稳定性。

3. 解释压杆的不稳定平衡。

习　题

1. 活塞杆 BC 由铬锰钢制成，$\sigma_s = 780$ MPa，$E = 210$ GPa，直径 $d = 36$ mm，最大外伸长度 $l = 1$ m，若规定的许用稳定安全系数为 $n_{st} = 6$，试确定其最大许用压力 F_{max}（如图 11.16 所示）。

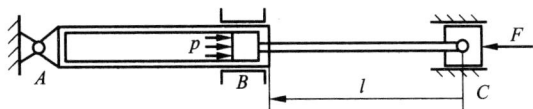

图 11.16　活塞杆

2. 截面为 120 mm × 200 mm 的矩形木柱 [图 11.17(a)]，长 $l = 7$ m，$E = 10$ GPa，$\sigma_p = 8$ MPa，其支承情况为：若在 xOz 平面内失稳（y 为中性轴）时，可视为固支 [图 11.17(b)]，若在 xOy 平面内失稳（z 为中性轴）时，可视为简支 [图 11.17(c)]，求该木柱的临界载荷。

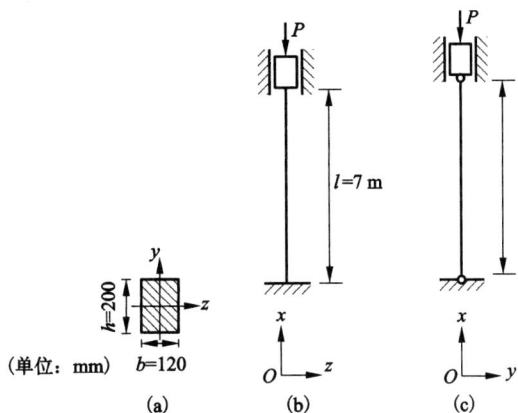

图 11.17　矩形木柱

3. 如图 11.18 所示结构，立柱 CD 为外径 $D = 100$ mm、内径 $d = 80$ mm 的钢管，其材料为 Q235 钢，$\sigma_p = 200$ MPa，$\sigma_s = 240$ MPa，$E = 206$ GPa，稳定安全系数为 $n_{st} = 3$，求容许载荷 $[F]$。

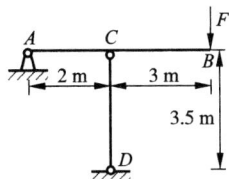

图 11.18　梁柱结构

4. 图 11.19 所示正方形桁架,各杆各截面的弯曲刚度均为 EI,且均为细长杆。试问:(1)当载荷 F 为何值时结构中的个别杆件将失稳?(2)如果将载荷 F 的方向改为向内,则使杆件失稳的载荷 F 又为何值?

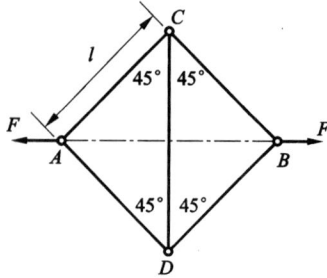

图 11.19 正方形桁架

5. 图 11.20 所示桁架,在节点 C 承受载荷 $F = 100$ kN 作用。二杆均为圆截面,材料为低碳钢 Q275,许用压应力 $[\sigma] = 180$ MPa,试确定二杆的杆径。

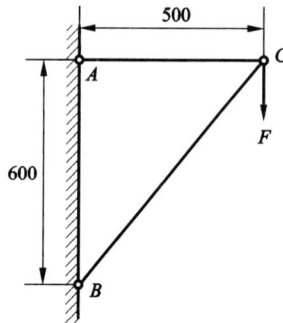

图 11.20 桁架

6. 图 11.21 所示活塞杆,用硅钢制成,其直径 $d = 40$ mm,外伸部分的最大长度 $l = 1$ m,弹性模量 $E = 210$ GPa,$\lambda_p = 100$。试确定活塞杆的临界载荷。

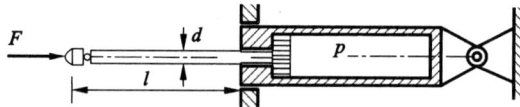

图 11.21 活塞杆

7. 图 11.22 所示刚杆弹簧系统,试求其临界载荷。图中的 k 为弹簧常量。

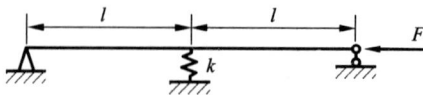

图 11.22 刚杆弹簧系统

8. 图 11.23 所示结构，由横梁 AC 与立柱 BD 组成，试问：当载荷集度 $q = 20$ N/mm 与 $q = 40$ N/mm 时，截面 B 的挠度分别为何值？横梁与立柱均用低碳钢制成，弹性模量 $E = 200$ GPa，比例极限 $\sigma_p = 200$ MPa。

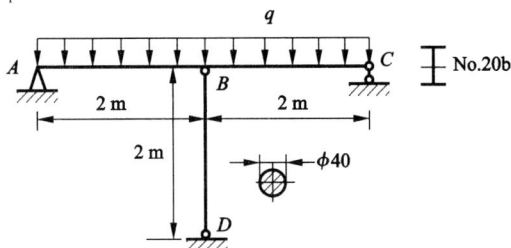

图 11.23　梁柱结构

9. 图 11.24 所示矩形截面压杆，有三种支撑方式。杆长 $l = 300$ mm，截面宽度 $b = 20$ mm，高度 $h = 12$ mm，弹性模量 $E = 200$ GPa，$\lambda_p = 50$，$\lambda_0 = 0$，中柔度杆的临界应力为：$\sigma_{cr} = 382$ MPa $- (2.18$ MPa$)\lambda$，试计算它们的临界载荷，并进行比较。

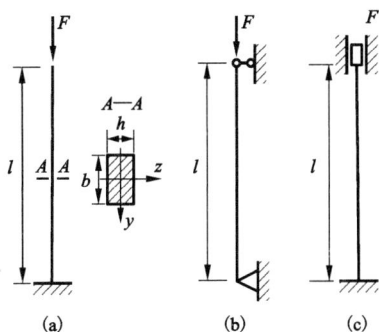

图 11.24　矩形截面压杆

10. 图 11.25 所示两端球形铰支细长压杆，弹性模量 $E = 200$ GPa。试用欧拉公式计算其临界载荷。

（1）圆形截面，$d = 30$ mm，$l = 1.2$ m；（2）矩形截面，$h = 2b = 50$ mm，$l = 1.2$ m；（3）14 号工字钢，$l = 1.9$ m。

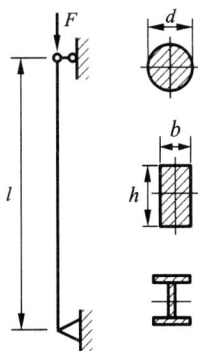

图 11.25　不同截面细长压杆

11. 图 11.26 所示中的桁架结构,两细长杆的长为 l,与铅垂线的夹角相等,均为 α。但 $EI_1 > EI_2$,求结构的临界载荷。

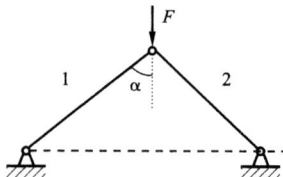

图 11.26 桁架结构

12. 图 11.27 所示矩形截面细长压杆,两端用圆柱铰连接。其约束在纸平面内可视为两端铰接,在垂直于纸面的平面内可视为两端固定,从稳定性考虑,求截面合理的长、宽比 (h/b)。

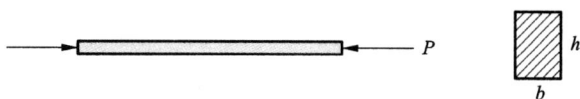

图 11.27 矩形截面细长压杆

13. 如图 11.28 所示,杆的抗弯刚度为 EI,求此系统的临界压力。

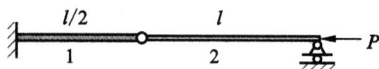

图 11.28 两铰接压杆

14. 如图 11.29 所示,压杆抗弯刚度为 EI,求压杆的临界压力。

图 11.29 多支撑压杆

15. 图 11.30 所示的细长压杆,材料、长度、横截面面积均相同,空心截面的内、外径之比为 0.6,求两杆的临界压力之比 $P_1:P_2$。

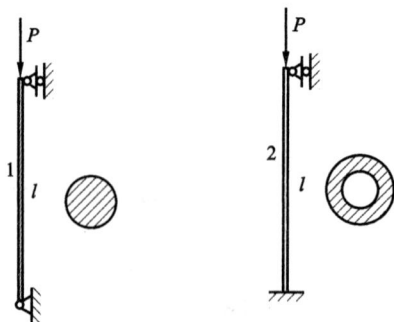

图 11.30 不同截面细长压杆

16. 图 11.31 所示,压杆的总长度相等,截面形状和尺寸以及压杆的材料均相同,且均为细长杆。已知图(a)的临界压力为 $P_{cr} = 20$ kN,求图(b)、图(c)的临界压力。

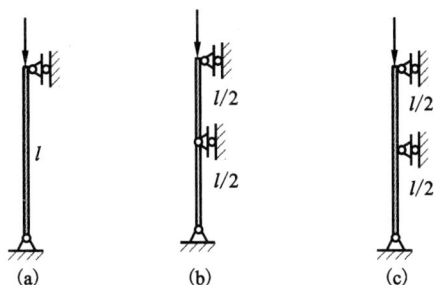

图 11.31　三种不同工况细长杆

17. 图 11.32 所示中各杆的材料、横截面面积相同,总长均为 l。写出各压杆的欧拉临界压力。

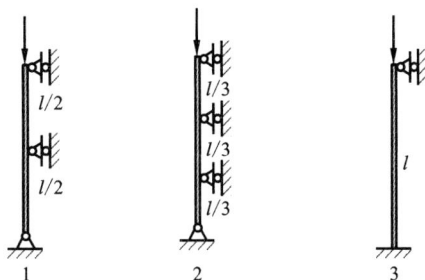

图 11.32　三种不同工况压杆

18. 直径为 D 的圆截面细长杆件长为 l,受力如图 11.33 所示。下端固定,上端与一刚度为 K 的弹簧连接。若压杆在纸平面内失稳,请:(1)写出推导临界压力的微分方程;(2)列出需要满足的边界条件;(3)说明长度系数 μ 随弹簧刚度 K 的变化范围。

图 11.33　圆截面细长杆

19. 如图 11.34 所示,横梁由三根相同的圆杆支撑,圆杆的横截面面积为 A,惯性矩为 I,弹性模量为 E。则:当横梁为刚性时,求结构崩溃时的载荷值;若横梁为弹性体(抗弯刚度为

EI'），求结构崩溃时的载荷值。

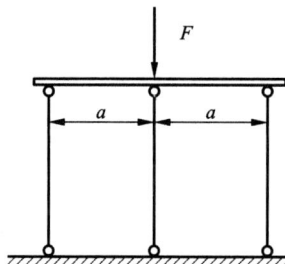

图 11.34　横梁

第 12 章　能量法

12.1　引言

前面各章节计算基本变形时,主要是从力的平衡条件、变形协调条件和物理关系三个方面进行考虑的,这样的方法称为分析法。在固体力学里,还可以利用能量原理与应变能的概念,通过计算构件或结构的变形或位移,从而解决弹性体的刚度和静不定等问题,这种方法就称为能量法或应变能法。

弹性体在载荷作用下将发生变形,外力作用点要产生位移,因此,在弹性体的变形过程中,外力沿其作用方向做了功,称为外力功。对于弹性体,因为变形是可逆的,外力功将以一种能量的形式积蓄在弹性体内部。当将载荷逐渐卸除时,该能量又将重新释放出来做功,使弹性体恢复到变形前的形状。例如钟表里的发条在被拧紧的过程中,发生了弹性变形而积蓄了能量,它在放松的过程中可带动指针转动,从而发条就做了功。弹性体伴随弹性变形积蓄了能量,从而具有对外界做功的潜在能力,通常把这种形式的能量称为弹性应变能或弹性变形能,用 V_ε 表示。

根据物理学中的功能原理,积蓄在弹性体内的应变能 V_ε 及能量损耗 ΔE 在数值上应等于载荷所做的功,即

$$V_\varepsilon + \Delta E = W$$

如果在加载过程中动能及其他形式的能量损耗不计,应有

$$V_\varepsilon = W \tag{12.1}$$

利用上述的这种功能概念解决固体力学问题的方法统称为能量法,相应的基本原理统称为功能原理。弹性体的功能原理的应用非常广泛,它是目前在工程中得到广泛应用的有限单元法的重要理论基础。本章主要介绍能量法及其在杆系结构中的应用。

12.2　杆件的外力功计算

如前所述,若外力在加载过程中所做的功全部以应变能的形式积蓄在弹性体内,即在加载和卸载的过程中能量没有任何损失,意味着只要得到加载过程中外力功的数值,弹性体应变能的数值也就可以计算出来了,所以说外力功是应变能的一种度量。

1. 外力功的计算

外力做功分为以下两种情况。

一种情况为常力做功。这里所谓常力，是指工程动力学中，作用在不变形的刚体上使刚体产生运动的力。当外力在做功过程中保持不变时，它所做的功等于外力与其相应位移的乘积。例如，在沿外力 F 方向线上有线位移 Δ，则

$$W = F \cdot \Delta$$

另一种情况为静载荷做功。所谓静载荷，是指构件所承受的载荷从零开始缓慢地增加到最终值，然后不随时间改变。所以静载荷的施加过程均为变力。静载荷做功，可以解释为在其施加过程中的一种变力做功。如图 12.1 所示的简单受拉杆，拉力由零逐渐增加到定值 F，由 F 产生的伸长变形由零逐渐增加到 Δl，这就是拉力 F 的作用点的位移。如果材料服从虎克定律，则外力 F 与位移 Δl 成线性关系[图 12.2(a)]。设 F_1 表示加载过程中拉力的一个值，相应的位移为 Δl_1，此时将拉力增加一微量 dF_1，使其产生相应的位移增量 $d(\Delta l_1)$，这时，已经作用在杆上的拉力 F_1 将在该位移增量上做全功，其值为

$$dW = F_1 \cdot d(\Delta l_1) \tag{12.2}$$

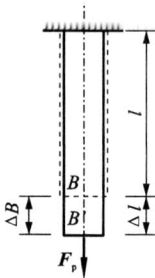

图 12.1　简单受拉杆的受力变形

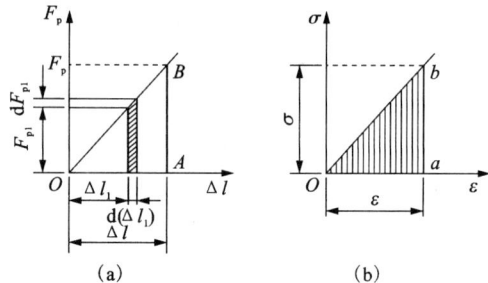

图 12.2　荷载伸长图和应力应变图

在上式中略去了 dF_1 在 $d(\Delta l_1)$ 上做的功，这部分功为二阶微量。dW 在图 12.2(a) 中以阴影面积来表示。拉力从零增加到 F 的整个加载过程中所做的总功则为这种单元面积的总和，也就是 $\triangle OAB$ 的面积，即

$$W = \int_0^F F_1 \cdot d(\Delta l_1) = \frac{1}{2}F\Delta l$$

上述积分是与静载荷施加过程有关的积分，可以称为静载荷做功的过程积分。积分结果的系数 1/2，既是已经完成过程积分的标志，又表示构件材料为线性弹性材料。将以上的分析推广到其他的受力情况，静载荷下外力功的计算式可写为

$$W = \frac{1}{2}F \cdot \Delta$$

$$V_\varepsilon = W = \int_0^l F_1 \cdot d(\Delta l_1) = \frac{1}{2}F\Delta l \tag{12.3}$$

式中：F 为广义力，它可以是集中力或集中力偶；Δ 为与广义力 F 相对应的位移，称为广义位移，它可以是线位移或角位移。上式表明，当外力是由零逐渐增加的变力时，在符合虎克定律的范围内，外力在其相应位移上所做的功，等于外力最终值与相应位移最终值乘积的一半。

2. 应变能计算

按照功能原理，应变能可以由计算外力的功得到，这是应变能的一种计算方法。

同时，也表明线弹性材料杆件的应变能，在完成了过程积分后，也始终具有 1/2 系数。

$$V_\varepsilon = W$$

$$V_\varepsilon = \int_0^l F_1 \cdot \mathrm{d}(\Delta l_1) = \frac{1}{2} F \Delta l$$

应变能和外力的功在杆件受力变形过程中的积累，也可以由载荷伸长图和应力应变图（图 12.2）考察到。

$$V_\varepsilon = W = \int_0^l F_1 \cdot \mathrm{d}(\Delta l_1) = \frac{1}{2} F \Delta l$$

$$v_\varepsilon = \int_0^\varepsilon \sigma_1 \cdot \mathrm{d}\varepsilon_1 = \frac{1}{2} \sigma \varepsilon$$

1）杆件在各种基本变形时应变能的计算

如前所述，应变能是根据能量守恒原理通过外力功来计算的。以下我们讨论的均为静载荷问题，动能和其他能量的损耗不计。

（1）轴向拉伸或压缩杆的应变能及比能。

当拉（压）杆的变形处于线弹性范围内时，外力所做的功为

$$W = \frac{1}{2} F \Delta l$$

则杆内的应变能为

$$V_\varepsilon = W = \frac{1}{2} F \Delta l$$

由图 12.1 知，杆件任一横截面上的轴力

$$F_N = F$$

考虑到虎克定律有

$$\Delta l = \frac{F_N l}{EA}$$

所以，拉（压）杆的应变能为

$$V_\varepsilon = \frac{F_N^2 l}{2EA} \qquad (12.4a)$$

或

$$V_\varepsilon = \frac{EA (\Delta l)^2}{2l} \qquad (12.4b)$$

若外力较复杂，轴力沿杆轴线为变量 $F_N(x)$，可以先计算长度为 $\mathrm{d}x$ 的微段内的应变能，再按积分的方法计算整个杆件的应变能，即

$$\mathrm{d}V_\varepsilon = \frac{F_N^2(x)\,\mathrm{d}x}{2EA}$$

$$V_\varepsilon = \int_l \frac{F_N^2(x)\,\mathrm{d}x}{2EA} \qquad (12.5)$$

为了对构件的弹性变形能有更全面的了解，我们不但要知道整个构件所能积蓄的应变能，而且要知道杆的单位体积内所能积蓄的应变能。对于承受均匀拉力的杆（图 12.1），杆内各部分的受力和变形情况相同，所以每单位体积内积蓄的应变能相等，可用杆的应变能 V_ε 除

以杆的体积 V 来计算。这种单位体积内的应变能,称为应变比能,简称比能,并用 v_ε 表示,于是

$$v_\varepsilon = \frac{V_\varepsilon}{V} = \frac{\frac{1}{2}F_N l}{Al} = \frac{1}{2}\sigma\varepsilon$$

可见应变比能 v_ε 的数值也可以用 $\sigma - \varepsilon$ 图中 $\triangle Oab$ 的面积来表示[图 12.2(b)]。根据虎克定律 $\sigma = E\varepsilon$,比能又可以写成下列形式

$$v_\varepsilon = \frac{1}{2}\sigma\varepsilon = \frac{\sigma^2}{2E} = \frac{E\varepsilon^2}{2} \tag{12.6}$$

(2)剪切变形时的应变能及比能。

为了分析的方便,从受剪切杆中截取如图 12.3(a)所示的单元体,该单元体处于纯剪切应力状态,假想其在一个面(如左侧面)上被固定起来,则在剪应力由零逐渐增加到 τ 值的过程中,单元体将发生如图所示的变形,与此对应的剪应变由零增加到 γ,其右侧面向下的位移 $\Delta = \gamma dx$。当材料在线弹性范围内工作时,其 τ 与 γ 成正比[图 12.3(b)],与图 12.2 所示受拉杆的相应图形类似。所以,单元体各表面上的剪力在单元体变形过程中所做的功为

$$dW = \frac{1}{2}(\tau dy dz) \cdot \Delta = \frac{1}{2}(\tau dy dz)(\gamma dx)$$

式中:做功的力是单元体右侧面上的剪力。由于剪应变 γ 很小,其余各面上的剪力在其作用方向上没有位移,都没有在其作用方向上做功。故单元体内积蓄的应变能为

$$dV_\varepsilon = dW = \frac{1}{2}\tau\gamma \cdot dV$$

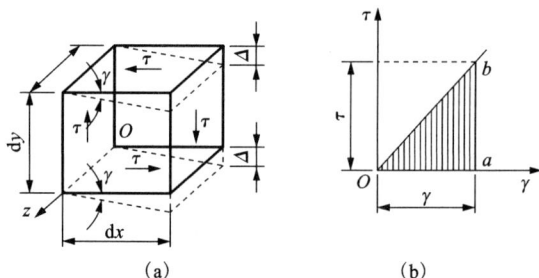

图 12.3 剪切变形时剪力在单元体上做功与单元体应变能示意

单元体内积蓄的应变比能则为

$$v_\varepsilon = \frac{dV_\varepsilon}{dV} = \frac{1}{2}\tau\gamma$$

这表明,v_ε 等于 $\tau - \gamma$ 直线下的面积。由剪切虎克定律 $\tau = G\gamma$,比能又可以写成下列形式

$$v_\varepsilon = \frac{1}{2}\tau\gamma = \frac{\tau^2}{2G} = \frac{G\gamma^2}{2} \tag{12.7}$$

(3)圆轴扭转时的应变能及比能。

图 12.4(a)所示的受扭圆轴,若扭转力偶矩由零开始缓慢增加到最终值 T,则在线弹性范围内,相对扭转角 φ 与扭转力偶矩 T 间的关系是一条直线[如图 12.4(b)所示]。与轴向拉

伸杆件相似,扭转圆轴的应变能应为

$$V_\varepsilon = W = \frac{1}{2}T\varphi$$

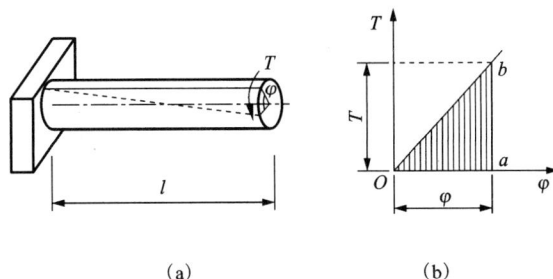

图 12.4　圆轴扭转时的做功与应变能示意

由于圆轴横截面上的扭矩 $M_x = T$,且

$$\varphi = \frac{M_x l}{GI_P}$$

所以,受扭圆轴的应变能为

$$V_\varepsilon = \frac{GI_P \varphi^2}{2l} \tag{12.8}$$

实际上,受扭圆轴中各点的应力状态均为纯剪切应力状态,因而可以直接采用式(12.7),求积分即得杆件的应变能。因为剪应力 $\tau = \frac{M_x \rho}{I_P}$,所以

$$V_\varepsilon = \int_V v\,\mathrm{d}V = \iint_{lA} \frac{\tau^2}{2G}\mathrm{d}A\mathrm{d}x = \frac{l}{2G}\left(\frac{M_x}{I_P}\right)^2 \int_A \rho^2 \mathrm{d}A = \frac{M_x^2 l}{2GI_P}$$

当扭矩 M_x 沿轴线为变量时,上式变为

$$V_\varepsilon = \int_l \frac{M_x^2(x)\,\mathrm{d}x}{2GI_P} \tag{12.9}$$

可见利用比能计算全杆内积蓄的应变能应用范围更广,该方法适用于杆各横截面上内力变化(相应横截面上各点处的应力也不同)的情况。

(4)弯曲变形时的应变能及比能。

①纯弯曲梁。

设如图 12.5(a)所示的简支梁在两端的纵向对称平面内受到外力偶 M_0 作用而发生纯弯曲,在加载过程中,梁的各横截面上的弯矩均有 $M = M_0$,故梁在线弹性范围内工作时,其轴线弯曲成为一段圆弧[如图 12.5(a)所示],两端横截面有相对的转动,其夹角为

$$\theta = \frac{l}{\rho} \text{且} \frac{1}{\rho} = \frac{M_0}{EI}$$

$$\theta = \frac{M_0 l}{EI}$$

与前面的情况相似,在线弹性范围内,当弯曲外力偶矩由零逐渐增加到 M_0 时,梁两端截

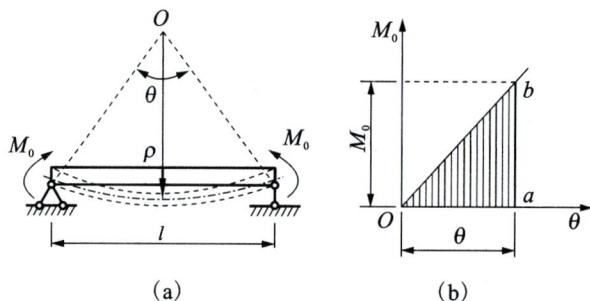

图 12.5　简支梁纯弯曲变形时的应变能示意

面上相对转动产生的夹角也从零逐渐增加到 θ，M_0 与 θ 的关系也是斜直线[图 12.5(b)]，所以杆件纯弯曲变形时的应变能为

$$V_\varepsilon = W = \frac{1}{2}M_0\theta = \frac{M_0^2 l}{2EI} = \frac{EI\theta^2}{2l} \tag{12.10}$$

②横力弯曲梁。

在工程实际中，最常遇到的是受横力弯曲的梁[图 12.6(a)]。这时，梁横截面上同时有剪力和弯矩，所以梁的应变能应包括两部分——弯曲应变能和剪切应变能。由于剪力和弯矩通常均随着截面位置的不同而变化，都是 x 的函数，因此，计算梁的应变能应从分析梁上长为 dx 的微段开始[图 12.6(b)]。

在弯矩的作用下，微段产生弯曲变形，两端横截面有相对的转动[图 12.6(c)]；在剪力的作用下，微段产生剪切变形，两端横截面有相对的错动[图 12.6(d)]。由于在小变形的情况下弯曲正应力不会引起剪应变，剪应力也不会引起线应变，或者说，由弯矩产生的位移与由剪力产生的位移互相垂直，因此，可以先分别计算出弯矩和剪力在各自相应的变形位移上所做的功，然后根据迭加原理将它们迭加起来。

但由于在工程中常用的梁往往为细长梁，与剪应力对应的剪切应变能，比与弯矩对应的弯曲应变能小得多，可以忽略不计，所以只需要计算弯曲应变能。

微段梁左右两端横截面上的弯矩应分别为 $M(x)$ 和 $M(x) + dM(x)$。在计算其应变能时，弯矩增量 $dM(x)$ 所做的功为二阶微量，可忽略不计，因此可将该微段看作纯弯曲的情况。应用式(12.10)可求得微段的弯曲应变能

$$dV_\varepsilon = \frac{M^2(x)\,dx}{2EI}$$

全梁的弯曲应变能则可积分上式得到

$$V_\varepsilon = \int_l \frac{M^2(x)\,dx}{2EI} \tag{12.11}$$

如果梁中各段内的弯矩 $M(x)$ 由不同的函数表示，上列积分应分段进行，然后再求其总和。

由以上各种变形形式下应变能的计算式可以看出，应变能是力的二次函数，也是变形的二次函数。

2)复杂受力情况下应变能的计算

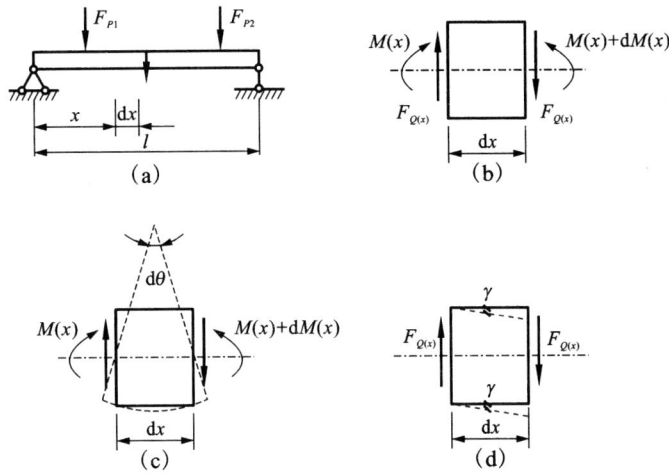

图 12.6　横力弯曲梁的应变能分析

（1）有关应变能的两个重要概念。

下面以图 12.7（a）所示的拉杆为例加以说明，拉杆在 F_1 与 F_2 同时作用下的应变能为

$$V_\varepsilon = \frac{(F_1+F_2)^2 l}{2EA} = \frac{F_1^2 l}{2EA} + \frac{F_1 F_2 l}{EA} + \frac{F_2^2 l}{2EA} \qquad (12.12)$$

而当 F_1 与 F_2 单独作用时［图 12.7（b）与图 12.7（c）］，杆的应变能分别为

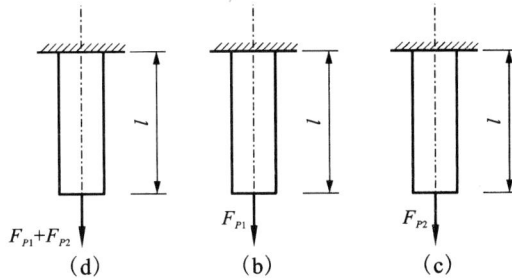

图 12.7　拉杆

$$V_{\varepsilon_1} = \frac{F_1^2 l}{2EA}, \ V_{\varepsilon_2} = \frac{F_2^2 l}{2EA}$$

显然

$$V_\varepsilon \neq V_{\varepsilon_1} + V_{\varepsilon_2}$$

可见对图 12.7（a）所示的情况不能应用迭加原理计算应变能。其原因是这些载荷所做的功是互相影响的，即载荷除在其自身引起的位移上做功外，在其他载荷引起的位移上也要做功，所以不能将各载荷单独分析后再进行迭加。这样的载荷称为同类型载荷。例如若先将 F_1 作用在拉杆上，杆件有伸长 Δl_1，则 F_1 所做的功为

$$W_1 = \frac{1}{2} F_1 \Delta l_1$$

在 F_1 不卸除的情况下，再施加 F_2，杆件又伸长了 Δl_2，故变力 F_2、常力 F_1 所做的功为

$$W_2 = \frac{1}{2}F_2\Delta l_2, \quad W_3 = F_1\Delta l_2$$

则整个加载过程外力所做的功为

$$W = W_1 + W_2 + W_3 = \frac{1}{2}F_1\Delta l_1 + \frac{1}{2}F_2\Delta l_2 + F_1\Delta l_2$$

将上式转化为应变能则同样得到式（12.12）。其中 W_3 就是两力所做功互相影响的结果。

对于上述的拉杆，若先施加 F_2 再施加 F_1，通过类似的计算可以证明，杆件内积蓄的应变能与上述分析结果一样，当然也与 F_1，F_2 同时作用时一样。可见，积蓄在弹性体内的弹性应变能只决定于弹性体变形的最终状态，或者说只决定于作用在弹性体上的载荷和位移的最终值，与加载的先后次序无关。

（2）组合变形时的应变能。

如果作用在杆件上的某一载荷作用方向上，其他载荷均不在该载荷方向上引起位移，则前一载荷与其他载荷将属于不同载荷类型，仍可应用迭加原理计算应变能，即可以单独计算前一载荷作用下杆件的应变能，单独计算其他载荷作用下杆件的应变能，然后迭加得出杆件的总的应变能。组合变形时的应变能就属于这种情况。

图 12.8 所示的微段杆是从处于拉、弯、扭组合变形下的圆杆中取出的，其长度为 $\mathrm{d}x$，横截面上的轴力 $F_N(x)$、弯矩 $M(x)$ 和扭矩 M_x 均只在各自引起的位移 $\mathrm{d}(\Delta l)$、$\mathrm{d}\theta$ 和 $\mathrm{d}\varphi$ 上做功，各类载荷所做的功互相没有影响，故微段杆内的应变能可应用迭加原理计算，即

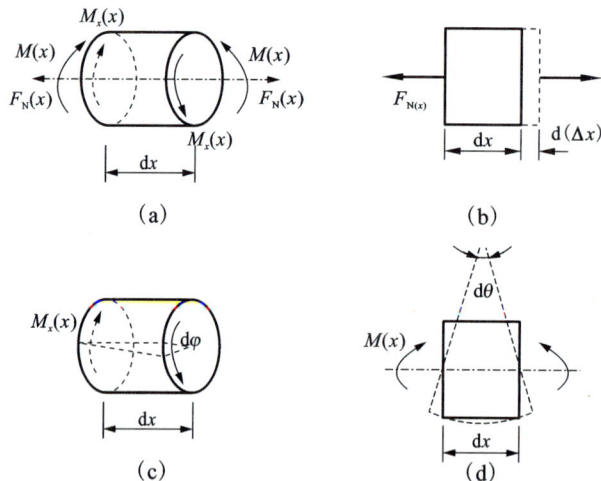

图 12.8 组合变形时的应变能分析

$$\mathrm{d}V_\varepsilon = \mathrm{d}W = \frac{1}{2}F_N(x)\mathrm{d}(\Delta l) + \frac{1}{2}M(x)\mathrm{d}\theta + \frac{1}{2}M_x(x)\mathrm{d}\varphi$$

$$= \frac{F_N^2(x)\mathrm{d}x}{2EA} + \frac{M^2(x)\mathrm{d}x}{2EI} + \frac{M_x^2(x)\mathrm{d}x}{2GI_P}$$

整个圆杆的应变能则为

$$V_\varepsilon = \int_l \frac{F_N^2(x)\,\mathrm{d}x}{2EA} + \int_l \frac{M^2(x)\,\mathrm{d}x}{2EI} + \int_l \frac{M_x^2(x)\,\mathrm{d}x}{2GI_P} \qquad (12.13)$$

3）应变能的普遍表达式

以上讨论了杆件在基本变形和简单组合变形下应变能的计算，现在研究更普遍的情况。设有 n 个广义力 F_1，F_2，$\cdots$，F_n 作用在如图 12.9 所示的物体上，且设物体的约束条件足以使它只会发生由变形引起的位移，不会发生刚体位移。Δ_1，Δ_2，$\cdots$，Δ_n 表示载荷沿各自作用方位上的广义位移（图 12.9）。由前面的分析我们已经知道，弹性体在变形过程中积蓄的应变能，只决定于作用在弹性体上的载荷和位移的最终值，与加载的先后次序无关。于是，不管实际加载的情况如何，在计算应变能时，为计算方便起见，可以假设这些载荷按同一比例从零开始逐渐增加到最终值，则弹性体的应变能等于各广义力在加载过程中所做功的总和，即

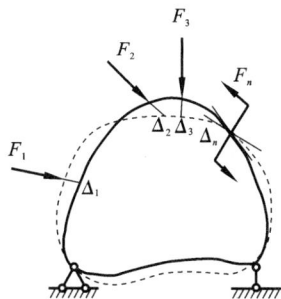

图 12.9 作用在物体上的
广义力与广义位移示意

$$V_\varepsilon = \sum_{i=1}^n \int_0^{\Delta_i} F_i\,\mathrm{d}\Delta_i \qquad (12.14)$$

当作用于弹性体上的载荷与其相应位移之间的关系是线性的时，即物体为线弹性体，则应变能的计算式为

$$V_\varepsilon = \sum_{i=1}^n \frac{1}{2} F_i \Delta_i \qquad (12.15)$$

这表示线弹性体的应变能等于各载荷与其相应位移乘积的 $1/2$ 的总和，这一结论称为克拉贝依隆原理。

12.3 功的互等定理和位移互等定理

由前面的讨论可知，对线弹性体结构，积蓄在弹性体内的弹性应变能只决定于作用在弹性体上的载荷的最终值，与加载的先后次序无关。由此可以导出功的互等定理和位移互等定理，它们在结构分析中有重要应用。

功的互等定理又称互等功定理，是意大利的 E. 贝蒂（E. Betti）和英国的瑞利（Rayleigh）于 1872 年和 1873 年分别独立提出的，所以又称贝蒂—瑞利互等功定理。

位移互等定理又称互等位移定理，是英国的 J. C. 麦克斯韦（J. C. Maxwell）于 1864 年提出的，又称麦克斯韦位移互等定理。

下面以一处于线弹性阶段的简支梁为例进行说明。图 12.10(a) 与图 12.10(b) 代表梁的两种受力状态，1，2 截面为其上任意两截面。如图 12.10 所示，F_1 使梁在截面 1，2 上的位移分别为 Δ_{11} 和 Δ_{21}；在图 12.10(b) 中，当 F_2 作用时，在截面 1，2 上产生的位移则分别为 Δ_{12} 和 Δ_{22}。在位移符号的下标中，第一个表示截面位置，第二个表示由哪个力引起。

现在用两种办法在梁上加载，来计算 F_1，F_2 共同作用时外力所做的功。先施加 F_1 再施加 F_2 时 [图 12.11(a)]，外力的功为

$$W_1 = \frac{1}{2} F_1 \Delta_{11} + \frac{1}{2} F_2 \Delta_{22} + F_1 \Delta_{12}$$

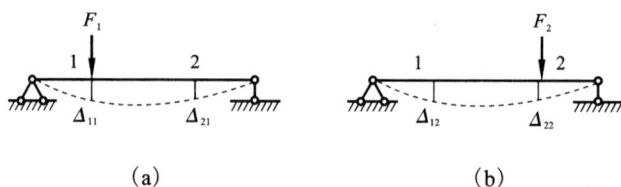

图 12.10　处于线弹性阶段的两种受力状态简支梁

而当先施加 F_2 再施加 F_1 时[图 12.11(b)]，外力的功为

$$W_2 = \frac{1}{2}F_2\Delta_{22} + \frac{1}{2}F_1\Delta_{11} + F_2\Delta_{21}$$

由于杆件的应变能等于外力的功，与加载次序无关，即 $V_\varepsilon = W_1 = W_2$，所以有

$$F_1\Delta_{12} = F_2\Delta_{21} \tag{12.16}$$

这表明，第一个力在第二个力引起的位移上所做的功，等于第二个力在第一个力引起的位移上所做的功，这就是功的互等定理。

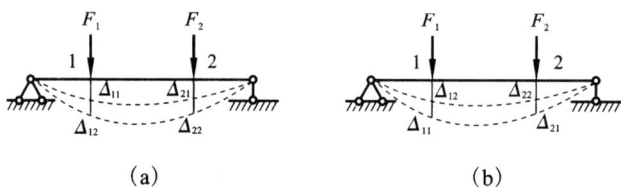

图 12.11　位移互等定理示意

当 $F_1 = F_2$ 时，由式(12.16)可推出一个重要的推论，即

$$\Delta_{12} = \Delta_{21} \tag{12.17}$$

这表明，作用在方位 1 上的载荷使杆件在方位 2 上产生的位移 Δ_{21}，等于将此载荷作用在方位 2 上而在方位 1 上产生的位移 Δ_{12}，这就是位移互等定理。

若令 $F_1 = F_2 = 1$(即为单位力)，且此时用 δ 表示位移，则有

$$\delta_{12} = \delta_{21}$$

由于 1，2 两截面是任意的，故上述关系可写为以下一般形式

$$\delta_{ij} = \delta_{ji}$$

即 j 处作用的单位力在 i 处产生的位移，等于 i 处作用的单位力在 j 处产生的位移。这是位移互等定理的特殊表达形式，在结构分析中十分有用。

以上分析对弹性体上作用的集中力偶显然也是适用的，不过相应的位移是角位移，所以上述互等定理中的力和位移泛指广义力和广义位移。

12.4　余能概念及卡氏定理

1. 余能

以上推出的公式均只在线弹性范围内成立。下面，我们进一步讨论非线性弹性体的应变

能表达式,并介绍非线性弹性体的应变余能(简称余能)概念及表达式。

我们仍以图 12.1 所示的拉杆为例,但材料是非线性弹性的,这时力 F 与相应的位移 Δ 的关系就是非线性的[图 12.12(a)]。对比图 12.2(a),不难看出仍可用下式计算外力做的功

$$W = \int_\Delta F \mathrm{d}\Delta \tag{12.18}$$

图 12.12(a)表示,外力功的大小与位移从 0 到 Δ 之间一段 F-Δ 曲线下的面积相当。式 (12.18)是以位移作为积分变量的,若以力作为积分变量,则有

$$W_C = \int_F \Delta \mathrm{d}F \tag{12.19}$$

W 称为余功。余功没有具体的物理意义,但有明确的几何意义,那就是外力从 0 到 F 之间一段 F-Δ 曲线与纵坐标轴间的面积。从图 12.12(a)不难看出,功和余功互补为常力功。

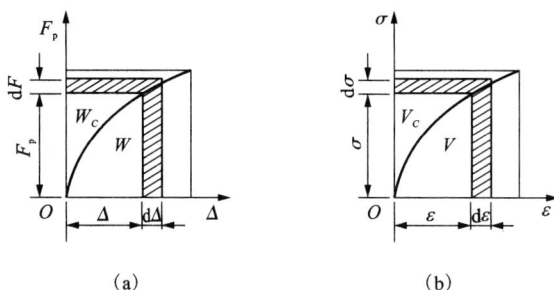

图 12.12　材料非线性弹性时外力做功与应变能关系示意

由于材料是弹性的,如果将加载和卸载过程中的能量损耗略去不计,则同样有与线弹性体类似的结论,即积蓄在弹性体内的应变能 V_ε 在数值上应等于外力所做的功

$$W = \int_\Delta F \mathrm{d}\Delta \tag{12.20}$$

同样地,余功 W_C 与余应变能 $V_{\varepsilon C}$ 在数值上也相等,即

$$V_{\varepsilon C} = W_C = \int_F \Delta \mathrm{d}F \tag{12.21}$$

此即为由外力余功来计算余应变能(complementary strain energy)的表达式。

如果从拉杆中取出一个边长为 1 的单元体,该单元体处于单轴应力状态,上、下表面的力为 $F = \sigma \times 1 \times 1 = \sigma$,对于单元体而言它们是外力。与 F 相应的伸长量为 $\Delta l = \varepsilon \times 1 = \varepsilon$,于是在对拉杆加载过程中,作用在单元体上的外力功为

$$w = \int_\varepsilon \sigma \mathrm{d}\varepsilon$$

该外力功在数值上等于积蓄在单元体内的应变能,即比能 v,于是

$$v_\varepsilon = w = \int_\varepsilon \sigma \mathrm{d}\varepsilon \tag{12.22}$$

同样地,若以应力作为积分变量,则有

$$v_C = \int_\sigma \varepsilon \mathrm{d}\sigma \tag{12.23}$$

式中：v_C 称为余应变比能，其大小就代表 $\sigma - \varepsilon$ 曲线与纵坐标轴间的面积 [12.12(b)]。

例如，材料的应力—应变关系为 $\sigma = E\sqrt{\varepsilon}$ 时，物体的应变比能和余应变比能分别为

$$v_\varepsilon = \int_0^\varepsilon \sigma \mathrm{d}\varepsilon = \frac{2}{3}E\sqrt{\varepsilon^3} = \frac{2}{3}\frac{\sigma^3}{E^2}$$

$$v_C = \int_0^\sigma \varepsilon \mathrm{d}\sigma = \frac{1}{3}\frac{\sigma^3}{E^2}$$

材料在拉伸压缩时的应力—应变关系可写成 $\sigma = E\varepsilon$，显然，这时应变能和余应变能在数值上是相等的，对于线弹性体，当变形在线弹性范围内时，应变能和余应变能在数值上也是相等的。但应该注意，余功、余应变能如前述都没有明确的物理意义，只是因为它们具有与外力功一样的量纲，才把它们作为一种能量参数，而在求解非线性弹性问题时，它们非常有用。

2. 卡氏第一定理

卡氏定理(Castigliano's theorem)是意大利工程师卡斯蒂利亚诺(A. Castigliano)于 1873 年提出的，故得其名。

我们以图 12.9 所示的弹性体为例来说明。设弹性体上作用有 n 个广义力 F_i，与这些力对应的广义位移为 Δ_i，其中 $i = 1, 2, \cdots, n$，如果将弹性体的应变能 V_ε 表示为位移的函数 $V_\varepsilon(\Delta_1, \Delta_2, \cdots, \Delta_n)$，则应变能函数对某个广义位移的偏导数，等于与该位移相应的广义力，即

$$F_i = \frac{\partial V_\varepsilon}{\partial \Delta_i} \quad (i = 1, 2, \cdots, n) \tag{12.24}$$

这就是卡氏第一定理(Castigliano's first theorem)。下面进行证明。

现假设沿第 i 个作用力方向的位移有一微小增量 $\mathrm{d}\Delta_i$，则弹性体的应变能 V_ε 相应的增量为

$$\mathrm{d}V_\varepsilon = \frac{\partial V_\varepsilon}{\partial \Delta_i}\mathrm{d}\Delta_i \tag{12.25}$$

这时弹性体内的应变能为

$$V_\varepsilon + \frac{\partial V_\varepsilon}{\partial \Delta_i}\mathrm{d}\Delta_i \tag{12.26}$$

式中：V_ε 可由应变能的普遍表达式(12.13)计算，$\dfrac{\partial V_\varepsilon}{\partial \Delta_i}$ 代表应变能对于位移 Δ_i 的变化率。

此外，由于只有沿第 i 个作用力方向的位移有一微小增量，沿其余作用力方向无位移变化，故外力功的增量为

$$\mathrm{d}W = F_i\mathrm{d}\Delta_i \tag{12.27}$$

前面我们已经知道，外力功在数值上等于应变能，它们的变化量也应相等，即

$$\mathrm{d}V_\varepsilon = \mathrm{d}W$$

将式(12.25)代入上式中，则有

$$F_i = \frac{\partial V_\varepsilon}{\partial \Delta_i} \quad (i = 1, 2, \cdots, n)$$

由上述证明过程可见，卡氏第一定理同时适用于线性弹性体和非线性弹性体。

3. 卡氏第二定理及其应用

（1）卡氏第二定理。

下面仍以图 12.9 所示的弹性体为例来进行说明。根据余能的计算公式式（12.21），并仿照应变能的普遍表达式式（12.14），弹性体的余能 $V_{\varepsilon C}$ 可写成下列形式

$$V_{\varepsilon C} = \sum_{i=1}^{n} \int_0^{F_i} \Delta_i \mathrm{d}F_i \tag{12.28}$$

它是外力的函数 $V_{\varepsilon C}(F_1, F_2, \cdots, F_n)$。

现假设第 i 个广义力有一微小增量 $\mathrm{d}F_i$，则弹性体的余能相应的增量为

$$\mathrm{d}V_{\varepsilon C} = \frac{\partial V_{\varepsilon C}}{\partial F_i} \mathrm{d}F_i \tag{12.29}$$

此外，由于除 F_i 外其余外力均维持常量不变，故外力余功的增量为

$$\mathrm{d}W_C = \Delta_i \mathrm{d}F_i \tag{12.30}$$

则由

$$\mathrm{d}V_{\varepsilon C} = \mathrm{d}W_C$$

可得到

$$\Delta_i = \frac{\partial V_{\varepsilon C}}{\partial F_i} \tag{12.31}$$

利用上式可计算非线性弹性体在广义力 F_i 作用方位上与 F_i 相应的广义位移 Δ_i。

对于线性弹性体，正如前节所述，此时的应变能与余能相等，即 $V_\varepsilon = V_{\varepsilon C}$，则式（12.31）可改写为

$$\Delta_i = \frac{\partial V_\varepsilon}{\partial F_i} \quad (i = 1, 2, \cdots, n) \tag{12.32}$$

这就是卡氏第二定理（Castigliano's second theorem）。应用卡氏第二定理计算线性弹性体的位移很简便。

（2）卡氏第二定理的应用。

我们已经得到了各种基本变形及组合变形情况下应变能的计算式，这些式子中的内力均为外力的函数，分别代入式（12.32），便可得到各种基本变形及组合变形情况下计算位移的卡氏第二定理的应用式：

①轴向拉伸或压缩杆

$$\Delta_i = \frac{\partial V_\varepsilon}{\partial F_i} = \frac{\partial}{\partial F_i}\left(\int_l \frac{F_N^2(x)\,\mathrm{d}x}{2EA}\right) = \int_l \frac{F_N(x)}{EA} \frac{\partial F_N(x)}{\partial F_i} \mathrm{d}x$$

②扭转圆轴

$$\Delta_i = \frac{\partial V_\varepsilon}{\partial F_i} = \frac{\partial}{\partial F_i}\left(\int_l \frac{M_x^2(x)\,\mathrm{d}x}{2GI_P}\right) = \int_l \frac{M_x(x)}{GI_P} \frac{\partial M_x(x)}{\partial F_i} \mathrm{d}x$$

③平面弯曲梁

$$\Delta_i = \frac{\partial V_\varepsilon}{\partial F_i} = \frac{\partial}{\partial F_i}\left(\int_l \frac{M^2(x)\,\mathrm{d}x}{2EI}\right) = \int_l \frac{M(x)}{EI} \frac{\partial M(x)}{\partial F_i} \mathrm{d}x$$

④组合变形杆件

$$\Delta_i = \frac{\partial V_\varepsilon}{\partial F_i} = \int_l \frac{F_N(x)}{EA} \frac{\partial F_N(x)}{\partial F_i} \mathrm{d}x + \int_l \frac{M_x(x)}{GI_P} \frac{\partial M_x(x)}{\partial F_i} \mathrm{d}x + \int_l \frac{M(x)}{EI} \frac{\partial M(x)}{\partial F_i} \mathrm{d}x$$

⑤简单桁架结构。由于桁架的每根杆件均受均匀拉伸或压缩，若桁架共有 n 根杆件，则

$$\Delta_i = \frac{\partial V_\varepsilon}{\partial F_i} = \sum_{i=1}^{n} \frac{F_{Ni} l_i}{E_i A_i} \frac{\partial F_{Ni}}{\partial F_i}$$

根据卡氏定理的表达式，我们知道在计算结构某处的位移时，该处应有与所求位移相应的外力作用，如果这种外力不存在，可在该处附加虚设的外力 $\overline{F}$，从而仍然可以采用卡氏定理求解。

例题 12.1 如图 12.13(a)所示等截面直杆，承受一对方向相反、大小均为 F 的横向力作用。设截面宽度为 b、拉压刚度为 EA，材料的泊松比为 v。试求杆的轴向变形 Δ。

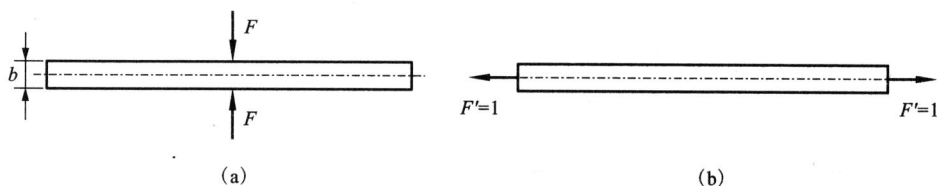

(a)   (b)

图 12.13　等截面直杆

解：为计算杆的轴向变形 Δ，在杆的两端沿轴向施加一对大小为 1 的轴向载荷 F'，得到辅助系统[如图 12.13(b)]。设辅助系统中杆的横向变形为 Δ'，由功的互等定理可得

$$F\Delta' = F'\Delta$$

对于辅助系统，$\Delta' = \dfrac{vb}{EA}$。将 F' 和 Δ' 代入上式得

$$\Delta = \frac{vbF}{EA}$$

例题 12.2 装有尾顶针的车削工件可简化成如图 12.14(a)所示的静不定梁，梁的弯曲刚度为 EI。试用功的互等定理求 B 处的支反力。

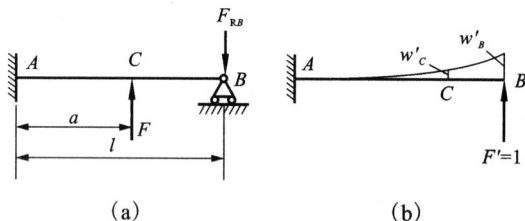

(a)   (b)

图 12.14　装有尾顶灯的车削工件简化成的静不定梁受力变形示意

解：解除支座 B，以相应的位置约束力 F_{RB} 代替其作用，得到原静不定系统的相当系统，即作用两集中力 F 和 F_{RB} 的悬臂梁，相应的变形协调条件为 $w_B = 0$。

在同一悬臂梁上作用以集中力 F'，得到如图 12.14(b)所示的辅助系统，C 点与 B 点的挠度分别为

$$w_C' = \frac{a^2}{6EI}(3l - a), \quad w_B' = \frac{l^3}{3EI}$$

将 F 和 F_{RB} 作为第一组外力，F' 作为第二组外力，则根据功的互等定理可知

$$Fw'_C - F_{RB}w'_B = F'w_B$$

将 w_B，w'_C 和 w'_B 的表达式代入上式，得

$$F_{RB} = \frac{Fa^2}{2l^3}(3l-a)$$

由功的互等定理导出过程还可以看出，当广义力 F_1 与 F_2 均作用在线弹性体上时（无论加载顺序如何），线弹性体内的应变能均等于 W_1 或 W_2。而当广义力 F_1 与 F_2 分别单独作用于梁上，线弹性体的应变能分别为 $V_{\varepsilon, F_1} = W_{F_1} = \frac{F_1\Delta_{11}}{2}$ 和 $V_{\varepsilon, F_2} = W_{F_2} = \frac{F_2\Delta_{22}}{2}$，将这两项应变能相加后所得的应变能，不等于 W_1 或 W_2，即应变能的计算不能应用迭加法。这是因为应变能与外力之间呈非线性关系。

例题 12.3 如图 12.15（a）所示圆柱形密圈螺旋弹簧共 n 圈，沿弹簧轴线承受拉力 F 作用。设弹簧的平均直径为 D，弹簧丝的直径为 d，且 $d \ll D$，试计算弹簧的轴向变形。

解： 由截面法分析可知，在弹簧丝横截面上存在剪力 F_S 及扭矩 T，且

$$F_S = F, \quad T = \frac{FD}{2}$$

对于由 n 圈弹簧丝组成的圆柱形密圈螺旋弹簧，弹簧丝长度 $s \approx n\pi D$。

在轴向拉力 F 作用下，弹簧沿载荷作用方向伸长。分析表明，影响弹簧变形的主要内力

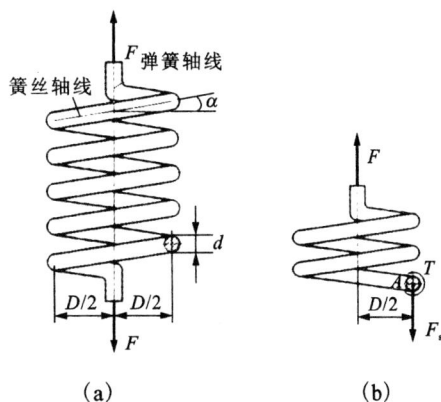

图 12.15 圆柱形密圈螺旋弹簧

是扭矩，因此不考虑剪切应变能的影响，且对于 $d \ll D$ 的小曲率杆，可借用直杆的计算公式，则由应变能公式可知，弹簧的应变能为

$$V_\varepsilon = \frac{1}{2}\int_s \frac{T^2}{GI_p}\mathrm{d}s = \frac{T^2 s}{2GI_p} = \frac{4F^2 D^3 n}{Gd^4}$$

设弹簧的轴向变形为 λ，则在变形过程中拉力 F 所做的功为

$$W = \frac{F\lambda}{2}$$

由能量守恒定律得 $V_\varepsilon = W$，即

$$\frac{F\lambda}{2} = \frac{4F^2 D^3 n}{Gd^4}$$

从而有

$$\lambda = \frac{8FD^3 n}{Gd^4}$$

思考题

1. "用能量法求解超静定问题时，只须考虑变形几何条件"，这种说法对吗？

2. 欲测定如图 12.16 所示梁端截面的转角 θ_A，但只有测量挠度的仪器，如何用改变加载方式的方法达到此目的？

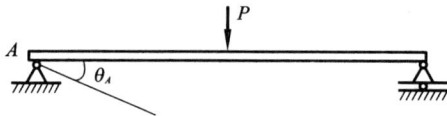

图 12.16　集中载荷作用下的简支梁

3. 将千分尺安装在梁上，可以测出安置点所在位置处的挠度。为了测出如图 12.17 所示梁在力 P 作用下的挠曲线，就必须将千分尺沿梁的长度方向逐点安置并测定该点的挠度。用什么办法可以不移动千分尺就能够测出该梁的挠曲线？

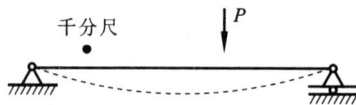

图 12.17　集中载荷作用下的简支梁变形测试

4. 怎样用一个位置固定的挠度计，依次测出自由端受集中力的如图 12.18 所示的悬臂梁在各截面的挠度？能否用测量挠度的方法测出梁上多位置的转角？

图 12.18　悬臂梁

习　题

1. 图 12.19 所示梁受力相同，但力的作用点位置不同，请指出：其中哪两个挠度相等？为什么？

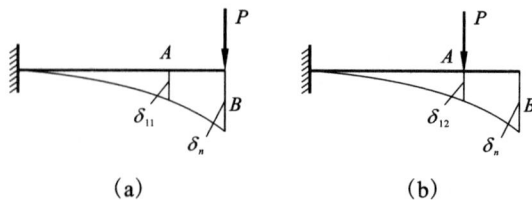

图 12.19　两种不同受力工况的悬臂梁

2. 图 12.20 所示外伸梁，当截面 1 作用有力偶 $M = 600$ N·m 时，测得 2 截面的挠度为 0.45 mm；当截面 2 作用有方向向下的载荷 $P = 20$ kN 时，求截面 1 的转角。

图 12.20 外伸梁

3. 已知图 12.21 所示的梁在力偶 M 的单独作用下 C 截面的挠度 $y_C = 3$ mm，求在力 P 单独作用下 D 截面的转角 θ_D。

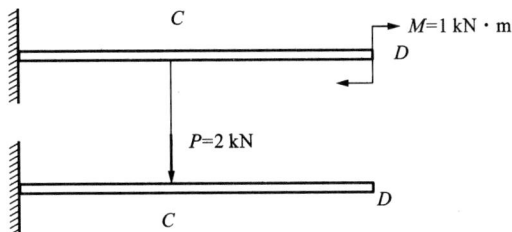

图 12.21 两种不同受力工况悬臂梁的变形分析

4. 已知如图 12.22 所示，梁在 $P_1 = 2$ kN 的单独作用下 B 截面的挠度为 2 mm，求在 $P_2 = 4$ kN 的单独作用下 C 截面的挠度。

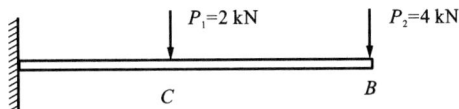

图 12.22 某悬臂梁

5. 图 12.23 所示半径为 R 的平面半圆形曲杆，作用于自由端 A 的集中力 P 垂直于轴线所在平面，试求 P 作用点沿作用方向的位移。

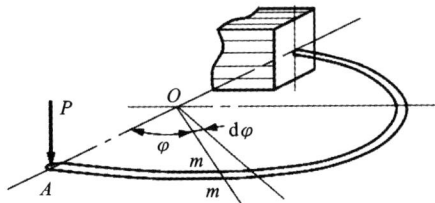

图 12.23 平面半圆形曲杆

6. 试计算题 5 中半圆弧形曲杆自由端截面绕 OA 和曲杆轴线的转角。

7. 试求图 12.24 所示刚架 A 点的铅垂位移、B 截面的转角和 A 与 AB 中点 D 铅垂方向的相对位移。刚架各段弯曲刚度 EI 为常数。

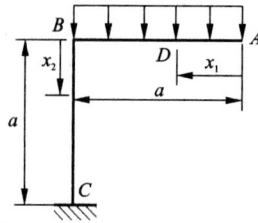

图 12.24 刚架

8. 图 12.25 所示桁架结构，在节点 B 承受载荷 P 的作用，两杆的横截面积均为 A。如杆 1 的应力应变关系为 $\sigma = c\sqrt{\varepsilon}$，式中 c 为材料常数，杆 2 服从虎克定律，试计算弹性模量为 E 时 B 节点的铅垂位移。

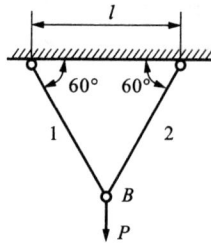

图 12.25 桁架

9. 图 12.26 所示为一静定桁架，其各杆的 EA 相等。试求 F 的相应位移和 AB 杆的转角。

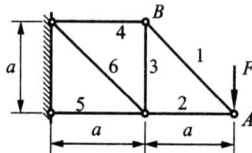

图 12.26 静定桁架

第 13 章　动载荷与交变应力

13.1　概述

前面研究了静载荷作用下的强度、刚度和稳定性问题。所谓静载荷(static load)是指构件所承受的载荷从零开始缓慢地增加到最终值,然后不再随时间而改变。这时,构件在变形过程中各质点的加速度很小,加速度对变形和应力的影响可以忽略不计。当载荷引起构件质点的加速度较大,不能忽略它对变形和应力的影响时,这种载荷就称为动载荷(dynamic load)。

构件在动载荷作用下产生的应力和变形分别称为动应力(dynamic stress)和动变形(dynamic deformation)。试验表明,在静载荷下服从虎克定律的材料,只要动应力不超过比例极限,在动载荷下虎克定律仍然有效,并且弹性模量也与静载荷时相同。

根据加载速度和应力随时间变化情况的不同,工程中常遇到下列三类动载荷:

(1)作等加速运动或等速转动时构件的惯性力。例如起吊重物、旋转飞轮等。对于这类构件,主要考虑运动加速度对构件应力的影响,材料的机械性质可认为与静载荷时相同。

(2)冲击载荷(impact load),它的特点是加载时间短,载荷的大小在极短时间内有较大的变化,因此加速度及其变化都很剧烈,不易直接测定。冲击波或爆炸是冲击载荷的典型来源。工程中的冲击实例很多,例如汽锤锻造、落锤打桩、传动轴突然刹车等。这类构件的应力及材料机械性质都与静载荷时不同。

(3)周期性载荷,它的特点是在多次循环中,载荷相继呈现相同的时间历程,如旋转机械装置因质量不平衡引起的离心力。对于承受这类动载荷的构件,载荷产生的瞬时应力可以近似地按静载荷公式计算,但其材料的机械性质与静载荷时有很大区别。

动载荷问题的研究分为两个方面:一方面是由动载荷引起的应力、应变和位移的计算;另一方面是动载荷下的材料行为。本章属基本知识介绍,只讨论前两种情况下简单问题的应力和位移的计算,对于第三种情况,则只介绍有关的基本概念,以唤起读者对动载荷问题的注意。在解决实际问题时,须遵照有关规范要求进行分析计算。

13.2　杆件作匀加速直线运动时的应力计算

构件承受静载荷时,根据静力平衡方程确定支反力及内力。当杆件作加速运动时,考虑加速度的影响,由牛顿第二定律可知

$$\sum F = \rho g a \tag{13.1}$$

式中：$\sum F$ 为杆件所受外力的合力；ρ 为材料密度；g 为重力加速度；a 为杆件的加速度。在静载荷作用时，式(13.1)即为静力平衡方程，此时，若令

$$F' = -\rho g a$$

式中：F' 称为惯性力，则式(13.1)可写成

$$\sum F + F' = 0 \qquad (13.2)$$

这样，就可将对运动构件的分析[式(13.1)]看成添加惯性力后的平衡问题[式(13.2)]来处理。这种将运动问题转化成平衡问题来分析的方法，称为达朗伯原理(D'Alembert's principle)，又称为动静法，下面介绍它的应用。

1. 动荷拉伸压缩时杆的应力

现用起重机以匀加速加吊构件为例，来说明构件作等加速直线运动时动荷应力的计算方法。

图13.1(a)所示为一被起吊时的杆件，其横截面面积为 A，长为 l，材料密度为 ρ，吊索的起吊力为 F，起吊时的加速度为 a，方向向上。要求杆中任意横截面 I—I 的正应力。

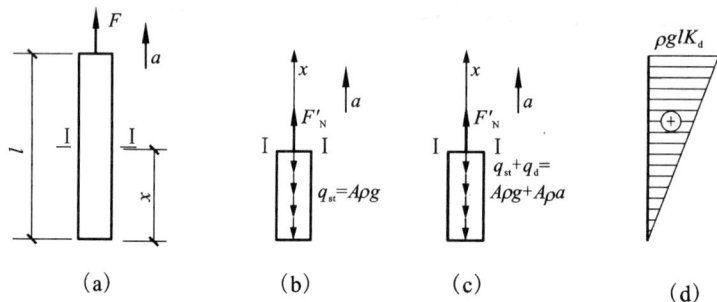

图13.1　用起重机匀加速加吊的杆件中的应力分析

仍用截面法，取任一截面 I—I 以下部分杆为脱离体，该部分杆长为 x[图13.1(b)]，脱离体所受外力有自身的重力，其集度为

$$q_{st} = A\rho g \qquad (13.3)$$

有截面 I—I 上的轴力 F'_d，根据动静法(达朗伯原理)，如果把这部分杆的惯性力作用为虚拟的力，其集度为

$$q_d = \frac{A\rho g}{g} \cdot a \qquad (13.4)$$

方向与加速度 a 相反[图13.1(c)]。则作用在这部分杆上的自重、惯性力和轴力(即动荷轴力)可看作平衡力系，应用平衡条件很易求得动荷轴力 F'_d。

根据平衡条件 $\sum F_x = 0$，有

$$F'_d - (q_{st} + q_d) \cdot x = 0$$

由此求得

$$F'_{1d} = (q_{st} + q_d) \cdot x = 0 \qquad (13.5a)$$

将式(13.3)和式(13.4)代入上式，得

$$F'_d = (A\rho g + A\rho g \frac{a}{g}) \cdot x = A\rho g x\left(1 + \frac{a}{g}\right) \qquad (13.5b)$$

式中：$A\rho gx$ 是这部分杆的自重，相当于静载荷。相应的轴力以 F'_{st} 表示

$$F'_{st} = A\rho gx \tag{13.6}$$

称为静荷轴力。于是式(13.5b)可改写成

$$F'_d = F'_{st}\left(1 + \frac{a}{g}\right) \tag{13.7}$$

由式(13.7)可见，动荷轴力等于静荷轴力乘以系数$\left(1 + \dfrac{a}{g}\right)$，以 K_d 表示

$$K_d = 1 + \frac{a}{g} \tag{13.8}$$

式中：K_d 称为杆件作铅垂匀加速上升运动时的动荷系数，它与加速度 a 成比例，将式(13.8)代入式(13.7)得

$$F'_d = F'_{st} \cdot K_d \tag{13.9}$$

即动荷轴力等于静荷轴力乘以动荷系数。当 $a = 0$ 时，$K_d = 1$，即动荷轴力等于静荷轴力。

欲求截面上的动荷正应力 σ_d，可将动荷轴力除以截面面积 A 求得。

由式(13.5b)，有

$$\sigma_d = \frac{F'_d}{A}\rho gx\left(1 + \frac{a}{g}\right) \tag{13.10}$$

式中：$\dfrac{F'_d}{A}\rho gx$ 即为静荷应力 σ_{st}，所以上式也可写成

$$\sigma_d = \sigma_{st} \cdot K_d \tag{13.11}$$

即动荷应力等于静荷应力乘以动荷系数。

图 13.1(d)所示为动荷应力 σ_d 图，它是 x 的线性函数，当 $x = l$ 时，由式(13.10)可得最大动荷应力 $\sigma_{d, max}$ 为

$$\sigma_{d, max} = \rho g \cdot l\left(1 + \frac{a}{g}\right) = \sigma_{st, max} \cdot K_d \tag{13.12}$$

同理，欲求动荷伸长或缩短 Δl_d，也可由静荷伸长或缩短 Δl_{st}乘以动荷系数 K_d 得到

$$\Delta l_d = \Delta l_{st} \cdot K_d \tag{13.13}$$

2. 动荷弯曲时梁的应力计算

图 13.2(a)所示一由起重机起吊的梁，上升加速度为 a，设梁长为 l，梁的密度为 ρ。则每单位梁长的自重(静荷集度)为 $A\rho g$，惯性力为$\dfrac{A\rho g}{g} \cdot a$。将静荷集度与惯性力相加，并以 q_d 表示得

$$q_d = A\rho g + \frac{A\rho g}{g} \cdot a = A\rho g\left(1 + \frac{a}{g}\right) = q_{st} \cdot K_d \tag{13.14}$$

式中：q_d 为动荷集度。此式表明动荷集度仍可表示为静荷集度 q_{st}乘以动荷系数 K_d。于是可以把梁看作一无重梁，该梁沿全长承受集度为 q_d 的均布载荷作用，如图 13.2(b)所示。

适当选择吊装点[图 13.2(a)]，可使梁内正弯矩的最大值与负弯矩的最大绝对值相等，其值为

$$M_d = 0.021q_d l^2 = 0.021q_{st} \cdot l^2 \cdot K_d = M_{st} \cdot K_d \tag{13.15}$$

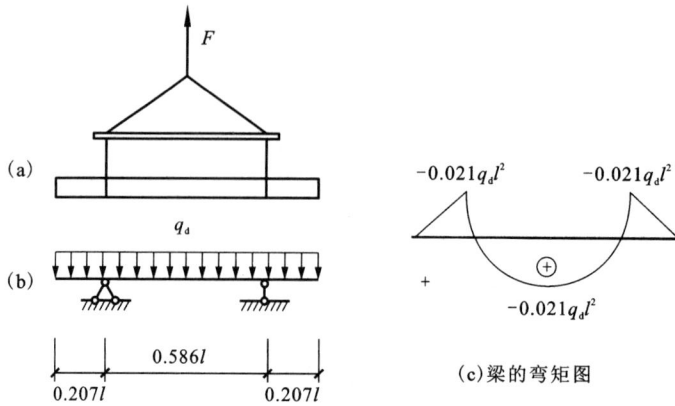

图 13.2　匀加速起吊的梁的内力分析

式中：M_{st} 为最大静荷（自重）弯矩。相应的弯矩图如图 13.2（c）所示。危险截面的最大动荷应力 $\sigma_{d,\,max}$ 为

$$\sigma_{d,\,max} = \frac{M_d}{W} = \frac{M_{st}}{W}K_d = \sigma_{st,\,max} \cdot K_d \tag{13.16}$$

式中：$\sigma_{st,\,max} = \dfrac{M_{st}}{W}$ 是由静载荷所引起的最大正应力。

不论是动荷拉压问题还是动荷弯曲问题，求得最大动荷应力 $\sigma_{d,\,max}$ 后，仍可像以前那样建立强度条件：

$$\sigma_{d,\,max} = \sigma_{st,\,max} \cdot K_d \leqslant [\sigma] \tag{13.17}$$

式中的 $[\sigma]$ 仍是静荷计算中的许用应力。上式也可写成

$$\sigma_{st,\,max} \leqslant \frac{[\sigma]}{K_d} \tag{13.18}$$

此式表明，验算动荷强度时，也可用静荷应力建立强度条件，只要把许用应力 $[\sigma]$ 除以动荷系数 K_d 即可。

3. 杆件作等角速度转动时的应力计算

图 13.3（a）所示为一根长为 l、截面面积为 A 的等直杆 OB，其位置是水平的，O 端与刚性的竖直轴 z 连接，设它以角速度 ω 绕 z 轴作等速转动，现来研究其横截面上的动荷应力。

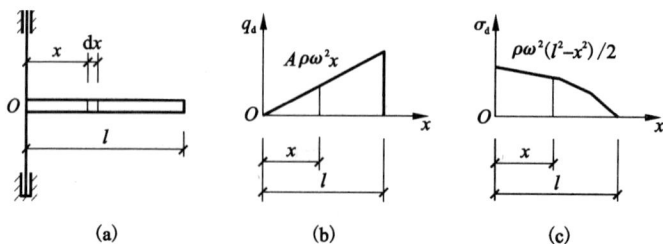

图 13.3　杆件等角速度转动时的应力分析

由于杆绕 O 点作匀速转动，由运动学知，杆内任一质点的切向加速度为零，而只有向心

加速度 a_n，其值为

$$a_n = x\omega^2 \tag{13.19}$$

式中：x 为质点到转动中心 O 的距离。相应地各质点将产生惯性力，其大小为 $ma_n = mx\omega^2$，方向与向心加速度相反，式中 m 为质点质量。此惯性力沿杆全长分布，设 ρ 为材料密度，则其集度为

$$q_d = x\omega^2 A\rho \tag{13.20}$$

与 x 成比例，如图 13.3(b)所示。

现于离 O 端 x 处，用相距为 dx 的二横截面截取一微段，则其惯性力 dF_d 为

$$dF_d = q_d dx = A\rho\omega^2 x dx \tag{13.21}$$

欲求 x 截面上的动荷内力 $F'_d(x)$，可在 x 截面处把杆截开，取 $l-x$ 段杆为脱离体，求出它的惯性力之和。

$$\int_x^l dF = \int_x^l A\rho\omega^2 x dx$$

然后，根据动静法，即得

$$F'_d(x) = \int_x^l A\rho\omega^2 \cdot x dx = A\rho\omega^2 \frac{l^2 - x^2}{2} \tag{13.22}$$

动荷应力 $\sigma_d(x)$ 为

$$\sigma_d(x) = \frac{F'_d(x)}{A} = \rho\omega^2 \cdot \frac{l^2 - x^2}{2} \tag{13.23}$$

其分布规律如图 13.3(c)所示。最大动荷应力发生在 $x=0$ 处，即靠近 z 轴处，其值为

$$\sigma_{d,\max} = \frac{\rho\omega^2 l^2}{2} \tag{13.24}$$

下面讨论圆环绕通过圆心且垂直于圆环平面的轴作匀角速旋转的情况，如图 13.4(a)所示。机械里的飞轮或带轮等作匀速转动时，若不计轮辐的影响，就是这种情况的实例。

设圆环的宽度为 t，平均半径为 R，且 t 远小于 R，截面面积为 A。圆环作匀角速转动时，有向心加速度 $a_n = R\omega^2$，于是各质点将产生离心惯性力，集度为

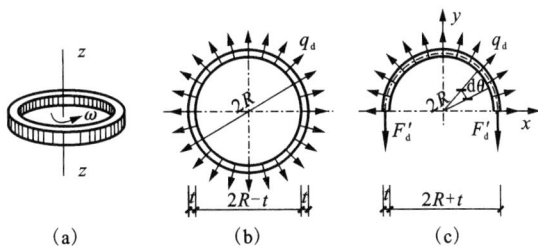

图 13.4 作匀角速旋转的圆环的动荷应力分析

$$q_d = A\rho R\omega^2 \tag{13.25}$$

其作用点假设在平均圆周上，方向向外辐射，如图 13.4(b)所示。

欲求截面上的动荷内力 F'_d，可取半个圆环为脱离体[图 13.4(c)]，按动静法，脱离体受离心惯性力 q_d 及动荷轴力 F'_d 的作用而平衡，于是由 $\sum F_y = 0$，有

$$2F'_d = \int q_d \cos\theta ds = \int_{-\frac{\pi}{2}}^{+\frac{\pi}{2}} A\rho\omega^2 R \cdot R d\theta \cos\theta$$

由此得

$$F'_d = A\rho\omega^2 R^2 \tag{13.26}$$

动荷应力为

$$\sigma_{\mathrm{d}} = \frac{F_{\mathrm{d}}'}{A} = \rho\omega^2 R^2 \qquad (13.27)$$

强度条件为

$$\sigma_{\mathrm{d}} = \frac{F_{\mathrm{d}}'}{A} = \rho\omega^2 R^2 \leqslant [\sigma] \qquad (13.28)$$

上式表明，对于同样半径的圆环，其应力的大小与截面积 A 的大小无关，而与角速度 ω^2 成比例。所以，要保证圆环的强度，须限制圆环的转速。

13.3　冲击时应力和变形的计算

1. 概述

冲击（impat）是指因力、速度和加速度等参量急剧变化而激起的系统的瞬态运动，其特点是冲击激励参量的幅值变化快，与系统的固有周期相比持续时间短，频率范围宽。在物体碰撞、炸药爆炸、地震等过程中，都会产生冲击。受冲击作用的结构上会产生幅值很大的加速度和应力。

本节仅讨论简单冲击现象。例如，当一运动物体以某一速度与另一静止物体相撞时，物体的速度在极短的时间内发生急剧的变化，从而受到很大的作用力，这种现象便为冲击，其中运动的物体称为冲击物，受冲击物体称为被冲击物，被冲击物因受冲击而引起的应力称为冲击应力（impact stress）。用重锤打桩、吊车突然刹车等都是工程中常见的冲击现象。

由于冲击时间非常短促，而且不易精确测出，因此加速度的大小很难确定。这样就不能引入惯性力，无法用前节介绍的动静法求出冲击时的应力和变形。事实上，精确分析冲击现象是一个相当复杂的问题，因而在工程实际中，一般采用偏于保守的能量法来计算被冲击物中的最大动应力和最大动变形。为了简化计算，还需采用如下几个假设：

（1）冲击物的变形很小，可视为刚体；

（2）被冲击物的质量引起的应力可单独分析，对冲击影响小的量在分析冲击时可忽略不计；

（3）冲击物与被冲击物接触后，两者即附着在一起运动；

（4）略去冲击过程中的能量损失（如热能的损失），只考虑动能与势能（重力势能和弹性应变能）的转化。

因此，由能量守恒定律可知，在冲击过程中，冲击物所减少的动能 T 和势能 V 之和应等于被冲击物所增加的弹性应变能 V_ε，即

$$T + V = V_\varepsilon \qquad (13.29)$$

上式为用能量法求解冲击问题的基本方程。

2. 冲击时应力及位移的计算公式

（1）自由落体冲击。

设以弹簧代表一被冲击构件[图13.5（a）]。实践中，一根被冲击的梁[图13.5（b）]，或被冲击的杆[图13.5（c）]，或其他被冲击的弹性构件都可以看作一个弹簧，只是各种情况的弹簧常数不同而已。设冲击物的重量为 Q，从距弹簧顶端为 h 的高度自由落下，重物与弹簧接触后速度迅速减小，最后为零，此时弹簧的变形最大，用 Δ_{d} 表示。下面来求 Δ_{d} 的表达式。

由图13.5（a）可知，弹簧达到最大变形 Δ_{d} 时，冲击物减少的势能为

$$V = Q(h + \Delta_d) \tag{13.30}$$

因为冲击物的初速度与最终速度都等于零，所以没有动能的变化，即

$$T = 0 \tag{13.31}$$

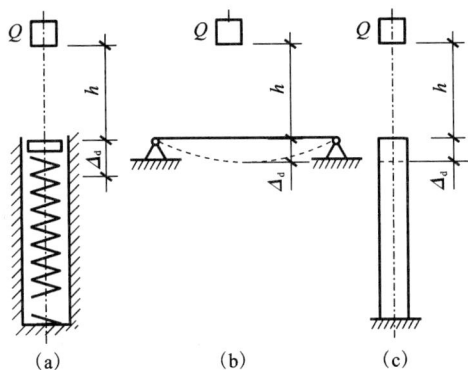

图13.5 构件受自由落体的冲击时的动荷与变形分析

被冲击物的弹性应变能 V_ε 等于冲击载荷在冲击过程中所做的功。由于冲击载荷和位移分别由零增加到最大值 F_d 和 Δ_d，当材料服从虎克定律时，冲击载荷所做的功为 $F_d\Delta_d/2$，故有

$$V_\varepsilon = \frac{1}{2}F_d\Delta_d \tag{13.32}$$

将式(13.30)、式(13.31)和式(13.32)代入基本方程式(13.29)，得

$$Q(h + \Delta_d) = \frac{1}{2}F_d\Delta_d \tag{13.33}$$

设重物 Q 按静载荷方式作用于构件(弹簧)上时的静位移为 Δ_{st}，静应力为 σ_{st}。在线弹性范围内，变形、应力和载荷成正比，故有

$$\frac{F_d}{Q} = \frac{\sigma_d}{\sigma_{st}} = \frac{\Delta_d}{\Delta_{st}} \tag{13.34a}$$

或者写成

$$F_d = \frac{\Delta_d}{\Delta_{st}}Q, \ \sigma_d = \frac{\Delta_d}{\Delta_{st}}\sigma_{st} \tag{13.34b}$$

以式(13.34a)代入式(13.33)，得

$$Q(h + \Delta_d) = \frac{1}{2}Q\frac{\Delta_d^2}{\Delta_{st}}$$

或者写成

$$\Delta_d^2 - 2\Delta_{st}\Delta_d - 2h\Delta_{st} = 0$$

由此解出

$$\Delta_d = \Delta_{st} \pm \sqrt{\Delta_{st}^2 + 2h\Delta_{st}} = \Delta_{st}\left(1 \pm \sqrt{1 + \frac{2h}{\Delta_{st}}}\right)$$

为了求得位移的最大值 Δ_d，上式中根号前的符号应取正号，故有

$$\Delta_d = \Delta_{st}\left(1 + \sqrt{1 + \frac{2h}{\Delta_{st}}}\right) \qquad (13.35)$$

引用记号

$$K_d = \frac{\Delta_d}{\Delta_{st}} = 1 + \sqrt{1 + \frac{2h}{\Delta_{st}}} \qquad (13.36)$$

式中：K_d 称为自由落体冲击动荷系数。因此式(13.35)成为

$$\Delta_d = K_d \Delta_{st} \qquad (13.37)$$

式(13.34b)成为

$$F_d = K_d Q \qquad (13.38)$$
$$\sigma_d = K_d \sigma_{st} \qquad (13.39)$$

由此可见，只要求出了动荷系数 K_d，用 K_d 分别乘以静载荷、静位移和静应力，即可求得构件受冲击时所达到的最大动载荷、最大位移和最大应力。

下面对动荷系数 K_d 作进一步说明：

①冲击物作为突加载荷(即 $h = 0$)作用在弹性体上时，由式(13.14)可得 $K_d = 2$。因此在突加载荷作用下，最大应力和最大位移值都为静载荷作用下的两倍。

②如果已知冲击物与被冲击物接触前一瞬间的速度为 v，根据自由落体时 $v^2 = 2gh$，可得

$$K_d = 1 + \sqrt{1 + \frac{v^2}{g\Delta_{st}}} \qquad (13.40)$$

③动荷系数 K_d 表达式中的静位移 Δ_{st} 的物理意义是：它是以冲击物的重量 Q 作为静载荷，沿冲击方向作用在冲击点时，被冲击构件在冲击点处沿冲击方向的静位移。计算 Δ_{st} 时，应针对具体结构，按上述意义作具体分析。

(2)水平冲击。

设重物 Q 以速度 v 沿水平方向冲击一弹性系统(以弹簧表示)，如图 13.6 所示。当重物与弹性系统接触后，该弹性系统便开始变形。与此同时，重物的速度逐渐减小，当速度降到零时，被冲击点达到最大位移 Δ_d。下面来求 Δ_d 的表达式。

在冲击过程中，冲击物的高度无变化，则势能减少为零，即 $V = 0$；动能减少为 $T = \frac{1}{2}\frac{Q}{g}v^2$；被冲击物的弹性应变能增加为 $V_\varepsilon = \frac{1}{2}F_d\Delta_d$。根据式(13.29)，得

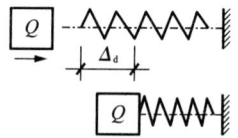

图 13.6 构件受水平冲击时的动荷与变形分析

$$\frac{1}{2}\frac{Q}{g}v^2 = \frac{1}{2}F_d\Delta_d \qquad (13.41)$$

在线弹性范围内，有

$$F_d = \frac{\Delta_d}{\Delta_{st}}Q \qquad (13.42)$$

将式(13.42)代入式(13.41)，得

$$\frac{Q}{g}v^2 = \frac{\Delta_d^2}{\Delta_{st}}Q$$

解得

$$\Delta_{\mathrm{d}} = \sqrt{\frac{v^2 \Delta_{\mathrm{st}}}{g}} = \Delta_{\mathrm{st}} \sqrt{\frac{v^2}{g \Delta_{\mathrm{st}}}}$$

于是，水平冲击动荷系数为

$$K_{\mathrm{d}} = \frac{\Delta_{\mathrm{d}}}{\Delta_{\mathrm{st}}} = \sqrt{\frac{v^2}{g \Delta_{\mathrm{st}}}} \tag{13.43}$$

故有

$$\Delta_{\mathrm{d}} = K_{\mathrm{d}} \Delta_{\mathrm{st}}$$

式中：Δ_{st} 为静载荷位移，其物理意义与自由落体冲击相同。

上面仅介绍了两种常见冲击情况下的应力及位移计算公式。对于其他冲击情况，例如重物在吊装过程中突然刹车时吊绳受到的拉伸冲击，又如带有飞轮的旋转圆轴突然刹车时的扭转冲击，都可以从基本方程式(13.29)出发，推导出相应的公式。

(3)提高构件抗冲击能力的一些措施。

构件受冲击时产生很大的冲击力。因此，必须设法降低冲击应力。从前面的分析中可以看出，冲击应力可以表达为 $\sigma_{\mathrm{d}} = K_{\mathrm{d}} \sigma_{\mathrm{st}}$。如果设法减少动荷系数 K_{d}，便能降低冲击应力。由式(13.36)和式(13.40)可知，静位移 Δ_{st} 越大，动荷系数 K_{d} 就越小。这是因为静位移增大表示构件刚度减小，因而能够更多地吸收冲击物的能量。提高抗冲击能力，主要应从增大静位移 Δ_{st} 着手。但应注意，在设法增加静位移时，应当尽量避免增大静应力。否则，虽然降低了动荷系数 K_{d}，却增加了静应力 σ_{st}，其结果未必能降低冲击应力。下面介绍几种减小冲击应力的措施。

①设置缓冲装置。在被冲击构件上增设缓冲装置，这样既增大了静位移，又不会改变构件的静应力。例如，在火车车箱架与轮轴之间安装压缩弹簧，在某些机器或零件上加橡皮座垫或垫圈。

②改变被冲击构件的尺寸。在某些情况下，增大被冲击构件的体积可以降低动应力。例如，图 13.7 所示受水平冲击的等直杆，根据式(13.43)，冲击应力为

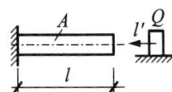

图 13.7 受水平冲击的等直杆

$$\sigma_{\mathrm{d}} = K_{\mathrm{d}} \sigma_{\mathrm{st}} = \sqrt{\frac{v^2}{g \Delta_{\mathrm{st}}}} \frac{Q}{A} = \sqrt{\frac{v^2}{g} \frac{EA}{Ql}} \frac{Q}{A} = \sqrt{\frac{v^2 EQ}{gAl}}$$

由上式可见，杆件的体积 Al 越大，冲击应力 σ_{d} 就越小。基于这种原因，如果把承受冲击的气缸盖螺栓由短螺栓[图 13.8(a)]改为长螺栓[图 13.8(b)]，增加了螺栓的体积，就可以提高螺栓的承受冲击能力。

但须注意，上述结论只是对等截面杆有效，不能用于变截面杆。这一点可以图 13.9所示的两杆来说明。显然，两杆危险截面上

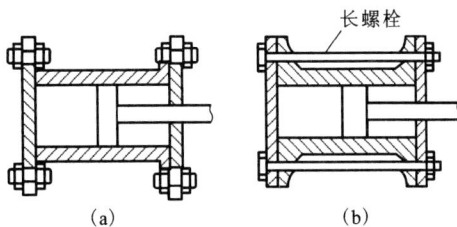

图 13.8 通过加长螺栓的体积提高冲击性能示意

的静应力 $\sigma_a = \sigma_b$，若两杆材料相同，则静位移 $(\Delta_{\mathrm{st}})_a > (\Delta_{\mathrm{st}})_b$，因此 $(K_{\mathrm{d}})_a < (K_{\mathrm{d}})_b$。这说明虽然 b 杆的体积大于 a 杆的体积，但 b 杆的冲击应力却大于 a 杆的冲击应力。因为，在受冲击杆件中，应尽量避免在部分长度内削弱截面。像螺钉这一类零件，不能避免某些部分要削弱。因此，一些承受冲击的螺钉往往不采取图 13.10(a)的形式，而是将无螺纹部分做得细一

些[图 13.10(b)]，或将无螺纹部分做成空心截面[图 13.10(c)]，以使螺钉全长范围内截面大小基本一致。

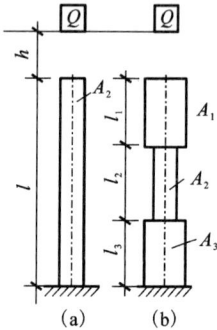

图 13.9　等截面杆与变截面杆

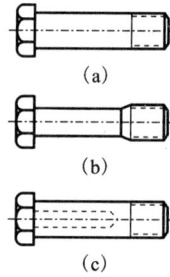

图 13.10　通过结构设计提高螺钉冲击性能示意

③选用低弹性模量的材料。采用弹性模量较低的材料可以增大静位移，从而降低冲击应力。但是须注意，弹性模量低的材料往往强度指标也低，所以采取这项措施时，还必须校核该构件是否满足强度条件。

13.4　交变应力

1. 概述

在工程中，某些构件工作时，其应力随时间作周期性的变化。例如图 13.11(a) 所示的梁，在电动机自重和转子质量偏心所引起的离心力作用下将发生振动。这时梁内任一点的应力将随时间作周期性变化，如图 13.11(b) 所示。又如图 13.11(a) 所示的火车轮轴，虽然载荷不变，但由于轴在转动，因此横截面上任一点的应力将随着该点位置的变动而发生周期性变化，如图 13.11(b) 所示。

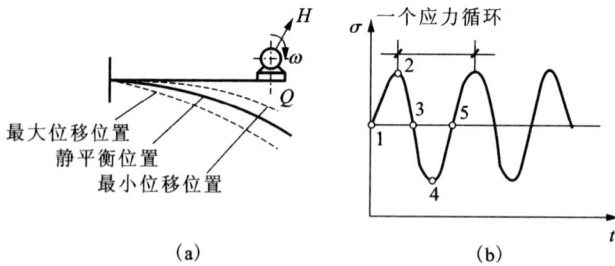

图 13.11　工程中的交变应力的产生示意

一般情况下，随时间循环变化(如图 13.12 中的实线)或在某一应力值上、下交替变化(图 13.12 中的虚线)的应力称为循环应力或交变应力，如内燃机的连杆、气缸壁，齿轮的齿，火车的轮轴等构件内部的应力。循环应力随时间变化的历程称为应力谱，它可能是周期的，也可能是随机的。

　　构件在交变应力作用下，产生可见裂纹或完全断裂的现象称为疲劳破坏，它与静应力下的失效有本质的区别。主要体现为以下四个特点：

　　(1)破坏时应力低于材料的强度极限，甚至低于材料的屈服极限；

　　(2)无论是脆性材料还是塑性材料，破坏时无显著的塑性变形，即使是塑性很好的材料，也会突然发生脆性断裂；

　　(3)疲劳破坏是一个损伤累积的过程，需经过多次应力循环后才会出现；

　　(4)在疲劳破坏的断口上，通常呈现两个区域，一个是光滑区域，一个是粗糙区域(图13.13)。

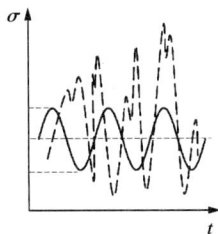

图 13.12　交变应力示意　　　　　图 13.13　疲劳破坏断口

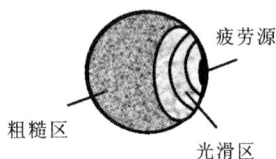

　　以上特点可以通过疲劳破坏的形成过程加以说明。当交变应力的大小超过一定限度并经历了足够多次的交替重复后，在构件内部应力较大或材质薄弱处，将产生细微裂纹(即所谓疲劳源)，这种裂纹随着应力循环次数增加而不断扩展，并逐渐形成宏观裂纹或导致断裂。在扩展过程中，一方面，由于应力循环变化，裂纹的两个侧面时而压紧，时而分开，或时而正向错动，时而反向错动，多次反复，从而形成断口的光滑区；另一方面，由于裂纹不断扩展，当达到其临界长度时，构件将发生突然断裂，从而形成断口颗粒状粗糙区。因此，疲劳破坏可以理解为疲劳裂纹萌生、逐渐扩展和最后断裂的过程。

　　本章主要介绍疲劳极限(持久极限)及其影响因素，同时介绍提高疲劳强度的主要措施。

2. 交变应力及其类型

　　一般情况下我们所说的交变应力均为周期性变化的，因此，在本教材中，只考虑周期性变化的交变应力。当交变应力在两个极值间周期性变化时，称为恒幅交变应力或稳定交变应力。如图 13.14(a)所示的火车轮轴，承受车厢传来的载荷 F，F 并不随时间变化，但由于轴在转动，横截面上除圆心以外的各点处的正应力都随时间作周期性的变化，如图 13.14(b)所示，在此曲线中，应力由 A 到 B 经历了变化的全过程后又回到原来的数值，称为一个应力循环。又如图 13.15(a)所示的梁，受电动机的重量 W 与电动机转动时引起的干扰力 $F_H \sin\omega t$ 作用，干扰力 $F_H \sin\omega t$ 就是随时间作周期性变化的。因而梁跨中截面下边缘危险点处的拉应力将随时间作周期性变化，如图 13.15(b)所示。

　　在一个应力循环中，应力的极大值与极小值分别称为最大应力和最小应力，并分别用 σ_{max} 和 σ_{min} 表示；σ_{max} 和 σ_{min} 的代数平均值 $\sigma_m = \dfrac{\sigma_{max} + \sigma_{min}}{2}$ 称为平均应力，最大应力与最小应力的代数差的一半 $\sigma_a = \dfrac{\sigma_{max} - \sigma_{min}}{2}$，称为应力幅。

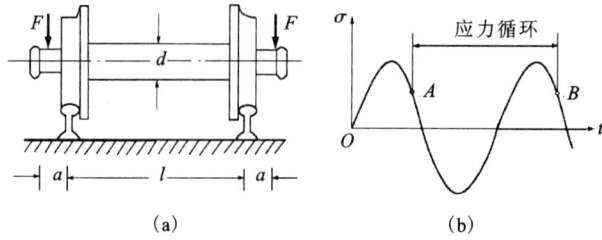

图 13.14　火车轮轴的受力与交变应力示意

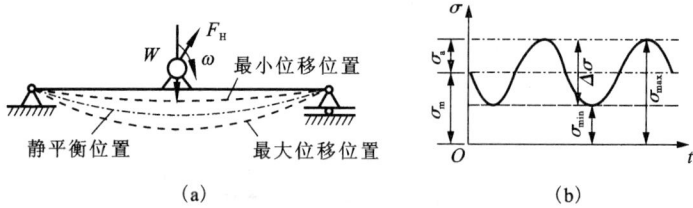

图 13.15　电动机重量 W 与电动机转动引起梁上的交变应力示意

　　交变应力的应力循环特点,对材料的疲劳强度有直接影响。应力变化的特点,可用最小应力与最大应力的比值 r 表示,称为应力比或循环特征,$r = \dfrac{\sigma_{min}}{\sigma_{max}}$。

　　在循环应力中,如果最大应力与最小应力的数值相等,符号相反,即 $\sigma_{max} = -\sigma_{min}$,则称为对称循环应力,其应力比 $r = -1$。如图 13.16 表示的均速行驶的火车轮轴横截面上的应力就是拉压相等的对称循环应力。

　　除对称循环外,所有应力比 $r \neq 1$ 的循环应力,均属于非对称循环应力。其中,如果 $\sigma_{min} = 0$,则称为脉动循环应力,其应力比 $r = 0$。如齿轮工作时齿根处的应力情况,如图13.16所示。

　　静应力可视为交变应力的一种特殊情况,此时有 $r = 1$,$\sigma_a = 0$,$\sigma_m = \sigma_{max} = \sigma_{min}$。

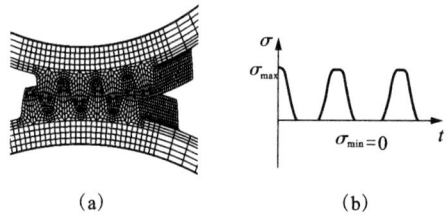

图 13.16　齿轮工作时齿根处的脉动循环应力示意

　　对于承受交变切应力的构件,上述概念依然适用,只须将 σ 改为 τ。

3. $S - N$ 曲线和材料的疲劳极限

（1）$S - N$ 曲线。

　　材料在交变应力作用下的强度由试验测定,最常用的试验是如图 13.17 所示的旋转弯曲试验。用相同材料加工成若干个相同的光滑小试样（$d = 7 \sim 10$ mm,表面光滑）,并将试样分为多组;把试样安装于疲劳试验机上,使它承受纯弯曲,以电动机带动试样旋转,每旋转一周,截面上的点便经历一次对称应力循环,试样断裂前应力循环的次数 N 即为疲劳寿命,保持载荷的大小和方向不变,亦即保持截面上的最大应力 σ_{max} 不变,对同一组试样进行重复试验;改变载荷的大小,亦即改变截面上的 σ_{max} 的大小,对另一组试样进行同样的试验。

根据试验结果，以应力循环中的 σ_{max} 为纵坐标，疲劳寿命的对数值 $\lg N$ 为横坐标，绘制出疲劳寿命与最大应力之间的关系曲线，即为应力—寿命曲线或 $S-N$ 曲线，如图 13.18 所示。应当注意到，应力比不同，$S-N$ 曲线不同。从 $S-N$ 曲线中可以看出，作用应力越大，疲劳寿命越短。疲劳寿命 $N<10^4$（或 10^5）时的疲劳问题，一般称为低周疲劳，反之称为高周疲劳。

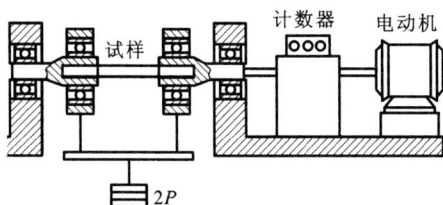

图 13.17　旋转弯曲试验装置

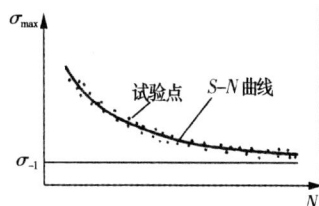

图 13.18　$S-N$ 曲线

（2）疲劳极限。

试验表明，有些材料的 $S-N$ 曲线存在水平渐近极线（例如钢、铸铁等），该渐近线的纵坐标对应的应力，即为材料的持久极限，表示交变应力的最大值低于此值时，材料能经受"无限"次应力循环而不会发生疲劳破坏，持久极限用 σ_r 或 τ_r 表示，下标 r 代表应力比或循环特征。例如图 13.18 中的 σ_{-1} 即代表材料在对称循环应力下的持久极限。

但有色金属及其合金的 $S-N$ 曲线一般不存在水平渐近线（图 13.19），对于这类材料，通常根据构件的使用要求，人为地指定某一寿命 N_0（通常取 $10^7 \sim 10^8$）所对应的应力作为疲劳的极限应力，并称为材料的疲劳极限或条件疲劳极限。为叙述简单，以后将持久极限和疲劳极限（或条件疲劳极限）统称为疲劳极限。

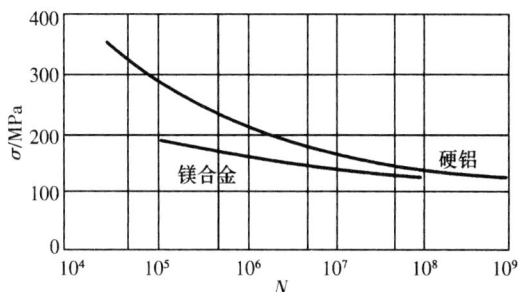

图 13.19　有色金属及其合金的 $S-N$ 曲线

试验发现，钢材的疲劳极限与其静强度极限 σ_b 之间存在下述经验关系
$$\sigma_{-1}(\text{弯}) \approx (0.40 \sim 0.50)\sigma_b$$
$$\sigma_{-1}(\text{拉}) \approx (0.33 \sim 0.59)\sigma_b$$
$$\tau_{-1}(\text{扭}) \approx (0.23 \sim 0.29)\sigma_b$$

可见，在交变应力作用下，材料抵抗破坏的能力显著降低。但是，在应用上述关系以及所有与它们相似的关系时，必须十分谨慎，因为它们只是在一定的材料和一定的试验条件下

取得的。

4. 影响构件疲劳极限的主要因素

对称循环的持久极限,一般是常温下以光滑小试样测定的。但实际构件的外形、尺寸、表面质量和工作环境等,都将影响持久极限的数值。下面简单介绍影响构件持久极限的几种主要因素及提高构件疲劳强度的措施。

(1)构件外形的影响。

构件外形突然变化时,例如构件上有槽、孔、缺口、轴肩等,将引起应力集中。试验表明,应力集中的局部区域更易形成疲劳裂纹,进而促使其扩展,因此,应力集中对疲劳强度有显著影响,其大小是由有效应力集中系数(或疲劳缺口系数)K_σ或K_τ来表示,代表光滑试样的疲劳极限与同样尺寸但存在应力集中的试样疲劳极限的比值。

为了消除或缓和应力集中、提高构件的疲劳强度,在设计构件的外形时,要避免出现方形或带有尖角的孔和槽。在截面尺寸突然改变处(如阶梯轴的轴肩),要采用半径足够大的过渡圆角[图13.20(a)]。有时结构上的原因,难以加大过渡圆角的半径,这时可在直径较大的部分轴上设置退刀槽[图13.20(b)]或减荷槽[图13.20(c)],还可将必要的孔或沟槽配置在构件的低应力区。这些措施均能显著降低应力集中,提高构件的疲劳强度。

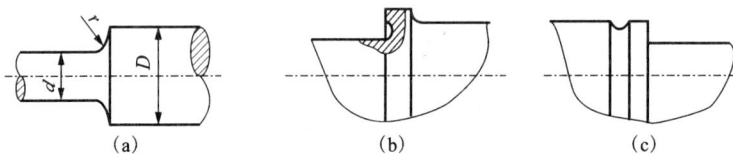

图13.20 提高构件疲劳强度的措施示意

(2)构件尺寸的影响。

持久极限一般是用直径为 6~10 mm 的小试样来测定的。随着截面尺寸的增大,持久极限却相应地降低,这种现象也称为尺寸效应,通常用尺寸效应系数(或称尺寸系数)ε_σ或ε_τ表示,它代表光滑大尺寸试样的持久极限$(\sigma_{-1})_d$或$(\tau_{-1})_d$与光滑小尺寸试样持久极限σ_{-1}或τ_{-1}的比值。引起尺寸效应的原因可用下面两个尺寸不同的受扭圆轴来说明(图13.21)。

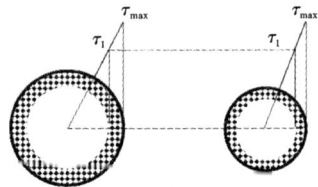

图13.21 受扭圆轴

我们知道,当圆周扭转时,沿截面半径方向切应力是线性分布的,若两者的最大切应力相等,且定义截面上切应力大于τ_1区域为高应力区,则显然有大试样的高应力区比小试样的大。即大试样中处于高应力状态的晶粒比小试样的多,所以形成疲劳裂纹的机会也多。

对于轴向承载的光滑试样,由于横截面上的应力均匀,截面尺寸的影响不大。

(3)构件表面质量的影响。

一般情况下,构件的最大应力发生于表层,疲劳裂纹也多生成于表层。表面加工的刀痕、擦伤等将引起应力集中,降低持久极限。所以表面加工质量对持久极限有明显的影响。表面加工质量对持久极限影响的大小通常用表面质量因数β表示,它代表给定表面加工类别构件的持久极限$(\sigma_{-1})_\beta$与表面磨光试样的持久极限σ_{-1}的比值。若$\beta < 1$,说明当表面加工

质量比表面磨光差时,其持久极限将降低。表面加工质量越低,疲劳极限降低越多;材料的静强度越高,加工质量对构件疲劳极限的影响越显著。

由于构件表面加工质量对疲劳强度影响很大,因此对疲劳强度要求较高的构件,应有较低的表面粗糙度。高强度钢对表面粗糙度更为敏感,只有经过精加工,才能利用发挥它的高强度性能,否则将会使疲劳极限大幅度下降,失去高强度钢的意义。在使用中也应尽量避免使构件表面受到机械损伤(如划伤、打烙印等)或化学损伤(腐蚀、生锈等)。

另外,由于裂纹多在表层生成,因此有必要增加表层的强度。为了强化构件的表层,可采用热处理和化学处理方法,如表面高频淬火、渗碳、氮化等,皆可使构件的疲劳强度有显著提高。但采取该方法时,要严格控制工艺过程,否则将造成表面微细裂纹,反而降低疲劳极限。也可以用机械的方法强化表层,如进行滚压、喷丸等机械处理,使表层形成预压应力,减弱容易引起裂纹的工作拉应力,这些都能明显提高构件疲劳极限。

思考题

1. 材料在交变应力下破坏的原因是什么? 它与静载荷作用下的破坏有何区别?

2. 图 13.22 所示圆轴,在跨中作用有集中力 F,试分别指出以下几种情况下轴的交变应力的循环名称:

(1)载荷 F 不随时间变化,而圆轴以等角速度 ω 旋转;

(2)圆轴不旋转,而 $F = F_0 + F_H \sin\omega t$ 作周期性变化(其中 F_0 和 F_H 为常量);

(3)圆轴不旋转,而载荷在 $0 \sim F$ 之间随时间作周期性变化;

(4)圆轴不旋转,载荷 F 也不变;

(5)圆轴不旋转,载荷 F 大小也不变,其作用点位置沿跨中截面的圆周作连续移动,F 的方向始终指向圆心。

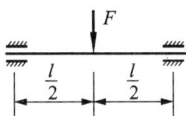

图 13.22 圆轴

3. 什么叫疲劳极限,它是如何测定的? 影响疲劳极限的主要因素是什么?

习 题

1. 用两根吊索匀加速吊起一根 14 号工字钢,如图 13.23 所示,加速度 $a = 10 \text{ m/s}^2$,$l = 12$ m,吊索的横截面面积 $A = 72 \text{ mm}^2$。若只考虑工字钢的重量,不计吊索的重量,求吊索内的动应力和工字钢内最大动应力。

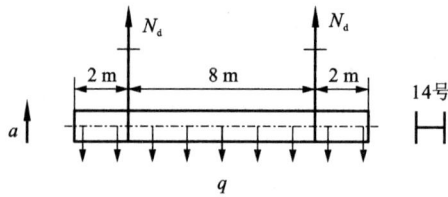

图 13.23　匀加速吊起的工字钢

2. 圆木桩直径 $d = 30$ cm，长 $l = 6$ m，下端固定，重锤 $W = 5$ kN，木材 $E_1 = 10$ GPa，如图 13.24 所示。求以下三种情况下，木桩内的最大应力：

(1)静载方式；

(2)重锤自离桩顶 $h = 0.5$ m 处自由落下；

(3)同(2)，但在桩顶放一块直径 $d_1 = 15$ cm、厚度 $t = 40$ mm 的橡皮垫，其弹性模量 $E = 8$ MPa。

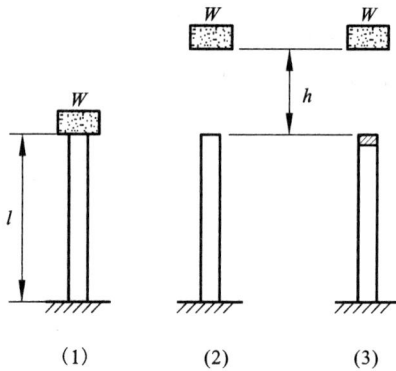

图 13.24　圆木桩

3. 桥式起重机上悬挂一质量 $G = 50$ kN 的重物，以匀速度 $v = 1$ m/s 向前移动(在图中移动的方向垂直于纸面)。若起重机突然停止移动，重物将像单摆一样向前摆动，如图 13.25 所示。若梁为 14 号工字钢，吊索横截面面积 $A = 5 \times 10^{-4}$ m²，试问当惯性力为最大值时，梁及吊索内的最大应力增加多少？

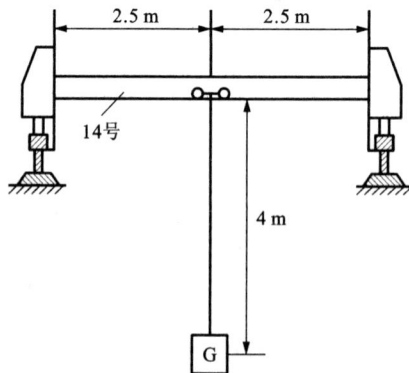

图 13.25　起重机吊起重物

4. 在直径为 100 mm 的轴上装有转动惯量 $I = 0.5\ \text{kN·m·s}^2$ 的飞轮，如图 13.26 所示，轴的转速为 300 r/min。设在制动器作用前，轴已与驱动装置脱开，且轴承的摩擦力矩可以不计。制动器开始作用后，在 20 转内将飞轮刹住，试求轴内最大剪应力。

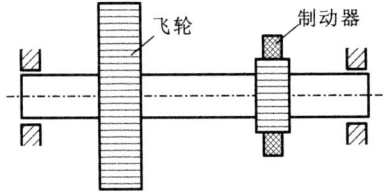

图 13.26　轴上飞轮制动

5. AD 轴以匀角速度 ω 转动。在轴的纵向对称面内，于轴线的两侧有两个重为 W 的偏心载荷，如图 13.27 所示。试求轴内的最大弯矩。

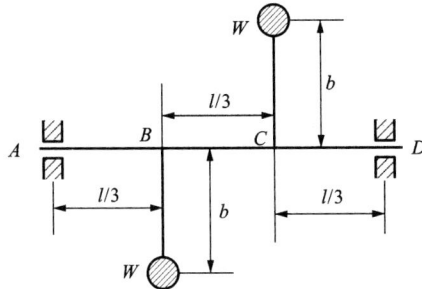

图 13.27　AD 轴

6. 直径 $d = 60$ mm、长度 $l = 2$ m 的圆截面杆左端固定，右端有一直径 $D = 0.4$ m 的鼓轮。轮上绕以绳，绳的端点 A 悬挂吊盘，如图 13.28 所示。绳长 $l_1 = 10$ m，横截面面积 $A = 120$ mm^2，$E = 200$ GPa。轴的剪切弹性模量 $G = 80$ GPa。质量为 800 N 的物体自 $h = 200$ mm 处落于吊盘上，求轴内最大剪应力和绳内最大拉应力。

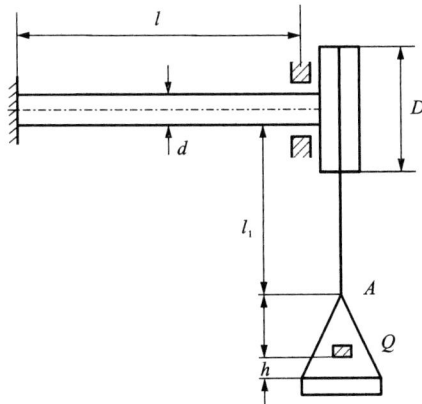

图 13.28　鼓轮悬吊系统

7. 工字梁的 C 端固定，A 端铰支于空心钢管 AB 上。管的内径和外径分别为 30 mm 和 40 mm。钢管的 B 端亦为铰支座。梁及钢管同为 Q235 钢，$\lambda_1 = 100$，$E = 200$ GPa。设稳定安全系数为 2.5，当质量为 300 N 的重物 Q 落于梁的 A 端时，如图 13.29 所示，试校核 AB 杆的稳定性。

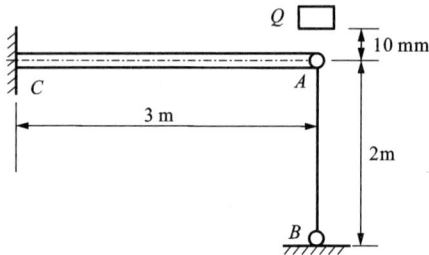

图 13.29　工字梁

8. 柴油发动机连杆大头螺钉在工作时受到最大拉力 $F_{max} = 58.3$ kN，最小拉力 $F_{min} = 55.8$ kN。螺纹处内径 $d = 11.5$ mm。试求其平均应力 σ_m，应力幅 σ_a，循环特征 r。

9. 火车轮轴受力情况如图 13.30 所示。$a = 500$ mm，$l = 1435$ mm，轮轴中段直径 $d = 15$ cm。若 $F = 50$ kN，试求轮轴中段截面边缘上任一点的最大应力 σ_{max}、最小应力 σ_{min} 和循环特征 r。

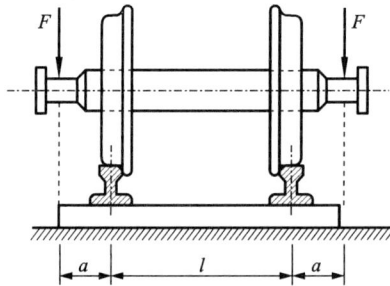

图 13.30　火车轮轴受力图

10. 循环应力如图 13.31 所示，试求其平均应力、应力幅值与应力比。

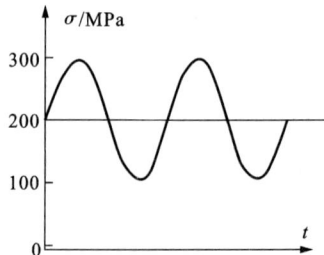

图 13.31　循环应力图

11. 旋转轴如图 13.32 所示，同时承受横向载荷 F 与轴向拉力 F_x 作用，试求危险截面边缘任一点处的最大正应力、最小正应力、平均应力、应力幅值与应力比。已知轴径 $d = 10$ mm，轴长 $l = 100$ mm，载荷 $F_y = 500$ N，$F_x = 2$ kN。

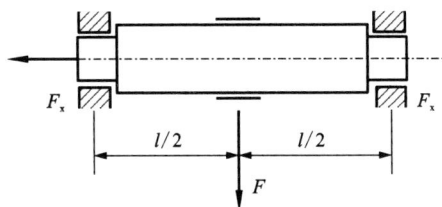

图 13.32　旋转轴

12. 图 13.33 所示疲劳试样由钢制成，强度极限 $\sigma_b = 600$ MPa，试样表面经磨削加工，试验时承受对称循环的轴向载荷作用，试确定试样夹持部位圆角处的有效应力集中系数。

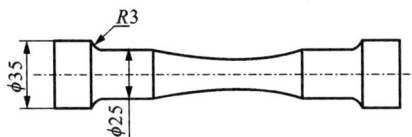

图 13.33　疲劳试样

13. 阶梯轴如图 13.34 所示。材料为合金钢，$\sigma_b = 920$ MPa，$\sigma_s = 520$ MPa，校核其强度。$\sigma_{-1} = 420$ MPa。轴在不变弯矩 $M = 850$ N·m 的作用下旋转。轴表面为车削加工。若规定 $n = 1.4$，试校该轴的强度。

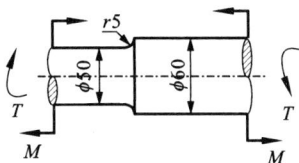

图 13.34　阶梯轴

14. 一钢索起吊重物如图 13.35 所示，以等加速度 a 提升。重物 M 的重力为 P，钢索的横截面积为 A，钢索的重量与 P 相比甚小，可略去不计。试求钢索横截面上的动应力 σ_d。

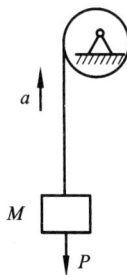

图 13.35　钢索起吊重物等加速度提升

15. 一平均直径为 D、壁厚为 t 的薄壁圆环如图 13.36 所示,绕通过其圆心且垂直于环平面的轴作均速转动。已知环的角速度 ω,环的横截面积 A 和材料的容重 γ,求此环横截面上的正应力。

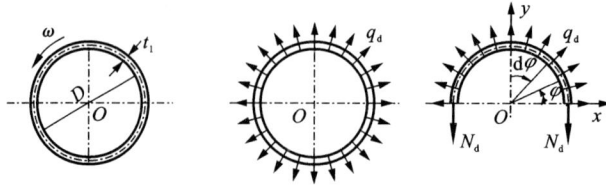

图 13.36　均速转动的薄壁圆环

附　录

附录1　索引

刚体系统 system of rigid bodies
各向同性材料 isotropic material
工作应力 working stress
构件 member
惯性半径 radius of gyration of an area
惯性矩，截面二次轴矩
second axial moment of area
广义虎克定律 generalized Hooke's law
滚动摩擦 rolling friction
滚动阻力偶 rolling resisting couple
滚动阻力偶矩
moment of rolling resisting couple
滚动阻碍系数
coefficient of rolling resistance

H

合力 resultant force
合力矩定理
theorem of moment of resultant force
桁架 truss
横向变形 lateral deformation
横向泊松比 transverse Poisson's ratio
虎克定律 Hooke's law
滑移线 slip-lines
滑动摩擦 sliding friction
汇交力系 concurrent force system

J

极惯性矩，截面二次极矩
second polar moment of area
极限应力 ultimate stress
集中力 concentrated force
挤压 bearing
挤压应力 bearing stress
机械运动 mechanical motion
剪力 shear force
剪力方程 equation of shear force
剪力图 shear force diagram
剪切虎克定律 Hooke's law in shear
剪切面 shear surface
简化中心 center of reduction

交变应力，循环应力 alternating stress
截面法 method of section
颈缩 necking
静不定度 degree of statically indeterminacy
静不定问题，超静定问题
statically indeterminate problem
静定问题 statically determinate problem
静矩，一次矩 static moment
静力学 statics
静摩擦力 static friction
静摩擦系数 static friction factor
静载荷 static load

K

抗弯截面系数 section modulus in bending
壳 shell
空间任意力系
three dimensional force system
库仑摩擦定律 Coulomb law of friction

L

拉伸图，力—伸长曲线
force-elongation curve
拉压刚度 axial rigidity
拉压杆，轴向承载杆 axially loaded bar
连续性条件 continuity conditions
梁 beams
力学性能，机械性能
mechanical properties
力 force
力的可传性 transmissibility of force
力的三要素 three elements of force
力的作用线 force line
力对点之矩矢
moment vector of a force about a point
力对轴之矩
moment vector of a force about an axis
力偶 couple
力偶臂 arm of couple
力偶作用面 acting plane of couple
力矢 force vector

力系 system of forces
力系的简化 reduction of force system
力学 mechanics
临界应力 critical stress
临界载荷 critical load
零力杆 null force bar

M

脉动循环 pulsating cycle
名义屈服极限 offset yielding stress
摩擦 friction
摩擦角 angle of friction
摩擦自锁 friction self-lock

N

挠度 deflection
挠曲线 defection curve
挠曲线方程 equation of deflection
挠曲线近似微分方程
approximately differential equation of the deflection curve
挠曲线微分方程
differential equation of the deflection curve
内力 internal force
内效应 internal effect
扭矩 torsional moment
扭矩图 torque diagram
扭转 torsion
扭转角 angle of twist
扭转强度 ultimate strength in torsion
扭转刚度 torsion rigidity

O

欧拉公式 Euler's formula

P

偏心拉伸 eccentric tension
偏心压缩 eccentric compression
疲劳 fatigue
疲劳破坏 fatigue rupture
疲劳寿命 fatigue life
疲劳极限，条件疲劳极限 fatigue limit
平面应力状态 state of plane stress

平行移轴公式 parallel axis formula
平面假设 plane cross-section assumption
平衡 equilibrium
平衡力系 equilibrium force system
平面桁架 plane truss
平面汇交力系
plane concurrent force system
平面平行力系
plane parallel force system
平面任意力系 plane arbitrany force system
平行力系 parallel force system

Q

强度 strength
强度极限 ultimate strength
强度理论 theory of strength
强度条件 strength condition
翘曲 warping
切变模量 shear modulus
切应变 shearing strain
切应力 shearing stress
切应力互等定理
theorem of conjugate shearing stress
屈服 yield
屈服应力 yielding stress
屈服极限 yield limit
屈服强度 yield strength
屈服条件 yield condition

R

热应力（或温度应力） thermal stress

S

S – N 曲线，应力—寿命曲线
stress-cycle curve
三力平衡汇交定理
theorem of equilibrium of three forces
三向应力状态 state of triaxial stress
伸长率 specific elongation
圣维南原理 St. Venant's principle
失稳 buckling
受力图 force diagram

双侧约束 bilateral constrain

塑性/延性 ductility

塑性变形/残余变形 plastic deformation

塑性材料/延性材料 ductile material

塑性应变 plastic strain

T

弹性变形 elastic deformation

弹性极限 elastic limit

弹性模量 modulus of elasticity

W

歪形能密度(形状改变能密度)

shape change energy density

外力 external force

外效应 external effect

弯矩 bending moment

弯矩方程 equation of bending moment

弯矩图 bending moment diagram

弯拉(压)组合

bending with axially loading

弯曲 bending

弯曲刚度 flexural rigidity

弯曲正应力

bending stress, normal stress in bending

弯曲切应力 shearing stress in bending

微体 infinitesimal element

稳定安全系数 safety factor for stability

稳定条件 stability condition

稳定性 stability

稳定系数/折减系数 stability coefficient

稳定许用应力 allowable stress for stability

X

细长比/柔度 slenderness ratio

相当长度/有效长度 equivalent length

相当系统 equivalent system

小柔度杆 short columns

形心 centroid of area

形心轴 centroid axis

许用应力 allowable stress

许用载荷 allowable load

Y

压杆 columns

约束 constraint

约束力 constraint force

约束体 constrained body

应变 strain

应变能 strain energy

应变能密度 strain energy density

应变硬化 strain hardening

应力 stress

应力比 stress ratio

应力状态 state of stress

应力集中 stress concentration

应力集中系数 stress concentration factor

应力—应变图 stress-strain diagram

应力圆/莫尔圆 Mohe's circle for stress

Z

增减平衡力系原理

principle of add or reduce equilibrium force system

正应变 normal stress

正应力 normal plane

中面 middle plane

中柔度杆 intermediate columns

中性层 neutral surface

中性轴 neutral axis

重力 gravity

重心 center of gravity

轴 shaft

轴力 axial force

轴力图 axial force diagram

轴向变形 axial deformation

轴向拉伸 axial tension

轴向压缩 axial compression

轴向载荷 axial loads

主平面 principal planes

主应力 principal stress

主轴 principal axis

主动力 active force

转角 angle of rotation

自锁条件 condition of rotation

自由矢量 free vector

自由体 free body

组合变形 combined deformation

组合截面 composite area

最大切应力理论

maximum shear stress theory

最大拉应变理论

maximum tensile strain theory

最大拉应力理论

maximum tensile stress theory

附录2 材料力学常用公式

1. 外力偶矩计算公式 $|M_e| = 9.549 \dfrac{|P|}{|n|}$ (P 为功率单位为 kW；n 为转速单位为 r/min；M_e 单位为 N·m)

2. 弯矩、剪力和载荷集度之间的关系式 $\dfrac{d^2M(x)}{dx^2} = \dfrac{dF_S(x)}{dx} = q(x)$

3. 轴向拉压杆横截面上正应力的计算公式 $\sigma = \dfrac{F_N}{A}$ (杆件横截面轴力 F_N，横截面面积 A，拉应力为正)

4. 轴向拉压杆斜截面上的正应力与切应力计算公式 (夹角 α 从 x 轴正方向逆时针转至外法线的方位角为正)

$$\sigma_\alpha = p_\alpha \cos\alpha = \sigma\cos^2\alpha = \dfrac{\sigma}{2}(1 + \cos2\alpha)$$

$$\tau_\alpha = p_\alpha \sin\alpha = \sigma\cos\alpha\sin\alpha = \dfrac{\sigma}{2}\sin2\alpha$$

5. 纵向变形和横向变形 (拉伸前试样标距 l，拉伸后试样标距 l_1；拉伸前试样直径 d，拉伸后试样直径 d_1)

$$\Delta l = l_1 - l, \ \Delta d = d_1 - d$$

6. 纵向线应变和横向线应变

$$\varepsilon = \dfrac{\Delta l}{l}, \ \varepsilon' = \dfrac{\Delta d}{d}$$

7. 泊松比 $\varepsilon' = -\upsilon\varepsilon$

8. 虎克定律 $\Delta l = \dfrac{F_N l}{EA}$，$\sigma = E\varepsilon$

9. 受多个力作用的杆件纵向变形计算公式 $\Delta l = \sum\limits_i \Delta l_i = \sum\limits_i \dfrac{F_{N_i} l_i}{EA_i}$

10. 承受轴向分布力或变截面的杆件，纵向变形计算公式 $\Delta l = \displaystyle\int_l \dfrac{F_N(x)}{EA(x)}dx$

11. 轴向拉压杆的强度计算公式 $\sigma_{max} = \left(\dfrac{|F_N|}{A}\right)_{max} \leqslant [\sigma]$

12. 许用应力 $[\sigma] = \dfrac{\sigma_u}{n}$，脆性材料 $\sigma_u = \sigma_b$，塑性材料 $\sigma_u = \sigma_S$

13. 延伸率 $\delta = \dfrac{l_1 - l}{l} \times 100\%$

14. 截面收缩率 $\psi = \dfrac{A - A_1}{A} \times 100\%$

15. 剪切虎克定律 (切变模量 G，切应变 g) $\tau = G\gamma$

16. 拉压弹性模量 E、泊松比 υ 和切变模量 G 之间关系式 $G = \dfrac{E}{2(1 + \upsilon)}$

17. 圆截面对圆心的极惯性矩：（a）实心圆 $I_P = \dfrac{\pi D^4}{32}$

（b）空心圆 $I_P = \dfrac{\pi(D^4 - d^4)}{32} = \dfrac{\pi D^4}{32}(1 - \alpha^4)$

18. 圆轴扭转时横截面上任一点切应力计算公式（扭矩 T，所求点到圆心距离 r）

$$\tau_\rho = \dfrac{T}{I_P}\rho$$

19. 圆截面周边各点处最大切应力计算公式 $\tau_{max} = \dfrac{T}{I_P}R = \dfrac{T}{W_P}$

20. 扭转截面系数 $W_P = \dfrac{I_P}{R}$：（a）实心圆 $W_P = \dfrac{\pi D^3}{16}$

（b）空心圆 $W_P = \dfrac{\pi D^3}{16}(1 - \alpha^4)$

21. 薄壁圆管（壁厚 $\delta \leqslant R_0/10$，R_0 为圆管的平均半径）扭转切应力计算公式 $\tau = \dfrac{T}{2\pi R_0^2 \delta}$

22. 圆轴扭转角 φ 与扭矩 T、杆长 l、扭转刚度 GI_P 的关系式 $\varphi = \dfrac{Tl}{GI_P}$

23. 同一材料制成的圆轴各段内的扭矩不同或各段的直径不同（如阶梯轴）时

$$\varphi = \sum \int_{l_i} \dfrac{T}{GI_P}\mathrm{d}x \text{ 或 } \varphi = \sum \dfrac{T_i l_i}{G_i I_{Pi}}$$

24. 等直圆轴强度条件 $\tau_{max} = \dfrac{|T|_{max}}{W_P} \leqslant [\tau]$

25. 塑性材料 $[\tau] = (0.5 \sim 0.6)[\sigma]$；脆性材料 $[\tau] = (0.8 \sim 1.0)[\sigma]$

26. 扭转圆轴的刚度条件 $\theta_{max} = \left(\dfrac{|T|}{GI_P}\right)_{max} \leqslant [\theta]$ 或 $\theta_{max} = \dfrac{|T|_{max}}{GI_P} \times \dfrac{180}{\pi} \leqslant [\theta]$

27. 受内压圆筒形薄壁容器横截面和纵截面上的应力计算公式 $\sigma' = \dfrac{pD}{4\delta}$，$\sigma'' = \dfrac{pD}{2\delta}$

28. 平面应力状态下斜截面应力的一般公式

$$\sigma_\alpha = \dfrac{\sigma_x + \sigma_y}{2} + \dfrac{\sigma_x - \sigma_y}{2}\cos 2\alpha - \tau_x \sin 2\alpha, \quad \tau_\alpha = \dfrac{\sigma_x - \sigma_y}{2}\sin 2\alpha + \tau_x \cos 2\alpha$$

29. 平面应力状态的三个主应力

$$\sigma' = \dfrac{\sigma_x + \sigma_y}{2} + \sqrt{\left(\dfrac{\sigma_x - \sigma_y}{2}\right)^2 + \tau_x^2}, \quad \sigma'' = \dfrac{\sigma_x + \sigma_y}{2} - \sqrt{\left(\dfrac{\sigma_x - \sigma_y}{2}\right)^2 + \tau_x^2}, \quad \sigma''' = 0$$

30. 主平面方位的计算公式 $\tan 2\alpha_0 = -\dfrac{2\tau_x}{\sigma_x - \sigma_y}$

31. 面内最大切应力 $\tau' = \pm\dfrac{\sigma' - \sigma''}{2} = \pm\sqrt{\left(\dfrac{\sigma_x - \sigma_y}{2}\right)^2 + \tau_x^2}$

32. 受扭圆轴表面某点的三个主应力 $\sigma_1 = \tau$，$\sigma_2 = 0$，$\sigma_3 = -\tau$

33. 三向应力状态最大与最小正应力 $\sigma_{max} = \sigma_1$，$\sigma_{min} = \sigma_3$

34. 三向应力状态最大切应力 $\tau_{max} = \dfrac{\sigma_1 - \sigma_2}{2}$

35. 广义虎克定律

$$\varepsilon_1 = \frac{1}{E}\left[\sigma_1 - v(\sigma_2 + \sigma_3)\right]$$

$$\varepsilon_2 = \frac{1}{E}\left[\sigma_1 - v(\sigma_3 + \sigma_1)\right]$$

$$\varepsilon_3 = \frac{1}{E}\left[\sigma_3 - v(\sigma_1 + \sigma_2)\right]$$

36. 四种强度理论的相当应力

$$\begin{cases} \sigma_{r1} = \sigma_1 \\ \sigma_{r2} = \sigma_1 - v(\sigma_2 + \sigma_3) \\ \sigma_{r3} = \sigma_1 - \sigma_3 \\ \sigma_{r4} = \sqrt{\frac{1}{2}\left|(\sigma_1 - \sigma_2)^2 + (\sigma_2 - \sigma_3)^2 + (\sigma_3 - \sigma_1)^2\right|} \end{cases}$$

37. 一种常见的应力状态的强度条件 $\sigma_{r3} = \sqrt{\sigma^2 + 4\tau^2} \leqslant [\sigma]$，$\sigma_{r4} = \sqrt{\sigma^2 + 3\tau^2} \leqslant [\sigma]$

38. 组合图形的形心坐标计算公式 $y_C = \frac{\sum A_i y_{Ci}}{\sum A_i}$，$z_C = \frac{\sum A_i z_{Ci}}{\sum A_i}$

39. 任意截面图形对一点的极惯性矩与以该点为原点的任意两正交坐标轴的惯性矩之和的关系式 $I_P = I_x + I_y$

40. 截面图形对轴 z 和轴 y 的惯性半径 $i_z = \sqrt{\frac{I_z}{A}}$，$i_y = \sqrt{\frac{I_y}{A}}$

41. 平行移轴公式（形心轴 z_C 与平行轴 z_1 的距离为 a，图形面积为 A）$I_{z_1} = I_{z_C} + a^2 A$

42. 纯弯曲梁的正应力计算公式 $\sigma = \frac{My}{I_z}$

43. 横力弯曲最大正应力计算公式 $\sigma_{max} = \frac{|M|_{max} y_{max}}{I_z} = \frac{|M|_{max}}{\dfrac{I_z}{y_{max}}} = \frac{|M|_{max}}{W_z}$

44. 矩形、圆形、空心圆形的弯曲截面系数

$$W_z = \frac{bh^3}{12} \Big/ \frac{h}{2} = \frac{bh^2}{6}, \quad W_z = \frac{\pi D^4}{64} \Big/ \frac{D}{2} = \frac{\pi D^3}{32}, \quad W_z = \frac{\pi D^4(1-\alpha^4)}{64} \Big/ \frac{D}{2} = \frac{\pi D^3}{32}(1-\alpha^4)$$

45. 几种常见截面的最大弯曲切应力计算公式（$S_{z\,max}^*$ 为中性轴一侧的横截面对中性轴 z 的静矩，b 为横截面在中性轴处的宽度）$\tau_{max} = \frac{F_S S_{z\,max}^*}{b I_z}$

46. 矩形截面梁最大弯曲切应力发生在中性轴处 $\tau_{max} = \frac{3F_S}{2bh} = \frac{3}{2}\frac{F_S}{A}$

47. 工字形截面梁腹板上的弯曲切应力近似公式 $\tau = \frac{F_S}{bh}$

48. 轧制工字钢梁最大弯曲切应力计算公式 $\tau_{max} = \frac{F_S}{b(I_z/S_{z\,max}^*)}$

49. 圆形截面梁最大弯曲切应力发生在中性轴处 $\tau_{max} = \frac{4}{3}\frac{F_S}{(\pi D^2/4)} = \frac{4F_S}{3A}$

50. 圆环形薄壁截面梁最大弯曲切应力发生在中性轴处 $\tau_{max} = 2\dfrac{F_S}{2\pi R_0 \delta}$

51. 弯曲正应力强度条件 $\sigma_{max} = \left(\dfrac{|M|}{W_z}\right)_{max} \leqslant [\sigma]$

52. 几种常见截面梁的弯曲切应力强度条件 $\tau_{max} = \left(\dfrac{|F_z|S_{zmax}^*}{bI_z}\right)_{max} \leqslant [\tau]$

53. 弯曲梁危险点上既有正应力 σ 又有切应力 τ 作用时的强度条件

$$\sigma_{r3} = \sqrt{\sigma^2 + 4\tau^2} \leqslant \sigma \ \text{或} \ \sigma_{r4} = \sqrt{\sigma^2 + 3\tau^2} \leqslant [\sigma], \ [\sigma] = \sigma_s / n_s$$

54. 梁的挠曲线近似微分方程 $\dfrac{d^2 w}{dx^2} = -\dfrac{M(x)}{EI}$

55. 梁的转角方程 $\theta = \dfrac{dw}{dx} = -\displaystyle\int \dfrac{M(x)}{EI}dx + C_1$

56. 梁的挠曲线方程 $w = -\displaystyle\iint \dfrac{M(x)}{EI}dxdx + C_1 x + D_1$

57. 轴向载荷与横向均布载荷联合作用时杆件截面底部边缘和顶部边缘处的正应力计算公式

$$\left.\begin{array}{l}\sigma_{max} \\ \sigma_{min}\end{array}\right\} = \dfrac{F_N}{A} \pm \dfrac{M_{max}}{W_z}$$

58. 偏心拉伸(压缩) $\left.\begin{array}{l}\sigma_{max} \\ \sigma_{min}\end{array}\right\} = \pm\dfrac{F_N}{A} \pm \dfrac{M}{W_z}$

59. 弯扭组合变形时圆截面杆按第三和第四强度理论建立的强度条件表达式

$$\sigma_{r3} = \dfrac{1}{W}\sqrt{M^2 + T^2} \leqslant [\sigma], \ \sigma_{r4} = \dfrac{1}{W}\sqrt{M^2 + 0.75T^2} \leqslant [\sigma]$$

60. 圆截面杆横截面上有两个弯矩 M_y 和 M_z 同时作用时,合成弯矩为 $M = \sqrt{M_y^2 + M_z^2}$

61. 圆截面杆横截面上有两个弯矩 M_y 和 M_z 同时作用时强度计算公式

$$\dfrac{1}{W}\sqrt{M^2 + T^2} = \dfrac{1}{W}\sqrt{M_y^2 + M_z^2 + T^2} \leqslant [\sigma]$$

$$\dfrac{1}{W}\sqrt{M^2 + 0.75T^2} = \dfrac{1}{W}\sqrt{M_y^2 + M_z^2 + 0.75T^2} \leqslant [\sigma]$$

62. 弯拉扭或弯压扭组合作用时强度计算公式

$$\sigma_{r3} = \sqrt{\sigma^2 + 4\tau^2} = \sqrt{(\sigma_M + \sigma_N)^2 + 4\tau_T^2} \leqslant [\sigma]$$

$$\sigma_{r4} = \sqrt{\sigma^2 + 3\tau^2} = \sqrt{(\sigma_M + \sigma_N)^2 + 3\tau_T^2} < [\sigma]$$

63. 剪切实用计算的强度条件 $\tau = \dfrac{F_S}{A} \leqslant [\tau]$

64. 挤压实用计算的强度条件 $\sigma_{bs} = \dfrac{F_{Pc}}{A_{bs}} \leqslant [\sigma_{bs}]$

65. 等截面细长压杆在四种杆端约束情况下的临界力计算公式 $F_{Pcx} = \dfrac{\pi^2 EI}{(\mu l)^2}$

66. 压杆的约束条件:(a)两端铰支 $\mu = 1$

（b）一端固定、一端自由 $\mu = 2$

（c）一端固定、一端铰支 $\mu = 0.7$

（d）两端固定 $\mu = 0.5$

67. 压杆的长细比或柔度计算公式 $\lambda = \dfrac{\mu l}{i}$，$i = \sqrt{\dfrac{I}{A}}$

68. 细长压杆临界应力的欧拉公式 $\sigma_{cx} = \dfrac{\pi^2 E}{\lambda^2}$

69. 欧拉公式的适用范围 $\lambda \geqslant \lambda_P = \pi \sqrt{\dfrac{E}{\sigma_P}}$

70. 压杆稳定性计算的安全系数法 $n = \dfrac{F_{Pcx}}{F_P} = \dfrac{\sigma_\alpha A}{F_P} \geqslant n_{st}$

71. 压杆稳定性计算的折减系数法 $\sigma = \dfrac{F_P}{A} \leqslant \varphi[\sigma]$

$\lambda \sim \varphi$ 关系须查表求得

附录3　受压刚杆及常见金属材料力学性能参数

一、受压杆参数

在钢结构设计规范(GB 50017—2003)中,根据我国常用构件的截面形式、尺寸和加工条件,规定了相应的残余应力变化规律,并考虑了 $\dfrac{1}{1000}$ 的初始弯曲度,将压杆的承载能力相近的截面归并为附表1所示的a、b、c三类。再根据不同材料或加工方法分别给出a、b、c三类截面在不同柔度 λ 下所对应的 $\varphi(\lambda)$,详见附表2至附表4,可供压杆设计时使用。其中a类的残余应力影响较小,稳定性较好;c类的残余应力影响较大,或者压杆截面没有双对称轴,需要考虑扭转失稳的影响,其稳定性较差。除了a和c类以外的其他各种截面,多数情况可取作b类。

附表1　轴心受压构件的截面分类(板厚 $t < 40$ mm)

截面形式和对应轴				类别
	轧制,$b/h \leqslant 0.8$,对 x 轴		轧制,对任意轴	a 类
	轧制,$b/h \leqslant 0.8$,对 y 轴		轧制,$b/h \leqslant 0.8$,对 y、z 轴	b 类
	焊接,翼缘为焰切边,对 y、z 轴		焊接,翼缘为轧制或剪切边,对 z 轴	
	轧制,对 y、z 轴		轧制或焊接,对 z 轴	
	轧制,(等边角钢),对 y、z 轴		焊接,对任意轴	

续附表 1

截面形式和对应轴		类别
轧制或焊接, 对 y 轴	轧制, 对 y、z 轴	b 类
焊接, 对 y、z 轴		
格构式, 对 y、z 轴		
焊接, 翼缘为轧制或剪切边, 对 y 轴	轧制或焊接, 对 y 轴	c 类
轧制或焊接, 对 z 轴	无任何对称轴的截面, 对任意轴	
	板件厚度大于 40 mm 的焊接实腹截面, 对任意轴	

注: 当槽形截面用于格构式构件的分支, 计算分支对垂直于腹板轴的稳定性时, 应按 b 类截面考虑。

附表 2　Q235 钢 a 类轴心受压直杆的稳定系数 φ

λ	0	1.0	2.0	3.0	4.0	5.0	6.0	7.0	8.0	9.0
0	1.000	1.000	1.000	1.000	0.999	0.999	0.998	0.998	0.997	0.996
10	0.995	0.994	0.993	0.992	0.991	0.989	0.988	0.986	0.985	0.983
20	0.981	0.979	0.977	0.976	0.974	0.972	0.970	0.968	0.966	0.964
30	0.963	0.961	0.959	0.957	0.955	0.952	0.950	0.948	0.946	0.944
40	0.941	0.939	0.937	0.934	0.932	0.929	0.927	0.924	0.921	0.919
50	0.916	0.913	0.910	0.907	0.904	0.900	0.897	0.894	0.890	0.886.
60	0.883	0.879	0.875	0.871	0.867	0.863	0.858	0.851	0.849	0.844
70	0.830	0.834	0.829	0.824	0.818	0.813	0.807	0.801	0.795	0.789
80	0.788	0.776	0.770	0.763	0.757	0.750	0.743	0.736	0.728	0.721
90	0.714	0.706	0.699	0.691	0.684	0.676	0.668	0.661	0.653	0.645
100	0.638	0.630	0.622	0.615	0.607	0.600	0.592	0.585	0.577	0.570
110	0.563	0.555	0.548	0.541	0.534	0.527	0.520	0.514	0.507	0.500
120	0.494	0.488	0.481	0.475	0.469	0.463	0.457	0.451	0.445	0.440
130	0.434	0.429	0.423	0.418	0.412	0.407	0.402	0.397	0.392	0.387
140	0.383	0.378	0.373	0.369	0.364	0.360	0.356	0.351	0.347	0.343
150	0.339	0.335	0.331	0.327	0.323	0.320	0.316	0.312	0.309	0.305
160	0.302	0.298	0.295	0.292	0.289	0.285	0.282	0.279	0.276	0.273
170	0.270	0.267	0.264	0.262	0.259	0.256	0.253	0.251	0.248	0.246
180	0.243	0.241	0.238	0.236	0.233	0.231	0.229	0.226	0.224	0.222
190	0.220	0.218	0.215	0.213	0.211	0.209	0.207	0.205	0.203	0.201
200	0.199	0.198	0.196	0.194	0.192	0.190	0.189	0.187	0.185	0.183
210	0.182	0.180	0.179	0.177	0.175	0.174	0.172	0.171	0.169	0.168
220	0.166	0.165	0.164	0.162	0.161	0.159	0.158	0.157	0.155	0.154
230	0.153	1.152	0.150	0.149	0.148	0.147	0.146	0.144	0.143	0.142
240	0.141	0.140	0.139	0.138	0.136	0.135	0.134	0.133	0.132	0.131
250	0.130									

附表 3　Q235 钢 b 类轴心受压直杆的稳定系数 φ

λ	0	1.0	2.0	3.0	4.0	5.0	6.0	7.0	8.0	9.0
0	1.000	1.000	1.000	0.999	0.999	0.998	0.997	0.996	0.995	0.994
10	0.992	0.991	0.989	0.987	0.985	0.983	0.981	0.978	0.976	0.973
20	0.970	0.967	0.963	0.960	0.957	0.953	0.950	0.946	0.943	0.939
30	0.936	0.932	0.929	0.925	0.922	0.918	0.914	0.910	0.906	0.903
40	0.899	0.895	0.891	0.887	0.882	0.878	0.874	0.870	0.865	0.861
50	0.856	0.852	0.847	0.842	0.838	0.833	0.828	0.823	0.818	0.813
60	0.807	0.802	0.797	0.791	0.786	0.780	0.774	0.769	0.763	0.757
70	0.751	0.745	0.739	0.732	0.726	0.720	0.714	0.707	0.701	0.694
80	0.688	0.681	0.675	0.668	0.661	0.655	0.648	0.641	0.635	0.628
90	0.621	0.614	0.608	0.601	0.594	0.588	0.581	0.575	0.568	0.561
100	0.555	0.549	0.542	0.536	0.529	0.523	0.517	0.511	0.505	0.499
110	0.493	0.487	0.481	0.475	0.470	0.464	0.458	0.453	0.447	0.442
120	0.437	0.432	0.426	0.421	0.416	0.411	0.406	0.402	0.397	0.392
130	0.387	0.383	0.378	0.374	0.370	0.365	0.361	0.357	0.353	0.349
140	0.345	0.341	0.337	0.333	0.329	0.326	0.322	0.318	0.315	0.311
150	0.308	0.304	0.301	0.298	0.265	0.921	0.288	0.285	0.282	0.279
160	0.276	0.273	0.270	0.267	0.265	0.262	0.259	0.256	0.254	0.251
170	0.249	0.246	0.244	0.241	0.239	0.236	0.234	0.232	0.229	0.227
180	0.225	0.223	0.220	0.218	0.216	0.214	0.212	0.210	0.208	0.206
190	0.204	0.202	0.200	0.198	0.197	0.195	0.193	0.191	0.190	0.188
200	0.186	0.184	0.183	0.181	0.180	0.178	0.176	0.175	0.173	0.172
210	0.170	0.169	0.167	0.166	0.165	0.163	0.162	0.160	0.159	0.158
220	0.156	0.155	0.154	0.153	0.151	0.150	0.149	0.148	0.146	0.145
230	0.144	0.143	0.142	0.141	0.140	0.138	0.137	0.136	0.135	0.134
240	0.133	0.132	0.131	0.130	0.129	0.128	0.127	0.126	0.125	0.124
250	0.123									

附表4 Q235 钢 c 类轴心受压直杆的稳定系数 φ

λ	0	1.0	2.0	3.0	4.0	5.0	6.0	7.0	8.0	9.0
0	1.000	1.000	1.000	0.999	0.999	0.998	0.997	0.996	0.995	0.993
10	0.992	0.990	0.988	0.986	0.983	0.981	0.978	0.976	0.973	0.970
20	0.966	0.959	0.953	0.947	0.940	0.934	0.928	0.921	0.915	0.909
30	0.902	0.896	0.890	0.884	0.877	0.871	0.865	0.858	0.852	0.846
40	0.839	0.833	0.826	0.820	0.814	0.807	0.801	0.794	0.788	0.781
50	0.775	0.768	0.762	0.755	0.748	0.742	0.735	0.729	0.722	0.715
60	0.709	0.702	0.695	0.689	0.682	0.676	0.669	0.662	0.656	0.649
70	0.643	0.636	0.629	0.623	0.616	0.610	0.604	0.597	0.591	0.584
80	0.578	0.572	0.566	0.559	0.553	0.547	0.541	0.535	0.529	0.523
90	0.517	0.511	0.505	0.500	0.494	0.488	0.483	0.477	0.472	0.467
100	0.463	0.458	0.454	0.449	0.445	0.441	0.436	0.432	0.428	0.428
110	0.419	0.415	0.411	0.407	0.403	0.399	0.395	0.391	0.387	0.383
120	0.379	0.375	0.371	0.367	0.364	0.360	0.356	0.353	0.349	0.346
130	0.342	0.339	0.335	0.332	0.328	0.325	0.322	0.319	0.315	0.312
140	0.309	0.306	0.303	0.300	0.297	0.294	0.291	0.288	0.285	0.282
150	0.280	0.277	0.274	0.271	0.269	0.266	0.264	0.261	0.258	0.256
160	0.254	0.251	0.249	0.246	0.244	0.242	0.239	0.237	0.235	0.233
170	0.230	0.228	0.226	0.224	0.222	0.220	0.218	0.216	0.214	0.212
180	0.210	0.208	0.206	0.205	0.203	0.201	0.199	0.197	0.196	0.194
190	0.192	0.190	0.189	0.187	0.186	0.184	0.182	0.181	0.179	0.178
200	0.176	0.175	0.173	0.172	0.170	0.169	0.168	0.166	0.165	0.163
210	0.162	0.161	0.159	0.158	0.157	0.156	0.154	0.153	0.152	0.151
220	0.150	0.148	0.147	0.146	0.145	0.144	0.143	0.142	0.140	0.139
230	0.138	0.137	0.136	0.135	0.134	0.133	0.132	0.131	0.130	0.129
240	0.128	0.127	0.126	0.125	0.124	0.124	0.123	0.122	0.121	0.120
250	0.119									

二、常见金属材料力学性能

材料名称	牌号	σ_s/MPa	σ_b/MPa	δ/%
普通碳素钢	Q216	186 ~ 216	333 ~ 412	31
	Q235	216 ~ 235	373 ~ 461	25 ~ 27
	Q274	255 ~ 274	490 ~ 608	19 ~ 21
优质碳素结构钢	15	225	373	27
	40	333	569	19
	45	353	598	16
普通低合金碳素钢	12Mn	274 ~ 294	432 ~ 441	19 ~ 21
	16Mn	274 ~ 343	471 ~ 510	19 ~ 21
	15MnV	333 ~ 412	490 ~ 549	17 ~ 19
	18MnMoNb	441 ~ 510	588 ~ 637	16 ~ 17
合金结构钢	40Cr	785	981	9
	50Mn2	785	932	9
碳素铸钢	ZG15	196	392	25
	ZG35	274	490	16
可锻铸铁	KTZ45 – 5	274	441	5
	KTZ70 – 2	539	687	2
球墨铸铁	QT40 – 10	294	392	10
	QT45 – 5	324	441	5
	QT60 – 2	412	588	2
灰铸铁	HT15 – 33		98.1 ~ 274(拉)	
	HT30 – 54		255 ~ 294(拉)	

思考题与习题参考答案

第1章

思考题

1. 因为两门课程研究内容不相同。在理论力学静力学课程中,主要是研究物体的平衡问题,而物体的变形对物体的平衡基本没有影响,为了简化计算,可以把物体看作刚体。但在材料力学课程中,主要是研究构件的强度、刚度和稳定性问题,而构件的刚度和稳定性都与构件的变形有关,所以在材料力学课程中必须把构件看作变形体。

2. 材料力学在推导公式、定理过程中用到连续函数这一数学工具,并且推导的公式、定理在整个构件所有位置、所有方向都适用,这样就要求变形固体是连续的、均匀的和各向同性的。但实际上,变形固体从其物质结构而言是有空隙的,但该空隙的大小与构件的尺寸相比极其微小,故假设固体内部是密实无空隙的,是连续的。同样,变形固体的结构和性质并非处处相同,也并非各个方向性质都相同,例如金属晶粒之间的交接处与晶粒内部的性质显然不同,每个晶粒在不同的方向有不同的性质,但材料力学研究的是宏观问题,变形固体中的点不是纯数学意义的无大小的点,每一个点包含大量的金属晶粒,那么,点与点之间在统计角度而言是相同的,因此可以认为变形固体是均匀的和各向同性的。

习 题

1. (1)AB、BC 两段都产生位移;(2)AB 段产生变形,BC 段不产生变形。
2. 截面法,分三步(步骤略)。

第2章

思考题

1. 此说法正确。
2. 外力的合力作用线与杆件的轴线重合。适用范围是在整个拉伸破坏之前均适用。
3. 此说法正确。任意斜截面的内力与外载平衡,外载的作用线位于杆件的轴线上,故任意斜截面的内力的作用线也一定在杆件的轴线上。

4. 正应力和剪应力均为零。

5. 此说法正确。标准试件在拉伸试验时取标距 $l = 5d$ 或 $l = 10d$，测得的延伸率不同。

6. 此说法错误，塑性材料的极限应力是材料的屈服极限，脆性材料的极限应力才是材料的强度极限。

7. ①错②对。弹性变形中的应力—应变关系只有在线弹性范围内是线性的，当应力超过比例极限而低于弹性极限的一段范围内时，应力—应变的关系就是非线性的；弹塑性变形中应力—应变的关系一定是非线性的。

8. 此说法正确。钢材经过加载，当工作应力超过屈服极限到达强化阶段以后卸载，应力—应变曲线会沿与上升阶段平行的一条直线回到 $\sigma = 0$。此时再重新加载，会沿与上升阶段平行的一条线段达到卸载点。重新加载时上升线段的斜率与初次加载时上升线段的斜率几乎相等。

9. 在最大剪应力所在面。

习 题

1. $F_{N1} = -R = -40 \text{ kN}$

$F_{N2} = -R + P_1 = -20 \text{ kN}$

$F_{N3} = -R + P_1 + P_2 = 30 \text{ kN}$

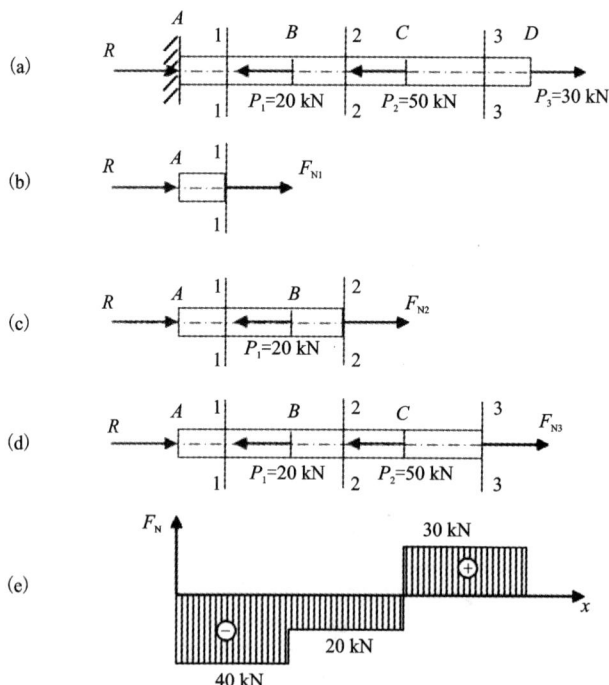

2. $\sigma(x) = \begin{cases} -\dfrac{5}{4}\rho g h + \rho g x, & x < h \\ \rho g(-2h + x), & h < x < 2h \end{cases}$

$\sigma_{\max} = \sigma(0) = -\dfrac{5}{4}\rho g h$

$\tau_{\max} = \pm\dfrac{\sigma_{\max}}{2} = \pm\dfrac{5}{8}\rho g h$

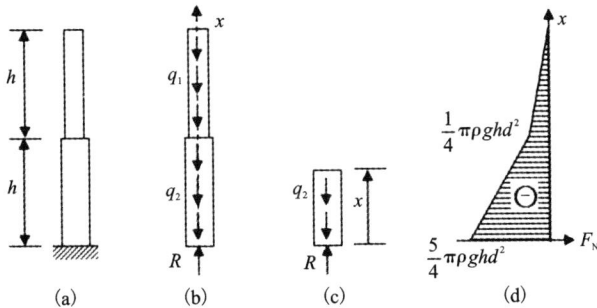

3. $N = a_0 x + \dfrac{1}{2}a_1 x^2 + \dfrac{1}{3}a_2 x^3 + \dfrac{1}{4}a_3 x^4 + P$

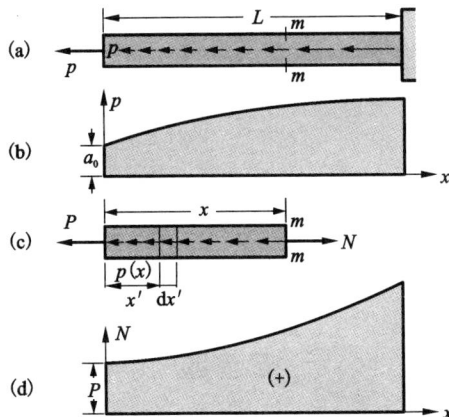

4. $A_1 = \dfrac{P}{[\sigma]_1}\cot\alpha$; $A_2 = \dfrac{P}{[\sigma]_2}\csc\alpha$

5. $N_1 = \dfrac{P_x\cos\alpha_2 + P_y\sin\alpha_2}{\sin(\alpha_1 + \alpha_2)}$; $N_2 = \dfrac{P_x\cos\alpha_1 + P_y\sin\alpha_1}{\sin(\alpha_1 + \alpha_2)}$

6. $\sigma_1 = \dfrac{F_{N1}}{A_1} = \dfrac{17.3 \times 10^3}{1000 \times 10^{-6}} = 1.73 \times 10^6 \text{ Pa} = 1.73 \text{ MPa} < [\sigma_1] = 7 \text{ MPa}$

$\sigma_2 = \dfrac{F_{N2}}{A_2} = \dfrac{20 \times 10^3}{600 \times 10^{-6}} = 33.3 \times 10^6 \text{ Pa} = 33.3 \text{ MPa} < [\sigma_2] = 160 \text{ MPa}$

$[P] = 40.4 \text{ kN}$

BC 杆的直径可以取为 25.4 mm。

7. $A \geqslant \dfrac{F_N}{[\sigma]} = \dfrac{P}{2[\sigma]n\cos\alpha}$

8. $\sigma = E\varepsilon = 210 \times 10^9 \times 0.000375 = 78.8 \times 10^6 \text{ Pa} = 78.8 \text{ MPa}$

$F = \sigma A = 78.8 \times 10^6 \times \pi \times (10.1 \times 10^{-3})^2 / 4 = 6310 \text{ N} = 6.31 \text{ kN}$

$\Delta d = \varepsilon' d = -0.0001125 \times 10.1 = -0.00114 \text{ mm}$

9. $\sigma(x) = \dfrac{F_N(x)}{A} = \omega^2 \rho \dfrac{(R_0^2 - x^2)}{2}$

$\Delta l = \displaystyle\int_{R_1}^{R_0} \mathrm{d}l = \int_{R_1}^{R_0} \omega^2 \rho \dfrac{(R_0^2 - x^2)}{2E} \mathrm{d}x = \dfrac{\omega^2 \rho}{6E}(2R_0^3 - 3R_0^2 R_1 + R_1^3)$

10. $A_1 = A_2 = 0.67 \times 10^{-4} \text{ m}^2$, $A_3 = 1.34 \times 10^{-4} \text{ m}^2$

11. 管道热应力 $\sigma = 240 \text{ MPa}$

12. $\Delta l = \Delta l_1 + \Delta l_2 + \Delta l_3 = \dfrac{P_1 l_1}{EA} + \dfrac{P_2}{EA}(l_1 + l_2) + \dfrac{P_3}{EA}(l_1 + l_2 + l_3)$

13. $\Delta l = \Delta l_1 + \Delta l_2 + \Delta l_3 = \dfrac{P_1 l_1}{EA} + \dfrac{P_2}{E}\left(\dfrac{l_1}{A_1} + \dfrac{l_2}{A_2}\right) + \dfrac{P_3}{E}\left(\dfrac{l_1}{A_1} + \dfrac{l_2}{A_2} + \dfrac{l_3}{A_3}\right)$

14. $u_A = \Delta l_1 = 0.938 \text{ mm}$, $v_A = \sqrt{2}\Delta l_2 + \Delta l_1 = 3.58 \text{ mm}$

$\Delta\alpha = \alpha - 45° = \alpha_1 - \alpha_2 = 0.0497°$（增大）

15. $v_B = \dfrac{l^2}{a^2 \sin^3\alpha}\left(\dfrac{PH}{EA}\right)$

$\phi \approx \tan\phi = \dfrac{v_B}{l} = \dfrac{l}{a^2 \sin^3\alpha}\left(\dfrac{PH}{EA}\right)$

$\theta \approx \tan\theta = \dfrac{l\cos\alpha}{a\sin^2\alpha}\left(\dfrac{P}{EA}\right)$

第3章

思考题

1. 此说法正确。构件在相互接触时才发生挤压变形；当外力的合力作用位于构件的轴线上时，构件发生压缩变形。

2. 此说法错误。钢板内产生的应力应大于材料的剪切强度极限才能将钢板剪断。

3. 此说法错误。计算圆柱连接件的挤压强度时，采用直径所在平面代替圆柱侧面。

习 题

1. $\tau = \dfrac{F}{2A} = \dfrac{F}{2 \times \dfrac{\pi D^2}{4}} = \dfrac{40 \times 10^3}{2 \times \dfrac{3.14}{4} \times 0.022^2} = 52.6 \times 10^6 \text{ Pa} = 52.6 \text{ MPa} < [\tau]$

$\sigma_{jy} = \dfrac{F}{A_{jy}} = \dfrac{F}{D \times t} = \dfrac{40 \times 10^3}{0.022 \times 0.02} = 91 \times 10^6 \text{ Pa} = 91 \text{ MPa} \leqslant [\sigma_{jy}]$

2. $\tau_{max} \approx \dfrac{Q}{A} = \dfrac{1.024P}{\frac{\pi}{4}d^2} = \dfrac{4.096P}{\pi d^2}$

3. $\tau = F_S/A = 28.6\ \text{MPa} < [\tau]$　　$\sigma_{bs} = F_{bs}/A_{bs} = 95.3\ \text{MPa} < [\sigma_{bs}]$

4. $d = 4\ \text{cm}$

5. $\tau = \dfrac{F_S}{A} = \dfrac{50 \times 10^3 \times 4}{2 \times \pi \times 2^2} = 79.6\ \text{MPa} < [\tau]$

$\sigma_{jy} = \dfrac{F_{jy}}{A_{jy}} = \dfrac{50 \times 10^3}{2 \times 8} = 31.3\ \text{MPa} < [\sigma_{jy}]$

6. 许用拉力为 54 kN。

7. $d = \sqrt{\dfrac{4P}{\pi[\sigma]}} = \sqrt{\dfrac{4 \times 400 \times 10^3}{\pi \times 440 \times 10^6}} = 0.034\ \text{m} = 3.4\ \text{cm}$

$\dfrac{P}{t\pi d} \geq \tau_b$

$t \geq \dfrac{P}{\tau_b \pi d} = \dfrac{400 \times 10^3}{360 \times 10^6 \times 3.4 \times 10^{-2}} = 0.0104\ \text{m} = 1.04\ \text{cm}$

8. $l \geq 0.2\ \text{m},\ \alpha \geq 0.2\ \text{m}$

9. $\tau = \dfrac{4 \times 1700}{\pi \times 0.5^2 \times 10^{-4}} = 86.62\ \text{MPa}$

10. $\tau = \dfrac{Q}{2A} = \dfrac{18555}{2 \times \frac{\pi}{4} \times 10^{-4}} = 118.18\ \text{MPa}$

第 4 章

思考题

1. 此说法正确。剪应力互等定理由平衡条件导出,适用范围与应力的大小无关。

2. 此说法错误。当截面为圆形时,横截面上的最大剪应力发生在距截面形心最远处。矩形截面在距离截面形心最远处的四个角点处的剪应力为零。

3. 此说法错误。塑性材料圆轴扭转时的失效形式为塑性破坏,破坏的断面位于横截面,不是发生脆断。

4. 此说法错误。圆轴扭转时,横截面的剪应力呈线性分布,最大剪应力发生在横截面上离形心最远处;根据剪应力互等定理,在与横截面垂直的纵截面上,剪应力也呈线性分布,在距离轴线最远处的纵向线上也存在最大剪应力。

5. 此说法正确。圆轴受扭时,横截面上只有剪应力,没有正应力,由剪应力互等定理得各点均处于纯剪切状态。

6. 此说法错误。薄壁圆管的壁厚较小,认为剪应力沿壁厚均匀分布,所以薄壁圆管的整个横截面上的剪应力均匀分布;圆管的剪应力不是均匀分布,而是与半径成正比的线性分布规律。故两者的计算公式不相同。

7. 此说法错误。根据轴传递的外力偶矩与转速之间的关系 $M = 9.549P/n$ 可知，转速越高，传递的外力偶矩越小，外力偶矩在横截面上产生的扭矩就小。由于横截面上的内力减小，横截面的直径也就可以相应减小。所以高速轴的直径小，而低速轴的直径要大。

8. 此说法正确。横截面的内力只与外载有关，与材料、横截面大小、截面的形状无关。

9. 低碳钢试件在受扭时横截面上有最大的剪应力，低碳钢材料的抗剪能力低于抗拉能力，故断口位于横截面上，被剪断。在试件的纵、横截面上有大小相等的剪应力，但试件却在横截面上被剪断，因为圆轴的纵向长度总比横向尺寸大得多。圆轴扭转时，在圆轴的表面存在最大剪应力，由于材料的抗剪能力差，即在表面有弱点（缺陷或横截面较小）处开始有裂痕。由于材料的各向同性以及在纵、横面上有最大的剪应力，裂纹可以向纵、横方向发展。如向纵向发展，使较长的纵剖面削弱较小，应力的改变甚微。如果裂纹向横向发展，却意味着削弱了轴的抗扭刚度，同时增加横截面上剪应力的数值，增大的剪应力又进一步扩展裂纹，直至破坏。故圆轴的裂纹容易使横截面削弱，促使横截面上的应力急剧增加，最终在横截面裂开。

10. 低碳钢：裂纹方向横向、破坏因素为横截面上最大剪应力；铸铁：裂纹方向 $-45°$；顺纹木：裂纹方向纵向、破坏因素为纵截面上的最大剪应力。低碳钢横截面上有最大的剪应力，其抗剪强度低于抗拉强度，在横截面上由最大剪应力引起破坏；铸铁在 $-45°$ 的方向上有最大拉应力，抗拉强度低于抗剪强度，在 $-45°$ 由最大拉应力引起破坏；顺纹木在横截面和与轴线平行的纵向面上有最大剪应力，但其材料为各向异性，顺纹方向抗剪能力差，在顺纹方向由最大剪应力引起破坏。

11. 如果钢轴材料经过锻制或抽拉，有沿轴向的纤维夹杂物，此时钢轴具有方向性，破坏时可能与竹、木材一样，在纵截面上出现剪切裂纹。

12. 因为在推导实心圆轴的扭转剪应力计算公式 $\tau = T\rho/(IP)$ 时，应用了剪切虎克定律，而虎克定律的适用范围是线弹性范围；薄壁圆筒扭转的剪应力计算公式的推导过程中只利用了静力平衡，适用于变形过程中的任何阶段。

13. 从圆轴扭转的剪应力的分布规律看：实心圆轴在距离圆心较近处，剪应力数值很小，这一区域内的材料没有充分发挥作用；空心圆轴的最小剪应力在内径上，整个横截面上没有很小的剪应力存在，所以在线弹性范围内，空心圆轴比实心圆轴能够充分发挥材料的作用。如果圆轴由理想弹塑性材料制成，圆轴最先由外径开始屈服，屈服的区域逐渐向圆心靠近，当扭转到整个截面均屈服时，剪应力在横截面上均匀分布，各处剪应力的大小均等于材料的屈服极限 τ_s。此时实心圆轴比空心圆轴承担的扭矩要大，实心圆轴的材料能够充分发挥作用。

习　题

1. $T_1 = -M_B = -350$ N · m

$T_2 = -M_C - M_B = -700$ N · m

$T_3 = M_D = 446$ N · m

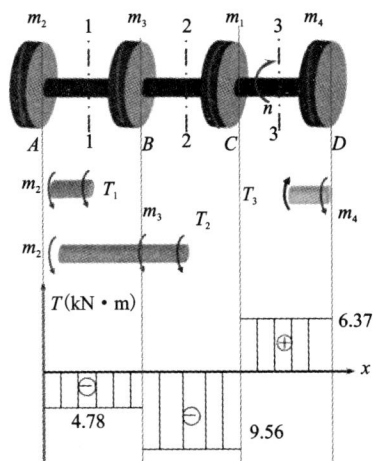

2. 37.5 MPa，46.8 MPa，31.2 MPa

3. （1）$\tau_\rho = \dfrac{T}{I_p}\rho_A = 20.4$ MPa

（2）$\gamma_\rho = 2.55 \times 10^{-4}$ rad

（3）$\varphi' = \dfrac{T}{GI_p} = 0.02$ rad/m （或 1.15（°）/m）

4. $\tau_{\max}^{AB} = \dfrac{T_{AB}}{W_t} = 49.4$ MPa

$\tau_{\max}^{BC} = \dfrac{T_{BC}}{W_t} = 58.4$ MPa

5. $\tau_{\max} = \dfrac{T}{W_t} = 96.4$ MPa，$\varphi' = \dfrac{T}{GI_p} \times \dfrac{180}{\pi} = 1.82$ °/m

6. $P_B \leqslant 11.03$ kW

7. $\tau_{\max} = \dfrac{8FD}{\pi d^3}\dfrac{4m+2}{4m-3}$

式中，$m = D/d$

$\tau_{\max} \leqslant [\tau]$

8. $T \leqslant 4$ kN · m

9. $\tau_{\max} = \tau_{1\max} = \tau_{2\max} = \dfrac{T_2}{W_{k_2}} = \dfrac{100}{4 \times 10^{-6}}$ Pa $= 25$ MPa

$\varphi = \varphi_1 = \varphi_2 = \dfrac{T_2 l}{GI_{k_2}} = \dfrac{100 \times 2}{80 \times 10^9 \times 4 \times 10^{-8}} = 0.0625$ rad $= 3.58°$

10. $d = 33$ mm

11. $\tau_{\min} = \dfrac{10}{20}\tau_{\max} = 42.44$ MPa

$\tau_A = \dfrac{15}{20}\tau_{\max} = 63.66$ MPa

12. $d \geqslant 39.3$ mm

$$\frac{954.9}{\frac{\pi \cdot d_2^3}{16}(1-0.6^4)} \leqslant 80 \times 10^6, \ 得 \ d_2 \geqslant 41.2 \ \mathrm{nm}$$

$$d_1 \leqslant d_2 \times 0.6 \leqslant 24.7 \ \mathrm{mm}$$

13. (1) $T_{\max} = M_3 + M_4 = 1.273 \ \mathrm{kN \cdot m}$;

(2) 轮 1 与轮 3 的位置对调,则最大扭矩变为 $T_{\max} = M_2 + M_3 = 0.955 \ \mathrm{kN \cdot m}$

最大扭矩变小,当然对轴的受力有利。

14. $T_1 = 1.316 \ \mathrm{kN \cdot m}$, $T_2 = 0.684 \ \mathrm{kN \cdot m}$

$$\tau_1 = \frac{T_1}{W_{P1}} = \frac{1316}{\frac{\pi \cdot 0.06^3}{16}\left[1-\left(\frac{42}{60}\right)^4\right]} = 40.8 \ \mathrm{MPa}$$

$$\tau_2 = \frac{T_2}{W_{P2}} = \frac{684}{\frac{\pi \cdot 0.04^3}{16}} = 54.4 \ \mathrm{MPa}$$

15. $$\tau_{内\max} = \frac{1165}{\frac{\pi \cdot 0.09^3}{16}\left[1-\left(\frac{8}{9}\right)^4\right]} = 21.7 \ \mathrm{MPa}$$

$$\tau_{外\max} = \frac{1165}{\frac{\pi \cdot 0.1^3}{16}\left[1-\left(\frac{9}{10}\right)^4\right]} = 17.25 \ \mathrm{MPa}$$

第 5 章

思考题

1. 此说法正确。根据静矩与形心的关系 $S_z = A y_C$,图形对轴的静矩为零,必有 $y_C = 0$,即该轴是图形的形心轴。

2. 此说法错误。对于实心的正方形截面、圆形截面、正三角形截面在形心处就有无数个主轴。

3. 此说法正确。根据惯性矩的计算公式 $I_z = \int y^2 \mathrm{d}A$,只要有一定的面积,一定有 $I_z = \int y^2 \mathrm{d}A > 0$。

4. 此说法正确。根据转轴公式,图形对主轴的惯性矩一个为最大值,另一个为最小值。

5. 此说法正确。在一对正交轴中,有一根轴是图形的对称轴,那么图形对该对轴的惯性积一定为零。根据主轴的定义,图形对一对坐标轴的惯性积为零,该对坐标轴是图形的惯性主轴。因此这一对坐标轴一定是图形的惯性主轴。

6. 此说法正确。根据平行移轴定理:图形对任意坐标轴的惯性矩 $I_z = I_C + Ad^2$,其中 Ad^2 永远大于零,所以无论 Ad^2 多么小,总有 $I_z > I_C$。故图形对本身形心轴的惯性矩是所有平行轴中最小的。

7. 此说法错误。平行移轴公式表示图形对于任意两个相互平行轴的惯性矩之间的关系，而不是惯性积之间的关系。

8. 此说法错误。过横截面形心的一对正交轴不一定是截面的主轴，惯性积不一定是零。

9. 根据静矩与形心间的计算公式 $S_z = Ay_C$，其中 y_C 为图形的形心到轴的距离，由于该轴为图形的形心轴，故 $y_C = 0$，所以图形对对称轴的静矩为零。但惯性矩的计算公式为 $I_z = \int y^2 \mathrm{d}A$，所以惯性矩总不是零。

习　题

1. $y_C = \dfrac{\iint (r\mathrm{d}\theta\mathrm{d}r)r\cos\theta}{\iint r\mathrm{d}\theta\mathrm{d}r} = \dfrac{\int_0^R r^2\mathrm{d}r\int_{-\infty}^{\infty}\cos\theta\mathrm{d}\theta}{\int_0^R r\mathrm{d}r\int_{-\infty}^{\infty}\mathrm{d}\theta} = \dfrac{\frac{1}{3}R^3\cdot 2\sin\alpha}{\frac{1}{2}R^2\cdot 2\alpha} = \dfrac{2R\sin\alpha}{3\alpha}$

2. $I_z = \int_A y^2\mathrm{d}A = \int_{-\frac{k}{2}}^{\frac{k}{2}} y^2 b\mathrm{d}y = \dfrac{1}{12}bh^3$

3. $I_z = \dfrac{1}{12}a^4 - 2\times\dfrac{1}{2}\times\dfrac{\pi(2R)^4}{64} = \dfrac{1}{12}a^4 - \dfrac{\pi R^4}{4}$

4. $I_z = I_{z1} - I_{z2} = \dfrac{\sqrt{3}}{2}a^4 - 4\times\dfrac{3\sqrt{3}}{64}a^4 = \dfrac{5\sqrt{3}}{16}a^4$

5. $I_z = I_{z1} - I_{z2} = 4.42\times 10^9 - 2.69\times 10^9 = 1.73\times 10^9 \ \mathrm{mm}^4$

6. $I_z = I_{z1} - I_{z2} = 2.17\times 10^{10} - 0.62\times 10^{10} = 1.55\times 10^{10} \ \mathrm{mm}^4$

7. $I_z = 5.02\times 10^9 \ \mathrm{mm}^4$

第 6 章

思考题

1. 此说法错误。梁的内力与材料、横截面形状无关。当两梁的跨度、载荷、约束完全相同时，梁的内力图相同。

2. 此说法错误。在剪力为零的横截面上，弯矩取得极值，但极值弯矩不一定是最大弯矩。

3. Q 图突变、M 图转折，根据内力之间的微分关系，在集中力作用的截面处，$\Delta Q = P$，故剪力图突变，弯矩图发生转折。

4. M 图突变、Q 图无变化，在集中力偶作用处 $\dfrac{\mathrm{d}Q}{\mathrm{d}x} = 0$，所以剪力图没有变化；但 $\Delta M = M$，所以弯矩图发生突变。

5. 载荷的集度是弯矩图的二阶导数，当分布载荷向下时，集度的符号小于零，弯矩图为凸弧。

6. 中间铰只传递剪力，不传递弯矩。当中间铰点处没有外力偶作用时，中间铰点处的弯矩恒等于零，剪力图没有变化。

7. B 正确，平衡微分方程中的正负号由该梁 Ox 坐标取向及分布载荷 $q(x)$ 的方向决定。截面弯矩和剪力的方向是不随坐标变化的，我们在处理这类问题时都按正方向画出。但是剪力和弯矩的增量面和坐标轴的取向有关，这样在对梁的微段列平衡方程式时就有所不同。

8. A 是错误的，梁截面上的弯矩的正负号与梁的坐标系无关，该梁上的弯矩为正，因此 A 是错误的。弯矩曲线和一般曲线的凸凹相同，和 y 轴的方向有关，弯矩二阶导数为正时，曲线开口向着 y 轴的正向。$q(x)$ 向下时，无论 x 轴的方向如何，弯矩二阶导数均为负，曲线开口向着 y 轴的负向，因此 B，C，D 都是正确的。

习 题

1. $\sum F_y = 0$, $F_S - (F_S - \mathrm{d}F_S) = 0$

$\dfrac{\mathrm{d}F_S}{\mathrm{d}x} = 0$

$\sum M_C = 0$, $M + \mathrm{d}M - M - F_S\mathrm{d}x - m\mathrm{d}x = 0$

$\dfrac{\mathrm{d}M}{\mathrm{d}x} = F_S + m$

2. $\sum F_x = 0$, $(F_N + \mathrm{d}F_N) + q \cdot \mathrm{d}x - F_N = 0$

$\dfrac{\mathrm{d}F_N}{\mathrm{d}x} = -q$

$\sum M_x = 0$, $(T + \mathrm{d}T) + m \cdot \mathrm{d}x - T = 0$

$\dfrac{\mathrm{d}T}{\mathrm{d}x} = -m$

3.

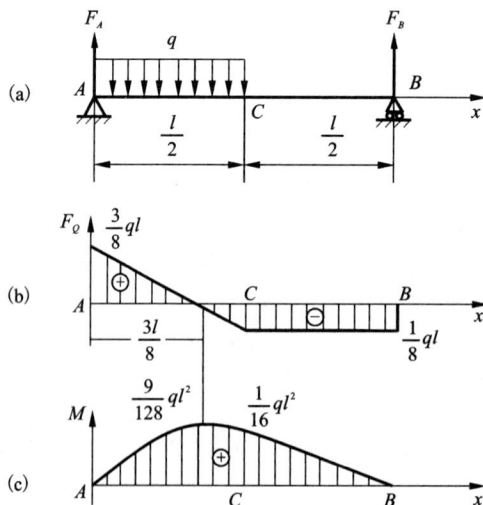

4.

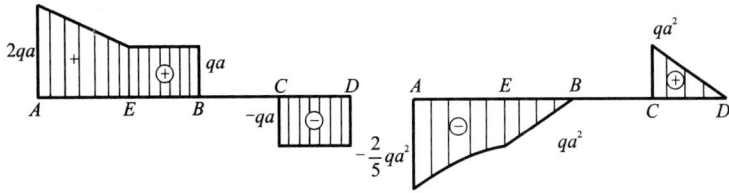

5. $x = \dfrac{\sqrt{2}-1}{2}l$

6.

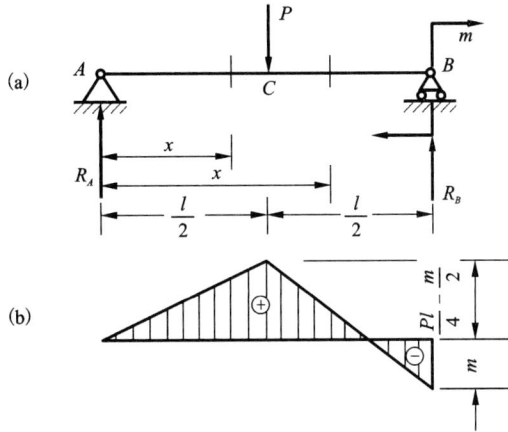

7.

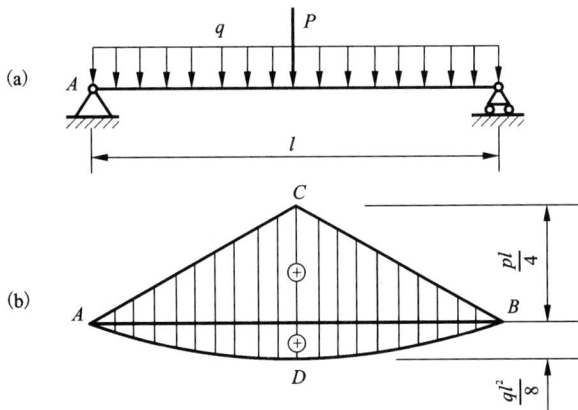

8.

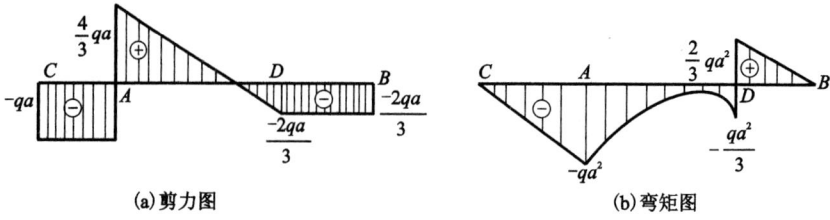

(a)剪力图　　　　　　　　　　　(b)弯矩图

9.

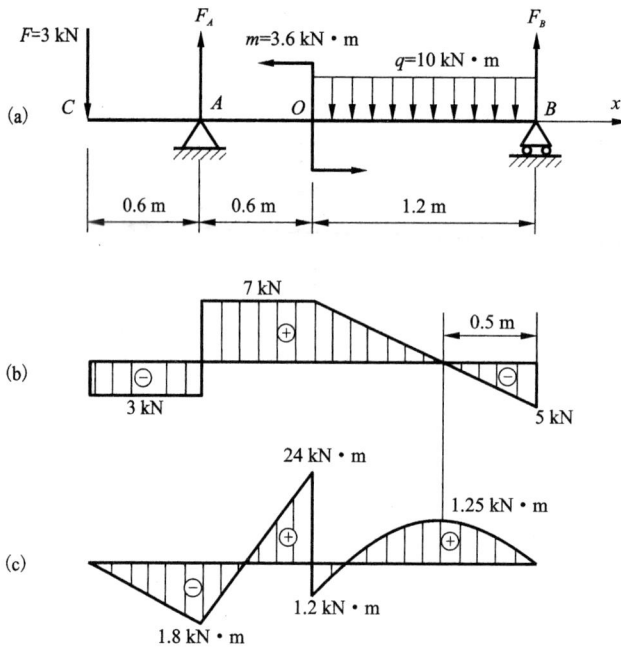

10.

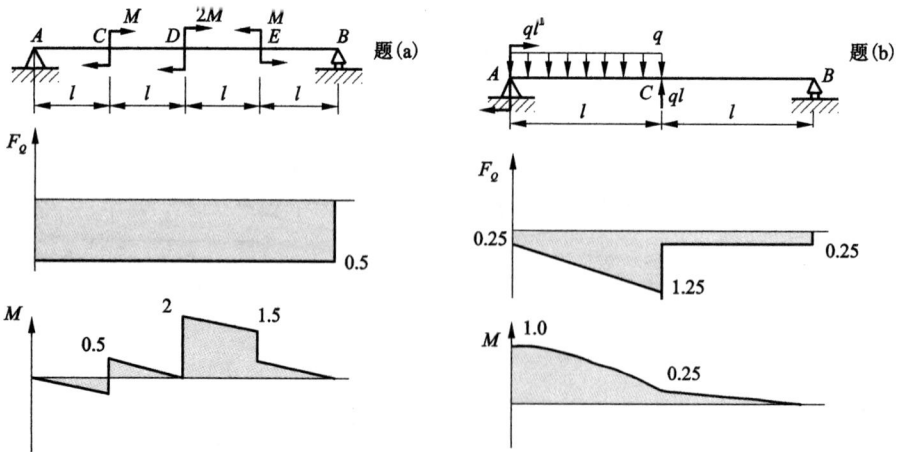

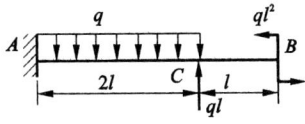

题(c)

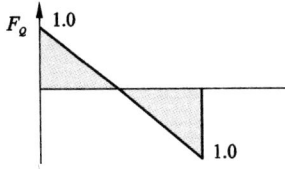

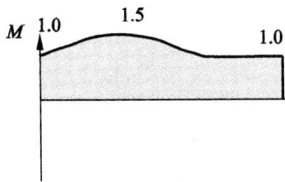

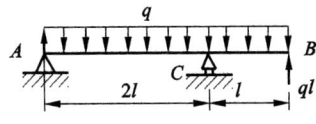

题(d)

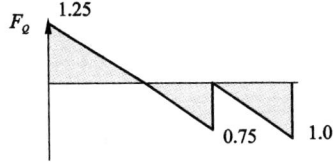

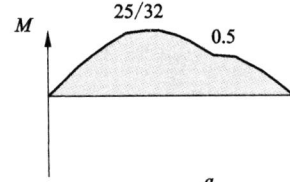

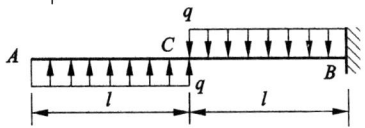

题(e)

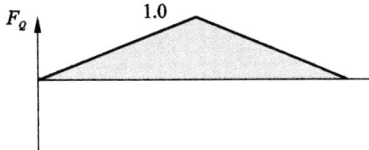

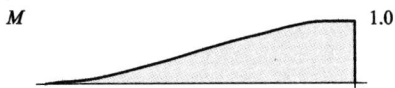

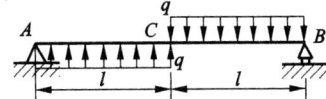

题(f)

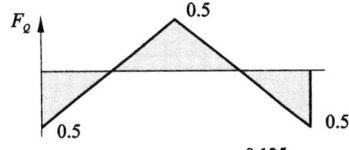

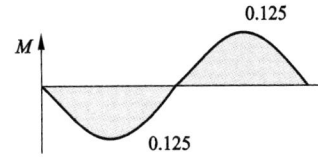

11.

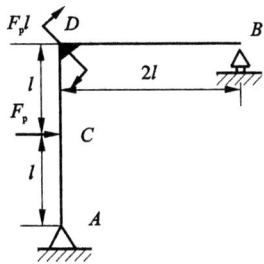

题(a)

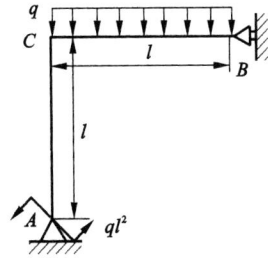

题(b)

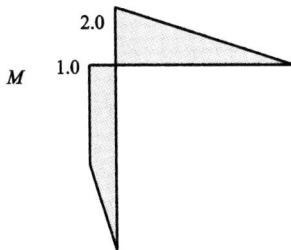

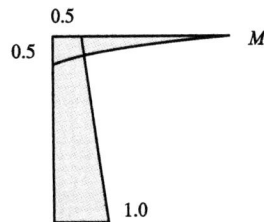

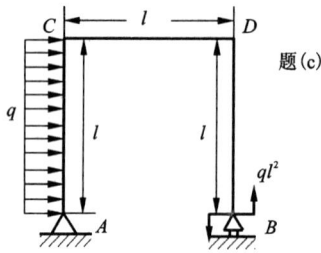

题（c）

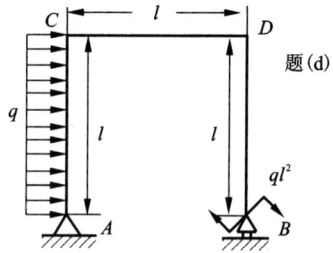

题（d）

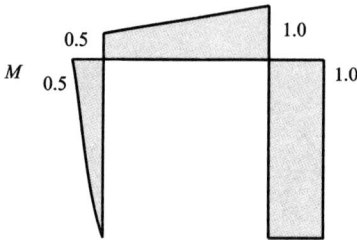

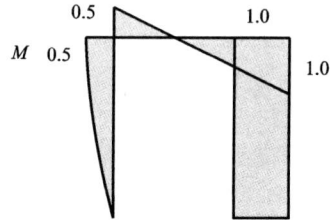

12.

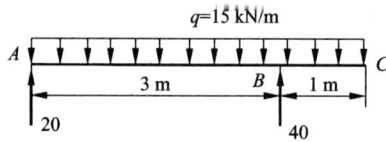

13.

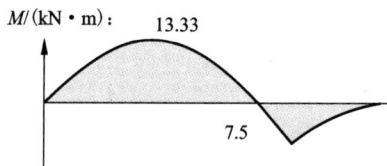

14.

$(1)\, M_{AB} = -\dfrac{1}{2}qx^2,\ M_{BC} = -\dfrac{1}{2}qx^2 + 4qa(x-a)$

$M_{CD} = -\dfrac{1}{2}qx^2 + 4qa(x+a)\quad M_{DE} = -\dfrac{1}{2}qx^2 + 6qax - 18qa^2$

(2)

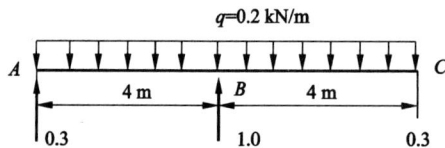

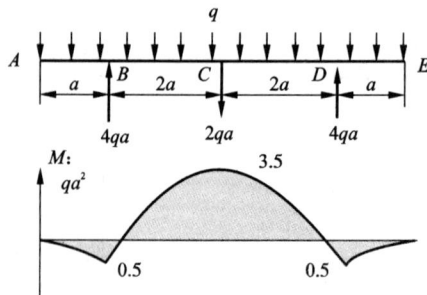

15.

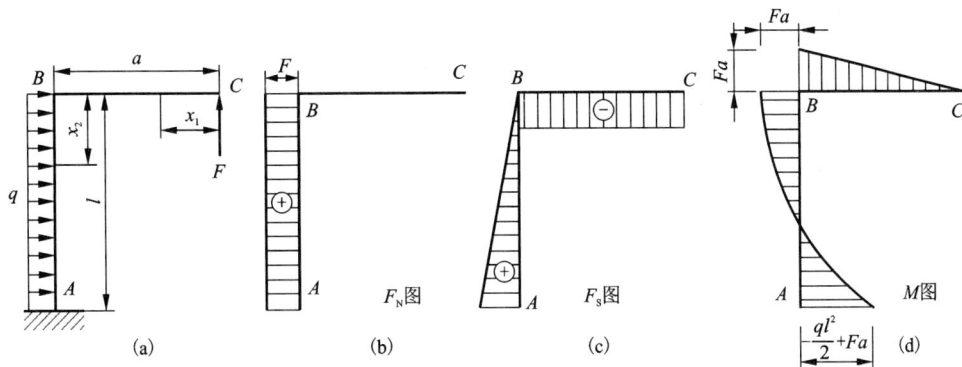

| (a) | (b) | (c) | (d) |

16.

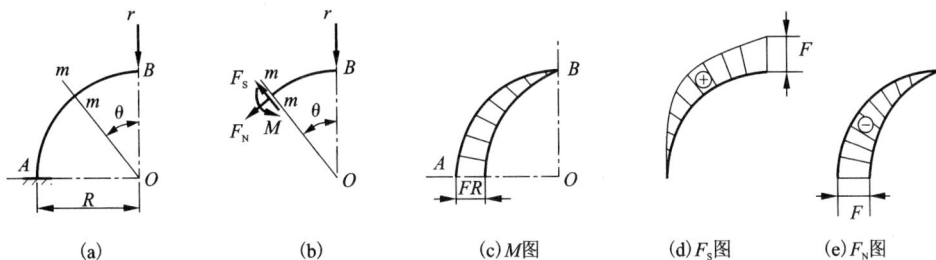

| (a) | (b) | (c)M图 | (d)F_s图 | (e)F_N图 |

第 7 章

思考题

1. 此说法错误。控制塑性材料的弯曲强度的因素是最大弯矩，控制脆性材料的弯曲强度的因素是最大正弯矩和最大负弯矩，控制弯曲剪应力强度的因素是最大剪力。

2. 此说法正确。中性轴是横截面的中性层与横截面的交线，中性轴上的正应力为零。梁在发生平面弯曲时，以中性轴分界：上压下拉或上拉下压，横截面是绕中性轴发生旋转。

3. 此说法正确。梁在发生平面弯曲时，中性轴与外载的作用面垂直。

4. 此说法错误。等截面梁发生纯弯曲时，横截面在变形后仍保持为平面，但以中性轴为界，上压下拉或上拉下压，故横截面的形状和大小均发生变化。

5. 应力分布不连续，应变连续，两种材料在弯曲变形后中性层处有相同的曲率，而线应变 $\varepsilon = \dfrac{y}{\rho}$，故线应变与点到中性轴的距离成正比，故应变连续分布。而应力 $\sigma = E\varepsilon$，由于材料不同，故应力不连续。

6. 平面假设、纵向纤维间无正应力。

7. 各向同性的线弹性材料、小变形，公式 $\sigma = M_y/I_z$ 的推导过程中应用了虎克定律且是在纯弯的条件下推导出的。

8. 由于楼板承受与楼板平面相垂直的外力，使楼板产生弯曲变形，中性层位于楼板厚度的一半处,在此处既不受拉也不受压,所以在中性层处采用空心结构既可以满足强度的要求,又减轻了楼板的自重。波瓦也是承受与其所在的平面相垂直的外力,采用波浪形是为了在横截面面积几乎不变的条件下,尽可能地提高截面的惯性矩,以减小波瓦的最大弯曲正应力。

9. 此方案不行。根据曲率半径为弯矩之间的关系 $\dfrac{1}{\rho} = \dfrac{M(x)}{EI}$,此时钢丝的曲率半径 $\rho = \dfrac{D+d}{2}$,整理得到钢丝承受的弯矩为 $M(x) = \dfrac{2EI}{D+d}$;根据弯曲正应力的计算公式 $\sigma = \dfrac{M}{W_z}$,得到 $\sigma = \dfrac{2EI_z}{(D+d)W_z} = \dfrac{2E}{D+d} \times \dfrac{I_z}{W_z} = \dfrac{2E}{D+d} \times \dfrac{d}{2} = \dfrac{Ed}{D+d}$,由此可见钢丝内的最大正应力与钢丝的直径有关,钢丝的直径增大,钢丝的横截面上的正应力也增大,故不能通过加大钢丝直径的办法来减少钢丝内的弯曲正应力。

10. 写字时,铅笔尖受弯,且是脆性材料,在受拉的一侧应力达到极限应力时,笔尖发生脆性断裂。

11. 此说法错误。宽度 b 没有突变的横截面上,最大剪应力总是出现在中性轴上各点处,如矩形截面、圆形截面、工字钢截面。但对于横截面宽度有变化,或横截面的宽度 b 在中性轴处显著增大的截面如十字形截面,或某些变宽度的截面如等腰三角形截面,最大剪应力不出现在中性轴上。

12. 横力弯曲时横截面上不但有正应力还有剪应力,由于剪应力的存在,必然要引起剪应变,剪应力沿高度并非均匀分布,所以剪应变沿高度也不是均匀分布,靠近顶面和底面处的单元体无剪应变,随着离中性层距离的减小,剪应变逐渐增加,在中性层上达到最大值,剪应变沿高度的这种变化,导致在横力弯曲时横截面不再保持为平面,故平面假设不能成立。但是当梁的横截面高度 h 远小于梁的跨度 L 时,用纯弯得到的正应力的计算公式来计算横力弯曲的正应力,不会引起太大的误差,能够满足工程问题所需要的精度。而 $h \ll L$ 正是杆件的几何特征。

13. 抗弯、抗剪,翼缘承担大部分的弯矩,腹板承担大部分的剪力。

习 题

1. $\sigma_{T\max} = \dfrac{M_{\max}}{I_z} \cdot y_1 = \dfrac{3000}{25.6 \times 10^{-8}} \times 0.0152 = 178 \times 10^6 \text{ Pa} = 178 \text{ MPa}$

$\sigma_{C\max} = \dfrac{M_{\max}}{I_z} \cdot y_2 = \dfrac{3000}{25.6 \times 10^{-8}} \times 0.0328 = 385 \times 10^6 \text{ Pa} = 385 \text{ MPa}$

2. 选用 125 mm × 250 mm 的截面。

3. 选用外径 $D = 89$ mm、壁厚为 7 mm 的钢管。

4. 不安全,不能将起重量提高到 70 kN,只允许吊运 61.3 kN 的重量。

$\sigma_{\max} = \dfrac{M_{\max}}{W_z} = \dfrac{223 \times 1000}{1430 \times 10^{-6}} = 156 \times 10^6 \text{ Pa} = 156 \text{ MPa} > 140 \text{ MPa}$

5. 经加固后起重量可提高到 70 kN。

$\sigma_{\max} = \dfrac{M_{\max} y_{\max}}{I_z} = \dfrac{223 \times 1000 \times 0.235}{42820 \times 10^{-8}} = 122 \times 10^6 \text{ Pa} = 122 \text{ MPa} < 140 \text{ MPa}$

6. 满足强度条件。

截面 A 下边缘处,

$$\sigma_c = \frac{M_A y_1}{I_z} = \frac{4.8 \times 10^3 \times 80 \times 10^{-3}}{5.33 \times 10^6 \times 10^{-12}} = 72 \times 10^6 \text{ Pa} = 72 \text{ MPa} < [\sigma_c] = 150 \text{ MPa}$$

截面 A 上边缘处,

$$\sigma_t = \frac{M_A y_2}{I_z} = \frac{4.8 \times 10^3 \times 40 \times 10^{-3}}{5.33 \times 10^6 \times 10^{-12}} = 36 \times 10^6 \text{ Pa} = 36 \text{ MPa} < [\sigma_t] = 60 \text{ MPa}$$

截面 C 下边缘处,

$$\sigma_t = \frac{M_C y_1}{I_z} = \frac{3.6 \times 10^3 \times 80 \times 10^{-3}}{5.33 \times 10^6 \times 10^{-12}} = 54 \times 10^6 \text{ Pa} = 54 \text{ MPa} < [\sigma_t] = 60 \text{ MPa}$$

7. 强度足够。

$$\tau_{max} = \frac{14 \times 10^3 \times 64000 \times 10^{-9}}{5.33 \times 10^6 \times 10^{-12} \times 20 \times 10^{-3}} = 8.4 \times 10^6 \text{ Pa} = 8.4 \text{ MPa} < [\tau] = 48 \text{ MPa}$$

8. $\tau_{max} = \dfrac{Q_{max} S_{zmax}^*}{I_z d} = \dfrac{50 \times 1000}{0.108 \times 0.005} = 92.6 \times 10^6 \text{ Pa} = 92.6 \text{ MPa} < 100 \text{ MPa} = [\tau]$

满足切应力强度条件,最后选用 12.6 号工字钢。

9. $(1) b = \dfrac{\sqrt{3}}{3} d$, $h = \sqrt{d^2 - b^2} = \dfrac{\sqrt{6}}{3} d$

$(2) b = \dfrac{d}{2}$, $h = \sqrt{d^2 - b^2} = \dfrac{\sqrt{3}}{2} d$

10. $\sigma_{max} = 2\sigma_{Amax} = 2E\varepsilon = 2 \times 200 \times 10^9 \times 3 \times 10^{-4} \text{ Pa} = 120 \text{ MPa}$

11. $\sigma_{tmax} = 60.3 \text{ MPa}$, $\sigma_{cmax} = 45.2 \text{ MPa}$

12. 满足强度条件。

$$\tau_{max} = \frac{3}{2} \frac{F_{Smax}}{bh} = 1.0 \text{ MPa} < [\tau]$$

13. $\sigma_{max} = \dfrac{\dfrac{(F\cos 15°)l}{2}}{\dfrac{bh^2}{6}} + \dfrac{\dfrac{(F\sin 15°)l}{2}}{\dfrac{bh^2}{6}} = 15.26 \text{ MPa}$

14. $(1) b = 35.6 \text{ mm}$, $h = 2b = 71.2 \text{ mm}$

$(2) d = 52.4 \text{ mm}$

15. $b = 510 \text{ mm}$

16. $\sigma_{tmax} = \dfrac{Fe}{\dfrac{\pi d^3}{32}} - \dfrac{F}{\dfrac{\pi d^2}{4}} = 0$

$e = \dfrac{d}{8}$

17. $F \leqslant 4.85 \text{ kN}$

18. 梁内最大拉应力发生在 D 截面的下边缘处:

$$\sigma_{tmax} = (\sigma_{tmax})_D = \frac{1.5Fla}{I_z}$$

19. $\sigma_{max} = \dfrac{M_A}{W_z} = \dfrac{Fl}{\dfrac{bh^2}{6}} = \dfrac{6Fl}{bh^2}$

$\tau_{max} = \dfrac{3\mid F_S\mid_{max}}{2bh} = \dfrac{3F}{2bh}$

$\dfrac{\sigma_{max}}{\tau_{max}} = \dfrac{6Fl}{bh^2} \times \dfrac{2bh}{3F} = 4\left(\dfrac{l}{h}\right)$

20. 该轴满足强度条件。

$\sigma_{max} = 61.1 \text{ MPa} < [\sigma] = 65 \text{ MPa}$

21. 三种截面的面积比为 $A_1 : A_2 : A_3 = 26.1 : 72 : 100.24 = 1 : 2.76 : 3.84$

22. (1) $[F] = 23.89 \text{ kN}$

(2) $b = 324 \text{ mm}$

23. 该梁满足强度要求。

$\sigma_{max} = 161.3 \text{ MPa} < [\sigma] = 170 \text{ MPa}$

$\sigma_{r3} = 101.48 \text{ MPa} < [\sigma] = 170 \text{ MPa}$

$\sigma_{r3} = 169.3 \text{ MPa} < [\sigma] = 170 \text{ MPa}$

24. $h_{min} = \dfrac{3F}{4b[\tau]}$

第 8 章

思考题

1. 此说法错误。挠曲线近似微分方程的应用条件是：线弹性、小变形。

2. 此说法错误。据挠曲线微分方程 $y'' = \dfrac{M(x)}{EI}$，积分分别得到转角方程 $\theta(x) = \displaystyle\int \dfrac{M(x)}{EI}dx$、挠曲线方程 $v(x) = \displaystyle\int\left[\int \dfrac{M(x)}{EI}dx\right]dx$，挠曲线的一阶导数为 $y'(x) = \displaystyle\int \dfrac{M(x)}{EI}dx = \theta(x)$，由此可知：在转角为零处，挠度取得极值，但不是最值。

3. 此说法错误。根据挠曲线微分方程 $y'' = \dfrac{M(x)}{EI}$，挠曲线在最大弯矩处有最大的二阶导数值，但挠度不一定是最大的。例如悬臂梁的最大弯矩发生在固定端处，在此处梁的挠度不是最大。

4. 此说法正确。在分段处梁满足连续性条件。

5. 此说法正确。如果两梁的抗弯刚度相同、弯矩方程相同，根据挠曲线微分方程 $y'' = \dfrac{M(x)}{EI}$，可知挠曲线的二阶导数相同，积分的结果相同。

6. 应力小于比例极限、小变形、剪力对变形的影响可以略去不计，在推导此近似微分方程的过程中，忽略了转角 $\dfrac{dv}{dx}$，近似认为挠曲线是一条很平坦的曲线，转角 $\dfrac{dv}{dx}$ 非常小，忽略不计；在推导公式的过程中没有考虑剪力对变形的影响。

7. 传动轴在工作时可以简化为简支梁，传动轴上的齿轮或带轮传递给传动轴一个集中力的作用。如果将齿轮或带轮安装在跨中，此时传动轴承受最大弯矩，大小为集中力与传动轴跨度乘积的四分之一；如果齿轮或带轮安装在尽量靠近轴承处，此时传动轴承受的最大弯矩总小于集中力与传动轴跨度乘积的四分之一，从而提高了传动轴的弯曲强度。

8. 此建议不合理。弯曲刚度不够，说明钢轴的变形过大。由弯曲变形的挠曲线近似微分方程 $y'' = \dfrac{M(x)}{EI}$ 可以看出，梁的变形与梁的内力大小、截面惯性矩、梁的材料有关。考虑到各种钢材的弹性模量 E 的变化不大，尽管选择了优质钢，但对提高弯曲刚度的效果不大，且增加了成本。一般情况下应考虑通过降低梁承受的弯矩、提高截面的惯性矩、等强度梁等办法来提高梁的弯曲刚度。

习 题

1. $\theta_B = -0.00242$ rad

$w_B = -0.0808$ mm

2. $f_B = -\dfrac{q}{6EI_z} \displaystyle\int_a^{3a} x^2(9a-x)\,\mathrm{d}x = -\dfrac{29}{3}\dfrac{qa^4}{EI_z}$

3. $\theta_C = \theta_{C1} + \theta_{C2} = -\dfrac{Fa^2}{2EI_z} - \dfrac{Fal}{3EI_z} = -\dfrac{Fa^2}{2EI_z}\left(1 + \dfrac{2}{3}\dfrac{l}{a}\right)$

$f_C = f_{C1} + f_{C2} = -\dfrac{Fa^3}{3EI_z} - \dfrac{Fa^2 l}{3EI_z} = -\dfrac{Fa^2}{3EI_z}(a+l)$

4. $|f_C| = |f_B| = |f_{B1} + f_{B2}| = \dfrac{Fl^3}{384EI} + \dfrac{7Fl^3}{768EI} = \dfrac{3Fl^3}{256EI}$

5. $w_D = \dfrac{F_N \times 2^3}{3EI} = \dfrac{0.91 \times 50 \times 10^3 \times 8}{3 \times 24 \times 10^6} = 5.05 \times 10^{-3}\,\mathrm{m} = 5.05$ mm

6. $\theta_{\max} = \theta\,|_{x=l} = \dfrac{1}{EI}\left(Fl^2 - \dfrac{Fl^2}{2}\right) = \dfrac{Fl^2}{2EI}$

$w_{\max} = w\,|_{x=l} = \dfrac{1}{EI}\left(\dfrac{Fl^3}{2} - \dfrac{Fl^3}{6}\right) = \dfrac{Fl^3}{3EI}$

7. $\theta_A = \theta\,|_{x=0} = \dfrac{ql^3}{24EI}$

$\theta_B = \theta\,|_{x=l} = -\dfrac{ql^3}{24EI}$

8. $w_C = w_{C1} + w_{C2} = -\dfrac{19ql^4}{384EI}$

$\theta_C = \theta_{C1} + \theta_{C2} = \dfrac{7ql^3}{24EI}$

9. $w_C = w_{C1} + w_{C2} = \dfrac{5ql^4}{768EI} + 0 = \dfrac{5ql^4}{768EI}$

$\theta_A = \theta_{A1} + \theta_{A2} = \dfrac{ql^3}{48EI} + \dfrac{ql^3}{384EI} = \dfrac{3ql^3}{128EI}$

$$\theta_B = \theta_{B1} + \theta_{B2} = -\frac{ql^3}{48EI} + \frac{ql^3}{384EI} = -\frac{7ql^3}{384EI}$$

10. $\sigma_{max} = \dfrac{M_{max}}{W_z} = \dfrac{83.28 \times 10^3}{1090 \times 10^{-6}} = 76.4 \times 10^6 \text{ Pa} = 76.4 \text{ MPa} < [\sigma]$

$$\frac{w_{max}}{l} = \frac{16.37 \times 10^{-3}}{10} = 1.637 \times 10^{-3} < \left[\frac{w}{l}\right] = \frac{1}{500} = 2 \times 10^{-3}$$

11. $F_{BC} = \dfrac{5 \times 35 \times 10^3 \times 3^3 \times \dfrac{\pi (0.012)^2}{4}}{16 \times 3^3 \times \dfrac{\pi (0.012)^2}{4} + 48 \times 2 \times 10^{-4} \times 2.4} = 7.43 \times 10^3 \text{ N} = 7.43 \text{ kN}$

12. $y_C = y_{Cq} + y_{CM} = \dfrac{5ql^4}{384EI} + \dfrac{M_e l^2}{16EI}$

$$\theta_A = \frac{ql^3}{24EI} + \frac{M_e l}{3EI}$$

13. $\dfrac{y_{max}}{l} = \dfrac{6.4 \times 10^{-3}}{3} \approx \dfrac{1}{468} < \dfrac{1}{400}$

14. $EI_v = \dfrac{1}{2} Mex^2$, $\theta_{max} = \dfrac{M_e l}{EI}$, $\nu_{max} = \dfrac{M_e l^2}{2EI}$

15. $EI\nu = \dfrac{q_0 x^5}{120l} - \dfrac{q_0 l}{36} x^3 + \dfrac{7q_0 l^3}{360} x$

当 $x = \dfrac{l}{2}$ 时, $\nu = \dfrac{4.8}{720EI} ql^4$

16. $\theta_A = -\dfrac{ql^3}{48EI}$

$$\theta_B = -\frac{ql^3}{24EI}$$

$$f_A = \frac{ql^4}{24EI}$$

$$f_D = -\frac{ql^4}{384EI}$$

17. $f_C = \dfrac{\dfrac{F}{2}(l)^3}{3EI_z} = \dfrac{Fl^3}{6EI_z}$, $f_B = \dfrac{\dfrac{F}{2}(3l)^3}{3EI_z} = \dfrac{9Fl^3}{2EI_z}$

$$f_{EI} = \frac{F(2l)^3}{48EI_z} = \frac{Fl^3}{6EI_z}$$

第 9 章

思考题

1. 此说法错误。某方向的线应变除了与本身方向上的正应力有关以外，还与另外两个与该方向相互垂直方位上的正应力有关。故沿此方向上的正应力为零，不能确定本身方向上的线应变也为零。

2. 会；会。一根直杆，当受到轴向拉伸时，杆内存在剪应力，根据剪切虎克定律会产生剪应变；当受到扭转变形时，杆内存在正应力，会产生线应变。

3. 广义虎克定律的适用范围是各向同性的线弹性材料。

4. 此说法错误。单元体的体应变与三个主应力的代数和成正比，而纯剪切状态的三个主应力的代数和为零，故没有体积改变；形状改变比能 $\mu f = (1+\mu)\left[(\sigma_1-\sigma_2)^2 + (\sigma_1-\sigma_3)^2 + (\sigma_2-\sigma_3)^2\right]/(6E) \neq 0$，故纯剪切状态的单元体有形状改变。

5. 此说法正确。某一面内的剪应变只与该面内的剪应力有关 $\gamma = \tau/G$，剪应变不为零，则相应的剪应力一定不为零。

6. 此说法错误。该方向的线应变除了与本身方向上的正应力有关以外，还与另外两个与该方向相互垂直方位上的正应力有关。

7. 此说法正确。体应变与三个主应力的代数和成正比，故当三个主应力之和为零时单元体的体应变为零，单元体的体积不变；单元体为非零应力状态时，其形状改变比能 $\mu f = (1+\mu)\left[(\sigma_1-\sigma_2)^2 + (\sigma_1-\sigma_3)^2 + (\sigma_2-\sigma_3)^2\right]/(6E)$ 不等于零，故其形状将发生变化。

8. 拉伸破坏由危险点处的最大拉应力引起；压缩破坏由与轴线成 45° 的最大剪应力引起；扭转破坏由与轴线成 −45° 的最大拉应力引起。

9. 第一、第二强度理论适用于材料的脆性断裂；第三、第四强度理论适用于材料的塑性屈服。

10. 塑性材料在三向拉应力相近的情况下会产生脆性断裂；脆性材料在三向压应力相近的情况下会产生塑性流动。

11. 低碳钢材料处于三向等值拉伸应力状态时不会产生塑性流动，以断裂的形式失效，应采用第一强度理论；低碳钢材料在处于三向等值压缩应力状态时会产生塑性流动，应采用第三或第四强度理论。

12. 第二强度理论。裂纹开裂的方向垂直于压力的方向，是最大线应变所在的方向。是由最大线应变引起构件的破坏，不是由最低拉应力引起。

13. 由碳钢制成的螺栓受拉伸时，在螺纹的根部会出现脆性断裂是因为螺纹的根部因应力集中引起三向拉伸，在三向拉伸应力状态下危险点很难出现塑性变形，最终脆断。灰铸铁板在淬火钢球压力作用下，铁板在接触点会出现明显的凹坑是因为接触点附近的材料处于三向受压应力状态，在此应力状态下，无论是塑性材料还是脆性材料都可引起塑性变形。

14. 第三强度理论计算值可靠一些；低碳钢是塑性材料、在扭转变形下以屈服的形式失效，应选择第三强度理论对受扭的轴进行强度计算。

习　题

1.

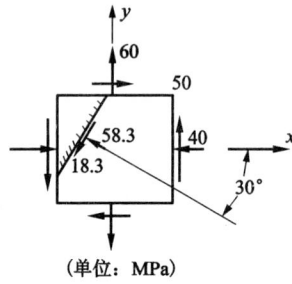

（单位：MPa）

图 9.38

2.

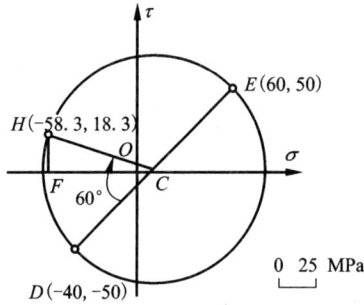

3. $\sigma_1 = 26$ MPa, $\sigma_2 = 0$ MPa, $\sigma_3 = -96$ MPa

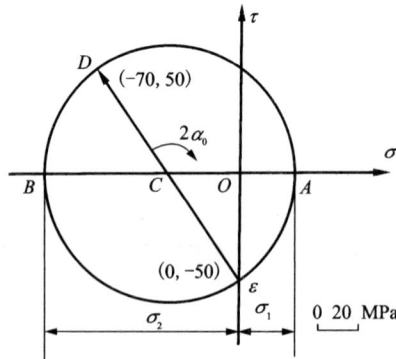

4. 圆截面铸铁试件受扭时，表层各点的 σ_{tmax} 所在的主平面连成倾角为 45°的螺旋面。由于铸铁抗拉强度较低，试件将沿着这一螺旋面因 σ_{tmax} 引起的拉伸而发生断裂。

5. 该点的三个主应力为 $\sigma_1 = 60$ MPa，$\sigma_2 = 31.23$ MPa，$\sigma_3 = -51.23$ MPa，最大切应力 $\tau_{max} = 55.6$ MPa。

6. $p = 3.2$ MPa

7. $\alpha_0 = 27.5°$ 或 $\alpha_0 = 117.5°$，$\sigma_{27.5°} = -96$ MPa，$\sigma_{117.5°} = 26$ MPa

8. $\gamma_{xy} = \varepsilon_{0°} + \varepsilon_{90°} - 2\varepsilon_{45°}$

$$\varepsilon_{\substack{max \\ min}} = \frac{1}{2} \left[\varepsilon_{0°} + \varepsilon_{90°} \pm \sqrt{(\varepsilon_{0°} - \varepsilon_{90°})^2 + (\varepsilon_{0°} + \varepsilon_{90°} - 2\varepsilon_{45°})^2} \right]$$

9. $p = 64$ kN

10. $\sigma_1 = \sigma_2 = -42.86$ MPa，$\sigma_3 = -100$ MPa

11. $\sigma_1 = 26.2$ MPa，$\sigma_2 = 0$ MPa，$\sigma_3 = -16.2$ MPa

12. $\sigma_{r3} = \sqrt{\sigma^2 + 4\tau^2} \leqslant [\sigma]$

$\sigma_{r4} = \sqrt{\sigma^2 + 3\tau^2} \leqslant [\sigma]$

13. 该梁选用 32a 号工字钢。

$\sigma_{r4} = \sqrt{109.7^2 + 3 \times 56.4^2} = 146.9$ MPa $< [\sigma]$

14. $P = 10$ MPa，$m = 35$ kN·m

15. $\sigma_{r1} = \frac{1}{2}\sqrt{\sigma^2 + 4\tau^2} + \frac{\sigma}{2} \leqslant [\sigma]$

$\sigma_{r2} = \frac{1-\mu}{2}\sigma + \frac{1+\mu}{2}\sqrt{\sigma^2 + 4\tau^2} \leqslant [\sigma]$

当 $v = 0.3$ 时，

$\sigma_{r2} = 0.35\sigma + 0.65\sqrt{\sigma^2 + 4\tau^2} \leqslant [\sigma]$

$\sigma_{r3} = \sqrt{\sigma^2 + 4\tau^2} \leqslant [\sigma]$

$\sigma_{r4} = \sqrt{\sigma^2 + 3\tau^2} \leqslant [\sigma]$

16. 应用第三强度理论的相当应力为

$\sigma_{eq3}^{(b)} = \sigma_1 - \sigma_3 = 220 + 55 = 275$ MPa

应用第四强度理论的相当应力为

$$\sigma_{eq4}^{(a)} = \sqrt{\frac{1}{2}\left[(\sigma_1 - \sigma_2)^2 + (\sigma_2 - \sigma_3)^2 + (\sigma_3 - \sigma_1)^2\right]}$$

$$= \sqrt{\frac{1}{2}\left[(220.0)^2 + (-55.0)^2 + (-55.0 - 220.0)^2\right]} = 252.0 \text{ MPa}$$

17. $\sigma = -138$ MPa

18. 用第三强度理论 $\sigma_{r3} = \sigma_1 - \sigma_3 = 183.1$ MPa $> [\sigma]$

因为 $\dfrac{\sigma_{r3} - [\sigma]}{[\sigma]} = \dfrac{183.1 - 170}{170} = 7.7\%$

所以，此容器不满足第三强度理论，不安全。

19. 四种应力状态中(b)危险。

20. $P \leqslant 728.5$ kN

21. $(\sigma_1 - \sigma_3) = 39.68$ MPa $\leqslant [\sigma] = 100$ MPa

22. (1)$\sigma_1 = 16.56$ MPa, $\sigma_2 = 0$, $\sigma_3 = -96.56$ MPa, $2\varphi = 225°$, $\varphi = 112.5°$

(2)最大切应力

$$\tau_{max} = \frac{1}{2}(\sigma_1 - \sigma_2) = \frac{16.56 - (-96.6)}{2} = 56.6 \text{ MPa}$$

与最大主应力作用面之夹角为45°，参看下图。

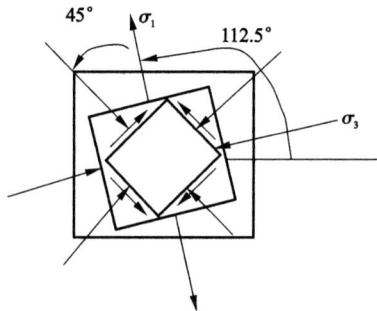

(3)$[\sigma]_3 = 113.2$ MPa；$[\sigma]_4 = 105.9$ MPa

23. $\sqrt{\sigma^2 + 4\tau^2} = \sqrt{\left(\frac{32M}{\pi d^3}\right)^2 + 4\left(\frac{16M_\tau}{\pi d^3}\right)^2} \leqslant [\sigma]$

$\sqrt{\sigma^2 + 3\tau^2} = \sqrt{\left(\frac{32M}{\pi d^3}\right)^2 + 3\left(\frac{16M_\tau}{\pi d^3}\right)^2} \leqslant [\sigma]$

两个直径相差：$5.04 - 4.93 = 0.11$ cm

第10章

思考题

1. 由两种或两种以上基本变形组合的变形，称为组合变形。在材料服从虎克定律且变形很小的前提下，每一种基本变形都是彼此独立、互不影响的，即任一基本变形都不会改变另一种基本变形所引起的应力和变形，此时，对组合变形构件进行强度和刚度计算时，可应用迭加原理。

2. 斜弯曲以矩形截面悬臂梁为例，梁端部在F_y和F_z单独作用下，将分别在两相互垂直平面xy平面和xz平面内发生平面弯曲，故，斜弯曲可以看作两个相互正交平面内平面弯曲的组合，易知，悬臂梁在F_y和F_z单独作用下，自由端截面的形心C在xy平面和xz平面内的挠度值w_y和w_z，由于w_y和w_z方向不同，故得C点的总挠度w应为w_y和w_z的几何和，同样也易知F_y在x截面上A点处引起的正应力σ'与F_z在x截面上A点处引起的正应力为σ''的值，由于F_y和F_z在x截面上A点处引起的应力均为正应力，因此应力的迭加即变为两个平面弯曲对应的正应力之间的求代数和。

3. 斜弯曲的中性轴是一条通过截面形心的斜直线，中性轴的位置只与外力方向和截面的形状、大小有关，而与外力的大小无关；弯拉（压）组合情况下由于两个方向的正应力大小关系不同，中性轴可能分别在横截面内、横截面边缘和横截面以外。

4. 斜弯曲受力杆件中各点处于轴向拉伸和平面弯曲的组合应力状态；偏心拉伸（压缩）、弯扭组合情况下，受力杆件中各点处于轴向拉伸和两个纯弯曲的组合应力状态。

5. 当偏心外力作用在截面形心周围一个小区域内，而对应的中性轴与截面周边相切或位于截面之外时，整个横截面上就只有压应力而无拉应力，这个围绕截面形心的特定小区域称为截面核心。以截面周边上若干点的切线作为中性轴，算出其在坐标轴上的截距，然后求出各中性轴所对应的外力作用点的坐标，顺序连接所求得的各外力作用点，于是就得到一条围绕截面形心的封闭曲线，它所包围的区域就是截面核心。

习 题

1. $|\sigma_{\text{cmax}}| = 64$ MPa $< [\sigma]$

由计算可知，此悬臂吊车的横梁是安全的。

2. $d = 0.125$ m。

3. $\sigma_{\text{tmax}} = 163.3$ MPa $> [\sigma]$，钢板在截面 I － I 处的强度不够。

4. 最大安全载荷为 788 N。

5. $\sigma_{\text{eq3}} = \dfrac{\sqrt{M_D^2 + T^2}}{W} = \dfrac{\sqrt{293^2 + 360^2}}{0.1 \times 0.05^3}$ Pa $= 37.1 \times 10^6$ Pa $= 37.1$ MPa $< [\sigma] = 55$ MPa

$\sigma_{\text{eq4}} = \dfrac{\sqrt{M_D^2 + 0.75 \times T^2}}{W} = \dfrac{\sqrt{293^2 + 0.75 \times 360^2}}{0.1 \times 0.05^3}$ Pa $= 34.2 \times 10^6$ Pa $= 34.2$ MPa $< [\sigma] = 55$ MPa

不论是根据第三强度理论，还是第四强度理论，轴的强度都是足够的。

6.

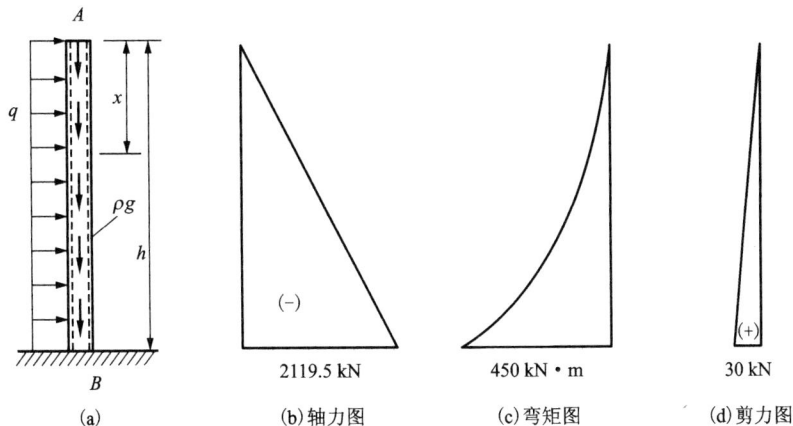

| (a) | (b)轴力图 | (c)弯矩图 | (d)剪力图 |

7.

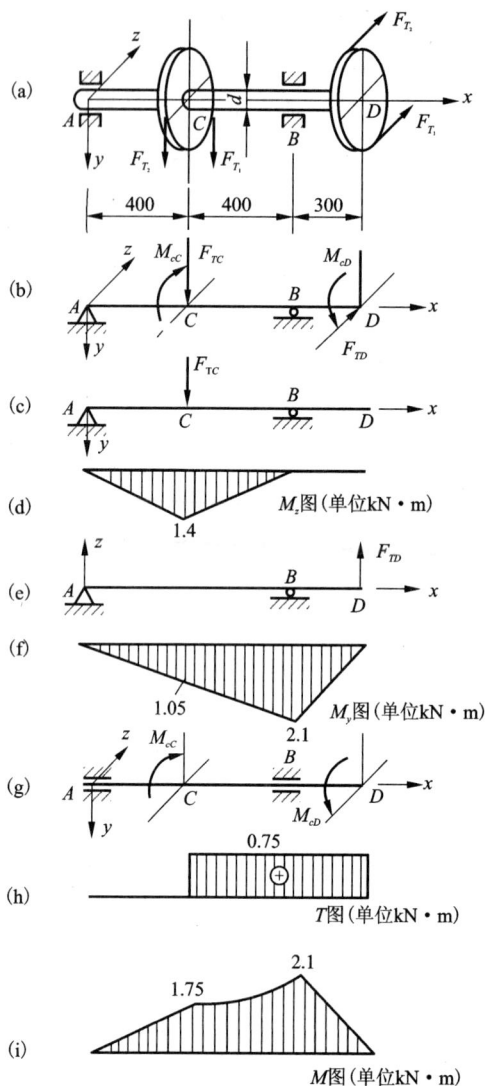

(a)

(b)

(c)

(d) M_z图(单位kN·m)
1.4

(e)

(f) 1.05 M_y图(单位kN·m)
2.1

(g)

(h) 0.75 T图(单位kN·m)

(i) 1.75 2.1 M图(单位kN·m)

8. （1）$F = \dfrac{\pi d^3}{64}\sigma_A = \dfrac{\pi \times 20^3 \times 10^{-9}}{64} \times 80 \times 10^6 = 31.4 \text{ N}$

$m = T = \dfrac{\pi d^3}{16}\tau_B = \dfrac{\pi}{16} \times 20^3 \times 10^{-9} \times 48 \times 10^6 = 75.4 \text{ N} \cdot \text{m}$

（2）$\sigma_{r3} = \dfrac{\sqrt{M^2 + T^2}}{W} = \dfrac{32\sqrt{M^2 + T^2}}{\pi d^3} = \dfrac{32\sqrt{94.2^2 + 75.4^2}}{\pi \times 20^3 \times 10^{-9}} = 153.7 \text{ MPa} < [\sigma]$

故轴安全。

9. $\sigma_{max} = \dfrac{M_{ymax}}{W_y} + \dfrac{M_{zmax}}{W_z} = \left(\dfrac{29 \times 10^3}{692.2 \times 10^{-6}} + \dfrac{7.76 \times 10^3}{70.8 \times 10^{-6}}\right)\text{Pa} = (41.9 \times 10^6 + 109.5 \times 10^6)\text{Pa}$
$= 151.4 \text{ MPa} < [\sigma] = 160 \text{ MPa}$

$\sigma_{max} = \dfrac{M_{max}}{W_y} = \dfrac{30 \times 10^3 \times 4}{4 \times 692.2 \times 10^{-6}} = 43.34 \times 10^6 \text{ Pa} = 43.34 \text{ MPa}$

10. $\sigma_{max} = \dfrac{F_N}{A} + \dfrac{M}{W} = \dfrac{80 \times 10^3}{10 \times 70 \times 10^{-6}} + \dfrac{6 \times 400}{10 \times 70^2 \times 10^{-9}} = 114.29 \times 10^6 + 48.98 \times 10^6$

$= 163.3 \times 10^6 \, Pa = 163.3 \, MPa > [\sigma]$

校核表明板的强度不够。

11. 强度计算

$M_{ymax} = \dfrac{q_z l^2}{8} = \dfrac{358 \times 3.3^2}{8} = 487 \, N \cdot m$

$M_{zmax} = \dfrac{q_y l^2}{8} = \dfrac{714 \times 3.3^2}{8} = 972 \, N \cdot m$

$\sigma_{max} = \dfrac{M_z}{W_z} + \dfrac{M_y}{W_y} = 8.86 \, MPa \leqslant [\sigma]$

刚度计算

$w_{zmax} = \dfrac{5q_z l^4}{384 EI_y} = 11.99 \, mm$

$w_{ymax} = \dfrac{5q_z l^4}{384 EI_z} = 10.63 \, mm$

$w_{max} = \sqrt{w_{zmax}^2 + w_{ymax}^2} = \sqrt{11.99^2 + 10.63^2} = 16.02 \, mm$

$w_{max} = 16.02 \, mm < [w] = \dfrac{3.3 \times 10^3}{200} = 16.5 \, mm$

$\tan\beta = \dfrac{w_z}{w_y} = \dfrac{11.99}{10.63}$

$\beta = 48.44°$

第 11 章

思考题

1. 一张纸竖在桌面上，截面对形心主轴的惯性矩一个非常大，另一个非常小，纸总在惯性矩非常小的纵向面内发生弯曲；如果将其折成三角形或圆形放置，相当于在截面不变的情况下截面的大部分分布在远离中性轴的区域，大大提高了截面的惯性矩，相应地也就提高了压杆的临界压力。把纸卷成圆筒形，此时截面对两个形心主轴的惯性矩相等，压杆在两个纵向面内的工作柔度相等，此时压杆有最好的稳定性。

2. (1)在计算轴向拉伸强度时必须考虑截面的局部削弱，因为截面削弱处是杆件的危险面，强度条件是根据杆件横截面上的最大应力建立的。(2)在校核轴向压缩稳定性时可不考虑截面的局部削弱的影响。因为压杆稳定是以杆件的整体变形为基础，局部削弱对杆件的整体变形影响很小。

3. 当压力达到临界压力时，压杆的原有直线平衡变为不稳定，即将由直线形式的平衡转变为曲线形状的平衡，此时如加一微小的侧向干扰力，使其发生微小的弯曲变形，当干扰解除后，压杆将保持曲线形态的平衡而不能恢复直线形状。

习 题

1. 58.09 kN

2. 162 kN

3. 62.4 kN

4. （1）$F_{cr} = (\pi^2 EI)/(2l^2)$ $\left(或 F_{cr} = \dfrac{\pi^2 EI}{2l^2}\right)$ 时，CD 杆失稳；（2）$F_{cr} = (2^{1/2}\pi^2 EI)/l^2$ $\left(或 F_{cr} = \dfrac{\sqrt{2}\pi^2 EI}{l^2}\right)$ 时，其他四个压杆失稳

5. AC 杆的直径为：$d \geqslant 24.2$ mm，BC 杆的直径为：$d \geqslant 30.32$ mm

6. 65.1 kN

7. $F_{cr} = F = (kl)/2$

8. （1）0.386 mm；（2）10.1 mm

9. （a）5.52 kN；（b）22.06 kN；（c）69.0 kN，第三种支持方式的临界载荷最大。

10. （1）54.5 kN；（2）89.2 kN；（3）352.1 kN

11. $F_{cr} = 2\cos\alpha\pi^2 EI^2/l^2$

12. $2:1$

13. $P_{cr} = \pi^2 EI/l^2$

14. $P_{cr} = \pi^2 EI/l^2$

15. 0.2306

16. 80 kN，80 kN

17. （1）$P_1 = \pi^2 EI/(l/2)^2 = 4\pi^2 EI/l^2$；（2）$P_1 = \pi^2 EI/(l/3)^2 = 9\pi^2 EI/l^2$；（3）$P_1 = \pi^2 EI/(0.7l)^2 = 2.04\pi^2 EI/l^2$

18. $EIy'' = -P(y-\lambda) - R(l-x)$；$x=0$，$y=0$，$y'=0$；$x=l$，$y=\lambda$；弹簧刚度 K 越大，表示杆件受到的约束越好，长度系数 μ 越小。

19. $3\pi^2 EI/l^2$；$3\pi^2 EI/l^2$

第 12 章

思考题

1. 此说法错误。用能量法求解超静定问题时除了考虑变形几何条件外，还应考虑力系平衡。

2. 卸掉外载 P，将挠度计安装在力的作用点处，在端截面 A 处施加主动力偶 M，利用挠度计测得梁在力偶 M 的作用下力的作用点处的挠度 f，根据功的互等定理有：力 P 在由 M 引起的位移 f 上所做的功 Pf 等于力偶 M 在由力 P 引起的位移 θ 上所做的功 $M\theta$，即 $Pf = M\theta$，计算得到 $\theta = Pf/M$，θ 就是力 P 作用下 A 端面的转角。

3. 将千分尺固定在一点，力 P 沿轴线移动。因梁工作在线弹性范围内，根据位移互等定理，将千分尺固定在一点处，力 P 沿轴线移动，则载荷在任意位置时千分尺所测得的挠度等

于载荷作用在千分尺的位置时引起的力的作用点处的挠度。

4. 利用位移互等定理,将挠度计固定在悬臂梁的自由端处,依次移动载荷的位置。当载荷移到任意位置时,挠度计的读数就是悬臂梁在自由端受集中力时该任意截面处的挠度。将载荷 P 移动遍及整个梁,挠度计也就依次测出了悬臂梁在自由端作用有集中力时的各个截面的挠度。根据功的互等定理,可以利用测量挠度的方法测出梁上多位置的转角。将挠度计固定在力的作用点处,在梁上只作用有可移动的外力偶 M。当力偶 M 作用在任意位置时,通过挠度计测得在力偶的作用下梁在力的作用点处的挠度 f,根据功的互等定理有:力 P 在由 M 引起的位移线 f 上所做的功 Pf 等于力偶 M 在由力 P 引起的角位移 θ 上所做的功 $M\theta$,即 $Pf = M\theta$,计算得到 $\theta = Pf/M$,θ 就是在外力 P 的作用下力偶 M 作用面处的转角。当力偶移动的位置遍及梁的各个截面时,整个梁的各个截面的转角就分别测得了。

习　题

1. $\delta_{A1} = \delta_{B2}$;载荷的大小相等,满足位移互等定理的条件;故,由 B 处载荷 P 引起的 A 点处的挠度 δ_{A_1} 等于由 A 载荷 P 引起的 B 点处的挠度 δ_{B_2}。

2. 截面 1 的转角为 0.015 rad

3. 6×10^{-3} 弧度

4. C 截面的挠度为 4 mm

5. $\delta_A = \dfrac{PR^3\pi}{2EI} + \dfrac{3PR^3\pi}{2GI_P}$

6. $\begin{aligned}
\varphi_A &= \int_0^\pi \frac{M\overline{M}}{EI}R\mathrm{d}\varphi + \int_0^\pi \frac{T\overline{T}}{GI_P}R\mathrm{d}\varphi \\
&= -\int_0^\pi \frac{PR\sin\varphi \cdot \sin\varphi}{EI}R\mathrm{d}\varphi + \int_0^\pi \frac{PR(1-\cos\varphi) \cdot \cos\varphi}{GI_P}R\mathrm{d}\varphi \\
&= \frac{\pi PR^2}{2}\left(\frac{1}{GI_P} - \frac{1}{EI}\right)
\end{aligned}$

7. A 点铅垂位移为

$\begin{aligned}
w_A &= \int_0^a \frac{M_1(x_1)\overline{M_1}(x_1)}{EI}\mathrm{d}x_1 + \int_0^a \frac{M_2(x_2)\overline{M_2}(x_2)}{EI}\mathrm{d}x_2 \\
&= \frac{1}{EI}\left[\int_0^a \left(-\frac{1}{2}qx_1^2\right)(-x_1)\mathrm{d}x_1 + \int_0^a \left(-\frac{1}{2}qa^2\right)(-a)\mathrm{d}x_2\right] \\
&= \frac{5qa^4}{8EI}
\end{aligned}$

由单位载荷法可求得 B 截面的转角为

$\theta_B = \frac{1}{EI}\int_0^a \left(-\frac{1}{2}qa^2\right) \times 1 \times \mathrm{d}x_2 = -\frac{qa^3}{2EI}$

由单位载荷法可求得 A、D 两点沿铅垂方向的相对位移为

$\begin{aligned}
\Delta_{A/D} &= \frac{1}{EI}\left[\int_0^{\frac{a}{2}} \left(-\frac{1}{2}qx_1^2\right)(-x_1)\mathrm{d}x_1 + \int_{\frac{a}{2}}^a \left(-\frac{1}{2}qx_1^2\right)\left(-\frac{a}{2}\right)\mathrm{d}x_1 + \int_0^a \left(-\frac{1}{2}qa^2\right)\left(-\frac{a}{2}\right)\mathrm{d}x_2\right] \\
&= \frac{5}{16}\frac{qa^4}{EI}
\end{aligned}$

8. B 点铅垂位移为

$$\Delta_B = \overline{F}_{N1}\Delta l_1 + \overline{F}_{N2}\Delta l_2 = \frac{\sqrt{3}P^2 l}{9A^2 c^2} + \frac{Pl}{3EA}$$

9. A 点铅垂位移为

$$\Delta_{Ay} = \sum_{i=1}^{6} \frac{F_{Ni}\overline{F}_{Ni}l_i}{E_i A_i}$$

$$= \frac{1}{EA}(F_{N1}\overline{F}_{N1}l_1 + F_{N2}\overline{F}_{N2}l_2 + F_{N3}\overline{F}_{N3}l_3 + F_{N4}\overline{F}_{N4}l_4 + F_{N5}\overline{F}_{N5}l_5 + F_{N6}\overline{F}_{N6}l_6)$$

$$= \frac{1}{EA}[\sqrt{2}F \cdot \sqrt{2} \cdot \sqrt{2}a + (-F)(-1)a + (-F)(-1)a +$$

$$F \cdot 1 \cdot a + (-2F)(-2)a + \sqrt{2}F \cdot \sqrt{2} \cdot \sqrt{2}a]$$

$$= (7 + 4\sqrt{2})\frac{Fa}{EA} = 12.66\frac{Fa}{EA}$$

AB 杆的转角为

$$\theta_{AB} = \sum_{i=1}^{6} \frac{F_{Ni}\overline{F}_{Ni}l_i}{E_i A_i} = \frac{1}{EA}(F_{N1}\overline{F}_{N1}l_1 + F_{N2}\overline{F}_{N2}l_2 + F_{N4}\overline{F}_{N4}l_4 + F_{N5}\overline{F}_{N5}l_5)$$

$$= \frac{1}{EA}\left[\sqrt{2}F \cdot \frac{1}{\sqrt{2}a} \cdot \sqrt{2}a + (-F)\left(-\frac{1}{a}\right)a + F \cdot \frac{1}{a} \cdot a + (-2F)\left(-\frac{1}{a}\right)a\right]$$

$$= (4 + \sqrt{2})\frac{F}{EA} = 5.41\frac{F}{EA}$$

第 13 章

思考题

1. 材料在交变应力下的破坏叫疲劳失效，原因是构件尺寸突变或内部缺陷部位的应力集中诱发微裂纹；在交变应力作用下，微裂纹不断萌生、集结、沟通，形成宏观裂纹并突然断裂。在交变应力下工作的构件，其破坏形式与静载苛作用下截然不同。在交变应力下，构件内的最大应力虽然低于材料的屈服极限，但经过长期力的重复作用之后会突然断裂。即使是塑性较好的材料，断裂前却没有明显的塑性变化。

2. (1)对称循环；(2)非对称循环；(3)脉冲循环；(4)静应力；(5)对称循环。

3. 疲劳极限是指经过无穷多次应力循环而不发生破坏时的最大应力值，又称为持久极限。材料的疲劳极限是材料本身所固有的性质，因循环特征、试件变形的形式以及材料所处的环境等不同而不同，需疲劳试验测定。测定需要用若干光滑小尺寸试样，在专用的疲劳试验机上进行试验。光滑小试样的疲劳极限，并不是构件的疲劳极限。构件的疲劳极限与构件状态和工作条件有关。构件状态包括应力集中、尺寸、表面加工质量和表面强化处理等因素；工作条件包括载荷特性、介质和温度等因素，其中载荷特性包括应力状态、循环特征、加载序和载荷率等。

习　题

1. 吊索内的动应力

$$\sigma_d = \frac{N_d}{A} = \frac{\gamma A_1 l}{2A}(1 + \frac{a}{g}) = \frac{16.9 \times 9.8 \times 12}{2 \times 72 \times 10^{-6}}(1 + \frac{10}{9.8}) = 27.9 \text{ MPa}$$

工字钢内的最大动应力

$$\sigma_{d\max} = \frac{M_{\max}}{W} = \frac{6\gamma A_1}{W}(1 + \frac{a}{g}) = 125 \text{ MPa}$$

2. （1）静载情况下：

$$\sigma_{st} = \frac{N}{A} = \frac{5 \times 10^3}{\frac{1}{4}\pi \times 0.3^2} = 0.071 \text{ MPa}$$

（2）自由落体情况下：

$$\Delta_{st} = \frac{Nl}{EA} = \frac{5 \times 10^3 \times 6}{10 \times 10^9 \times \frac{\pi}{4} \times 0.3^2} = 0.042 \times 10^{-3} \text{ m}$$

动荷系数：

$$K_d = 1 + \sqrt{1 + \frac{2h}{\Delta_{st}}} = 155.3$$

动应力是：

$$\sigma_d = K_d \cdot \sigma_{st} = 11.03 \text{ MPa}$$

（3）静变形

$$\Delta_{st} = \Delta_{st1} + \Delta_{st2} = 0.042 \times 10^{-3} + \frac{5 \times 10^3 \times 0.04}{8 \times 10^6 \times \frac{\pi}{4} \times 0.15^2} = 1.46 \times 10^{-3} \text{ m}$$

动荷系数

$$K_d = 1 + \sqrt{1 + \frac{2h}{\Delta_{st}}} = 27.2$$

动应力：

$$\sigma_d = K_d \cdot \sigma_{st} = 1.93 \text{ MPa}$$

3. （1）起重机突然停止时，吊索以初速 v 作圆周运动，此时吊索轴力增量

$$\Delta N_D = ma_n = \frac{G}{g} \cdot \frac{v^2}{R} = 1.28 \text{ kN}$$

（2）吊索的应力增量

$$\Delta\sigma_d = \frac{\Delta N_D}{A} = 2.56 \text{ MPa}$$

（3）梁内最大弯矩的增量

$$\Delta M = \frac{1}{4}\Delta N_D l$$

（4）查表得梁的抗弯截面系数

$$W = 102 \times 10^{-6} \text{ m}^3$$

（5）梁内最大正应力的增量

$$\Delta\sigma_d' = \frac{\Delta M}{W} = 15.68 \text{ MPa}$$

4.（1）飞轮作匀减速转动

$$\omega_0 = \frac{n\pi}{30} = 31.42 \text{ rad/s}, \quad \omega_t = 0$$

故 $\varepsilon = \frac{\omega_t^2 - \omega_0^2}{2\varphi} = -1.25 \text{ rad/s}^2$

（2）惯性力矩是

$m_d = -I\varepsilon = 1.96 \text{ kN} \cdot \text{m}$

（3）轴在飞轮和制动器之间发生扭转变形

$T = m_d$

故 $\tau_{max} = \frac{T}{W_t} = \frac{16T}{\pi d^3} = 10 \text{ MPa}$

5.（1）计算惯性力

$$F_d = m\, a_n = \frac{W}{g} \cdot b\, \omega^2$$

（2）分析 AD 受力，画弯矩图

约束力

$$R_A = \frac{F_d + 3W}{3}, \quad R_D = \frac{F_d - 3W}{3}$$

（3）最大弯矩

$$M_{max} = \frac{(F_d + 3W)l}{9} = \frac{Wl}{3}\left(1 + \frac{b\,\omega^2}{3g}\right)$$

6.（1）重物静止作用在吊盘时，圆轴发生扭转变形，绳索发生拉伸变形；
静位移

$$\Delta_{st} = \frac{N l_1}{EA} + \frac{Tl}{G I_p} \cdot \frac{D}{2} = 3.33 \times 10^{-4} + 6.29 \times 10^{-4} = 9.62 \times 10^{-4} \text{ m}$$

圆轴和绳索内的最大静应力分别为

$$\tau_{st} = \frac{T_{st}}{W_t} = \frac{\dfrac{QD}{2}}{W_t} = 3.77 \text{ MPa}$$

$$\sigma_{st} = \frac{N_{st}}{A} = 6.67 \text{ MPa}$$

（2）自由落体的动荷系数

$$K_d = 1 + \sqrt{1 + \frac{2h}{\Delta_{st}}} = 21.4$$

（3）圆轴和绳索内的最大动应力为

$$\tau_d = K_d\,\tau_{st} = 80.7\ \text{MPa}$$

$$\sigma_d = K_d\,\sigma_{st} = 143\ \text{MPa}$$

7. （1）重物静止作用在 A 处时

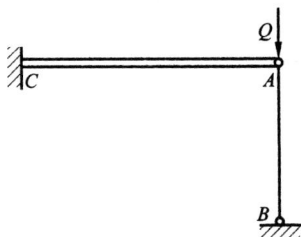

属一次静不定问题，解除约束 A

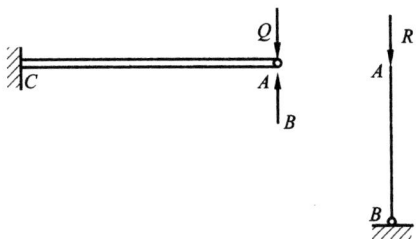

变形协调条件

$$f_A = \Delta\,l_{AB}$$

列补充方程求出约束反力

$$-\frac{(Q-R)\,l_{AC}^3}{3EI} = -\frac{R\,l_{AB}}{EA}$$

故 $R = 299.7\ \text{N}$

（2）计算静位移

$$\Delta_{st} = \frac{R\,l_{AB}}{EA} = 5.45 \times 10^{-6}\ \text{m}$$

（3）自由落体的动荷系数

$$K_d = 1 + \sqrt{1 + \frac{2h}{\Delta_{st}}} = 61.6$$

（4）AB 杆上的动压力

$$P_d = R \cdot K_d = 18.46\ \text{kN}$$

（5）AB 杆的稳定计算

计算 AB 杆的柔度

$$\lambda = \frac{\mu \, l_{AB}}{i} = \frac{\mu \, l_{AB}}{\sqrt{\dfrac{\dfrac{1}{64}\pi(D^4 - d^4)}{\dfrac{1}{4}\pi(D^2 - d^2)}}} = \frac{4\mu \, l_{AB}}{\sqrt{(D^2 - d^2)}} = 160 > \lambda_1$$

AB 是大柔度杆，临界压力是

$$P_\alpha = \sigma_\alpha \cdot A = \frac{\pi^2 E}{\lambda^2} \cdot A = 42.39 \text{ kN}$$

稳定系数

$$n = \frac{P_\alpha}{P_d} = 2.30 < n_{st}$$

压杆不稳定。

8. $\sigma_{max} = \dfrac{F_{max}}{\dfrac{\pi d^2}{4}} = \dfrac{58300 \times 4}{\pi \times 11.5^2} = 561.28 \text{ MPa}$

$\sigma_{min} = \dfrac{F_{min}}{\dfrac{\pi d^2}{4}} = \dfrac{55800 \times 4}{\pi \times 11.5^2} = 537.22 \text{ MPa}$

$\sigma_m = \dfrac{\sigma_{min} + \sigma_{max}}{2} = \dfrac{537.22 + 561.28}{2} = 549.25 \text{ MPa}$

$\sigma_a = \dfrac{\sigma_{max} - \sigma_{min}}{2} = \dfrac{561.28 - 537.22}{2} = 12.03 \text{ MPa}$

$r = \dfrac{\sigma_{min}}{\sigma_{max}} = \dfrac{537.22}{561.28} = 0.96$

9. $\sigma_{max} = \dfrac{Fa}{\dfrac{\pi d^3}{32}} = \dfrac{50000 \times 500 \times 32}{\pi \times 150^3} = 75.45 \text{ MPa}$

$\sigma_{min} = -\dfrac{Fa}{\dfrac{\pi d^3}{32}} = -\dfrac{50000 \times 500 \times 32}{\pi \times 150^3} = -75.45 \text{ MPa}$

$r = \dfrac{\sigma_{min}}{\sigma_{max}} = -1$

10. $\sigma_{max} = 300 \text{ MPa}; \; \sigma_{min} = 100 \text{ MPa}$

$\sigma_m = \dfrac{\sigma_{max} + \sigma_{min}}{2} = 200 \text{ MPa}$

$\sigma_a = \dfrac{\sigma_{max} - \sigma_{min}}{2} = 100 \text{ MPa}$

$r = \dfrac{\sigma_{min}}{\sigma_{max}} = \dfrac{1}{3}$

11. $\sigma_N = \dfrac{N}{A} = \dfrac{F_x}{A} = 25.465 \text{ MPa}$

$$\sigma_M = \frac{M}{W} = \frac{F_y l/4}{\pi l^3/32} = 127.324 \text{ MPa}$$

$$\sigma_{max} = \sigma_M + \sigma_N = 152.789 \text{ MPa}$$

$$\sigma_{min} = -\sigma_M + \sigma_N = -101.859 \text{ MPa}$$

$$\sigma_m = \frac{\sigma_{max} + \sigma_{min}}{2} = 25.465 \text{ MPa}$$

$$\sigma_a = \frac{\sigma_{max} - \sigma_{min}}{2} = 127.324 \text{ MPa}$$

$$r = \frac{\sigma_{min}}{\sigma_{max}} = -0.6667$$

12. 查表得：$\sigma_b = 400$ MPa；$K_{\sigma_0} = 1.375$

$\sigma_b = 800$ MPa；$K_{\sigma_0} = 1.70$

计算：$\sigma_b = 600$ MPa；$K_{\sigma_0} = 1.5375$

查表得：$D/d = 1.4$；$\xi = 0.95$

计算：$K_{\sigma_0} = 1 + \zeta(K_{\sigma_0} - 1) = 1.510$

13. 轴在不变弯矩下旋转，故为弯曲对称循环。最大弯曲正应力即最大工作应力为

$$\sigma_{max} = M/W = 850 \times 32/\pi/(40 \times 10^{-3})^3 = 135 \times 10^6 \text{ Pa} = 135 \text{ MPa}$$

根据轴的尺寸，$r/d = 5/40 = 0.125$，$D/d = 50/40 = 1.25$，由图查出，$K_{\sigma 0} = 1.56$，$\xi = 0.85$，于是可求出有效应力集中系数为

$$K_\sigma = 1 + \xi(K_{\sigma 0} - 1) = 1 + 0.85(1.56 - 1) = 1.48$$

由图查出尺寸系数 $\varepsilon_\sigma = 0.77$。使用插值法，求出表面质量系数 $\beta = 0.87$。

把上述求得的 σ_{max}，K_σ，ε_σ 和 β 代入式

$$n_\sigma = \frac{\sigma_{-1}}{\frac{K_\sigma}{\varepsilon_\sigma \beta}\sigma_{max}} \geq n,$$

得 $n_\sigma = \dfrac{\sigma_{-1}}{\dfrac{K_\sigma}{\varepsilon_\sigma \beta}\sigma_{max}} = \dfrac{410}{\dfrac{1.48}{0.73 \times 0.87} \times 135 \times 10^6} = 1.41 \approx n$

故轴满足疲劳强度条件。

14. 钢索除受重力 P 作用外，还受动载荷（惯性力）作用。根据动静法，将惯性力 $\dfrac{P}{g}a$ 加在重物上，即可按静载荷问题求钢索横截面上的轴力 N_d。

由静力平衡方程：

$$N_d - P - \frac{P}{g}a = 0$$

解得

$$N_d = P + \frac{P}{g}a = P\left(1 + \frac{a}{g}\right)$$

从而可求得钢索横截面上的动应力为：

$$\sigma_{\mathrm{d}} = \frac{N_{\mathrm{d}}}{A} = \frac{P}{A}\left(1 + \frac{a}{g}\right) = \sigma_{\mathrm{st}}\left(1 + \frac{a}{g}\right) = k_{\mathrm{d}}\sigma_{\mathrm{st}}$$

其中，$\sigma_{\mathrm{st}} = \dfrac{P}{A}$ 是 P 作为静载荷作用在钢索横截面上的应力，$k_{\mathrm{d}} = 1 + \dfrac{a}{g}$ 是动荷系数。对于有动载荷作用的构件，常用动荷系数 k_{d} 来反映动载荷的效应。

此时钢索的强度条件为 $\sigma_{\mathrm{d}} = K_{\mathrm{d}}\sigma_{\mathrm{st}} \leqslant [\sigma]$，$[\sigma]$ 为构件静载下的许用应力。

15. 因圆环等速转动，故环内各点只有向心加速度。又因为 $t \ll D$，故可认为环内各点的向心加速度大小相等，都等于

$$a_n = \frac{D\omega^2}{2}$$

沿环轴线均匀分布的惯性力集度 q_{d} 就是沿轴线单位长度上的惯性力，即

$$q_{\mathrm{d}} = \frac{1 \cdot A \cdot \gamma}{g} a_n = \frac{A\gamma D}{2g}\omega^2$$

上述分布惯性力构成全环上的平衡力系。用截面平衡法可求得圆环横截面上的内力 N_{d}。N_{d} 的计算既可利用积分的方法求得 y 方向惯性力的合力，亦可等价地将 q_{d} 视为"内压"得，

$$2N_{\mathrm{d}} = R_{\mathrm{d}} = q_{\mathrm{d}} \cdot D$$

求得 $N_{\mathrm{d}} = \dfrac{A\gamma D^2 \omega^2}{4g}$

于是横截面上的正应力 $\sigma_{\mathrm{d}} = \dfrac{N_{\mathrm{d}}}{A} = \dfrac{\gamma D^2 \omega^2}{4g} = \dfrac{\gamma v^2}{g}$，其中 $v = \dfrac{D\omega}{2}$，v 是圆环轴线上点的线速度。由 σ_{d} 的表达式可知，σ_{d} 与圆环横截面积 A 无关。故要保证圆环的强度，只能限制圆环的转速，增大横截面积 A 并不能提高圆环的强度。

参考文献

[1] 孙训方,方孝淑,关来泰. 材料力学(Ⅰ)[M]. 四版. 北京:高等教育出版社,2013.

[2] 孙训方,方孝淑,关来泰. 材料力学(Ⅱ)[M]. 四版. 北京:高等教育出版社,2013.

[3] 刘鸿文. 材料力学(Ⅰ)[M]. 五版. 北京:高等教育出版社,2014.

[4] 刘鸿文. 材料力学(Ⅱ)[M]. 五版. 北京:高等教育出版社,2014.

[5] 刘鸿文. 简明材料力学[M]. 二版. 北京:高等教育出版社,2014.

[6] 樊友景,杜云海. 材料力学[M]. 北京:清华大学出版社,2017

[7] 李道奎. 材料力学[M]. 北京:高等教育出版社,2014

[8] 单辉祖. 材料力学(Ⅰ)[M]. 二版. 北京:高等教育出版社,2002.

[9] 单辉祖. 材料力学(Ⅱ)[M]. 二版. 北京:高等教育出版社,2002.

[10] 范钦珊. 材料力学[M]. 北京:高等教育出版社,2000.

[11] 李洪升. 基础力学试验[M]. 二版. 大连:大连理工大学出版社,2000.

[12] 陈乃立等. 材料力学学习指导书[M]. 北京:高等教育出版社,2004.

[13] Beer F P, Johnton E R. Mechanics of materials[M]. 2nd ed. New York:McGraw-Hill, 1992.

[14] Timoshenko, S. P. History of Strength of Materials[M]. New York:McGraw-Hill, 1953.

图书在版编目（CIP）数据

材料力学 / 吴晓，张晓忠编著. —长沙：中南大
学出版社，2019.12
ISBN 978 - 7 - 5487 - 3529 - 8

Ⅰ.①材… Ⅱ.①吴… ②张… Ⅲ.①材料力学—高
等学校—教材 Ⅳ.①TB301

中国版本图书馆 CIP 数据核字（2018）第 267690 号

材料力学

吴 晓　张晓忠　编著

□**责任编辑**　刘锦伟
□**责任印制**　易红卫
□**出版发行**　中南大学出版社
　　　　　　　社址：长沙市麓山南路　　　　　邮编：410083
　　　　　　　发行科电话：0731 - 88876770　　传真：0731 - 88710482
□**印　　装**　长沙印通印刷有限公司

□**开　　本**　787 mm×1092 mm 1/16　□**印张** 21　□**字数** 534 千字
□**版　　次**　2019 年 12 月第 1 版　　　　□**印次**　2019 年 12 月第 1 次印刷
□**书　　号**　ISBN 978 - 7 - 5487 - 3529 - 8
□**定　　价**　69.00 元